NCS(국가직무능력표준)를 반영한 환경엔지니어 필ㅣ독ㅣ서

대기환경
및 방지시설관리

박성복 지음

Atmospheric Environment & Maintenance for Air Pollution Prevention Facility

BM 성안당
www.cyber.co.kr

■ 도서 A/S 안내

성안당에서 발행하는 모든 도서는 저자와 출판사, 그리고 독자가 함께 만들어 나갑니다.

좋은 책을 펴내기 위해 많은 노력을 기울이고 있습니다. 혹시라도 내용상의 오류나 오탈자 등이 발견되면 "좋은 책은 나라의 보배"로서 우리 모두가 함께 만들어 간다는 마음으로 연락주시기 바랍니다. 수정 보완하여 더 나은 책이 되도록 최선을 다하겠습니다.

성안당은 늘 독자 여러분들의 소중한 의견을 기다리고 있습니다. 좋은 의견을 보내주시는 분께는 성안당 쇼핑몰의 포인트(3,000포인트)를 적립해 드립니다.

잘못 만들어진 책이나 부록 등이 파손된 경우에는 교환해 드립니다.

본서 기획자 e-mail : coh@cyber.co.kr(최옥현)

홈페이지 : http://www.cyber.co.kr

전화 : 031) 950-6300

머리말
PREFACE

추운 겨울, 찬바람을 맞으며 프랑스 건축가 르 코르뷔지에(Le Corbusier)를 만나러 갔다. 물론 그를 만난 곳은 그의 작품이 전시된 서초 '예술의 전당'이다.

"슬퍼하지 말게.
언젠가는 또 다시 만나게 되는 거니까.
죽음은 우리 각자에게 출구와도 같다네.
나는 왜 사람들이 죽음 앞에 불행해하는지 모르겠네.
그것은 수직에 대한 수평일세, 보완적이고 자연스런 것이지."

거장 르 코르뷔지에(스위스 출신의 프랑스인, 1887~1965), 그가 마지막 날 남긴 말이다. 그는 수직으로 똑바로 서서, 바닷속으로 들어갔다. 그리고 그가 그토록 사랑한 지중해 해변에 누워 평온한 죽음을 맞이한다.

건축가이자 도시계획가인 그가 인생의 마지막 시절을 보낸 곳은 고작 4평짜리 오두막집인 카바농(Cabanon)이다. '4평'으로도 충분하고 행복하다는 메시지를 담은 이 공간은 그가 설계한 수도원의 수도사 방과 똑같은 넓이다. 더할 것 없는 완전한 공간 4평에서 인생의 본질과 만나볼 수 있다. 카바농은 그의 아내 이본느를 위해 1950년에 지은 4평짜리 별장이며, 모듈러 이론에 기초하여 완성되었다. 그는 이 공간에서 여생을 보냈다. 그렇게 르 코르뷔지에의 '4평의 기적'이 탄생한 것이다.

일상의 평범함을 무기로 살아가는 저자는 환경·에너지 분야에서 30년 이상 한 우물을 파고 있다. 건설 및 엔지니어링사에서의 실무경험, 대학 및 대학원에서의 후배 양성, 중앙정부와 지자체 기술심의 및 평가, 산업체 기술지원, 법원전문심리 및 감정평가, 환경에너지 관련 컨설팅 등을 통해 축적한 지식이 소박한 한 권의 책을 탄생시키는 원동력이 되었다고 생각한다.

이 책은 대학 강의교재뿐만 아니라 산업현장과 연구소, 그리고 건설 및 엔지니어링사 등에서 실무에 활용할 수 있도록 꼭 필요한 내용들을 엄선하여 수록하였으며, 주요 내용을 요약하면 다음과 같다.

1 장(Chapter)마다 대기오염제어 관련 기초이론을 구체적이면서도 상세히 다루었다.

2 부분적으로 『심화학습』을 통해 현장 실무이론을 소개함으로써 학습의 깊이를 한층 더 보장하였다.

3 물리적으로 실무경험이 부족한 대학 및 대학원생은 물론이고, 환경에너지 분야에 종사하고 있는 환경기술인, 그리고 환경에 관심이 있는 일반인들도 쉽게 이해하면서 학습할 수 있게 전개하였다.

4 대기환경(산업)기사 및 환경기술사 취득을 위해 노력하는 수험생들을 위한 충실한 학습교재가 될 수 있게 노력하였다.

5 최근 정부에서 시행하고 있는 국가직무능력표준(NCS) 출제기준에 맞추어 서술하였으므로 국내 유수 공기업 및 대기업/중견기업 입사를 위한 NCS 필기 및 면접시험에 대비 가능하다(NCS 실무-Q&A 참고).

6 『부록』에 수록된 대기오염방지시설 점검 및 운전기록지, 대기환경 핵심용어 해설, 아름답고 알기 쉽게 바꾼 환경용어집, 대기오염물질배출시설 해설 등은 취업을 앞두고 있는 학생뿐만 아니라, 일선 산업현장에서 유용하게 활용할 수 있다.

7 마지막으로 전공서적에 수록된 사진은 본의 아니게 역마살이 낀 저자가 국내 및 해외를 틈틈이 다니면서 직접 촬영한 사진들이 대부분이므로 생생한 정보 소통이 가능하다.

본 책자가 사회진출을 앞두고 있거나 현장실무에 종사하고 있는 후배들의 성장 주춧돌로서의 역할을 할 수 있기를 나름 기대해 본다. 참고로 본문에서 대한화학회 명명법과 일치하지 않는 일부 용어는 실무에서 관습적으로 병행 사용하고 있음을 밝혀둔다.

앞으로 부족한 부분은 계속 보완할 것임을 약속하며, 본 교재의 발간 취지를 공감하고 도움을 주신 성안당 이종춘 회장님과 구본철 이사님, 그리고 관련 임직원들께 진심으로 감사드린다. 아울러 10년 이상 저자가 노력할 수 있게 지면(紙面)을 할애해 주신 환경관리연구소 이용운 회장님께도 고마움을 전한다. 끝으로 본 전공서적이 출간되기까지 긍정 엔돌핀을 제공해 준 손녀 수연(琇涓)의 무한성장도 함께 기대한다.

역삼동 집필실에서
저자 **舞海**

차 례
CONTENTS

CONTENTS

Chapter 04   **전기집진시설(Electrostatic Precipitator)**

CONTENTS

CONTENTS

Chapter 11 대기오염방지시설 사업추진 절차 및 방법

Chapter 12 대기오염방지시설 계획 및 설계

CONTENTS

Chapter 15 환경기초시설 시공안전관리

CONTENTS

CONTENTS

표 목차

CONTENTS

그림 목차

CONTENTS

CONTENTS

사진 목차

Atmospheric Environment & Maintenance for Air Pollution Prevention Facility

대기환경 및 방지시설관리

대기환경 및 방지시설관리

www.cyber.co.kr

대기환경오염 일반

1. 대기의 조성과 구조에 대해 설명할 수 있다.
2. 대기환경오염 및 대기광화학반응에 대해 이해할 수 있다.
3. 업종(배출시설)별 주요 대기오염물질을 알 수 있다.
4. 특정대기유해물질, 유해대기오염물질, 잔류성 유기오염물질, 유해화학물질의 정의 및 종류에 대해 알 수 있다.

1. 대기의 조성과 구조
2. 대기환경오염 및 대기광화학반응
3. 업종(배출시설)별 주요 대기오염물질
4. 특정대기유해물질, 유해대기오염물질, 잔류성 유기오염물질, 유해화학물질의 정의 및 종류

1 대기의 조성과 구조

① 대기의 조성

대기는 여러 가지의 기체 분자와 조성이 일정하지 않은 고체 및 액체 입자로 구성된 혼합물로서, 대기밀도는 고도에 따라 급감하지만 대기를 형성하고 있는 공기는 지표로부터 약 80km(균질층, Homosphere)까지는 수증기를 제외하고는 그 성분비가 일정하다.

이와 같이 수증기를 완전히 제거하고 남은 대기, 즉 건조대기로 정상적인 대기 조성을 나타내면 〈표 1-1〉과 같고, 이 구성성분 중에서 농도가 가장 안정된 성분은 산소(O_2), 질소(N_2), 이산화탄소(CO_2), 아르곤(Ar)이다.

〈표 1-1〉 대기의 조성

조 성	분자식	체적비(%)	분자량
질소(Nitrogen)	N_2	78.08	28.01
산소(Oxygen)	O_2	20.95	32
아르곤(Argon)	Ar	0.93	39.95
네온(Neon)	Ne	0.002	20.18
헬륨(Helium)	He	0.0005	4
크립톤(Krypton)	Kr	0.0001	83.8
제논(Xenon)	Xe	0.00009	131.3
수소(Hydrogen)	H_2	0.00005	2.02

공기는 미량의 기체성분을 모두 질소에 포함시켰을 때 부피비로 약 79%의 질소(N_2)와 21%의 산소(O_2)로 구성되어 있다. 이상기체의 경우, 온도와 압력이 일정할 때 부피(V)는 몰수(n)에 비례한다(아보가드로의 법칙). 몰수는 개수에 해당하고, 개수와 질량은 비례하므로(즉, 몰수와 질량은 비례) 부피비로 공기의 평균 분자량을 다음과 같이 계산할 수 있다.

$$28.01 \times 0.79 + 32 \times 0.21 = 28.84 \text{g/mol}$$

한편, 공기는 질량비로 약 76.8%의 질소(N_2)와 23.2%의 산소(O_2)로 구성되어 있으며, 질량비로 공기의 평균 분자량을 계산하면 다음과 같다.

$$28.01 \times 0.768 + 32 \times 0.232 = 28.93 \text{g/mol}$$

❷ 대기의 구조

대기에서의 연직운동은 느리고, 대기의 두께가 매우 얇기 때문에 특정범위 내에서 한정되어 나타남에도 불구하고 연직운동은 구름의 발달, 강수, 뇌우(雷雨)의 활동에 큰 영향을 미칠 수 있다. 대기를 화학적 구성 및 고도에 따른 평균온도의 변화를 근거로 4개의 층, 즉 대류권, 성층권, 중간권, 열권으로 분류할 수 있는데, 이해를 돕고자 각 층에 대한 특성을 구체적으로 설명하고자 한다.

(1) 대류권(Troposphere)

대류권이라는 이름은 그리스어 Tropos로부터 유래되었으며, 뜻은 연직순환과 난류에 의해 공기가 연직으로 섞이는 것을 의미한다. 거의 모든 기상현상이 대류권에서 나타나고, 고도가 증가할 때 기온이 감소하는 일반적인 특성을 보이며, 대기의 4개 층 중에서 가장 얇지만 질량의 80%가 이 곳에 존재한다.

대류권의 두께는 8~16km의 범위로 변화한다. 지표의 평균온도는 약 15℃이지만 대류권 상층에서는 약 -57℃로, 즉 평균적으로 1km당 6.5℃씩 감소함을 알 수 있다. 대류권의 상부에서 다른 층으로 전이되는 영역을 대류권 계면이라 부르며, 이 지역에서는 고도에 따른 온도 감소가 더 이상 나타나지 않는다. 대류권에서 고도가 증가할수록 온도가 감소함에도 불구하고 역전이라 불리는 때로는 고도가 증가할 때 온도가 증가하는 경우도 있다. 역전은 상향운동을 저지하여 고농도의 오염물질이 대기 하층에 남아있게 되므로 중요하다.

(2) 성층권(Stratosphere)

대류권 계면 바로 위에 있는 층을 성층권이라 부르며, 라틴어 Layer에서 유래되었다. 하부에 대류권으로부터 강한 뇌우구름이 침투하는 것을 제외하고는 이 영역에서 기상현상은 거의 일어나지 않는다. 성층권 상부의 열은 대부분이 오존에 의해 흡수된 자외선 복사의 결과다. 그러므로 태양에너지가 성층권에 침투할 때, 자외선이 적으면 적을수록 온도는 감소하게 된다. 성층권에 있는 오존층은 오존의 농도가 증가하는 구역으로서 20~30km 사이에 존재한다. 해발 25km에서 오존의 밀도가 가장 높지만 그래도 약 10ppm밖에 되지 않는다. 이러한 적은 양임에도 불구하고 오존은 태양에너지를 흡수하여 성층권의 온도를 상승시키고 자외선 복사로부터 지구를 보호하기 때문에 매우 중요하다.

(3) 중간권(Mesosphere)과 열권(Thermosphere)

대류권과 성층권에 포함되지 않는 0.1%의 대기 중에서 99.9%가 해발 약 80km까지 걸쳐있는 중간권에 존재한다. 대류권처럼 중간권에서도 고도가 증가할수록 온도가 감소한다. 중간권 위에 있는 층은 열권으로 고도가 증가함에 따라 온도가 증가하고 1,500℃를 초과한다.

다음 [그림 1-1]은 연직 평균온도 단면을 나타낸 것이며, 이를 표준대기라고 한다.

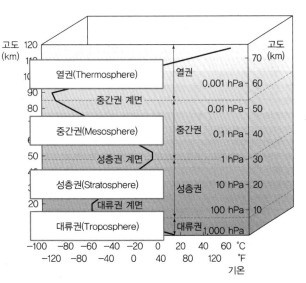

【 그림 1-1. 고도에 따른 대기의 구조 】

2 대기환경오염 및 대기광화학반응

❶ 대기오염물질의 발생원에 따른 분류

대기오염물질의 발생은 '자연현상에 의한 것'과 인간의 활동과 관련된 '인위적인 것'으로 구분할 수 있다. 자연현상에 의한 대기오염물질들의 발생을 자연발생원이라 하며 환경오염으로 정의하지는 않으나, 그 피해가 클 경우에는 자연재해로 분류한다. 자연발생 오염원은 주로 화산, 황사, 해염(Sea Salt), 온천, 산불, 동식물의 부패 또는 발효, 꽃가루, 식물의 씨, 나무 수액, 풍화 등이 있으며, 입자상 물질과 가스상 물질로 발생된다. 인위적 발생원인 인공발생원은 주로 화력발전소, 원자력발전소, 제철 및 제련공장, 각종 산업체, 자동차, 농업, 광업, 축산업 및 가정 등이 이에 해당되며, 다양한 종류의 입자상 및 가스상 오염물들이 발생된다. 다음 [사진 1-1]은 유연탄을 연료로 사용하고 있는 독일 벡스바하(Bexbach, Germany) 화력발전소 전경이다.

【 사진 1-1. 독일 벡스바하(Bexbach) 유연탄 화력발전소 전경 】

※ 자료 : Photo by Prof. S.B.Park, 2006년

한편 특성에 따라 오염원을 점오염원, 면오염원, 선오염원으로 분류하기도 하는데, 오염원이 고정되어 있으며 오염원 지도상에서 점으로 표시되는 점오염원은 주로 대형 화력발전소, 제철 및 제련공장과 같이 다량의 에너지 소비나 오염물을 배출하는 곳에 해당된다. 또한 오염물을 배출하는 불특정 다수의 오염원들이 집단을 이루고 있는 공업지역, 즉 산업단지와 같은 곳은 면오염원으로 분류된다. 이동하는 오염원으로 자동차, 선박, 항공기 등은 일정한 경로, 즉 도로, 항로, 항공로를 따라 이동하므로 이러한 경로는 선오염원이 된다. 다음 [사진 1-2]는 국내 제강로 건옥(建屋) 집진시설의 전경이다.

【 사진 1-2. 제강로 건옥(建屋) 집진시설 전경 】

※ 자료 : Photo by Prof. S.B.Park, 2016년

❷ 입자상 오염물질과 가스상 오염물질

대기오염물질은 물리적 형태에 따라 입자상 오염물질과 가스상 오염물질로 나누어지며, 기타 물질의 형태가 아닌 것으로 방사선 등이 있다. 입자상 오염물질은 아주 작은 액체상 또는 고체상 물질의 부유물을 말하며, 가스상 오염물질은 연소과정이나 액체에서 기체상태로의 기화과정에서 생성되기도 하며, 대기 중에서 화학반응을 통해 만들어지기도 한다. 또한 대기오염물질은 생성원에 따라서 1차 오염물질(Primary Pollutants)과 2차 오염물질(Secondary Pollutants)로 구분할 수 있다.

❸ 광화학반응

태양광선은 지구 대기로 들어오면서 성층권의 오존층에 의해서 300nm 이하의 단파장은 흡수되고 대류권에서는 산소, 탄산가스, 수분 등에 의해서 태양광선이 흡수되면서 광화학반응을 일으키게 된다. 원자나 분자끼리는 충돌하거나 해리되면서 복잡한 연쇄반응을 일으키는 열반응인데, 빛을 선택적으로 흡수하며 불안정하고 복잡한 반응을 거치게 된다([그림 1-2] 참조).

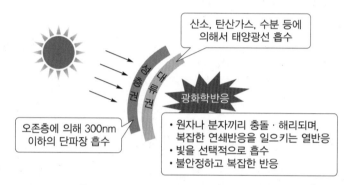

[그림 1-2. 대기 광화학반응 모식도]

배기가스 속의 탄화수소(HC)와 질소산화물(NO_x)은 자외선을 받아 광화학반응을 일으켜 미세한 먼지로 되고, 여기에 옥시던트(산화제) 등과 같은 다른 광화학적 생성물에 의해 흡착되며, 한낮에도 시야가 나쁘고 눈이나 호흡기 질환을 일으켜 심할 경우 생명에 위협을 주기도 한다. 이 현상은 보통은 자외선이 강한 맑은 날에 발생하지만 곳에 따라 흐린 날이나 야간에도 발생하는 일도 있으며, 그 원인물질로는 옥시던트(Oxidants) 아크롤레인(CH_2CHCHO), 질산메틸 등으로 잘 알려져 있다. 대기가 광화학 스모그로 오염되면 눈이나 목에 자극이 오며, 경련이 일어나거나 의식불명 상태로 되는 수도 있으니 주의해야 한다.

> **⚘ 스모그(Smog)**
>
> 스모그(Smog)는 연기(Smoke)와 안개(Fog)의 합성어(Smog=Smoke+Fog)로서, 대기 속의 오염물질이 안개와 뒤섞인 것을 말한다. 대기가 안정할 때 도시나 공업지역에서 잘 생기며, 시야를 흐리게 하고, 눈과 호흡기, 피부 등을 자극한다.

심화학습

좋은(이로운) 오존과 나쁜(해로운) 오존

지구상에 존재하는 오존을 '좋은(이로운) 오존'과 '나쁜(해로운) 오존'으로 각각 구분하여 도식화하면 [그림 1-3]과 같다.

성층권 오존은 좋은 오존
태양으로부터의 자외선을 흡수
지표면 도달 자외선량 조절

오존층 파괴

성층권

대기

대기 중 오존은 나쁜 오존
대기오염물질에서 생성
노약자, 어린이,
호흡기질환자에게 치명적

[그림 1-3. 좋은(이로운) 오존과 나쁜(해로운) 오존]

(1) 좋은(이로운) 오존

인류를 포함해 지구상에 생명체가 존재할 수 있도록 태양의 자외선을 차단하는 기능을 수행한다. 지구상에 생명체가 존재할 수 있는 환경을 만들어주는 좋은 오존의 90% 정도는 지상에서 10~50km 상공의 성층권에 오존층으로 존재한다. 오존층에 존재하는 낮은 농도의 오존은 자외선의 95~99%를 차단해 피부암, 피부노화 등을 막아주는데, 천둥으로 인한 전기방전이나 식물의 광합성 작용 등 자연적으로 발생한다. 오존은 이를 통해 지구 스스로 대기 주위 공기를 정화하며, 자외선 복사로 산소와 오존이 생성과 소멸을 반복하게 된다. 지구상에서 두 번째로 강한 살균력을 자랑하는 오존은 적절히만 사용하면 우리에게 더 없이 유익하다. 오염된 하수를 살균하고 악취를 제거하는 기능은 물론이고, 농약 분해, 중금속 제거, 유해물질 분해, 세균 사멸, 면역반응 증진 등에도 오존이 활용된다. 또 고도의 청결을 요하는 반도체 생산공정에도 오존이 사용되고, 최근에는 오존이 세포에 산소를 공급해 면역력을 높인다는 사실이 밝혀져 의료분야에도 응용되고 있다.

(2) 나쁜(해로운) 오존

지표면으로부터 10km 이내의 대류권에 존재하는 나머지 10%의 오존은 농도가 일정기준 이상 높아질 경우 사람의 호흡기나 눈을 자극하는 등 인체에 해를 미칠 뿐만 아니라 농작물의 성장에도 피해를 주는 나쁜 오존이다. 대기오염 부산물로 발생하는 오존은 인체를 비롯한 생명체에 치명적이다. 자동차 배기가스, 공장 매연으로 인한 대기오염이 오존생성을 촉진한다. 산업화로 인해 지표상에서 발생하는 해로운 오존은 보통 이산화탄소 등의 물질처럼 가정이나 공장 등에서 연료의 연소과정으로 직접 배출되는 것이 아니라 연소과정에서 발생된 이산화질소(NO_x), 휘발성유기화합물(VOCs) 등의 기체가 강한 햇빛을 받아 광화학작용에 의해 생성된다. 특히 바람 한 점 없는 무더운 날에는 오존이 더욱 잘 생성된다. 무더운 여름날 길거리에 물을 뿌리는 것은 온도를 낮추려고 하는 것이기도 하지만, 오존의 광화학반응을 미리 방지하기 위해서이기도 하다.

오존은 자극성 및 산화력이 강한 기체이기 때문에 감각기관이나 호흡기관에 민감한 영향을 미친다. 오존으로 가장 치명적인 손상을 입는 기관은 호흡기다. 고농도 오존에 노출되었을 때에 생기는 기침이나 호흡곤란 등과 같은 증상은 호흡기의 기계적인 이상이 아니다. 기도와 폐포에 존재하는 신경수용체가 오존가스의 자극을 받아 이들을 감싸고 있는 평활근이 수축되고 결국 기도가 좁아져 공기저항이 증가하기 때문에 나타나는 현상이다. 또 호흡기를 통해 체내에 들어온 고농도 오존은 기도나 폐포 등과 접촉하게 된다. 이 조직들은 여러 물질들을 함유한 액체의 막으로 덮여 있는데 이 막이 얇은 경우에는 오존에 의해 조직이 직접 손상을 받을 수 있고, 두꺼운 경우에는 오존이 액체와 반응하는 과정에서 2차적으로 반응성이 강한 물질들을 만들어 내 조직에 손상을 주어 폐 기능을 약화시킬 수 있다. 〈표 1-2〉는 오존 농도별 노출시간에 따른 인체에의 영향을 요약한 것이다.

〈표 1-2〉 오존 농도별 노출시간에 따른 영향

오존 농도(ppm)	노출시간	영 향
0.1~0.3	1시간	호흡기 자극증상 증가, 기침, 눈 자극
0.3~0.5	2시간	운동 중 폐 기능 감소
0.5 이상	6시간	마른기침, 흉부 불안

3 업종(배출시설)별 주요 대기오염물질

배출시설에서 발생하는 대기오염물질의 종류는 업종별로 상당히 다양하다. 이해를 돕고자 업종별로 배출되는 주요 대기오염물질을 소개하면 다음과 같다(*는 배출 주요 항목).

❶ 금속제품 제조·가공 시설

금속제품 제조·가공 시설은 금속의 용융제련 열처리시설, 금속의 표면처리시설, 조립금속제품·기계 및 장비 제조시설, 비철금속 제조·가공 시설 등으로 구분할 수 있으며, 각 시설에서 발생하는 주요 대기오염물질은 다음과 같다.

(1) 금속의 용융제련 열처리시설

황산화물(SO_x)*, 질소산화물(NO_x), 일산화탄소(CO), 불소화물(F_2)

(2) 금속의 표면처리시설

염화수소(HCl), 황산화물(SO_x), 질소산화물(NO_x), 불소화물(F_2), 시안화수소(HCN), 페놀화합물(C_6H_5OH)

(3) 조립금속제품·기계 및 장비 제조시설

염화수소(HCl), 황산화물(SO_x), 질소산화물(NO_x), 수은화합물(Hg)

(4) 비철금속 제조·가공 시설

황산화물(SO_x)*, 시안화수소(HCN)*, 일산화탄소(CO), 질소산화물(NO_x)

❷ 석유화학제품 제조시설

석유화학제품 제조시설은 염산, 황산, 인산, 불산, 질산, 초산 및 그 화합물 제조시설, 화학비료제품 제조시설, 염료 및 안료 제조시설, 석유화학제품 제조시설, 수지 및 플라스틱물질 제조시설, 화학섬유 제조시설, 농약 제조시설, 기타 유·무기화학제품 제조시설 등으로 구분할 수 있으며, 각 시설에서 발생하는 주요 대기오염물질은 다음과 같다.

(1) 염산, 황산, 인산, 불산, 질산, 초산 및 그 화합물 제조시설

염화수소(HCl)*, 염소(Cl_2)*, 황산화물(SO_x)*, 질소산화물(NO_x)*, 시안화수소(HCN)*, 암모니아(NH_3), 일산화탄소(CO), 불소화물(F_2)

(2) 화학비료제품 제조시설

암모니아(NH_3)*, 시안화수소(HCN)*, 염화수소(HCl), 황산화물(SO_x), 질소산화물(NO_x)

(3) 염료 및 안료 제조시설

암모니아(NH_3), 일산화탄소(CO), 염화수소(HCl), 질소산화물(NO_x)

(4) 석유화학제품 제조시설

일산화탄소(CO), 염화수소(HCl), 황산화물(SO_x), 질소산화물(NO_x), 황화수소(H_2S), 벤젠화합물(C_6H_6)

(5) 수지 및 플라스틱물질 제조시설

일산화탄소(CO), 염화수소(HCl), 포름알데히드($HCHO$)*

(6) 화학섬유 제조시설

암모니아(NH_3), 이황화탄소(CS_2)*, 황화수소(H_2S)*

(7) 농약 제조시설

암모니아(NH_3), 염화수소(HCl), 질소산화물(NO_x), 불소화물(F_2), 벤젠화합물(C_6H_6)

(8) 기타 유·무기화학제품 제조시설

암모니아(NH_3)*, 일산화탄소(CO)*, 염화수소(HCl), 염소(Cl_2), 황산화물(SO_x)*, 질소산화물(NO_x)*, 시안화합물(CN), 브롬화합물(Br)

❸ 기타 화학제품 제조·가공 시설

기타 화학제품 제조·가공 시설은 도료 제조시설, 의약품 제조시설, 비누세정제 제조시설, 계면활성제 및 화장품 제조시설, 아교·접착제 제조시설, 기타 화학제품 제조시설 등으로 구분할 수 있으며, 각 시설에서 발생하는 주요 대기오염물질은 다음과 같다.

(1) 도료 제조시설

암모니아(NH_3), 일산화탄소(CO), 염화수소(HCl), 질소산화물(NO_x), 벤젠화합물(C_6H_6)

(2) 의약품 제조시설

염화수소(HCl), 염소(Cl_2), 포름알데히드($HCHO$), 벤젠화합물(C_6H_6)

(3) 비누세정제 제조시설

암모니아(NH_3), 질소산화물(NO_x)

(4) 계면활성제 및 화장품 제조시설

염소(Cl_2)

(5) 아교 · 접착제 제조시설

일산화탄소(CO)

(6) 기타 화학제품 제조시설

일산화탄소(CO), 염화수소(HCl), 황산화물(SO_x)*, 질소산화물(NO_x)*, 이황화탄소(CS_2)*, 황화수소(H_2S)*, 불소화물(F_2), 벤젠화합물(C_6H_6)*, 페놀화합물(C_6H_5OH)

❹ 고무 및 플라스틱제품 제조 · 가공 시설

고무 및 플라스틱제품 제조 · 가공 시설은 타이어 및 튜브 제조시설, 기타 고무제품 제조시설, 플라스틱제품 제조 · 가공 시설 등으로 구분할 수 있으며, 각 시설에서 발생하는 주요 대기오염물질은 다음과 같다.

(1) 타이어 및 튜브 제조시설

황산화물(SO_x)

(2) 기타 고무제품 제조시설

일산화탄소(CO), 염화수소(HCl), 황산화물(SO_x), 질소산화물(NO_x), 벤젠화합물(C_6H_6)

(3) 플라스틱제품 제조 · 가공 시설

염화수소(HCl)*, 염소(Cl_2)*, 벤젠화합물(C_6H_6)

❺ 석유정제 기타 석유 및 석탄제품 제조시설

석유정제 기타 석유 및 석탄제품 제조시설은 석유 정제시설, 폐유 재생시설, 코크스 제조시설, 연탄 제조시설 등으로 구분할 수 있으며, 각 시설에서 발생하는 주요 대기오염물질은 다음과 같다.

(1) 석유 정제시설

암모니아(NH_3)*, 일산화탄소(CO), 황산화물(SO_x)*, 황화수소(H_2S)*, 불소화물(F_2), 벤젠화합물(C_6H_6)

(2) 폐유 재생시설

일산화탄소(CO), 황산화물(SO_x)*, 질소산화물(NO_x), 황화수소(H_2S)*, 벤젠화합물(C_6H_6)

(3) 코크스 제조시설

암모니아(NH_3)*, 일산화탄소(CO), 황산화물(SO_x)*, 질소산화물(NO_x), 황화수소(H_2S)*, 시안화수소(HCN), 벤젠화합물(C_6H_6)

(4) 연탄 제조시설

(5) 아스콘 제조시설

일산화탄소(CO), 황산화물(SO_x)*, 질소산화물(NO_x), 포름알데히드(HCHO)

❻ 비금속광물제품 제조 · 가공 시설

비금속광물제품 제조 · 가공 시설은 도기, 자기 및 토기 제조시설, 유리 및 유리제품 제조시설, 구조 점토제품 제조시설, 시멘트, 석회 및 플라스터 제조시설, 레미콘 제조시설, 내화물 제조시설, 석면 및 암면제품 제조시설, 기타 비금속 및 광물제품 제조시설 등으로 구분할 수 있으며, 각 시설에서 발생하는 주요 대기오염물질은 다음과 같다.

(1) 도기, 자기 및 토기 제조시설

일산화탄소(CO), 황산화물(SO_x), 질소산화물(NO_x), 불소화물(F_2)*

(2) 유리 및 유리제품 제조시설

일산화탄소(CO), 황산화물(SO_x), 질소산화물(NO_x), 불소화물(F_2)*

(3) 구조 점토제품 제조시설

일산화탄소(CO), 황산화물(SO_x), 질소산화물(NO_x), 불소화물(F_2)*

(4) 시멘트, 석회 및 플라스터 제조시설

일산화탄소(CO)*, 황산화물(SO_x), 질소산화물(NO_x)

(5) 레미콘 제조시설

일산화탄소(CO)

(6) 내화물 제조시설

일산화탄소(CO), 황산화물(SO_x), 질소산화물(NO_x), 불소화물(F_2)

(7) 석면 및 암면제품 제조시설

(8) 기타 비금속 및 광물제품 제조시설

포름알데히드(HCHO), 페놀화합물(C_6H_5OH)

❼ 종이 및 담배제품 제조·가공 시설

종이 및 담배제품 제조·가공 시설은 펄프 제조시설, 담배제품 제조·가공 시설 등으로 구분할 수 있으며, 각 시설에서 발생하는 주요 대기오염물질은 다음과 같다.

(1) 펄프 제조시설

일산화탄소(CO), 염화수소(HCl), 황산화물(SO_x)*, 질소산화물(NO_x), 황화수소(H_2S)*

(2) 담배제품 제조·가공 시설

❽ 가죽제품 가공시설 및 목재제품 제조·가공 시설

가죽제품 가공시설과 목재제품 제조·가공 시설에서 발생하는 주요 대기오염물질은 다음과 같다.

(1) 가죽제품 제조·가공 시설

일산화탄소(CO), 염화수소(HCl)

(2) 제재 및 목재 가공시설

일산화탄소(CO), 포름알데히드(HCHO)

❾ 음식료품 제조 · 가공 시설 및 섬유제품 제조 · 가공 시설

음식료품 제조 · 가공 시설과 섬유제품 제조 · 가공 시설에서 발생하는 주요 대기오염물질은 다음과 같다.

(1) 음식료품 제조 · 가공 시설

(2) 섬유제품 제조 · 가공 시설

황산화물(SO_x), 포름알데히드(HCHO)

❿ 공통시설

공통시설은 발전시설, 보일러, 소각시설 등으로 구분할 수 있으며, 각 시설에서 발생하는 주요 대기오염물질은 다음과 같다. 최근 발전시설과 보일러는 청정연료(LNG 등)의 교체 및 사용으로 인해 배출 주요 오염물질이 과거 황산화물(SO_x)에서 질소산화물(NO_x)로 변하고 있는 추세이다.

(1) 발전시설

일산화탄소(CO), 황산화물(SO_x)*, 질소산화물(NO_x)*

(2) 보일러

일산화탄소(CO), 염화수소(HCl)*, 황산화물(SO_x)*, 질소산화물(NO_x)*, 이황화탄소(CS_2)*, 포름알데히드(HCHO), 수은화합물(Hg)

(3) 소각시설

암모니아(NH_3)*, 일산화탄소(CO), 염화수소(HCl)*, 황산화물(SO_x)*, 질소산화물(NO_x)*, 이황화탄소(CS_2)*, 포름알데히드(HCHO), 수은화합물(Hg)

상기 내용을 토대로 〈표 1-3〉에서는 업종(배출시설)별 대기오염물질을 요약하였다.

〈표 1-3〉 업종(배출시설)별 주요 대기오염물질

– 배출 오염 정도 : ◎ 주요항목, ○ 일반항목

배출시설	오염물질 구분	암모니아	일산화탄소	염화수소	염소	황산화물	질소산화물	이황화탄소	포름알데히드	황화수소	불소화물	시안화수소	브롬화합물	벤젠화합물	페놀화합물	수은화합물
금속제품 제조·가공 시설	가. 금속의 용융제련 열처리시설		○			◎	○				○					
	나. 금속의 표면처리시설			○		○	○				○	○			○	
	다. 조립금속제품, 기계 및 장비 제조시설			○		○	○									○
	라. 비철금속 제조·가공 시설		○			◎	○					◎				
석유화학제품 제조시설	가. 염산, 황산, 인산, 불산, 질산, 초산 및 그 화합물 제조시설	○	○	◎	◎	◎	◎				○	◎				
	나. 화학비료제품 제조시설	◎		○		○	○					◎				
	다. 염료 및 안료 제조시설	○	○	○			○									
	라. 석유화학제품 제조시설			○			○			○				○		
	마. 수지 및 플라스틱물질 제조시설			○	○				◎							
	바. 화학섬유 제조시설	○						◎		◎				○		
	사. 농약 제조시설	○		○			○				○			○		
	아. 기타 유·무기 화학제품 제조시설	◎	◎	○	○	◎	◎					○	○			
기타 화학제품 제조·가공 시설	가. 도료 제조시설	○	○	○			○								○	
	나. 의약품 제조시설			○	○					○					○	
	다. 비누세정제 제조시설	○					○									
	라. 계면활성제 및 화장품 제조시설				○											
	마. 아교, 접착제 제조시설		○													
	바. 기타 화학제품 제조시설		○	○		◎	◎	◎		◎	○			◎	○	

배출시설	오염물질 구분	암모니아	일산화탄소	염화수소	염소	황산화물	질소산화물	이황화탄소	포름알데히드	황화수소	불소화물	시안화수소	브롬화합물	벤젠화합물	페놀화합물	수은화합물
고무 및 플라스틱제품 제조·가공 시설	가. 타이어 및 튜브 제조시설					○										
	나. 기타 고무제품 제조시설		○	○		○	○							○		
	다. 플라스틱제품 제조·가공 시설			◎	◎									○		
석유정제 기타 석유 및 석탄제품 제조시설	가. 석유 정제시설	◎	○			◎				◎	○			○		
	나. 폐유 재생시설		○			◎	○			○				○		
	다. 코크스 제조시설	◎	○			◎	○			◎		○		○		
	라. 연탄 제조시설															
	마. 아스콘 제조시설		○			◎	○		○							
비금속광물제품 제조·가공 시설	가. 도기, 자기 및 토기 제조시설		○			○	○				◎					
	나. 유리 및 유리제품 제조시설		○			○	○				◎					
	다. 구조 점토제품 제조시설		○			○	○				◎					
	라. 시멘트, 석회 및 플라스터 제조시설		◎			○	○									
	마. 레미콘 제조시설		○													
	바. 내화물 제조시설		○			○	○				○					
	사. 석면 및 암면제품 제조시설															
	아. 기타 비금속 및 광물제품 제조시설									○					○	
종이 및 담배제품 제조·가공 시설	가. 펄프 제조시설		○	○		◎	○			◎						
	나. 담배제품 제조·가공 시설															
가죽제품 가공 시설 및 목재제품 제조·가공 시설	가. 가죽제품 제조·가공 시설		○	○												
	나. 제재 및 목재 가공 시설		○						○							
음식료품 제조·가공 시설 및 섬유제품 제조·가공 시설	가. 음식료품 제조·가공 시설															
	나. 섬유제품 제조·가공 시설					◎			○							
공통시설	가. 발전시설		○			◎	◎									
	나. 보일러		○	◎		◎	◎	○	○							○
	다. 소각시설	○	○	◎		◎	○	○	○							○

4 특정대기유해물질, 유해대기오염물질, 잔류성 유기오염물질, 유해화학물질의 정의 및 종류

❶ 특정대기유해물질

(1) 정의

특정대기유해물질이란 사람의 건강과 재산이나 동식물의 생육에 직접 또는 간접으로 위해를 끼칠 우려가 있는 대기오염물질로서 환경부령으로 정하는 것을 말한다. 환경부장관은 배출시설로부터 나오는 특정대기유해물질이나 특별대책지역의 배출시설로부터 나오는 대기오염물질로 인하여 환경기준의 유지가 곤란하거나 주민의 건강·재산, 동식물의 생육에 심각한 위해를 끼칠 우려가 있다고 인정되면 대통령령으로 정하는 바에 따라 특정대기유해물질을 배출하는 배출시설의 설치 또는 특별대책지역에서의 배출시설 설치를 제한할 수 있다. 2005년 25개에서 35개로 확대되었다(미국 188개, 독일 154개, 일본 234개).

(2) 종류(제4조 관련)

① 카드뮴 및 그 화합물
② 시안화수소
③ 납 및 그 화합물
④ 폴리염화비페닐
⑤ 크롬 및 그 화합물
⑥ 비소 및 그 화합물
⑦ 수은 및 그 화합물
⑧ 프로필렌 옥사이드
⑨ 염소 및 염화수소
⑩ 불소화물
⑪ 석면
⑫ 니켈 및 그 화합물
⑬ 염화비닐
⑭ 다이옥신
⑮ 페놀 및 그 화합물
⑯ 베릴륨 및 그 화합물
⑰ 벤젠
⑱ 사염화탄소
⑲ 이황화메틸
⑳ 아닐린
㉑ 클로로포름
㉒ 포름알데히드
㉓ 아세트알데히드
㉔ 벤지딘
㉕ 1,3-부타디엔
㉖ 다환방향족 탄화수소류
㉗ 에틸렌옥사이드
㉘ 디클로로메탄
㉙ 스티렌
㉚ 테트라클로로에틸렌
㉛ 1,2-디클로로에탄
㉜ 에틸벤젠
㉝ 트리클로로에틸렌
㉞ 아크릴로니트릴
㉟ 히드라진

❷ 유해대기오염물질

(1) 정의

유해대기오염물질(HAPs)이란 미량만 존재하여도 인간과 동물 및 식물에 치명적인 영향을 미칠 우려가 있는 물질로서 독성, 발암성, 생체 축적 등의 특성이 있는 것을 말한다. 유해대기오염물질은 중금속, 휘발성유기화합물, 다환방향족 탄화수소류, 다이옥신 등 그 종류가 다양하다. 우리나라 환경부에서는 특정대기유해물질에 대해 정의하고, 35개 물질을 지정하여 일반대기오염물질보다 엄격하게 관리하고 있다.

(2) 종류

유해대기오염물질(HAPs)은 공통 적용물질인 특정대기유해물질 35종과 업종별 적용물질 11종이 해당된다.

① 특정대기유해물질 35종

대기환경보전법 시행규칙 [별표 2] 규정

② 업종별 적용물질 11종(대기환경보전법 시행규칙 [별표 10의 2] 업종별 관리대상물질)

구 분	업 종	업종별 적용물질	공통 적용물질
I 업종	• 원유 정제처리업 • 파이프라인 운송업 • 위험물품 보관업	메탄올, 메틸에틸케톤, 엠티비이(MTBE), 톨루엔, 자일렌(o-, m-, p- 포함)	[별표 2] 제1호부터 제35호까지의 특정대기유해물질
	• 석유화학계 기초화학물질 제조업 • 합성고무 제조업 • 합성수지 및 기타 플라스틱물질 제조업	톨루엔, 자일렌(o-, m-, p- 포함), 나프탈렌	
II 업종	• 제철업 • 제강업	입자상 물질(먼지), 망간화합물, 톨루엔, 자일렌(o-, m-, p- 포함)	
III 업종	• 접착제 및 젤라틴 제조업	톨루엔, n-헥산, 이소프로필 알코올, 메탄올, 아크릴산 에틸, 메틸에틸케톤	
	• 그 외 기타 고무제품 제조업 • 플라스틱 필름, 시트 및 판 제조업 • 벽 및 바닥 피복용 플라스틱제품 제조업 • 플라스틱 포대, 봉투 및 유사제품 제조업 • 플라스틱 적층, 도포 및 기타 표면처리제품 제조업 • 그 외 기타 플라스틱제품 제조업 • 적층, 합성 및 특수표면처리 종이 제조업 • 벽지 및 장판지 제조업	톨루엔, 메틸에틸케톤, 자일렌(o-, m-, p- 포함)	
	• 축전지 제조업 • 기타 절연선 및 케이블 제조업	톨루엔, 자일렌(o-, m-, p- 포함)	
	• 직물 및 편조원단 염색 가공업 • 그 외 기타 전자부품 제조업	메틸에틸케톤, 톨루엔	

구 분	업 종	업종별 적용물질	공통 적용물질
III업종	• 냉간 압연 및 압출제품 제조업 • 알루미늄 압연, 압출 및 연신제품 제조업 • 강관 제조업 • 도장 및 기타 피막처리업 • 그 외 기타 분류 안 된 금속가공제품 제조업 • 자동차용 동력전달장치 제조업 • 그 외 기타 자동차부품 제조업	톨루엔, 자일렌(o −, m −, p − 포함), 메탄올	[별표 2] 제1호부터 제35호까지의 특정대기유해물질
IV업종	• 강선 건조업 • 선박 구성부분품 제조업 • 기타 선박 건조업	톨루엔, 자일렌(o −, m −, p − 포함)	

❸ 잔류성 유기오염물질

(1) 정의

잔류성 유기오염물질이란 독성 · 잔류성 · 생물 농축성 및 장거리 이동성 등의 특성을 지니고 있어 사람과 생태계를 위태롭게 하는 물질로서, 다이옥신 등 「잔류성 유기오염물질에 관한 스톡홀름협약」에서 정하는 것을 말하며, 그 구체적인 물질은 대통령령으로 정한다.

(2) 종류(제2조 관련, 시행령 [별표 1])

① 알드린(Aldrin)

② 엔드린(Endrin)

③ 디엘드린(Dieldrin)

④ 톡사펜(Toxaphene)

⑤ 클로르데인(Chlordane)

⑥ 헵타클로르(Heptachlor)

⑦ 미렉스(Mirex)

⑧ 헥사클로로벤젠(Hexachlorobenzene)

⑨ 폴리클로리네이티드비페닐(Polychlorinated biphenyls, PCBs)

⑩ 디디티(1,1,1−trichloro−2,2−bis(4−chlorophenyl)ethane, DDT)

⑪ 다이옥신(Polychlorinated dibenzo−p−dioxins, PCDD)

⑫ 퓨란(Polychlorinated dibenzofurans, PCDF)

⑬ 클로르데칸(Chlordecone)

⑭ 린단(Lindane)

⑮ 알파헥사클로로사이클로헥산(Alpha hexachlorocyclohexane)

⑯ 베타헥사클로로사이클로헥산(Beta hexachlorocycloHexane)

⑰ 테트라브로모디페닐에테르와 펜타브로모디페닐에테르(Tetrabromodiphenyl ether and pentabromodiphenyl ether)

⑱ 헥사브로모디페닐에테르와 헵타브로모디페닐에테르(Hexabromodiphenyl ether and heptabromodiphenyl ether)

⑲ 헥사브로모비페닐(Hexabromobiphenyl)

⑳ 펜타클로로벤젠(Pentachlorobenzene, PeCB)

㉑ 과불화옥탄술폰산(Perfluorooctane sulfonic acid, PFOS), 그 염류와 과불화옥탄술포닐플로라이드(Perfluorooctane sulfonyl fluoride, PFOS-F)

㉒ 엔도설판 및 그 이성체(Technical endosulfan and its related isomer)

㉓ 헥사브로모사이클로도데칸(Hexabromocyclododecane)

㉔ 펜타클로로페놀과 그 염 및 에스테르(Pentachlorophenol and its salts and esters, PCP)

㉕ 헥사클로로부타디엔(Hexachlorobutadiene, HCBD)

⚓ '잔류성 유기오염물질 함유 폐기물'의 종류(제3조 관련)

1. 다이옥신 함유 폐기물(잔류성 유기오염물질 배출시설에서 발생하거나 포집된 것만 해당한다)
   ① 분진
   ② 폐촉매
   ③ 폐흡착제 및 폐흡수제
   ④ 폐수처리 오니 및 공정 오니
   ⑤ 폐산(액체상태의 폐기물로서 수소이온농도지수가 2.0 이하인 것만 해당한다)
   ⑥ 폐알칼리(액체상태의 폐기물로서 수소이온농도지수가 12.5 이상인 것만 해당하며, 수산화칼륨 및 수산화나트륨을 포함한다)
2. 폴리클로리네이티드비페닐 함유 폐기물
3. 폐농약([별표 1] 제1호부터 제10호까지 및 제13호부터 제16호까지의 잔류성 유기오염물질을 함유한 농약만 해당한다)
4. 그 밖에 주변 환경을 오염시킬 수 있는 잔류성 유기오염물질 함유 폐기물로서 환경부장관이 관계 중앙행정기관의 장과 협의하여 고시하는 물질

❹ 유해화학물질

(1) 정의

유해화학물질이란 유독물질, 허가물질, 제한물질 또는 금지물질, 사고대비물질, 그 밖에 유해성이 있거나 그러할 우려가 있는 화학물질을 말한다.

(2) 종류

① 자극제

    ㉠ 상기도 점막 자극제 : 산 · 알칼리, 암모니아(NH_3), 포름알데히드(HCHO), 불화수소(HF), 아황산가스(SO_2)

    ㉡ 상기도 및 폐조직 자극제 : 염소(Cl_2), 오존(O_3)

    ㉢ 종말기관지 및 폐포점막 자극제 : 질소산화물(NO_x), 포스겐($COCl_2$)

② 질식제

    단순 질식제 : 일산화탄소(CO), 아닐린($C_6H_5NH_2$), 청산 · 청화물 · 니트릴, 황화수소(H_2S)

NCS 실무 Q & A

Q 공해차량 운행제한구역제도(Low Emission Zone)에 대하여 설명해 주시기 바랍니다.

A 국내 자동차의 급격한 증가로 자동차가 대기오염의 주된 원인으로 대두되고 있고(대기오염의 약 52% 차지), 외부 유입을 제외한 미세먼지는 대부분 경유차 운행에서 유발되고 있는 것으로 나타나고 있습니다.

대기오염이 심각해 자동차의 운행제한 등 특별관리가 필요한 지역으로 저공해 조치명령(매연저감장치 부착, LPG 엔진 개조, 조기 폐차) 미이행 차량의 운행제한 조치를 취할 수 있는 제도적 장치로 공해차량 운행제한구역제도(LEZ)를 지정하게 되면, 대상지역의 대기질 향상 뿐만 아니라 온실가스 배출량 감소나 대중교통이용률 향상 등의 효과도 기대할 수 있습니다. 아울러 저공해 조치를 이행하지 아니한 차량에 대하여 과태료 부과 등 행정적 제재수단을 시행하여 저공해 조치 참여를 적극 유도할 계획입니다.

참고로 독일의 주요 도시들은 저공해 차량만 도심 진입을 허용하는 추세이며, 2008년 초부터 베를린, 쾰른, 하노버 등은 친환경차 표시가 부착되지 않은 차량의 에코존(Eco-Zone) 진입을 허가하지 않고 있습니다. 보쿰, 뒤셀도르프, 프랑크푸르트 등 다른 도시도 2008년 말부터 이와 같은 제도를 도입하고 있으며, 이는 2007년 3월에 독일에서 제정된 분진 및 스모그 배출규제에 대한 법에 근거한 조치에 해당합니다.

다음 〈표〉는 런던, 베를린, 밀라노, 고텐버그 등 해외 도시별 공해차량 운행제한구역제도(LEZ) 적용효과를 분석한 것입니다.

〈표〉 해외 도시별 LEZ 적용효과 분석

도시(연도)	개선효과	출처
런던 (2012년)	• PM_{10} 배출량 평균 7% 감소, NO_x 배출량 평균 10% 감소 • NO_2 대기오염도 2008년 대비 2012년 16% 감소	Johns et al 2012
독일 모든 지역 (2008년)	• PM_{10} 배출량 7.9% 감소	Wolff and Perry 2011
베를린 (2010년)	• PM 배출량 58% 감소, NO_x 배출량 20% 감소 • PM_{10} 대기오염도 약 7% 감소, NO_2 대기오염도 약 5% 감소	Senatsverwaltung fur Gesundheit 2011
밀라노 (2010년)	• PM_{10} 배출량 평균 15% 감소	Martino 2012
스톡홀름 (2007년)	• PM 배출량 평균 13~19% 감소, HC 배출량 평균 16~21% 감소, NO_x 배출량 평균 3~4% 감소	Stockholm City 2008
고텐버그 (2004년)	• 중차량 배출량 PM 33% 감소, 중차량 HC 4% 감소, 중차량 배출량 NO_x 8% 감소	Gothenburg City 2008
네덜란드 모든 지역 (2010년)	• 중차량 배출량 PM 평균 19% 감소 • $PM_{2.5}$ 대기오염도 평균 2~7% 감소, NO_2 대기오염도 평균 1~2% 감소	Agentschap NI 2010
덴마크 모든 지역 (2010년)	• $PM_{2.5}$ 배출량 평균 1.5% 감소, PM_{10} 배출량 평균 약 1% 감소 • NO_x 배출량 평균 13~19% 감소	Johns et al 2012

※ 자료 : Global Auto News, 공해차량 운행제한구역제도(LEZ), 2015년 5월

입자상 오염물질

1. 입자상 오염물질의 종류 및 특성을 파악할 수 있다.
2. 집진장치 설계 및 선정 시 고려해야 할 인자에 대해 알 수 있다.
3. 분진 제거 메커니즘(Mechanism)을 이해할 수 있다.
4. 미세먼지(PM$_{10}$/PM$_{2.5}$) 일반 및 현황을 파악할 수 있다.
5. 날림(비산)먼지 저감대책을 수립할 수 있다.

1. 입자상 오염물질의 종류 및 특성
2. 집진장치 설계 및 선정 시 고려해야 할 인자
3. 분진 제거 메커니즘(Mechanism)
4. 미세먼지(PM$_{10}$/PM$_{2.5}$) 일반 및 현황
5. 날림(비산)먼지 저감대책

1 입자상 오염물질의 종류 및 특성

입자상 오염물질은 아주 작은 액체상 또는 고체상 물질의 부유물로서, 분진(Particle), 연기 (Smoke), 검댕(Soot), 박무(Mist), 연무질(Aerosol), 먼지(Dust), 안개(Fog), 비산재(Fly Ash), 훈연(Fume), 연무(Haze), 연하(Smaze), 스모그(Smog), 공중 알레르기 물질(Aero Alergen) 등이다.

(1) 분진(Particle)

대기 중에 부유하거나 비산 강하하는 미세한 고체상의 입자상 물질을 말한다. 대기환경보전 법에서 분진은 물건의 파쇄, 선별, 기타 기계적 처리 또는 퇴적에 의해 발생한다고 되어 있으며, 비산(飛散)물질로 규정하여 분진 발생시설의 구조 및 사용관리에 관한 기준을 정하고 있다.

(2) 연기(Smoke)

연소 시 발생하는 유리탄소(遊離炭素)를 주로 하는 미세한 입자상 물질을 말한다. 여기서 유리탄소란 화합물 속에서 화학적으로 결합하지 않는 탄소에 해당하며, 그 종류로는 연소 시 발생하는 황산화물, 연소 또는 열원으로 전기 사용 시 발생하는 매진(煤塵), 그리고 물체의 연소, 합성, 분해, 그 밖의 처리에 따라 발생하는 물질 중 카드뮴, 염소, 불화수소, 납 등이 있다.

(3) 검댕(Soot)

연소 시 발생하는 유리탄소(遊離炭素)가 응결하여 입자의 지름이 $1\mu m$ 이상되는 입자상 물질을 말한다.

(4) 박무(Mist)

많은 미세한 물방울이나 습한 흡습성 입자가 대기 중에 떠 있는 것을 말하며, 엷은 안개라고도 한다. 박무(薄霧) 발생 시 먼 곳의 물체가 흐려 보이고, 시정은 1km 이상이며 안개 발생 시 시정은 1km 미만이다.

(5) 연무질(Aerosol)

매연, 안개, 연무와 같이 가스 내에 미세한 고체 혹은 액체입자가 분산된 것을 말한다.

(6) 먼지(Dust)

주로 콜로이드(Colloid)보다 큰 고체입자로서, 공기나 가스 내에 부유할 수 있는 것을 말한다.

(7) 안개(Fog)

분산질이 액체인 눈에 보이는 연무질로서, 시정거리는 1km 이하이고 습도는 70% 이상이다.

(8) 비산재(Fly Ash)

연료 연소 시 생기는 굴뚝 연기 내의 미세한 재(Ash) 입자로서, 불완전 연소한 연료를 함유할 수도 있다.

(9) 훈연(Fume)

금속산화물과 같이 가스상 물질이 승화, 증류 및 화학반응 과정에서 응축될 때 주로 생성되는 고체입자를 말한다. 승화 또는 용융된 물질이 휘발하여 기체가 응축할 때 생긴 $1\mu m$ 이하의 고체입자로서, 주로 금속정련이나 도금공정에서 많이 발생한다. 활발한 브라운 운동(Browian Movement)을 하며, 아연과 납산화물의 훈연(熏煙)은 고온에서 휘발된 금속의 산화와 응축과정에서 생성된다.

(10) 연무(Haze)

광화학반응으로 생성된 물질로서, 아주 작은 다수의 건조입자가 부유하고 있는 상태를 말하며 습도는 70% 이하이다. 지름 약 0.1μm로 크기가 너무 작아 육안으로 식별이 어렵고, 결집하면 수평시정을 감소시키며 대기를 뿌옇게 보이게 한다. 연무(煙霧)는 배경이 어두우면 푸르게 보이고, 밝으면 노랗게 보인다. 이러한 특성으로 연무는 하늘을 잿빛으로 물들이는 박무(薄霧)와 구별된다.

(11) 연하(Smaze)

연기(Smoke)와 연무(Haze)가 혼합된 상태를 말한다.

(12) 스모그(Smog)

연기(Smoke)와 안개(Fog)의 합성어로서, 대기 속의 오염물질이 안개와 뒤섞인 것을 말한다. 대기가 안정할 때 도시나 공업지대에서 잘 생기며, 시야를 흐리게 하고 눈과 호흡기, 피부 등을 자극한다.

(13) 공중 알레르기 물질(Aero Alergen)

공기 중의 화분, 균류의 포자, 기타 효모, 곰팡이, 동물의 털 등이 인간에게 알레르기 반응을 일으키는 물질을 말한다.

【 사진 2-1. 산안개가 낀 전경(Blue Mountain, Australia) 】

※ 자료 : Photo by Prof. S.B.Park, 2014년 8월

2 | 집진장치 설계 및 선정 시 고려인자

❶ 집진장치 설계 시 고려인자

집진장치 설계 시는 목표 설정, 집진해야 할 입자의 특성, 기류 특성, 장치설비 요건(要件), 관련 비용 등을 검토해야 하는데 이와 관련한 내용은 다음과 같다.

(1) 목표 설정

배출량, 배출허용기준, 피해지점의 오염도, 장래 강화될 기준 등을 고려하여 처리효율을 어느 정도까지 할 것인가를 검토한다.

(2) 집진해야 할 입자의 특성

① 측정해야 할 항목 : 입도분포, 진밀도, 안식각, 농도, 형상(모양) 등
② 기존자료 조사 : 마모성, 흡습성, 발화온도, 하전성, 물리적 성질, 폭발성 등

(3) 기류 특성

① 측정해야 할 항목 : 배출량, 온도, 점도, 수분량, 밀도 등
② 기존자료 조사 : 부식, 냄새 등

(4) 장치설비 요건(要件)

제품으로서 회수가치, 열회수, 용수 이용, 폐기물 및 2차 오염물 발생 및 처리 등을 검토한다.

(5) 관련 비용

주장치, 부속장치, 정비비, 운전비, 전력비, 자재교환, 건설비, 투자비 회수, 토지 사용 등 관련 경제성을 검토한다.

❷ 집진장치 선정 시 고려인자

집진장치는 과학적 근거에 의해 설계되어야만 효율이 높은 합리적 시설을 선정할 수 있다. 먼지란 일반적으로 기체 중에 가루로 떠 있는 상태이므로 집진하고자 하는 배기 중의 기류 특성과 입자 특성을 충분히 파악해야 한다. 집진장치 투사비와 관련한 요소에는 입구 분진의 농도, 입경 분포(형식 선정), 배기량(처리 규모의 결정), 배기온도와 부식가스, 수분 함유량 등이 있다. [그림 2-1]은 집진장치 선정 요령도이다.

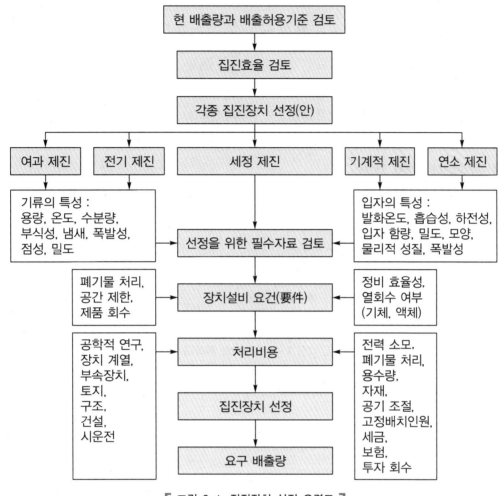

[그림 2-1. 집진장치 선정 요령도]

3 분진 제거 메커니즘(Mechanism)

❶ 중력에 의한 제거

배기가스 중의 분진이나 대기 중의 입자상 물질을 지구 중력(重力)에 의하여 분리 제거하는 원리를 응용한 것이다([그림 2-2] 참조).

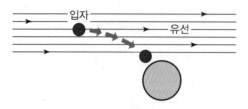

[그림 2-2. 중력의 원리]

❷ 관성력에 의한 제거

기류(氣流)가 장애물에 부딪혀 급격한 방향전환이 일어날 때, 배기가스 중에 함유된 오염물질을 입자의 관성력(慣性力)에 의해 분리 제거하는 원리를 응용한 것이다([그림 2-3] 참조).

[그림 2-3. 관성력의 원리]

❸ 원심력에 의한 제거

고체상 혹은 액체상 분진을 원심력(遠心力)을 이용, 사이클론 등에서 분리 제거하는 원리를 응용한 것이다([그림 2-4] 참조).

[그림 2-4. 원심력의 원리]

❹ 세정에 의한 제거

액적(液滴), 액막(液膜), 기포(氣泡) 등을 이용, 배기가스에 함유된 분진을 세정하여 입자에 부착, 입자 상호간의 응집을 촉진하여 분리 제거하는 원리를 응용한 것이다. 기본적으로 관성충돌, 직접흡수, 확산, 응집작용 등의 포집기 전에 지배를 받는다([그림 2-5] 참조).

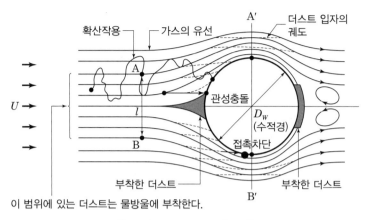

이 범위에 있는 더스트는 물방울에 부착한다.

[그림 2-5. 세정의 원리]

❺ 여과에 의한 제거

 분진을 함유한 배기가스가 여과포를 통과할 때 관성충돌(慣性衝突), 직접차단(直接遮斷), 확산(擴散), 중력(重力) 및 정전기력 응집(凝集) 등에 의해 분진을 분리 제거하는 원리를 응용한 것이다([그림 2-6] 참조).

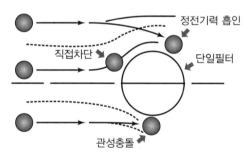

[그림 2-6. 여과의 원리]

❻ 전기력에 의한 제거

 하전(荷電)된 분진이 쿨롱(Coulomb)의 힘에 의해 집진판(集塵板)에 부착 제거되는 원리를 응용한 것이다([그림 2-7] 참조).

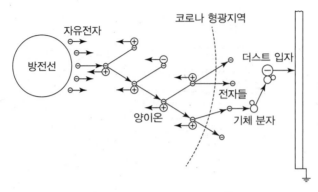

[그림 2-7. 전기력의 원리]

4 미세먼지(PM₁₀/PM₂.₅) 일반 및 현황

❶ 미세먼지 일반

인도에서는 대기오염때문에 하루 평균 3천283명이 숨지고 있다는 보도가 발표되었다(자료 : 연합뉴스 인터넷 기사, 2016년 11월 17일자). 이는 중국보다 많은 것이라는 조사결과인데, 인도가 중국보다 대기오염으로 인한 사망자가 더 많은 것은 1990년 이후 처음이라고 국제환경단체인 그린피스가 전했다. 중국은 2011년 화력발전소 배출가스 기준을 새로 정하고, 특정지역 오염방지 조치를 추진하면서 미세먼지 수준이 꾸준히 줄어드는 데 반해, 인도는 지속적인 오염방지 대책이 부족한 탓이 이유라는 것이다. 인도는 2014년 세계보건기구(WHO) 조사에서 수도인 뉴델리가 연평균 미세먼지(PM₂.₅) 농도가 $153\mu g/m^3$로 세계에서 대기오염이 가장 심한 도시로 조사되기도 하였다.

> ⚡ 그린피스(Greenpeace)
> 그린피스는 핵무기 반대와 환경보호를 목표로 국제적 활동을 벌이고 있는 국제환경단체로서, 본부는 암스테르담에 있다.

일반적으로 먼지는 입자의 크기에 따라 총먼지(TSP : Total Suspended Particles), 지름이 $10\mu m$ 이하인 미세먼지, 그리고 지름이 $2.5\mu m$ 이하인 초미세먼지(Ultra-fine Particles)로 구분할 수 있다.

미세먼지의 1차 및 2차 생성입자

(1) 미세먼지의 1차 생성입자

배출원에서 직접 배출되는 미세먼지를 '1차 생성입자'라고 하며, 사업장 연소, 자동차 연료 연소, 생물성 연소 등 특정 배출원에서 직접 발생되는 입자가 여기에 해당한다.

(2) 미세먼지의 2차 생성입자

황산화물(SO_x), 질소산화물(NO_x), 암모니아(NH_3) 등의 전구물질이 대기 중의 특정 조건에서 반응하여 생성되는 황산염, 질산염, 유기탄소화합물 등의 미세먼지 상태를 '2차 생성입자'라고 한다. 여기서 전구물질(前驅物質, Precursor)이란 어떠한 화합물을 합성하는 데 있어 필요한 재료가 되는 물질을 일컫는다.

② 미세먼지 현황

(1) 대기환경기준과 배출허용기준

국내에서 관리하고 있는 대기환경기준이란 사람의 생명 및 건강을 지키고 쾌적한 환경을 조성하기 위하여 설정한 기준으로 법적 구속력은 없는 반면, 배출허용기준은 정해진 허용기준치를 초과할 경우 배출 부과금을 부과하는 등 법적조치를 취할 수 있는 행정규제 수단이다.

대기환경기준을 달성하기 위한 주요 수단인 이 배출허용기준은 개별적인 오염물질 배출시설에 적용되는 규제기준으로서, 오염물질 배출의 최대허용치 혹은 최대허용농도라고 할 수 있다.

이것은 오염물질에 대한 직접 규제 수단 중 가장 핵심이 되는 것으로 환경기준과 배출허용기준은 목적과 수단이라는 상호관계가 있으므로 배출허용기준은 환경기준에 따라 달라질 수 있다.

> **환경정책기본법 제12조(환경기준의 설정)**
>
> ① 국가는 생태계 또는 인간의 건강에 미치는 영향 등을 고려하여 환경기준을 설정하여야 하며, 환경 여건의 변화에 따라 그 적정성이 유지되도록 하여야 한다. 〈개정 2016. 1. 27.〉
> ② 환경기준은 대통령령으로 정한다.
> ③ 특별시·광역시·도·특별자치도는 해당 지역의 환경적 특수성을 고려하여 필요하다고 인정할 때에는 해당 시·도의 조례로 제1항에 따른 환경기준보다 확대·강화된 별도의 환경기준을 설정 또는 변경할 수 있다.
> ④ 특별시장·광역시장·도지사·특별자치도지사는 제3항에 따라 지역환경기준을 설정하거나, 변경한 경우에는 이를 지체 없이 환경부장관에게 보고하여야 한다.

〈표 2-1〉은 2017년 3월 현재 적용되고 있는 국내 대기환경기준이며, 이 대기환경기준은 환경정책기본법 제12조 제2항에 따른다.

〈표 2-1〉 국내 대기환경기준(제2조 관련)

항 목	기 준	측정방법
아황산가스 (SO₂)	• 연간 평균치 : 0.02ppm 이하 • 24시간 평균치 : 0.05ppm 이하 • 1시간 평균치 : 0.15ppm 이하	자외선 형광법 (Pulse U.V. Fluorescence Method)
일산화탄소 (CO)	• 8시간 평균치 : 9ppm 이하 • 1시간 평균치 : 25ppm 이하	비분산 적외선 분석법 (Non–Dispersive Infrared Method)
이산화질소 (NO₂)	• 연간 평균치 : 0.03ppm 이하 • 24시간 평균치 : 0.06ppm 이하 • 1시간 평균치 : 0.1ppm 이하	화학발광법 (Chemiluminescence Method)
미세먼지 (PM₁₀)	• 연간 평균치 : $50\mu g/m^3$ 이하 • 24시간 평균치 : $100\mu g/m^3$ 이하	베타선 흡수법 (β–Ray Absorption Method)
미세먼지 (PM₂.₅)	• 연간 평균치 : $25\mu g/m^3$ 이하 • 24시간 평균치 : $50\mu g/m^3$ 이하	중량농도법 또는 이에 준하는 자동측정법
오존 (O₃)	• 8시간 평균치 : 0.06ppm 이하 • 1시간 평균치 : 0.1ppm 이하	자외선 광도법 (U.V. Photometric Method)
납 (Pb)	• 연간 평균치 : $0.5\mu g/m^3$ 이하	원자흡광광도법 (Atomic Absorption Spectrophotometry)
벤젠	• 연간 평균치 : $5\mu g/m^3$ 이하	가스 크로마토그래피 (Gas Chromatography)

※ 비고
1. 1시간 평균치는 999천분위수(千分位數)의 값이 그 기준을 초과해서는 안 되고, 8시간 및 24시간 평균치는 99백분위수의 값이 그 기준을 초과해서는 안 된다.
2. 미세먼지(PM₁₀)는 입자의 크기가 $10\mu m$ 이하인 먼지를 말한다.
3. 미세먼지(PM₂.₅)는 입자의 크기가 $2.5\mu m$ 이하인 먼지를 말한다.

(2) 미세먼지와 초미세먼지

① 미세먼지의 특성

$10\mu m$ 이하의 미세먼지(Particulate Matters less than $10\mu m$ as an Aerodynamic Diameter), 일명 PM₁₀은 사람의 폐포까지 깊숙이 침투해 천식이나 폐질환 유병률, 조기 사망률 증가를 유발한다. 이는 황산염, 질산염, 암모니아 등의 이온성분과 금속화합물, 탄소화합물 등 유해물질로 이루어져 있는데, 주로 자동차 배기가스에서 발생한다. 이 때문에 세계 각국에서는 $10\mu m$ 이하의 먼지를 임계농도(기준)로 정해 엄격하게 규제하고 있으며, 국내에서도 1995년부터 이 농도를 미세먼지 기준으로 삼고 있다.

　　㉠ 미세먼지 유병률 관련 연구결과에 의하면(국립환경과학원, 연세대, 2006)
　　　• (PM$_{2.5}$) 농도가 $36{\sim}50\mu\mathrm{g/m^3}$인 경우 급성 폐질환 유병률 10% 증가, $51{\sim}80\mu\mathrm{g/m^3}$ 인 경우 만성천식 10% 증가 유발
　　　• (PM$_{10}$) 농도가 $120{\sim}200\mu\mathrm{g/m^3}$인 경우 일반인의 만성천식 유병률 10% 증가, $201{\sim}300\mu\mathrm{g/m^3}$인 경우 급성천식 유병률 10% 증가 등
　　㉡ 미세먼지 사망률 관련 연구결과에 의하면(국립환경과학원, 인하대, 2009)
　　　• (PM$_{2.5}$) 서울 PM$_{2.5}$ 농도가 평상시보다 $10\mu\mathrm{g/m^3}$ 증가하면 일별 조기 사망률이 0.8% 증가하며 노인(65세 이상) 등 민감집단의 사망률 1.1% 증가 추정
　　　• (PM$_{10}$) 서울의 $10\mu\mathrm{g/m^3}$ 증가당 일별 조기 사망률 0.3% 증가

② 초미세먼지의 특성

초미세먼지(Ultra-fine Particles), 일명 PM$_{2.5}$는 미세먼지의 4분의 1 크기밖에 되지 않는 아주 작은 먼지로, 사람의 눈에는 거의 보이지 않는다. 미세먼지와 마찬가지로 자동차나 화석연료에서 발생한다. 미세먼지보다 훨씬 작기 때문에 기도에서 걸러지지 못하고 대부분 폐포까지 침투해 심장질환과 호흡기 질병 등을 일으킨다. 특히 입자가 큰 먼지와 달리 단기간만 노출되어도 인체에 심각한 영향을 미치기 때문에 심할 경우 조기 사망으로 이어질 수도 있다. 2005년 당시 초미세먼지는 미국에서만 $2.5\mu\mathrm{m}$를 기준으로 설정하고 있었으나, 현재 국내에서는 2011년 4월 28일 환경정책기본법 시행령을 통해 PM$_{10}$(입자의 크기가 $10\mu\mathrm{m}$ 이하)의 미세먼지는 연간 평균치 $50\mu\mathrm{g/m^3}$ 이하, 24시간 평균치 $100\mu\mathrm{g/m^3}$ 이하로 베타선 흡수법을 통해 측정하며, PM$_{2.5}$(입자의 크기가 $2.5\mu\mathrm{m}$ 이하)의 미세먼지는 연간 평균치 $25\mu\mathrm{g/m^3}$ 이하, 24시간 평균치 $50\mu\mathrm{g/m^3}$ 이하로 중량농도법 또는 이에 준하는 자동측정법으로 측정하도록 개정하여 2015년 1월 1일부터 시행하도록 하였다.

(3) 황사(黃砂)와 미세(微細)먼지

　황사는 고비사막, 몽골고원 등으로부터 바람을 타고 하늘 높이 올라간 미세한 모래먼지가 대기 중에 퍼져 하늘을 덮었다가 지상으로 서서히 떨어지는 자연적인 현상으로 발생한다. 발원지에서 발생된 황사의 30%는 발원지 부근에서 침적되고, 20%는 주변 지역으로 수송되며, 나머지 50%는 장거리 수송되어 한국, 일본, 태평양 등에 침적된다. 발원지에서 우리나라까지 이동시간 및 이동고도는 상층 기류의 속도에 따라 다르다.

① 타클라마칸 사막에서 발생되는 황사 : 고도 $4{\sim}8\mathrm{km}$, 이동시간 $4{\sim}8$일
② 고비사막에서 발생되는 황사 : 고도 $1{\sim}5\mathrm{km}$, 이동시간 $3{\sim}5$일
③ 황토지대에서 발생되는 황사 : 고도 $1{\sim}4\mathrm{km}$, 이동시간 $2{\sim}4$일
④ 황사의 발원지로부터 우리나라까지의 거리는 내몽고의 고비사막으로부터 약 $2,000\mathrm{km}$, 신강의 타클라마칸 사막으로부터 약 $5,000\mathrm{km}$ 이상 떨어져 있다.

우리나라에서 관측되는 황사의 크기는 $1 \sim 10 \mu m$ 범위이며, $3 \mu m$ 내외의 입자가 가장 많다. 사막지대는 석영(규소)이 많고, 황토지대는 알루미늄이 주성분이며, 철 성분은 사막지대 및 황토지대에 모두 함유되어 있다. 황사가 발생하면 필터에 포집한 먼지의 색깔이 황갈색으로 보이지만, 평상시에는 매연 등의 영향으로 검정색으로 보인다. 황사시즌이 되면 일반 토양에 많이 함유된 철, 망간, 니켈 등 중금속도 평상시보다 높게 측정된다.

황사는 주로 총먼지(TSP)와 미세먼지(PM_{10})로 분포하고 있으며, 눈과 코, 그리고 호흡기 질환 등을 유발한다. 시정장애를 일으키며 인체영향 외에 반도체, 정밀산업에 경제적 손실을 주고 식물의 광합성 방해 등 부정적인 영향을 많이 끼치지만 일부는 토양을 비옥하게 하고 호소의 산성화를 막아주는 등 긍정적인 효과도 있는 것으로 알려져 있다.

① 고비사막과 황토지역에서의 황사 중 칼슘성분은 4~6% 정도이다.

② 국내에 발생한 황사 중 칼슘성분은 2~5% 정도이다.

③ 황사는 식물과 해양 플랑크톤에 유기염류를 제공하고 있다.

[그림 2-8]은 몽골 및 중국 사막지역에서 생성된 황사가 국내로 유입되고 있는 경로를 도식화한 것이다.

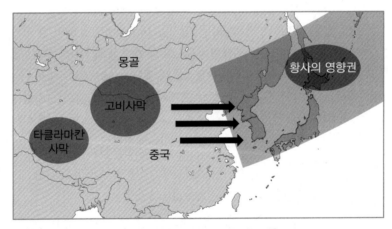

【 그림 2-8. 황사의 이동현상 】

※ 자료 : 환경부(http://www.me.go.kr) 홈페이지, 2018년 2월(검색기준)

반면, 미세먼지($PM_{10}/PM_{2.5}$)는 연료의 연소에 의한 것이 대부분으로 자동차, 발전소, 보일러 등에서의 배출물질이 주요 발생원이다. 주로 인위적 활동에 기인하며, 황산염, 질산염, 암모니아 등의 이온성분과 금속화합물, 탄소화합물 등의 유해물질로 이루어져 있다. 미세먼지는 입자상 물질로서 머리카락 지름의 6분의 1 크기이며, 특히 지름 $2.5 \mu m$ 이하의 초미세먼지($PM_{2.5}$)는 질산염, 탄소성분과 비소, 납, 수은 등 유해 중금속을 포함하고 있다.

(4) 미세먼지(PM$_{10}$/PM$_{2.5}$) 측정방법

① 대용량 공기채취기(High Volume Air Sampler)

    ㉠ 1.2~1.7m^3/min의 유량으로 흡입하여 입자상 물질을 채취할 수 있으며, 채취한 시료는 먼지 중에 함유된 중금속, 단환방향족 탄화수소, 이온성 물질, 탄소류(유기성 탄소와 원소성 탄소) 등 여러 성분의 분석에 이용한다.

    ㉡ 여과지는 압력손실이 낮고 흡습성이 낮으며 분석 시에 방해성분을 함유하지 않는 필터로서 유리섬유 필터(Glass Fiber Filter)와 석명섬유 필터(Quartz Fiber Filter)가 통상적으로 사용된다.

    ㉢ 측정시간은 일반적으로 24시간을 표준으로 하며, 목적에 따라 그보다 짧거나 길게 시간을 설정한다.

    ㉣ 여과지는 입자상 물질 채취면이 안쪽으로 되도록 필터의 긴 방향을 반으로 접어 20℃, 50%의 조건에서 24시간 이상 항량이 되게 한 후 무게를 측정하여 농도를 계산한다.

② 소용량 공기채취기(Mini Volume Air Sampler)

    ㉠ PM$_{10}$ Inlet의 충돌판에 관성충돌하여 붙고, 10μm보다 작은 입자는 충돌판에서 위로 흐르는 공기의 흐름에 따라 여과지에 쌓인다.

    ㉡ 측정유량은 5L/min이며, 24시간 측정한다.

    ㉢ 여과지는 Pore Size가 0.4μm 이하인 미량 원소성분 분석에 가장 적합한 재질로 알려진 PTFE Membrane Filter를 사용한다.

    ㉣ 20℃, 50%의 조건에서 24시간 이상 항량이 되게 한 후 무게를 측정하고 농도를 계산한다.

    ㉤ 정확성 배터리 가동 및 외부전원 가동이 모두 가능하고, 경량으로 저소음형이기 때문에 실내공기 측정은 물론 외부 대기 측정용으로 간편한 장치에 해당한다.

③ 저용량 공기채취기(Low Volume Air Sampler)

    ㉠ 다단식 분립기 혹은 사이클론식 분립기를 이용하며, 채취입자의 입경은 일반적으로 10μm 이하다.

    ㉡ 30일 이상 사용할 수 있고, 부하가 걸리지 않을 때에는 흡입유량이 30L/min 이상을 유지한다.

    ㉢ 평판을 좁은 간격으로 여러 장 겹쳐서 수평으로 놓고 공기를 통과시키면 평판 사이를 통과하는 동안에 10μm 이상의 입자는 침강하여 떨어지고 작은 입자만 통과한다.

    ㉣ 여과지는 유리섬유 여과지 또는 Pore Size가 0.4μm 이하인 니트로셀룰로오스(Nitro Cellulose) 멤브레인(Membrane Filter) 또는 아세틸셀룰로오스 멤브레인 필터 등을 사용한다.

    ㉤ 20℃, 50%의 조건에서 24시간 이상 항량이 되게 한 후, 무게를 측정하고 농도를 계산한다.

④ β선 흡수법(β-Ray Absorption Method)

　　㉠ 상시 연속 측정용 자동측정기의 90% 이상이 여과채취식의 β선 흡수법이 사용되고 있다.

　　㉡ 자동측정기의 β선 흡수법에는 β의 질량흡수계수가 원소에 따라 그다지 변하지 않는 것을 이용하고 있고, 사용 전후의 β선의 흡수정도에 따라 간접적으로 중량을 산정한다.

　　㉢ 시료흡입 후 바로 β선 흡수의 측정이 개시되기 때문에 외기습도의 영향을 받을 우려가 있다.

　　㉣ 사용여과지가 유리섬유 필터(Glass Fiber Filter)이며, 불순물이 많기 때문에 기본적으로 성분분석은 지양하고 있으나, 최근 원소분석용 유리섬유 여과지가 개발되어 성분분석도 적용하고 있다.

(5) 미세먼지 대응방안

　국립환경과학원 통계(2013년 기준)에 따르면, 서울특별시의 미세먼지 60.8%와 경기도의 미세먼지 43.1%가 자동차에서 발생하고 있다고 한다. 또한 자동차 연료의 연소과정에서 발생하는 미세먼지는 일반적인 먼지보다 신체 침투가 용이하며, 여러 오염물질들(이산화질소, 금속, 유기물 등)과 결합하여 2차 오염물질을 생성한다. 미세먼지 노출정도에 따른 유해 가능성과 자동차에서 배출되는 유해한 물질이 인체에 미치는 영향은 심각한 상황이다.

　흔히 초미세먼지라는 $PM_{2.5}$는 황산염(SO^{-4}), 질산염(NO^{-3})과 같은 가스물질에서 입자화된 물질, 원소탄소(Elemental Carbon, EC), 유기탄소(Organic Carbon, OC), 휘발성유기화합물(Volatile Organic Carbons, VOCs), 암모니아에 기인한 암모늄염(NH_4^+), 응축성 입자, 금속 입자, 미네랄 입자 등으로 구성되어 있다.

　초미세먼지 $PM_{2.5}$는 중국에서 날아오는 황사, 국내 지역간 오염물질 이동, 자동차와 보일러의 연소과정에서 생기는 배기가스, 대형 공사장에서 나오는 날림(비산)먼지, 도로 재비산먼지, 선박 및 항공, 공장 매연 등에 의해 주로 발생되는 것으로 알려져 있다. 특히 자동차 등 이동오염원에 의한 영향이 60% 이상을 차지하는 것으로 분석되며, 겨울철 $PM_{2.5}$의 농도는 중국과 몽골의 원인이 30~50%이고, 나머지 45~55%는 수도권 자체에서 발생하는 것으로 확인되고 있다. 전 국토의 12%에 불과한 수도권 면적에 자동차와 인구는 전체의 47%가 집중되어 있는 실정이다.

　초미세먼지에 대한 주요 관리대책을 살펴보면, 초미세먼지 배출이 거의 없는 천연가스 버스 및 저녹스 버너(Low-NO_x Burner) 보급 확대, 대기오염원 및 날림(비산)먼지 발생사업장에 대한 점검 강화, 노면 청소차 운행구역 확대, 살수차 구입 활용, 초미세먼지 저감을 위한 관련 국가간 긴밀한 협력체계 구축 등이다.

심화학습

정부합동 미세먼지 관리 특별대책

정부에서는 국무총리 주재로 관계부처 장관회의를 개최하여 '미세먼지 관리 특별대책'을 확정하여 발표하였다. 최근 고농도 미세먼지가 빈발하여 미세먼지 해결을 위한 국가적 차원의 대책수립이 대두됨에 따라 그동안 국무조정실을 중심으로 관계부처 차관회의 등을 거쳐 방안을 최종 마련한 것이다. 정부에서는 미세먼지가 국민의 안전과 건강을 위협하는 중차대한 환경난제임을 인식하고, 미세먼지 문제를 해결하기 위하여 관계부처 합동으로 총력을 다해 대응하기로 하였다.

※ 자료 : 2016년 6월 3일자 정부 보도자료

미세먼지 관리 특별대책의 기본 방향은 국내 배출원의 과학적 저감, 미세먼지 · CO_2 동시 저감 신산업 육성, 주변국과의 환경협력, 예 · 경보체계 혁신, 전 국민이 미세먼지관리에 참여하되, 서민부담은 최소화한다는 것이다. 정부가 확정 발표한 '미세먼지 관리 특별대책'의 주요 내용을 간략히 소개하면 다음과 같다.

① 국내 배출원의 집중 감축
  ㉠ 수송부분
     미세먼지를 다량 배출하는 경유차 · 건설기계 관리 강화와 함께 친환경차 보급을 획기적으로 확대하고, 대기오염이 극심한 경우 부제 실시 등 자동차 운행을 제한한다.
  ㉡ 발전 · 산업부분
     발전소와 산업체에서 발생하는 미세먼지를 저감한다.
  ㉢ 생활부분
     생활 주변 미세먼지 관리를 위해 도로먼지 청소차 보급('16~'20, 476대), 건설공사장 자발적 협약체결 및 현장관리점검(방진막, 물뿌리기, 세륜 등)을 강화한다. 또한 폐기물 불법소각 근절, 전국 생물성연소 실태조사(~'17년)와 함께 생활 주변 미세먼지 저감을 위한 대국민 캠페인도 전개한다.

② 미세먼지와 CO_2를 함께 줄이는 신산업 육성
  저에너지 도시 구축 산업을 육성하기 위해 지속 가능한 스마트 도시와 제로에너지 빌딩 등 친환경 건축물을 확산한다. 아울러 환경과 상생하는 에너지 신산업을 육성하기 위해 프로슈머 거래 확산, 태양광, ESCO 등 에너지 신산업 투자를 확대하고, 2조원 규모 전력 신산업 펀드를 조성해 신재생에너지, 전기차, 전기저장장치(ESS) 등 에너지 신산업 투자 · 기술개발 · 해외진출을 지원하는 한편, CO_2 포집 · 저장(CCS), CCU 핵심기술 개발과 ESS 산업을 육성한다.

③ 주변국과의 환경협력

주변국과의 환경협력을 더욱 강화하여 가시적인 미세먼지 저감 성과를 거두고, 해외 환경시장 진출기회를 적극적으로 활용한다.

④ 미세먼지 예·경보 체계 혁신

단기간에 미세먼지의 개선이 어렵다는 것을 감안하면, 고농도 시 국민건강 보호를 위한 미세먼지 예·경보 체계를 혁신하고, 대응기술을 개발하는 것이 매우 중요하다. 미세먼지 예보 정확도를 제고하기 위하여 $PM_{2.5}$의 측정망을 PM_{10} 수준으로 단계적으로 확대('16. 4월, 152개소 → '18년 287개소)하고, 예보모델의 다양화 및 고도화를 추진하는 한편, 우리나라의 상황에 적합한 한국형 예보모델도 개발한다.

또한 미세먼지의 정확한 발생원·구성성분 규명과 그에 따른 근본적·과학적 대응을 위한 기술개발도 적극 추진한다. 국민건강 피해를 최소화하기 위해 고농도 미세먼지 발생 시 노약자·어린이 등 건강 취약계층 보호를 위한 범부처 협력체계를 강화하고, 미세먼지 유해성 및 국민행동요령 교육·홍보를 강화한다.

✒ **명칭 개정 (PM_{10} / $PM_{2.5}$ / $PM_{1.0}$)**

그 동안 미세먼지로 알려진 PM_{10}이 앞으로는 '부유먼지'로, 초미세먼지로 알려진 $PM_{2.5}$는 '미세먼지'로 바뀐다. 이에 따라 초미세먼지는 앞으로 $PM_{1.0}$을 가리키게 되고, PM_{10}과 $PM_{2.5}$를 아울러 '흡입성(Inhalable) 먼지'로 지칭하게 된다. 지금까지 국내에서는 지름이 $10\mu m$(마이크로미터)보다 작은 PM_{10}을 미세먼지로, $2.5\mu m$(마이크로미터)보다 작은 $PM_{2.5}$는 초미세먼지로 불려 왔다.

※ 자료 : 환경부, 2017년 3월

5 　날림(비산)먼지 저감대책

❶ 공사별 대기오염방지계획

(1) 운반작업에 따른 날림(비산)먼지

① 모든 공사장 출입차량은 설치된 자동세륜·세차시설 및 살수시설을 이용하도록 하고, 작업장 내에서는 규정속도 20km/hr 이하로 운행하도록 한다.

② 토사 및 골재 운반 시 덮개를 씌워 운행한다.

③ 골재 야적장에는 덮개를 씌워둔다.

④ 공사장과 접해있는 지역은 가설용 펜스(Fence) 위에 방지막을 설치한다.

⑤ 공사차량 주행도로는 주기적으로 살수를 실시하고, 낙토는 발생 즉시 청소한다.

⑥ 공사장 출입구에는 환경관리 전담요원을 배치하여 공사차량의 세륜상태 및 덮개상태를 점검하도록 하며, 청소인력을 배치하여 관리하도록 한다.

(2) 건설장비 운용 및 골조공사 시 날림(비산)먼지

① 현장에서 운용되는 건설장비는 대기오염방지장치의 부착을 의무화한다.
② 먼지가 날리지 않도록 물을 뿌려 적절히 수분을 유지하도록 하고, 2층 이상의 작업 시에는 폐기물 슈트를 설치하여 발생되는 폐기물을 처리한다.
③ 건설공사장에는 방진벽 또는 방진망을 설치하고, 4층 이하의 건물에 1일 3회 이상 살수(撒水)를 실시한다.

(3) 야적장의 날림(비산)먼지

① 현장 야적물은 방진덮개로 덮어둔다.
② 야적물 최고 적재높이의 $\frac{1}{3}$ 이상 방진벽을 설치하고, 적재높이의 1.25배 이상 방진망을 설치한다.
③ 야적물의 함수율은 항상 7~10%를 유지할 수 있도록 살수시설을 설치한다. 단, 고철 등 분체상 물질이 아닌 경우는 제외한다.

(4) 채광현장 날림(비산)먼지

① 발파 시에는 발파공에 젖은 가마니 등, 적절한 방지시설을 설치한 후에 발파를 실시한다.
② 분체상 물질 등은 방진덮개로 덮거나 살수시설을 설치하여 날림(비산)먼지를 방지한다.

❷ 방진망 설치(야적장 등 날림(비산)먼지 발생지역)

건설공사 시 발생되는 먼지로 인한 인근 주민들의 피해를 방지하기 위하여 방진망을 설치하고, 설치 시에는 바람의 주풍향 및 주변 지역의 지형을 이용할 수 있는 시설을 설치한다.
일반적으로 방진망의 종류는 흔히 나일론 제품이 사용되며, 개구율은 40% 전후가 적당하다. 개구율이 55%인 이동식 방진망을 설치할 경우 풍속 3~5m/sec일 때의 풍속 감소효과는 약 20~30%로, 먼지 발생률을 약 50% 정도까지 줄일 수 있다.

❸ 세륜·세차 시설 및 공사장 살수조치

(1) 살수(撒水) 일반

공사용 차량에 의한 도로에의 토사 유출을 방지하기 위하여 공사장 출입구에 세륜·세차 시설을 설치하고, 진입도로 및 차량 이동로에는 1일 3회 이상 살수차를 운행하여 날림(비산)먼지의 발생을 최대한 억제한다. 공사지역이 주거지역과 인접하여 있거나 인근 도로를 이용하여 공사차량이 통과할 경우 비산먼지의 발생에 따른 민원발생 소지가 크므로 고정식(스프링클러(Sprinkler) 등) 또는 이동식(살수차) 살수방법을 채택하여 날림(비산)먼지의 발생이 없도록 한다.

(2) 살수(撒水)방법

① 진입도로 및 차량의 주이동로는 1일 3회 이상 살수를 실시한다.

② 낙토, 토사덩어리 등의 분체상 물질은 발생 즉시 제거하고, 부득이한 사유로 적치(積峙)할 시에는 공사장 주위에 분체상 물질의 함수율을 항상 7~10% 정도 유지할 수 있도록 작업장 주변에 고정식 또는 이동식 살수시설을 설치 · 운영하여 공사 중에 재날림(비산)이 없도록 한다.

③ 풍속이 평균 8m/sec 이상일 경우에는 작업을 중지하고, 날림(비산)먼지가 많이 발생하는 지역은 물뿌리개 등의 살수시설을 갖춘다.

[사진 2-2]는 실제 살수(撒水)차량을 이용해 도로 날림(비산)먼지를 없애고 있는 모습이다.

【 사진 2-2. 살수(撒水)차량을 이용한 도로 날림(비산)먼지 제거 】

※ 자료 : Photo by Prof. S.B.Park, 2016년

❹ 차량운행속도 준수 및 적재함 덮개 설치

차량속도의 규제 없이 차량을 운행할 경우, 적재물이 흩날릴 수 있으므로 작업장 내에서의 차량운행속도는 20km/hr 이하로 제한한다. 특히 날림(비산)먼지의 발생을 적극적으로 방지하기 위해 적재높이는 적재함 상단으로부터 5cm 이하까지만 적재하도록 하며, 적재함은 반드시 덮개로 덮는다. 차량속도에 따른 날림(비산)먼지 감소효과는 다음 〈표 2-2〉와 같다.

〈표 2-2〉 차량속도와 날림(비산)먼지 감소효과

차량의 속도(km/hr)	날림(비산)먼지 감소효과(%)
25	48
32	65
4	80

※ 자료 : Compliation of Air Pollutant Emission Factors

❺ 공종별 먼지 발생원인 및 저감대책

(1) 토공사

① 터파기 및 되메우기 시 먼지 발생
- ㉠ 이동식 살수설비 사용 작업 중 살수
- ㉡ 바람이 심하게 불 경우에는 작업중지

② 굴착 및 운반장비 사용
- ㉠ 살수설비 이용 날림(비산) 방지
- ㉡ 수송차량 적재물에 덮개 설치
- ㉢ 세륜·세차 후 현장출발
- ㉣ 건설현장 내 저속운행 및 통행도로 수시로 살수

(2) 콘크리트 공사

① 거푸집 공사 시 날림(비산)먼지 발생
- ㉠ 운반정리 시 방진막을 덮음.
- ㉡ 운반정리의 단순화로 먼지 발생 억제

② 콘크리트 타설 후
- ㉠ 타설부위 이외에 떨어진 콘크리트를 건조 전 제거
- ㉡ 정밀시공으로 먼지 발생요소 사전 제거(형틀을 정확히 제작)
- ㉢ 타설 시 가림판을 설치하여 콘크리트 날림(비산) 방지

③ 레미콘 및 지게차 사용
- ㉠ 현장 내 저속운행
- ㉡ 세륜 및 세차 후 현장출발
- ㉢ 통행도로를 수시로 살수
- ㉣ 적재함 청소(상차 전, 상차 후)
- ㉤ 이동식 덮개를 덮고 운행

(3) 배수공 공사

① 운반정리 철저로 먼지 발생 억제
② 타설부위 이외에 떨어진 콘크리트 즉시 제거
③ 정밀시공 및 공사차량 저속운행

(4) 포장공사

① 정밀시공으로 날림(비산)먼지 발생요소 억제
② 아스팔트 플랜트의 적정운행
③ 하차 시 필요하면 방진막 사용
④ 필요 시 살수설비 사용

NCS 실무 Q & A

Q 주요 집진시설별 장·단점을 간략히 설명해 주시기 바랍니다.

A 전기 및 여과집진장치 등 주요 집진시설별 장·단점을 요약하면 다음과 같습니다.

항 목	장 점	단 점
전기	• 미세입자에 대해서도 집진효율이 높은 편이다. • 낮은 압력손실로 대량의 가스를 처리할 수 있다. • 습식, 건식 모두 처리 가능하다. • 고온의 가스도 처리 가능하다. • 다른 집진설비에 비해 낮은 동력비가 요구된다.	• 설치비용이 많이 든다. • 운전조건의 변화(농도부하, 유량변화)에 대한 유동성이 적다. • 넓은 설치면적이 필요하다. • 전기 비저항이 크거나, 작은 분진은 제진효율이 감소한다. • 제진효율이 서서히 저하될 수 있다. • 고전압(kV)에 대한 안전설비가 필요하다.
세정	• 가스상 물질은 물론 입자상 물질의 제진이 가능하다. • 고온가스를 냉각시킬 수 있다. • 가연성, 폭발성 먼지를 처리할 수 있다. • 포집효율을 변화시킬 수 있다. • 부식성 가스와 먼지를 중화한다.	• 부식이나 마모가 발생한다. • 배수처리, 재생비용이 증가한다. • 외기에 의한 동결위험이 있다. • 수분에 의한 백연이 발생한다.
여과	• 건식 제진이 가능하고, 고효율적이다. • 조작, 불량 등 조기발견이 가능하다. • 다양한 용량을 처리한다. • 여러 형태의 분진을 포집, 재이용하기 쉽다.	• 넓은 설치면적이 필요하다. • 여과속도에 영향이 크다. • 여과재는 높은 온도와 부식성 화학물질로 인해 상할 수 있다. • 습윤환경에 민감하다. • 화염과 폭발위험이 있다.
원심력	• 설계, 보수가 용이하다. • 고온에서 운전이 가능하다. • 큰 입경과 고농도의 분진처리에 유리하다.	• 미세분진에는 낮은 효율을 나타낸다. • 먼지부하, 유량변동에 민감하다.
중력	• 압력손실이 작다. • 설계 및 보수가 간단하다.	• 설치면적이 큰 편이다. • 제진효율이 낮다.

여과집진시설(Bag House)

1. 여과집진시설(Bag House)의 집진원리를 알 수 있다.
2. 송풍기(Fan) 위치에 따른 구분을 할 수 있다.
3. 탈진방식에 따른 분류를 할 수 있다.
4. 충격 제트형(Pulse Jet Type) 여과집진장치에 대하여 알 수 있다.

1. 여과집진시설(Bag House)의 집진원리
2. 송풍기(Fan) 위치에 따른 구분
3. 탈진방식에 따른 분류
4. 충격 제트형(Pulse Jet Type) 여과집진장치

1 여과집진시설(Bag House)의 집진원리

여과집진시설(Bag House)은 처리가스가 필터(여과섬유)를 통과할 때 분진은 여재(濾材)를 구성하는 섬유와 관성충돌, 직접차단, 확산, 그리고 중력 및 정전기력 응집 등에 의해서 필터에 부착되어 가교를 형성하거나 초층(1차층)을 형성하여 집진하는 방식이다.

❶ 관성충돌

분진의 입경(질량)이 커서 충분한 관성력이 있을 때, 유선의 발산에 관계없이 관성에 의해 분진은 필터에 충돌 부착된다.

❷ 직접차단

입자가 작아져서 가벼워지면 관성도 상대적으로 작아져 유선을 따라 섬유에 접근하게 되며,

그 결과 유선과 같이 발산하여 이동한다. 이때 분진의 중심과 섬유표면의 거리가 분진 반경보다 짧으면 이 분진은 섬유에 부딪혀 부착된다.

❸ 확산

$1\mu m$ 이상의 분진은 관성충돌과 직접차단에 의해 99%가 처리되며, 분진 입경이 $0.1\mu m$ 이하인 아주 작은 입자는 유선을 따라 운동하지 않고 브라운 운동(Brownian Motion), 즉 무작위 운동을 통한 확산에 의하여 포집된다.

> **✎ 브라운 운동(Brownian Motion)**
>
> 유체 중에 부유하는 유기물이나 무기물의 콜로이드 입자가 끊임없이 모든 방향으로 불규칙 운동을 하는 현상을 말하며, 1827년 스코틀랜드의 식물학자 로버트 브라운(Robert Brown)이 화분가루에서 처음으로 발견했기 때문에 그의 이름을 따서 명명되었다. 물질이 밀도가 높은 곳에서 낮은 곳으로 퍼져 나가는 것을 확산이라고 하는데, 이 확산은 브라운 운동을 거시적으로 보는 것이다. 브라운 운동을 하는 수많은 실례 중에는 오염물질의 대기 내 확산, 반도체 내에서 양공의 확산, 생체기관의 뼈 내부에서 칼슘의 확산 등이 있다.

❹ 중력 및 정전기력 응집

집진기전에 있어 그다지 큰 영향을 미치지 않지만 분진이 응집되면 보다 쉽게 제진된다. 또한 실제로 여재를 구성하는 여재섬유는 다소의 전기를 띠고 있으며, 처리가스 내의 분진이 대전되어 있을 때는 적합한 섬유를 적용할 경우 여과집진장치의 효율을 증가시킬 수 있다.

2 송풍기(Fan) 위치에 따른 구분

❶ 압입식(Forced Draft)

여과집진장치 전단에 송풍기가 위치하고 있는 구조이며, 처리대상 가스는 집진기 본체 상부에서 직접 배출할 수 있으므로 연돌(Stack)이 필요 없고, 기밀구조로 할 필요가 없어 흡입식에 비해 가격이 20~30% 정도 저렴하다. 함진 배기가스에 의해 송풍기의 마모나 부착에 의한 사고 우려가 있고, 온도가 높은 가스는 외기의 영향을 받아 응축되기 쉬우므로 주의가 요구된다.

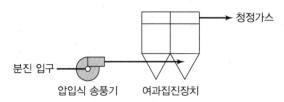

[그림 3-1. 압입식 송풍기(Forced Draft Fan)]

❷ 흡입식(Induced Draft)

여과집진장치 후단에 송풍기가 위치하고 있는 구조이며, 송풍기에 분진이 제거된 청정가스가 흡입되므로 임펠러(Impeller) 등이 분진에 대한 마모나 부착에 의한 진동사고가 적다. 집진기 본체가 기밀구조이므로 고가이긴 하나 보온 등을 하기 쉽고, 높은 온도의 응축성 가스에 적합하며, 송풍기에서 처리가스를 대기로 직접 배출하므로 소음대책이 필요하다.

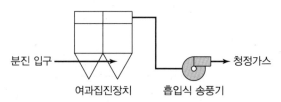

[그림 3-2. 흡입식 송풍기(Induced Draft Fan)]

〈표 3-1〉은 압입식(Forced Draft)과 흡입식(Induced Draft) 송풍기를 비교한 것이다.

〈표 3-1〉 송풍기 위치에 의한 비교

명 칭	압입식(Forced Draft)	흡입식(Induced Draft)
송풍기 위치	흡입후드와 여과집진장치 사이에 송풍기가 있다.	흡인후드와 송풍기 사이에 여과집진장치가 있다.
송풍기	분진이 함유된 공기가 통과하므로 내마모성, 내부착성이 요구된다. 따라서 송풍기 효율을 높이는 형식은 선정이 곤란하다.	분진이 함유되지 않으므로 고효율 송풍기가 선정될 수 있다.
본체	송풍기로 함진 공기를 불어 넣기 때문에 본체 외피는 그다지 밀폐를 필요로 하지 않는다.	흡입방식으로 여과가 이루어지므로 본체 외피는 밀폐와 정압에 의한 내압성이 필요하다.
유지성	운전 중(고온여과 포함)에도 내부에 들어갈 수 있다. 송풍기의 마모, 부착 등의 정비가 정기적으로 필요하다.	운전 중에는 내부에 들어갈 수 없다.
건설비	여과집진장치 본체는 저렴하고, 송풍기는 내마모성이므로 비싸다. 전동기(Motor)는 송풍기 효율로 용량이 크게 된다.	본체는 값이 비싸고, 송풍기용 전동기(Motor)는 비교적 저렴한 편이다.

※ 자료 : 박성복, 대기관리기술사, 한솔아카데미

3 │ 탈진방식에 따른 분류

❶ 진동형(Shaking Type)

기계적 진동(振動)을 이용하여 여과포에 부착된 분진을 터는 방식이다. 분진 입경이 크고, 비교적 털기 쉬운 분진에 적당하며, 흄(Fume) 등 미립자의 경우는 특성상 진폭과 진동수를 크게 해야 효과적이다. 특히 흡습성의 부착성 분진은 진폭의 확대를 고려하여 유연한 여과포를 사용하는 것이 유리하다. 여과포는 직포를 사용하고, 여과속도는 0.5~2m/min 정도이며, 형상은 원통형이 많다. 진동형(Shaking type)은 주로 간이형 집진기에 이용되며, 내면여과에 적당하다.

❷ 충격 제트형(Pulse Jet Type)

외면여과를 통해 배기가스 중 함유된 분진을 제거하는 방식이다. 여과포의 상부에는 벤투리관(Venturi Tube)과 압축공기 분사노즐이 붙어 있고, 이 노즐에서 일정시간마다 압축공기를 분사하여(0.1초 이내) 순차적으로 부착된 분진을 털게 된다. 충격 제트형(Pulse Jet Type)은 고농도의 분진에도 효과가 있으며, 콤팩트(Compact)형으로 한다. 실제 설계 시 여과속도는 2~5m/min 정도이며, 여과포 형상은 원통형(Cylindrical Type)으로 소형화가 가능하다. 그러나 제진 시에 집진기류를 차단하지 않음으로써 분사제진 직후 다시 여과가 시작되어 분진이 호퍼(Hopper)로 낙하되지 않고, 다시 여과포면에 부착될 가능성이 크다.

❸ 역기류형(Reverse Air Type)

여과기류를 차단하고 반대방향으로 기류를 통과시켜 제진하는 방식으로, 이때 여과포면이 변형되어 분진이 떨어진다. 내면여과의 경우, 여과포는 손상되므로 손상형(Collapse Type)이라고도 한다. 이 경우는 기계적 자극이 작으므로 여과포의 손상이 적어서 고온용 유리섬유도 여과포로 이용된다. 원통형 여과포의 경우는 중간에 링(Ring)을 넣어서 사용할 수 있으므로 여과포 원통을 길게 할 수 있으며, 이때의 유속은 0.5~2m/min 정도로 진동형(Shaking Type)과 같다.

상기 3가지 방식 중 충격 제트형(Pulse Jet Type) 여과집진장치가 현재 가장 많이 사용되고 있으므로 이를 구체적으로 설명하고자 한다.

4 | 충격 제트형(Pulse Jet Type) 여과집진장치

❶ 개요

충격 제트형(Pulse Jet Type) 여과집진장치는 수십 년 동안 꾸준히 발전되어 왔으며, 산업용 여과집진장치 시장의 약 80% 이상을 차지하고 있다. 이 방법은 처리가스가 여과포의 외부에서 내부로 통과되기 때문에 먼지는 여과포 외벽에서 포집된다. 여과포 내부에는 철물지지대(Cage)가 있어 여과포가 붕괴되는 것을 막아주고, 여과포는 하부가 막혀 있으며 자루의 상부는 청정공기조절장치에 연결되어 있다([사진 3-1] 참조).

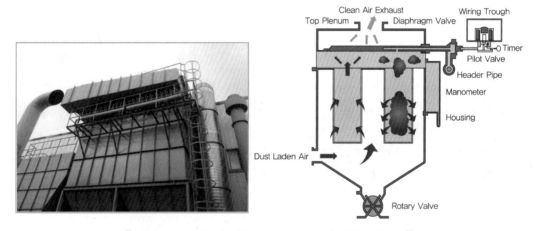

[사진 3-1. 충격 제트형(Pulse Jet Type) 여과집진장치]

※ 자료 : Photo by Prof. S.B.Park

여과포의 먼지는 0.03~0.1초 정도의 짧은 시간 내에 90~100psi의 높은 충격 분출압으로 제거된다. 공기의 충격은 벤투리(Venturi)를 통과하여 여과포를 수축시키는 충격파를 생성하고, 여과자루 외벽에 포집된 집진층은 떨어져 나가며, 여과자루에의 충격은 수분 간격으로 지속된다. 충격분출방식은 오염된 가스를 연속적으로 여과집진장치로 통과시키며 일부 여과포를 청소할 수 있으므로 단위 집진실과 여분의 여과포가 필요 없어 비용이 절감된다. 또한 기존의 탈진방식보다 2~4배의 매우 높은 공기여재비(Air-to-Cloth Ratio)로 사용할 수 있으며, 여과속도(Filtering Velocity)는 빨라질수록 여과면적이 줄어들게 되어 투자비용이 상대적으로 감소하게 된다.

> ⚗️ **여과속도(Filtering Velocity)**
>
> 여과속도란 처리풍량(m³/min)과 전체 여과면적(m²)의 비율을 말한다. 예를 들어, 풍량이 1,000m³/min이고, 여과면적의 합계(여과포의 전체 표면적)가 900m²라면 여과속도(Filtering Velocity)는 1,000/900=1.11m/min이 된다. 어느 정도가 가장 적정한 여과속도인지는 분진의 종류 및 함수율 등과 관계 있지만 경험적으로 1.5~2m/min 이하로 하는 것이 일반적이다. 따라서 여과속도가 결정되면 여과면적(Filtering Area)을 계산할 수 있게 된다.

❷ 최대여과속도

앞서 설명한 바와 같이 여과집진장치에서 먼지 제거성능에 가장 큰 영향을 미치는 것이 여과속도라 할 수 있다. 여과속도가 크면 압력손실이 커져서 전력비가 상승하게 되고, 여과포의 기공폐쇄가 급격히 일어나게 되어 분진이 유출(통과)되기도 한다. 반면 여과속도가 작으면 세공(細孔)이 작아져 공간율이 큰 먼지층이 형성되어 미세한 입자를 포집할 수 있다. 참고로 여과집진시설 설계 시 필요한 최대여과속도 설계범위(경험치)를 소개하면 〈표 3-2〉와 같다.

〈표 3-2〉 최대여과속도 설계인자

먼지 또는 훈연	최대여과속도(cfm/ft² 또는 ft/min)
탄소, 흑연(Graphite), 금속훈연, 비누, 합성세제, 산화아연	5~6
시멘트(원료), 점토(녹색), 플라스틱, 페인트, 색소, 녹말, 설탕, 목재가루, 아연	7~8
산화 알루미늄, 시멘트(완제품), 점토(유리질), 석회, 석회석, 석고, 운모, 석영, 콩, 활석	9~11
코코아, 초콜릿, 밀가루, 곡물, 가죽먼지, 톱밥, 담배	12~14

* 주 : 입자가 매우 작거나, 부하가 크면 1ft/min 속도로 감소한다.

❸ 여과속도 계산방법

여과속도를 직접 산정하기 위해서는 분진의 물성치를 파악하는 것이 무엇보다 중요하므로 이를 위해 다음 〈표 3-3~표 3-6〉에서 제시하고 있는 각종 변수값을 결정한 후 이론식에 대입하여 계산한다.

- 먼지 물질명별 보정값(A_1)
- 집진기 설치용도 보정값(B_1)
- 집진기 내부온도 보정값(C_1)
- 먼지의 입도 보정값(D_1)
- 먼지의 농도 보정값(E_1)

$A = A_1 \cdot 60 \cdot 0.00785 [\text{m/min}]$

$A_1 = $ 물질명별 변수값(〈표 3-3〉 참조)

〈표 3-3〉 물질명별 변수값

A_1	9.56	7.66	6.39	5.75	3.85

물질명	과자분
	마분지분
	코코아분
	사료
	소맥분
	곡물
	피분
	목분
	연초
		아스베스트
		빠후분
		섬유질
		셀룰로오스류
		주물분
		석고
		수산화칼슘
		페라이트
		고무약품
		염
		모래
		샌드브라시분
		소다회
		활석분
			알루미나
			아스피린
			카본블랙
			시멘트
			자기안료
			그레이연화
			석탄금속분
			형석
			천연고무
			카오린
			탄산칼슘
			과염소산
			광석분
			실리카
			설탕
				암모니아비료
				코크스
				규조토
				분말소화제
				염료
				Fly ash
				금속산화물
				금속합성나료
				플라스틱
				수지
				규산염
				전분
				스테아린
				탄닌산
					활성탄
					카본블랙
					청정제
					
					* 반응기로부터
					  직접 증기와
					  반응물이 들어
					  올 경우
					  분밀크
					  비누분

비고	일반적으로 물리적 · 화학적 안정상태			흡습성, 승화성 또는 중합성 등 물리 · 화학적 불안정한 물질이 함유된 경우	

$$B = \dfrac{\dfrac{38 + B_1}{2}}{60} [\text{Fa}] \ \rightsquigarrow \ \text{무차원수}$$

$B_1 = $ 설치용도별 변수값(〈표 3-4〉 참조)

〈표 3-4〉 집진기의 설치용도 보정값에 대한 변수값

구 분	B_1값
집진기의 경우	82
포집의 경우	70
증기 또는 반응물 동반의 경우	58.1

$$C = \frac{\gamma_a{}'}{\gamma_a}[\text{ratio}] \quad \text{무차원수}$$

$$\gamma_a{}' = 1.2931 \times \frac{273}{273+t} \times 0.968[\text{kg/m}^3]$$

$$\gamma_a = \text{건공기 비중량(kg/m}^3)$$

$$D = \frac{D_1}{3}[\text{Fa}] \quad \text{무차원수}$$

$D_1 = $ 입도 보정값에 대한 변수값(〈표 3-5〉 참조)

〈표 3-5〉 먼지의 입도 보정값에 대한 변수값

구 분	D_1값
먼지 입도 3 이하	2.4
먼지 입도 3 ~ 10	2.68
먼지 입도 10 ~ 50	2.7
먼지 입도 50 ~ 100	3.3
먼지 입도 100 ~ 150	3.6
먼지 입도 150 ~ 200	3.8

$$E = \left(\frac{E_1}{38}\right)^{-0.9}[\text{Fa}] \quad \text{무차원수}$$

$E_1 = $ 농도 보정값에 대한 변수값(〈표 3-6〉 참조)

〈표 3-6〉 먼지의 농도 보정값에 대한 변수값

구 분	E_1값
먼지 농도 5g 이하	34
먼지 농도 5 ~ 10g	38
먼지 농도 10 ~ 20g	40
먼지 농도 20 ~ 40g	42
먼지 농도 40 ~ 70g	44
먼지 농도 70 ~ 90g	45
먼지 농도 90 ~ 170g	47
먼지 농도 170 ~ 240g	48

상기에서 구한 A, B, C, D, E의 곱으로서 설계 여과속도(V_f)를 계산한다.

$$\therefore \ V_f = A \times B \times C \times D \times E [\text{m/min}]$$

❹ 여과포 재질 선정

여과포(Filter Bag) 선정 시 강도를 충분히 고려해야 하는데, 강도는 크게 물리적 강도와 화학적 강도로 구분한다. 물리적 강도에는 인장강도, 파열강도, 평면마모강도, 굴곡마모강도가 있고, 화학적 강도에는 내약품성과 내열성이 있다. 이외에도 여과포를 선정할 때 다음 사항을 고려해야 한다.

- 집진효율이 좋은 것
- 압력손실이 낮고 안정되어 있는 것
- 치수 안정성이 좋은 것
- 가격이 안정되어 있는 것
- 박리(剝離)가 좋은 것

또한 여과포 선정 시 검사사항으로는 처리가스의 온도, 먼지의 마모성, 처리가스의 성분, 먼지의 대전성, 처리가스의 부착성, 여과속도, 처리가스의 수분율, 송풍기 정압, 먼지의 입도분포, 집진방식(장치의 특성) 등이 있다. 〈표 3-7〉은 각종 여과포의 특성과 가격비를 요약한 것이다.

〈표 3-7〉 각종 여과포의 특성과 가격비

여과포	최고사용온도(℃)	내산성	내알칼리성	강 도	흡수성(%)	가격비
목면	80	X	△	1	8	1
양모	80	△	X	0.4	1.6	6
사란	80	△	X	0.6	0	4
데비론	95	○	○	1	0.04	2.2
비닐론	100	○	○	1.5	5	1.5
카네카론	100	○	○	1.1	0.5	5
나일론 (폴리아미드계)	110	△	○	2.5	4	4.2
오론	150	○	X	1.6	0.4	6
나일론 (폴리에스테르계)	150	○	X	1.6	0.4	6.5
테크론 (폴리에스테르계)	150	○	X	1.6	0.4	6.5
유리섬유 (글라스파이버)	250	○	X	1	0	7
흑연화섬유	250	△	○	1	10	

- Tefaire = Teflon + Glass Fiber
- Nomex, Conex = Nylon with Heat Resistance

❺ 여과집진장치의 주요 구성요소

(1) 압축공기 분배기(Air Header)

압축공기 분배기는 공기압축기(Air Compressor)에서 제조된 고압의 공기를 다이어프램 밸브에서 순간 대유량으로 여포를 세정할 수 있도록 압축공기($5{\sim}7kg/cm^2$)를 저장함으로써 공기의 헌팅(Hunting)을 최소화 할 수 있게 하는 역할을 한다. 관련 부속품으로는 다이어프램 밸브를 조립하기 위한 소켓(Socket)과 응축수를 빼내기 위한 배출마개(Drain Cock)가 부착되어 있다. [그림 3-3]은 압축공기 분배기의 외형도이다.

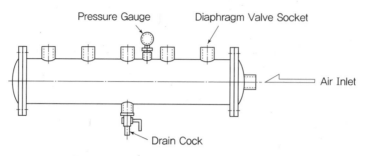

【 그림 3-3. 압축공기 분배기(Air Header) 】

(2) 블로 튜브(Blow Tube)

블로 튜브는 고압의 공기를 순간적으로 분출시키는 노즐로서 벤투리 상부에 일정거리를 두고 고정시키며, 구멍은 여과포의 크기에 맞추어 가공한다.

(3) 벤투리(Venturi)

벤투리는 알루미늄 합금 다이캐스팅(Diecasting) 제품으로서 튜브 시트(Tube Sheet)에 벤투리 푸셔(Pusher)에 의해 고정된다. 탈진 시 바로 상부에 설치된 블로 튜브로부터 고압의 공기가 순간적으로 분사되면 벤투리 효과에 의해 분사 공기량의 약 2 ~ 3배의 2차 공기를 함께 끌어들이게 되고, 그 순간 펄싱(Pulsing)에 의한 충격과 여과포의 기공을 통해 외부로 빠져 나가는 공기에 의해 부착된 분진이 탈락하게 된다. [그림 3-4]는 다양하게 생산되고 있는 벤투리 형태이고, [그림 3-5]는 벤투리 효과에 의한 탈진 모습이다.

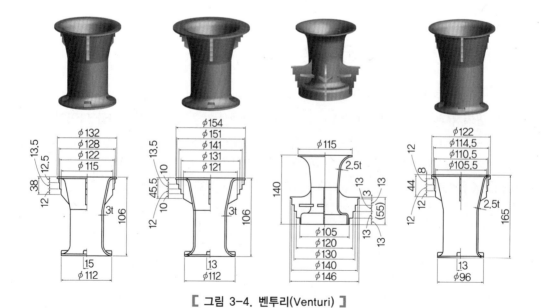

【 그림 3-4. 벤투리(Venturi) 】

※ 자료 : (주)조일기업, 부품전문기업, 2018년

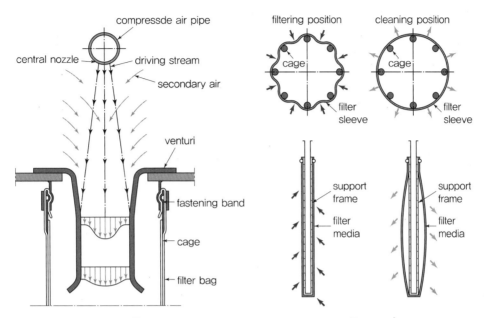

[그림 3-5. 벤투리 효과에 의한 탈진 모습]

(4) 여과포(Filter Bag)

여과포는 여과집진장치의 가장 중요한 부분으로, 입구가스 조건 및 온도, 그리고 집진대상의 사양에 따라 여과포의 종류가 결정된다. 형상도 여러 가지 종류가 있지만 현재 원통형이 가장 일반적으로 사용되고 있으며, 내부에는 지지대(Retainer)를 삽입하여 운전 중에 그 형상을 유지시켜 준다. 여과포 선택 시 처리가스의 온도, 성분, 부착성, 수분율, 분진의 입도분포, 마모성, 대전성, 송풍기의 정압, 집진방식(장치의 특성) 등을 충분히 고려해야 한다.

(5) 백 케이지(Bag Cage)

백 케이지는 여과포에서 분진을 집진할 수 있도록 여포 내부 보강 및 지지역할을 하는 것으로서, 여과포와 같은 모양으로 만들어지며 철선 또는 스테인리스(SUS)선으로 제작된다. 풍량 및 용도에 따라 다양하게 적용되며, 바닥부분은 마개(Cap)로 막혀 있고, 상부는 벤투리의 조립에 용이하도록 굴곡 및 신축성 있게 설계되어 있다. [사진 3-2]는 시판되고 있는 백 케이지의 모습이다.

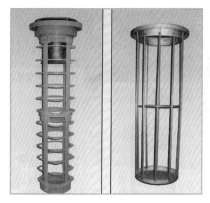

[사진 3-2. 백 케이지(Bag Cage)]

※ 자료 : (주)조일기업, 부품전문기업, 2017년

(6) 여과집진장치 본체(Main Body of Bag House)

여과집진장치 상부에는 출입구(맨홀 형태)가 설치되어 보수 및 여과포 교환 시 이용될 수 있으며, 호퍼에는 각 실마다 맨홀이 설치되어 있다. 입·출구 덕트에 댐퍼(Damper)가 설치되어 있어 탈진 시 탈진대상 실(Chamber)을 밀폐시켜 탈진이 용이하게 하였으며, 운전 중에도 각 실에 문제가 생겼을 경우 보수가 가능하다. 문제가 생긴 실을 점검할 경우, 호퍼 하부에 설치된 슬라이드 게이트(Slide Gate)를 닫아야 다른 실로의 외기유입을 막을 수 있다. [사진 3-3]은 여과집진장치 본체 외형(좌)과 입구 덕트 연결 모습(우)이다.

[사진 3-3. 본체 외형(좌) 및 입구 덕트 연결 모습(우)]

※ 자료 : Photo by Prof. S.B.Park

(7) 먼지배출장치(Dust Discharge System)

여과집진장치 호퍼의 하부에는 일반적으로 스크루 컨베이어(Screw Conveyor)가 설치되어 있어 탈진된 먼지를 이송시키고 로터리 밸브(Rotary Valve) 등을 통하여 외부로 배출한다. 이러한 회전기기는 기밀유지가 잘 되어야 하고, 소석회와 같은 응고하기 쉬운 물질이 사용되는 설비에서는 가열과 보온이 잘 되어야 한다. [그림 3-6]은 먼지배출장치를 도식화한 것이다.

(a) 로터리 밸브(Rotary Valve)

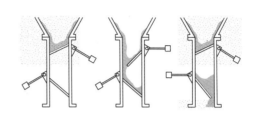
(b) 플랩 밸브(Flap Valve)

【 그림 3-6. 먼지배출장치(Dust Discharge System) 】

(8) 다이어프램 밸브(Diaphragm Valve)

다이어프램 밸브는 솔레노이드 밸브(Solenoid Valve)의 순간작동으로 압축공기를 분출시켜 다량의 고압공기를 블로 튜브(Blow Tube)에 순간적으로 불어넣어 주는 역할을 한다. 알루미늄 합금 다이캐스팅(Diecasting) 제품으로서 내부에 다이어프램이 내장되어 있으며 에어 헤더(Air Header)에 취부된다.

(9) 솔레노이드 밸브(Solenoid Valve)

펄스 타이머(Pulse Timer)의 순간적인 전원을 받아 솔레노이드 밸브를 동작시켜 다이어프램 밸브의 공기를 분출시켜 여과집진장치를 세정하도록 하는 설비로 펄스 타이머와 연계되어 있다.

다음 [사진 3-4]는 실제 현장에 설치된 여과집진장치의 다이어프램 밸브와 솔레노이드 밸브의 취부 모습이다.

(a) 분리형

(b) 일체형

【 사진 3-4. 다이어프램 밸브와 솔레노이드 밸브의 취부 모습 】

※ 자료 : (주)청호씨에이, 여과집진시설 전문기업, 2018년

(10) 차압계(Differential Pressure Gauge)

차압계는 여과집진시설 운전 중 실시간으로 내부 분진의 퇴적상황 및 여과포 훼손 여부를 파악할 수 있는 부품으로서 여과포 교환 여부를 판단하는 기준이 된다. [사진 3-5]는 여과집진장치에 부착된 차압계의 실제 모습이다.

[사진 3-5. 차압계(Differential Pressure Gauge) 부착 모습]

※ 자료 : Photo by Prof. S.B.Park

(11) 에어 서비스 유닛(Air Service Unit)

공기압축기(Air Compressor)에서 제조된 고압의 공기를 에어 헤더에 통과시키기 전 수분이나 기타 불순물을 제거하고 펄싱에 필요한 공기압을 유지시켜 주는 기기이다. 소요 압축공기량 및 공기압축기, 그리고 집진기와의 거리에 따라 용량이 결정되며, 통상 여과집진장치 근처의 점검이 용이한 위치에 설치한다. [사진 3-6]은 에어 서비스 유닛 모습이다.

[사진 3-6. 에어 서비스 유닛(Air Service Unit)]

※ 자료 : 대한공기, 부품전문기업, 2018년 2월(검색기준)

(12) 타이머(Timer)

타이머는 순간적으로 여과포를 탈진하기 위하여 전기신호로 솔레노이드 밸브를 동작시켜 압축공기의 제트 펄스(Jet-Pulse)를 발생하게 하는 역할을 하는 부품이다. 타이머의 동작시간은 대체로 0.05~0.3초까지 조정이 가능하고, 동작시간의 조정은 타이머 보드 우측 상단에 있는 펄스 듀레이션 납(Pulse Duration Knob)으로 조정한다. 펄스 주기는 우측 상단 프레퀀시 납 (Frequency Knob)으로 조정(3~60초)하며, 주기를 과도히 짧게 하는 것은 압축공기의 소비 증가뿐 아니라 여과포의 마모를 촉진하는 결과를 초래하고, 주기를 너무 길게 하면 여과포의 탈진효율을 감소시키기 때문에 효과적인 설정이 필요하다.

심화학습

가스유량 $1,000 \text{m}^3/\text{min}$, 여과속도 1.6m/min일 때 설치할 여과포 수량을 산출하고, 여과포 하부부분을 여과면적에 포함시키지 않는 이유는? (여과포 Size : $\phi 130 \times 3,000L$)

해설 ▶ 유량 $1,000\text{m}^3/\text{min}$, 여과속도 $1.6\text{m}^3/\text{min}$일 때의 여과포(Size : $\phi 130 \times 3,000L$) 수량을 계산해야 하므로, 해당 식인 $Q = \pi DL \times V_f$를 이용한다.

$$n = \frac{1,000}{3.14 \times 0.13 \times 3 \times 1.6} = 510.3 \fallingdotseq 511 \text{ 개}$$

∴ 필요한 여과포의 총 수량은 511(개)이다.

여과집진장치 운전 시 통상 처리가스의 유입구는 본체 하단부에 위치하며, 처리된 청정가스 출구 위치는 본체 상단에 위치하는 것이 일반적이다. 그리고 여과포 하부 바닥부분을 여과면적에 포함시키지 않는 이유는 여과포를 지탱하는 백 케이지(Bag Cage) 하단부가 막혀있기 때문에 본 설계 시 집진면적으로 환산하지 않는다.

NCS 실무 Q & A

Q 여과집진시설(Bag House) 설계를 위한 여과포(Filter Bag) 선정조건을 구체적으로 설명해 주시기 바랍니다.

A 여과포(Filter Bag)란 다공질(多孔質)의 섬유로 된 여과재료로서 여포(濾布), 혹은 여과천이라고도 합니다. 주로 대기오염방지시설인 여과집진장치에 쓰이며, 배기가스 또는 오염된 공기의 입자상 물질을 걸러내는 기능을 합니다. 여과포의 종류에는 목화솜, 양모, 석면, 명주, 마(麻) 등과 같은 천연섬유와 유리섬유, 합성섬유, 메탈 울(Metal Wool)과 같은 인조섬유가 있습니다. 주로 여과 백(Bag)이 관(管)이나 자루, 봉투 모양인 여과집진장치의 재료로 이용되는데, 섬유조직 사이의 틈이 $0.1\sim0.5\mu m$ 정도인 입자상 물질도 걸러낼 수 있을 만큼 치밀해야 합니다. 재료비가 싸고, 만들기 쉬우며, 통풍면적이 넓어야 집진효과가 크므로 재료를 잘 선택할 경우 높은 효율을 얻을 수 있습니다. 배기가스에 함유되어 있는 수분, 산도, 알칼리도때문에 파열되거나 변질될 가능성이 있고, 부하가 지나치게 커서 여과재의 구멍이 막히면 수명이 줄어들어 운전비용 상승요인이 됩니다. 따라서 여과포를 선정할 때는 여과집진장치의 형태, 여과포의 비용, 운전온도, 먼지와 처리가스의 물리·화학적 특성(부식성, 인화성, 비알칼리도, 수분) 등을 충분히 고려하여 선정하여야 합니다.

전기집진시설
(Electrostatic Precipitator)

학습목표

1. 전기집진시설(ESP)의 집진원리를 알 수 있다.
2. 전기집진시설(ESP)을 설계할 수 있다.
3. 전기집진장치의 주요 구성요소를 설명할 수 있다.
4. 정류테스트 절차와 방법(Procedure & Method for Air Flow Test)을 알 수 있다.

학습내용

1. 전기집진시설(ESP)의 집진원리
2. 전기집진시설(ESP)의 설계
3. 전기집진장치의 주요 구성요소
4. 정류테스트 절차와 방법(Procedure & Method for Air Flow Test)

1 전기집진시설(ESP)의 집진원리

전기집진장치(ESP : Electrostatic Precipitator)는 미국 캘리포니아 대학의 물리학 교수인 프레더릭 코트렐(Frederic Gardner Cottrell)에 의하여 개발 후 상업화되었으며, 1907년에는 이 전기집진장치를 이용하여 황산미스트를 회수하는데 최초로 성공하였다.

전기집진장치(ESP)는 직류(DC) 고전압을 사용하여 적당한 불평등 전계를 형성하고, 이 전계에 있어서의 코로나 방전(Corona Generation)을 이용하여 가스 중의 먼지에 전하를 주어 대전입자를 쿨롱력(Coulomb's Force)에 의하여 집진극에 분리 포집하는 장치를 말한다.

⚡ 코로나 방전 / 쿨롱력

1. 코로나 방전(Corona Generation)

금속도체와는 달리 기체 중에는 자유로이 움직일 수 있는 전자가 매우 적으므로 보통은 전기가 거의 통하지 않는 절연상태를 유지하고 있지만, 집진극과 방전극에 고전압(High Voltage)을 인가시키면 두 극 사이에서는 전위차가 발생하여 전리(Ionization)가 이루어지며, 이때 자유전자가 발생하여 미세한 전기가 흐르게 된다. 여기서 전리란 원자핵으로부터 멀리 있는 전자는 외부에서 열, 빛 등의 에너지를 받아 에너지가 증가(여기)하며, 곧 원자핵으로부터 탈출할 수 있다. 이렇게 전자가 원자핵으로부터 이탈된 것을 전리(이온화)라 하며, 자유전자로서 전도전자의 역할을 하게 된다. 전도전자는 금속 내부에서 자유롭게 원자 사이를 이동한다. 계속적인 전압인가로 전계가 점점 강해지면 절연상태가 파괴될 수 있는 절연파괴 강도에 도달하게 되고, 침상(針狀) 등 뾰족한 형상을 통하여 전기장의 강한 일부만이 발광 및 소리를 내며 절연상태가 부분적으로 파괴되는데, 이를 일컬어 코로나 방전이라 한다.

2. 쿨롱력(Coulomb's Force)

쿨롱력이란 쿨롱의 법칙에 따라 전하입자가 다른 전하입자에 미치는 정전적(靜電的)인 인력(引力) 또는 반발력(半撥力)을 말한다. 여기서 쿨롱(Coulomb)의 법칙이란 대전된 두 전하 또는 두 자극 사이에 작용하는 전기력은 두 전하량 또는 두 자극 세기의 곱에 비례하고, 둘 사이의 제곱에 반비례하는 전기력에 관한 법칙으로서, 1785년에 프랑스 물리학자 쿨롱이 발견하였다.

코로나 방전에는 정(+) 코로나 방전과 부(−) 코로나 방전이 있다. 부(−) 코로나 방전은 정(+) 코로나 방전에 비해 코로나 방전 개시전압이 낮은 반면, 불꽃방전 개시전압이 높아 안전성이 있다. 또한 많은 코로나 전류를 흘릴 수 있으며, 큰 전계강도를 얻을 수 있는 강점이 있어 일반적인 상업용 전기집진장치에서는 부(−) 코로나 방전을 대부분 이용하고 있다.

[그림 4-1]에서는 전기집진장치 내에서의 코로나(Corona)가 발생되고 있는 모습을 보여주고 있다.

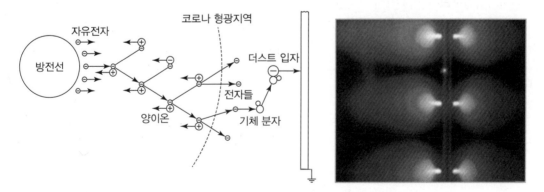

[그림 4-1. 코로나(Corona)의 발생 모습]

2 전기집진시설(ESP)의 설계

❶ 전기집진장치의 설계요소

전기집진장치에서 먼지 제거효율과 관련된 주요 설계인자(Design Factor)는 다음과 같다.

① 유전력과 쿨롱력(Coulomb's Force)에 의한 전기적 응집 및 집진작용을 강하게 하기 위한 고압의 전압발생장치와 제어장치 및 절연구조
② 먼지입자의 하전에 필요한 코로나 방전의 활성화를 위한 전극구조와 배치, 이온풍에 의한 응집과 집진의 촉진
③ 활발한 코로나 방전을 유지하기 위한 방전극의 먼지퇴적방지설비와 집진극에서의 적절한 탈진장치
④ 원활한 집진을 유지하기 위한 먼지배출장치
⑤ 집진장치 내에 가스를 균일하게 흐르게 하는 가스분포장치
⑥ 이상방전을 방지하고 집진기능을 촉진하기 위해 필요한 가스조정조 또는 보조장치
  전기집진에 있어서 단순히 먼지를 전극면에 포집하는 일에 국한되지 않고, 장기간 안정되게 초기의 집진기능이 유지되도록 제반요인을 고려해야 한다. 이상의 조건에 의해 전기집진장치와 전기설비의 용량, 형식, 규모의 개요가 정해지게 되고, 제반조건에 따라 형식과 구조가 달라진다.
⑦ 설치장소, 전기ㆍ증기ㆍ용수 등의 공급방법, 환경적 고려요소, 폐수처리, 호퍼에 퇴적된 분진의 처리, 장래계획 등

❷ 형식의 종류와 선정 요령

통상 먼지 성상과 집진 목적에 따라 가장 우수한 형식을 선정하게 되지만, 전기집진장치의 특징과 운전조건에 대해서는 사전에 관련 전문기업과 수요자가 함께 종합적으로 상의하여 결정하는 것이 중요하다. 전기집진장치의 형식을 대별하면 크게 건식(미스트를 포함)과 습식으로 나눌 수 있다. 건식(Dry Type)은 고체나 액체 미립자를 가스흐름으로부터 분리 포집하는 방법으로, 현재까지 가장 널리 사용되어 오고 있는 방식이다. 건식의 단점인 호퍼에 퇴적된 분진의 재비산을 방지하기 위해 집진극 면을 적당한 액막으로 덮는 액막전극(液膜電極) 방식이 고안되었는데, 이를 습식(Wet Type)이라고 한다. 미스트(Mist)도 상태에 따라서는 전극에 관성 충돌하여 부착되지 않는 경우가 있으므로 이 경우는 습식을 선택하는 것이 바람직하다.

(1) 건식(乾式) 집진

건식 집진을 분체(粉體)와 미스트(Mist)로 구분하면, 분체 집진의 경우는 먼지의 성질이 아주 광범위하기 때문에 도약 방전, 역코로나 방전과 공간전하 현상을 함께 할 경우가 있다. 이럴 경우에는 쓸데없이 전기집진장치 규모를 크게 하는 것보다는 전극의 형식, 전처리장치와 후처리장치의 보조기계로서 기계제진기의 병용(倂用), 가스상태 조정, 조업조건 수정 등에 의해 설비 합리화를 도모하는 것이 좋다. 예를 들면, 도약 방전을 함께 하는 낮은 저항의 먼지에 대해서는 반도체 전극을 채용하거나, 후처리장치인 기계제진기를 병용하는 방안이 효율적이다. 반면 역코로나(Back Corona) 방전을 동반한 높은 저항의 먼지 집진에 있어서는 처리가스 내 수분을 증가시키거나 약품(조질제) 사용, 또는 후처리장치인 기계제진기를 병용(倂用)하는 방법 등이 바람직하다.

> ### ⚡ 역코로나(Back Corona) 방전
>
> 역코로나 방전이란 집진극 표면에 부착된 분진의 전기 비저항이 $10^{12}\Omega$-cm 이상으로 극도로 높은 경우, 먼지층에 흐르는 전류에 의해 집진극 전계가 강화되고 방전극 전계가 약화되어 분진층 내에서 절연 파괴점으로부터 분진의 얇은 틈을 통한 대량의 이온이 발생하여 음이온을 중화시켜 집진효율을 저하시키는 현상을 말한다.

미스트 집진은 먼지와 가스의 습윤(濕潤)이나 용해(溶解)가 가능할 경우에는 가스청정장치를 전처리한 후, 먼지가 함유된 미스트 상태로 해서 집진율을 향상시킨다. 분산상이 원래 미스트가 될 경우에는 문제없지만 미스트 양이 아주 적거나 작은 미세입자가 될 경우에는 역시 세정장치를 전처리로 적용하는 것이 유리하다. [그림 4-2]에서는 악천후(惡天候) 시에도 유지보수가 원활하도록 전기집진장치 상부에 펜트하우스(Penthouse)를 설치하는 경우(a)와 그렇지 않는 경우(b)를 각각 도식화하였다.

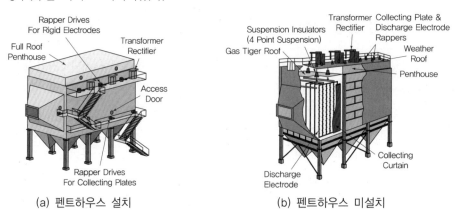

(a) 펜트하우스 설치   (b) 펜트하우스 미설치

【 그림 4-2. 건식(乾式) 전기집진장치 】

※ 자료 : Photo by Prof. S.B.Park, PA, USA

(2) 습식(濕式) 집진

습식 집진은 집진전극 면에 유하액막(流下液膜)을 형성하는 형태를 말한다. 먼지가 아주 미세할 경우나 응집용량 밀도가 너무 작을 때, 그리고 전기 비저항이 이상하게 낮거나 높을 때 주로 채택되고 있다.

습윤(濕潤)하거나 끈적거리는 미스트를 함유할 경우에는 포집된 분진을 전극으로부터 쉽게 소제 및 회수해 코로나 방전을 안정하게 한다. 이 경우는 폐수에 함유된 먼지를 회수하여 제거함으로서 이상방전 현상 및 입자의 재비산을 방지하게 되어 처리가스 유속을 수 m/sec로 높일 수 있다. 습식 집진에 있어서도 산화아연 흄(ZnO Fume)처럼 분진의 전기 비저항이 이상하게 크거나 함진량이 과대할 경우에는 역전리(Back Corona) 현상을 방지하기 위한 대안(代案)을 함께 고려해야 한다.

[그림 4-3]은 습식 전기집진장치의 구조도이고, [사진 4-1]은 습식 집진극(평판형)과 방전극 설치 모습이다.

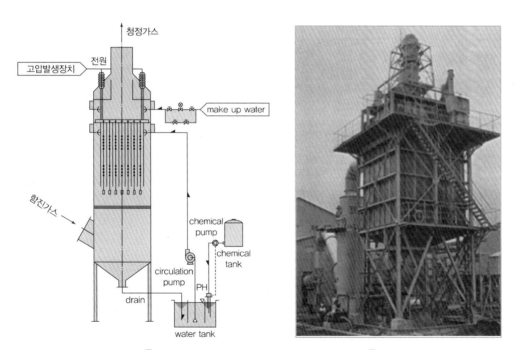

【 그림 4-3. 습식(濕式) 전기집진장치 구조도 】

※ 자료 : Photo by Prof. S.B.Park, Japan

[사진 4-1. 습식 집진극(평판형)과 방전극 설치 모습]

※ 자료 : (주)한국이피테크, 2018년 2월(검색기준)

건식 및 습식 전기집진장치의 특징을 〈표 4-1〉에 요약하였다.

〈표 4-1〉 건식 및 습식 전기집진장치의 비교

항 목	건식 전기집진장치 (Dry ESP)	습식 전기집진장치 (Wet ESP)	비 고
집진효율	99.9%	99.9%	
가스온도	400℃ 이하	60℃ 이하	
압력손실	20mmAq 이하	30mmAq 이하	
집진극 형식	에어 포켓형(Air Pocket Type)	평판형(Plate Type)	
방전극 형식	침상 방전극	침상 방전극	4 Edge
주요 자재	• 집진극 : SPCC • 방전극 : SGP + STS • 내장품 : SS400 • 본체 : SS400 • 호퍼 : SS400	• 집진극 : C-FRP • 방전극 : 티타늄 • 내장품 : 티타늄 • 본체 : FRP • 호퍼 : FRP	
적용 대상	• B－C보일러 • 화목보일러 • 석탄보일러 • 폐기물소각로 • 유리용해로 • 시멘트 제조시설 • 전기로 • 큐폴라 • 발전소 등	• 열병합발전소 • 폐기물소각로 • 건조로 • 유리용해로 • 습도가 높은 배출가스 • 흄(Fume) 집진시설 • 황산 제조시설 등	
가스 흐름	수평형(Horizontal Type)	수직형(Vertical Type)	

항 목	건식 전기집진장치 (Dry ESP)	습식 전기집진장치 (Wet ESP)	비 고
특징	• 가스 풍량 : 소형 ~ 대형 • 부지면적 : 많이 소요 • 공사금액 : 1배 • 폐수 발생 : 없음 • 탈황설비 : 후단에 별도 설치 • 청소주기 : 1회/년 • 주요 재질 : SS400/STS • 동력소비 : 적다 • 배출농도 : 30mg/Nm^3 • 설비무게 : 무겁다 • 안전장치 : 방폭구, 잠금열쇠	• 가스 풍량 : 소형 ~ 대형 • 부지면적 : 중간정도 소요 • 공사금액 : 1.4배 • 폐수 발생 : 있음 • 탈황설비 : 후단에 별도 설치 • 청소주기 : 2회/년 • 주요 재질 : STS/FRP/Ti • 동력소비 : 적다 • 배출농도 : 30mg/Nm^3 • 설비무게 : 가볍다 • 안전장치 : 비상급수, 방폭구	

3 전기집진장치의 주요 구성요소

❶ 고압직류전원장치(High Voltage T/R & Control Panel)

전기집진장치용 고압직류전원장치는 옥외 설치용 정류기용 변압기(T/R)와 옥내용 컨트롤 패널(Control Panel)로 구성되며, T/R(Transformer/Rectifier)은 전기집진을 위한 고압직류 전압과 전류를 공급하는 역할을 한다.

전기집진에 있어 정전응집을 주요 작용으로서 이용할 경우에는 교류(AC)전압도 사용되지만 일반적으로는 직류(DC)전압, 특히 음극 코로나 방전이 사용된다. 종전에는 주로 고압하전제어 방식으로 연속하전을 하는 아날로그(Analog) 방식이었으나, '80년대 후반부터 전자제어기술의 비약적인 발전으로 고압하전장치에 보다 더 많은 기능을 부여하게 되었다.

최근까지도 첨단 마이크로프로세서(Microprocessor)의 각종 기능을 이용하여 전기집진장치 효율 극대화에 기여해 오고 있으며, 이러한 기능을 이용한 제어방식은 고압하전제어장치에서 의 신뢰가 점진적으로 확보되어 감에 따라 과거 회로 의존형의 아날로그 방식을 대체하게 되 었다. [사진 4-2]는 고압직류전원장치(High Voltage T/R)의 실제 모습이다.

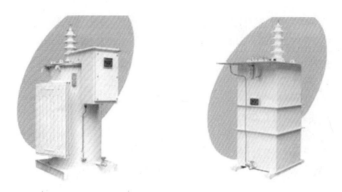

[사진 4-2. 고압직류전원장치(High Voltage T/R)]

[그림 4-4]는 유입가스의 조건에 따라 전력소모(Power Consumption)가 자동으로 조정되는 에너지(kW)절약시스템을 도식화한 것으로서, 이는 불필요한 전력소모를 줄이는 것 외에 정류변압기(Transformer/Rectifier)의 수명을 연장시키는 기능을 한다.

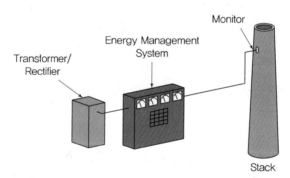

[그림 4-4. 에너지절약시스템(EMS System)]

❷ 집진극(Collecting Electrode)

코로나 방전을 통해 불평등 전계를 구성하는 전극구조와 배치로서, 무극성(無極性)인 분진에 음이온을 하전(荷電)시켜 양극(+)인 집진극에서 제거한다. 대부분 전기집진장치에서의 집진극은 대용량 가스의 처리와 고효율 집진을 요구하기 때문에 판상(板狀) 집진극을 선호하는 편이다. 대용량 가스처리에 있어서는 덕트(Duct)를 소요 수만큼 병렬로 설치한다. 집진실(Chamber)의 경제적인 설계사양과 집진극의 유효탈진기구로서는 실(室)당 28Ducts 이내가 보통이고, 이외의 대용량 가스처리에 있어서는 집진실을 병렬로 설치한다. [그림 4-5]는 판상 집진극(Plate Type) 구조도이며, [사진 4-3]은 현장에서 유압식 크레인을 이용하여 판상 집진극을 설치하고 있는 모습이다.

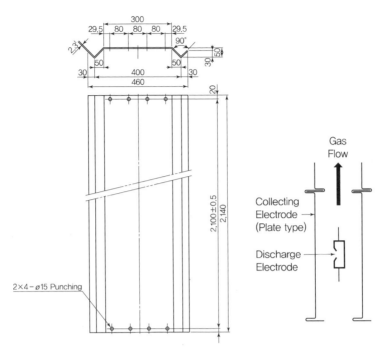

[그림 4-5. 판상 집진극(Plate Type) 구조도]

[사진 4-3. 판상 집진극(Plate Type) 설치 모습]

※ 자료 : Photo by Prof. S.B.Park, Korea

❸ 방전극(Discharge Electrode)

코로나 방전을 발생시켜 처리가스 중의 입자가 대전되도록 하고 집진극과 함께 집진전계를 형성한다. 집진기에 아주 높은 전압(50~60kV/12.5cm)이 하전되고 있을 경우에 방전극은 되도록 굵어야 좋으나, 고효율과 안정전하의 측면에서는 가능한 한 가는 방전극을 사용하는 것이 바람직하다. 또한 부식이나 물리적 충격에 충분히 견딜 수 있는 재질로 선정해야 한다.

　[그림 4-6]은 침상 방전극(Fish Bone Type)의 구조도이고, [사진 4-4]는 실제 현장에서 설치하고 있는 모습이다.

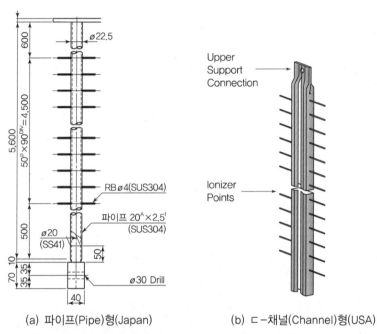

(a) 파이프(Pipe)형(Japan) 　　(b) ㄷ-채널(Channel)형(USA)

[그림 4-6. 침상 방전극(Fish Bone Type) 구조도]

[사진 4-4. 침상 방전극(Fish Bone Type) 설치 모습]

※ 자료 : Photo by Prof. S.B.Park, Korea

❹ 추타장치(Rapping System)

집진극과 방전극에 부착하거나 퇴적된 먼지를 제거하기 위하여 사용하는 장치를 말한다. 방전극에서는 코로나 방전이 활발하게 되면 먼지의 부착이 거의 없게 되지만 코로나 휘점의 비정상성, 집진전압 파형, 부적절한 운전방식과 코로나 영역 내의 먼지침입 등의 원인으로 먼지가 퇴적될 수 있다. 방전극의 먼지퇴적 방지를 위한 추타방식은 보통 연속적으로 계획하며, 특히 많은 함진가스를 처리할 경우는 추타수를 증가하는 것이 일반적이다. 참고로 집진전극 면에 퇴적한 먼지층은 다음 식으로 나타낸다.

$$E_d = K \cdot W_t \cdot \rho \cdot t \cdot I$$

여기서, E_d : 집진층의 표면전위
K : 비례상수
W_t : 집진전극 단위면적당 함진량
ρ : 먼지의 전기저항
t : 경과시간
I : 방전전류

전극 추타방식으로는 기계식(회전식) 추타법, 전자식 추타법, 공기 추타법 및 요동식 추타법 등이 있는데, 그 중 기계식(회전식)과 전자식 추타법이 널리 사용되고 있다. 특히 기계식(Tumbling Hammer 사용) 추타방식에 있어, 방전극은 종진동과 횡진동의 가속 반복 시 피로단선을 촉진시키지 않도록 유의해야 한다. 추타강도는 회전축에 설치된 해머(Hammer)의 무게와 길이로써 조절할 수 있으며, 횟수는 회전축의 속도로 조절된다. 추타기능의 확인은 운전 중이라도 수시로 가능한 구조가 될 수 있도록 하여야 한다. [그림 4-7]은 기계식(회전식) 추타장치를, [그림 4-8]은 전자식 추타장치를 각각 나타내고 있다. 그리고 [사진 4-5]는 전기집진장치에 설치된 추타장치의 실제 모습이다.

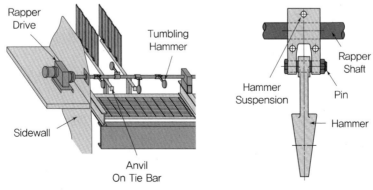

[그림 4-7. 기계식(회전식) 추타장치(Tumbling Hammer형)]

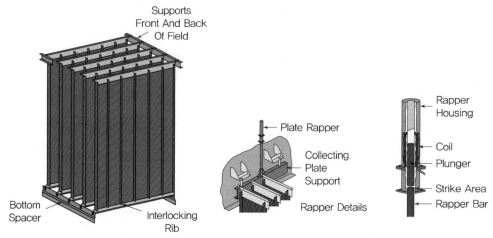

[그림 4-8. 전자식 추타장치(MIGI^{TM}형)]

＊MIGI : Magnetic Impulse Gravity Impact의 약자

(a) 전동기계식
(Motor-Drives Swing Hammer)

(b) ND 기계식
(Motor-Drives Swing ND Hammer)

(c) 전자추타식
(Magnetic Rapper)

[사진 4-5. 추타장치 실제 모습]

※ 자료 : (주)한국이피테크, 2018년 2월(검색기준)

❺ 포집먼지 배출장치(Dust Discharge System)

미스트(Mist)용 전기집진장치 또는 습식 전기집진장치에서 포집된 먼지는 밀봉장치로 쉽게 분리 처리된다. 건식 전기집진장치는 전극 부착물을 호퍼로 먼저 분리하여 이것을 연속 또는 간헐적으로 집진기 밖으로 배출한다. 포집된 먼지를 짧은 시간 간격으로 연속해서 배출한다면 적은 용량의 호퍼로도 충분하므로 설비를 경제적으로 구성할 수 있지만, 만약 호퍼 내부의 집진먼지를 장시간 방치하게 되면 호퍼의 용량이 커야 되므로 설비비용이 높아질 뿐만 아니라, 수분 흡수에 의한 먼지 배출이 어렵게 되고, 또한 장치의 부식 우려가 있게 된다.

호퍼 내 집진된 먼지를 전기집진장치 외부로 배출하는 방법으로는 스크루 컨베이어(Screw Conveyor), 체인 컨베이어(Chain Conveyor), 공기 이송식(Pneumatic Conveyor), 진공 이젝터(Vacuum Ejector) 등이 있다. 이들은 먼지의 성질에 의해 결정되지만 어느 설비라도 기밀구조로 되어야 하며, 만약 기밀이 유지되지 않으면 전기집진장치 안이 정압(+압)이 되어 주위가 오손(汚損)되고, 부압(-압)이 되면 집진율이 크게 저하된다. 배출계의 맨 끝부분은 로터리(Rotary)식, 플랩(Flap)식, 이중잠금(Double Lock Air)식 등의 밸브(Valve)로서 기밀배출을 하게 되며, 공기 이송식을 적용할 경우는 건조공기를 순환해서 사용하는 것이 바람직하다.

❻ 가스정류장치(Gas Distribution Device)

이는 가스 흐름에 저항으로 작용하여 가스 흐름이 가진 에너지를 흡수하여 큰 와류(渦流)를 소멸시키는 데 그 목적이 있으며, 주로 격자상(格子狀) 정류판 또는 다공판(多孔板)과 가이드 베인(Guide Vane) 등이 사용되고 있다. 다공판(多孔板) 홀(Hole)의 총 면적은 가스 유속에 따라 다르지만 경험상 대략 25~50% 정도인 반면, 격자상 정류판은 40~60% 정도로 개구면적이 다공판에 비해 큰 편이므로 정류효과가 다소 떨어질 수 있다.

가스정류장치는 충돌과 와류 흐름에 의해 먼지가 퇴적되어 기능을 떨어뜨리므로 적절한 탈진장치가 설치되어야 한다. 통상 전기집진장치 입구뿐만 아니라 출구 측에도 가스정류장치(정류기)를 설치하게 되는데, 이는 출구 측의 가스정류장치(정류기)가 재비산되는 먼지의 포집과 집진전극의 역할을 동시에 하게 되므로 적절한 탈진장치가 필요하기 때문이다. [그림 4-9]는 전기집진장치 내부 가스정류장치(정류기) 취부 위치를, 그리고 [사진 4-6]은 작업자가 가스정류장치(정류기)를 설치하고 있는 모습이다.

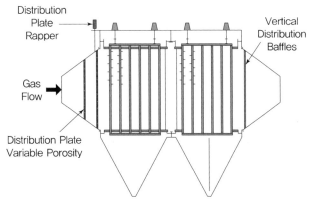

【 그림 4-9. 가스정류장치(정류기) 취부 위치도 】

[사진 4-6. 가스정류장치(정류기) 설치 모습]

※ 자료 : Photo by Prof. S.B.Park, Korea

❼ 애자류 및 애자실(Insulator & Insulator Housing)

전기집진장치의 방전극에 하전(荷電)하는 고전압을 방전극 이외의 것과 전기적 절연을 갖기 위해 사용되는 애자(Insulator)류는 각종의 분진, Mist 또는 각종 가스를 함유한 고온 고습의 분위기에서 사용된다. 애자류는 또한 방전극의 중량을 충분히 지탱할 수 있는 기계적 강도를 가져야 하며, 외부 가스에 의한 오염을 방지할 수 있게 별도의 애자실(Insulator Housing)로 보호되어야 한다. 애자 표면은 노점(이슬점)을 방지하기 위하여 승온된 공기 또는 전기히터 (Electrical Heater) 등으로 가열하게 된다. 사용되는 애자류의 주구성재료는 세라믹 (Ceramic)류로서, 이는 온도팽창계수가 낮고, 고온에서도 절연저항이 높은 성질을 가지며, 고 전압에서도 잘 견디는 특성을 갖고 있다. [그림 4-10]은 지지애자(Support Insulator) 취부 위치도를, 그리고 [사진 4-7]은 애자류 및 애자실을 나타내고 있다.

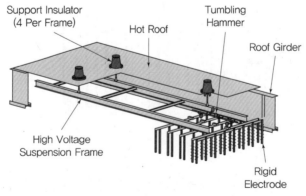

[그림 4-10. 지지애자(Support Insulator) 취부 위치도]

(a) 애자류

(b) 애자실

【 사진 4-7. 애자류 및 애자실(Insulator & Insulator Housing) 】

※ 자료 : (주)한국이피, 전기집진장치(ESP) 전문기업, 2018년 1월

❽ 키 인터록 시스템(Key Interlock System)

이 시스템은 전기 패널(Electrical Panel)의 전원을 차단한 상태에서 도어(맨홀 포함)를 열 수 있도록 되어 있으며, 고전압으로부터 안전을 목적으로 반드시 작업자가 휴대하고 전기집진장치 내부를 점검하게 해야 한다. 모든 비상출입구에 키 록(Key Lock)이 부착되어 있으며, 키 인터록 시스템(Key Interlock System)에는 여분의 키(Key)가 있어서는 절대로 안 된다. 전기집진장치는 전원을 차단해도 고압의 잔류 전류가 다량 존재할 수 있으므로 작업자는 맨홀(Access Door)에 들어가기 전에 반드시 정류변압기(High Voltage T/R)에 장착된 접지스위치를 어스(Earth) 위치로 전환하여 방전시켜야 한다.

❾ 보조장치

집진설비는 각각 그 특징을 살려 사용하는 것이 일반적이다. 전기집진장치는 매연 입자의 하전을 충분히 유지함과 동시에 원활한 집진작용을 촉진하는 전계를 유지하는 것이 중요하다. 전기집진장치는 함진(含塵)가스가 과대하게 되면, 코로나 방전이 감소하여 입자의 하전이 불충분하게 되어 집진이 원활하지 않게 될 수 있으므로 함진(含塵)가스를 전기집진장치 내로 유입하기 전에 보조장치를 활용해 적절히 예비 제진하는 것이 유리하다.

4 정류테스트 절차와 방법(Procedure & Method for Air Flow Test)

정류테스트(Air Flow Test)를 위한 절차는 크게 4단계, 즉 준비단계, 실시단계, 최종판정단계, 그리고 상업운전단계로 각각 구분할 수 있다. 정류테스트 관련 절차와 방법을 소개하면 [그림 4-11]과 같다.

---

① 정류테스트 준비

• 집진기, 부속장치, 정상설치 여부 확인
• 내부 접근을 위한 맨홀과 안전장치 확인
• 정류테스트기(Anemomaster) 정상작동 여부 점검 및 준비
• 테스트 인원 점검

② 정류테스트 실시

• 측정점 선정
  전기집진장치 내부 단면을 등분포 구분하여 측정점을 선정하되, 최대 측정점은 통상 높이 방향으로 10Points, 폭 방향으로 가스통로(Gas Passage)당 1Point 선정함.
• 송풍기(Fan) 용량 조정
• 테스트 인원 시험 실시(테스트 인원의 내부 투입 후 맨홀을 차단하고, 안전을 위해 1명은 맨홀 밖에서 대기함)
• 선정된 측정점에서 정류테스트기(Anemomaster)로 내부 유속 측정
• 유속편차(RMS Value) 계산

$$\sigma_{EP} = \frac{1}{V_g} \sqrt{\frac{1}{n} \sum_{1 \to n} (V_g - V_n)^2}$$

여기서, n : 측정점 수
V_g : 평균유속(m/sec)
V_n : 각 측정점의 유속(m/sec)

③ 최종 판정

• 판정기준 : $\sigma_{EP} ≒ 0.2 \sim 0.3$ O.K!!
• 유속편차 불량 시 정류판 조정 후 재실시

④ 상업운전

[**그림 4-11. 정류테스트 절차와 방법(Procedure & Method for Air Flow Test)**]

※ 자료 : 박성복 외 1인, 최신대기제어공학, 성안당

심화학습

전기집진장치(ESP)에서 분진의 겉보기 고유전기저항과 집진율의 관계

집진극에 포집된 먼지의 재비산을 방지하기 위해서는 충분한 응집력과 전기력 등이 존재해야 한다. 산업현장에서 발생하는 분진의 전기저항치는 대략 $10^{-3} \sim 10^{14} \Omega-cm$의 범위로서, 분진의 겉보기 고유전기저항은 입자의 하전능력을 크게 좌우한다. 산업공정에서 발생하는 먼지의 전기 비저항은 가능한 한 집진 가능한 범위인 $10^4 \sim 10^{10} \Omega-cm$ 정도로 지정하고 있는데, 이는 전기 비저항이 이 범위를 벗어나면 집진효율이 저하될 수 있기 때문이다.

※ 자료 : 박성복, 대기관리기술사, 한솔아카데미

[그림 4-12]에서는 분진입자의 전기 비저항과 집진효율 관계를 보여주고 있고, [그림 4-13]은 황산 흄의 비산재에 대한 부하저항 조절효과(절대습도 : 26%)를, 그리고 [그림 4-14]는 광재처리공장으로부터 발생된 납 흄 겉보기 고유저항을 나타내고 있다.

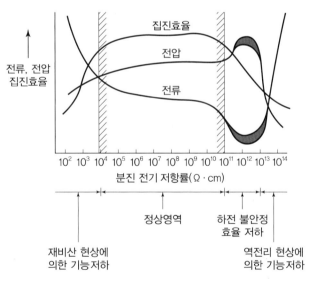

[그림 4-12. 분진입자의 전기 비저항과 집진효율 관계]

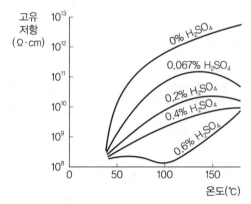

[그림 4-13. 황산 흄의 비산재에 대한 부하저항 조절효과(절대습도 : 26%)]

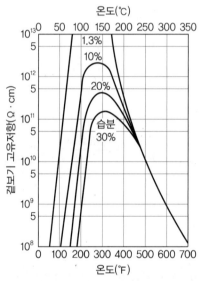

[그림 4-14. 광재처리공장으로부터 발생된 납 흄 겉보기 고유저항]

✍ 저항성(Resistivity)과 비저항성

1. 저항성

전기집진장치와 같이 입자의 전기적 성질을 이용하여 포집하는 집진장치에서 입자가 대전될 때 분진 입자가 갖는 저항성을 나타내는데, 포집된 분진층 두께 1cm, 단위면적 $1cm^2$ 내에 포집분진이 갖는 전기저항(단위 : Ω-cm)을 말한다.

2. 비저항성

재료 자체의 특성으로서 물질이 갖는 전도성을 나타내는 고유의 전기적 물성치를 말한다.

NCS 실무 Q & A

Q 전기집진장치 내부의 가스유속이 균일하지 않을 때 발생할 수 있는 문제점이 무엇인지요?

A 전기집진장치 내부로 통과하는 가스의 유속이 균일하지 않을 때는 다음과 같은 문제가 발생할 수 있습니다.

① 가스유속이 빠른 부분은 전극간을 통과하는 체류시간이 짧아 집진율이 저하됩니다.

② 건식의 경우 가스유속이 빠른 부분은 집진극에 포집된 분진이 재비산되어 집진율을 저하시킵니다.

③ 불균일한 유속으로 인한 호퍼(Hopper)의 편류에 의해 호퍼에 퇴적된 분진이 재비산되는 경우도 있습니다.

④ 가스유속이 극단적으로 느린 부분과 전극간에 가스가 정체될 경우에는 온도강하에 의해 결로(結露)가 발생할 수 있습니다.

⑤ 장치 입구 덕트부의 불균일한 가스때문에 가스정류장치(정류기)에 불균일한 분진이 퇴적되어 가스분포를 더욱 나쁘게 합니다.

가스상 오염물질

1. 가스상 오염물질의 종류와 특성에 대하여 파악할 수 있다.
2. 1차 오염물질과 2차 오염물질을 구분할 수 있다.
3. 가스 제거 메커니즘(Mechanism)을 이해할 수 있다.

1. 가스상 오염물질의 종류와 특성
2. 1차 오염물질과 2차 오염물질
3. 가스 제거 메커니즘(Mechanism)

1 가스상 오염물질의 종류와 특성

❶ 가스상 오염물질의 종류

가스상 오염물질은 연소과정에서 방출되기도 하고, 액체에서 기체상태로의 기화과정에서 생성되기도 하며, 대기 중에서 화학반응을 통해 만들어지기도 한다. 가스상 오염물질로는 일산화탄소(CO), 아황산가스(SO_2), 질소산화물(NO_x : NO, NO_2), 암모니아(NH_3), 염화수소(HCl), 염소(Cl_2), 포름알데히드(Formaldehyde, HCHO), 황화수소(H_2S), 불소(F_2) 등이 있다.

❷ 가스상 오염물질의 특성

(1) 일산화탄소(CO)

가정용 난방에서 가장 많이 발생하며, 각종 교통수단의 연소, 공장, 소각로가 주발생원이며, 산소가 불충분한 상태에서 연소할 때 주로 생성된다. 분자량 28로서 공기(분자량 약 28.95)보다 약간 가벼워 공기 중에 잘 섞여서 일산화탄소 중독이 일어난다. 일산화탄소는 혈액 중의 헤모글로빈과의 결합력이 산소보다 210배나 강하여 산소의 공급을 방해하며 산소 결핍증이나 질식으로 사망한다.

(2) 아황산가스(SO_2)

비가연성의 폭발성이 있는 무색의 자극성 냄새를 갖는 기체이다. 화석연료의 연소과정에서 대부분 이산화황(SO_2)으로 배출되고, 1~2%는 불꽃 중에서 산화하여 삼산화황(SO_3)으로 배출된다. 만성기관지염 환자의 사망률이 상승할 수 있으며, 단기간 저농도에서는 빈사성 기도수축 현상이 오고, 단기간 고농도에서는 기침, 호흡곤란, 눈물, 결막염, 복부팽창, 폐출혈, 위 확장 등의 증세가 온다. 식물의 급성장해 피해로는 광엽의 잎 주변, 맥 사이에 회백색 또는 갈색 반점이 생기고, 소나무는 잎 끝이 갈색으로 변화하며, 만성장해 현상으로는 황화 현상, 젊은 잎과 늙은 잎에 가장 민감하며, 엽육세포에의 피해 등이 있다.

(3) 질소산화물(NO_x : NO, NO_2)

일산화질소(NO)는 무색의 기체로 액화시키기 어렵고 공기보다 약간 무거우며, 대기 중의 산소와 반응하여 이산화질소(NO_2)로 변하여 적갈색을 띤다. 각종 연료의 연소 시 생성(Thermal NO_x, Fuel NO_x, Prompt NO_x)되며, 질소산화물은 산성비의 원인물질임과 동시에 광화학스모그 생성물질이기도 하다.

(4) 암모니아(NH_3)

무색의 기체로 특유한 자극성 냄새를 내며 공기 중에 5ppm만 존재하여도 냄새를 감지할 수 있다. 비료공장, 냉동공장, 표백, 색소 제조공장, 암모니아 제조공장 등에서 발생한다.

(5) 염화수소(HCl)

순수한 염화수소가스는 무색으로서 자극성 냄새가 있으며, 대기 중에서 접촉하여 산성, 백색의 연무를 발생, 수분을 포함하지 않은 경우에는 강한 자극성이 있고, 상부 기도에 흡수되어 산화작용을 일으킨다. 물에 잘 녹고 그 수용액을 염산이라 하며, 물에 염화수소를 흡수시킬 때 염화수소의 포화농도는 15℃에서 42.7%, 0℃에서 45.2%이므로 그 이상의 수용액은 구할 수 없다.

(6) 염소(Cl_2)

상온에서 황록색의 기체로 특수한 자극취가 있고, 1ppm 정도에서 취기가 있다. 액체염소제조, 의약품, 종이, 밀가루의 표백과 살균, 고무제조, 금속공업에서 발생하며, 상수도의 살균제로도 사용한다. 기도에 대한 독성은 염화수소가스보다 약 20배 정도 더 강하다.

(7) 포름알데히드(Formaldehyde, HCHO)

상온에서 강한 자극취가 있는 무색의 기체이며, 광화학반응에 의하여 생성되기도 한다. 흡입과 피부 점막을 통하여 체내에 침입, 특히 중추신경에 대한 마취작용과 점막에 대한 자극작용을 한다.

(8) 황화수소(H₂S)

계란 썩는 냄새가 나는 기체로, 인견, 고무, 아교 제조, 제당, 가스공장 및 광산에서 발생한다. 세포 내부의 호흡작용의 정지, 불면증이나 식욕부진을 초래한다.

(9) 불소(F₂)

황록색의 특수한 냄새가 있는 기체로 화학작용이 매우 강하고 모든 원소와 직접 반응하며, 할로겐화 반응을 일으킨다. 냉매, 불소수지, 방부제, 살충제의 제조 등 넓은 용도로 사용된다. 인 및 인산비료 제조, 요업, 유리 및 에나멜 제조, 금속주조, 용접, 제철 및 알루미늄의 정련 과정에서 발생한다.

2 1차 오염물질과 2차 오염물질

대기오염물질은 생성원에 따라서 '1차 오염물질(Primary Pollutants)'과 '2차 오염물질 (Secondary Pollutants)'로 각각 구분된다.

1차 오염물질은 연소나 증발 등으로 인해 직접 대기로 배출되는 물질로서, 분진, 휘발성유기화합물(VOCs), 일산화탄소(CO), 질소산화물(NO$_x$), 황산화물(SO$_x$), 납(Pb) 등이 대표적인 물질들이며, 이들 1차 오염물질 중 일부가 대기 중에서 화학반응을 통해 새로운 형태의 오염물질을 생성할 경우 그 물질을 2차 오염물질이라 한다.

2차 오염물질 중 오존(O₃)과 수많은 종류의 반응성 유기화합물질들이 질소산화물과 휘발성 유기화합물(VOCs)의 화학반응에 의해 생성되는데, 이때 햇빛이 반응에너지로 작용한다. 따라서 광화학반응 생성물인 2차 오염물질들을 광화학 옥시던트(Photochemical Oxidants)라고 부른다.

심화학습

산성눈(雪)이 산성비(雨)보다 인체에 미치는 영향이 나쁜 이유

(1) 지표면에 오래 머물러 오염물질 유착

산성눈(雪)에는 황산염·질산염·암모니아 등의 유해물질이 섞여 있다. 산성눈은 산성비처럼 수소이온농도(pH)가 5.6 이하인 경우를 말하며, 눈에서 질산염·황산염이 차지하는 비중은 약 30% 정도이다.

여름철 비보다 겨울철 눈은 자주 내리지 않아 한 번 내릴 때 대기오염물질이 더 많이 포함된다. 정체된 대기상태에서 천천히 떨어지는 눈에는 가스성분이 더 잘 섞이며, 눈의 표면 역시 울퉁불퉁해서 흡습성도 강하다.

(2) 제설제 · 미세먼지에 섞여 비염 악화

제설작업에 쓰이는 염화칼슘이나 모래도 호흡기를 자극한다. 제설제가 미세먼지와 섞여 호흡기를 통해 몸 속으로 들어가면 알레르기 비염이 악화될 수 있고, 코 점막에 염증이 생길 수도 있다. 염화칼슘은 토양이나 수질오염, 건축물 부식 등의 부작용을 가져온다. 화학물질이기 때문에 알레르기 비염 환자에게 좋지 않으며, 겨울철 찬 공기와 미세먼지, 오염물질이 코를 자극할 경우 비염 증상이 악화될 수밖에 없다.

(3) 눈이 올 때 마스크 착용

외출할 때는 마스크 착용을 권하며, 마스크는 미세먼지가 섞인 눈의 체내 침투를 막아준다. 이와 함께 급격한 온도 차이를 줄여주는 역할도 하며, 눈이 올 때는 실내 환기도 삼가야 하는데, 꼭 해야 한다면 눈이 그친 후 이틀 정도 시간을 두고 하는 것이 좋다.

집에 돌아오면 반드시 손을 씻고 식염수로 코 속을 세척할 필요가 있다. 생리식염수로 코를 세척하면 코 속에 있는 이물질을 제거할 수 있고, 수분도 공급할 수 있으며, 알레르기를 유발하는 원인물질을 희석시켜 증상을 완화시키고 섬모운동을 촉진시킨다.

[사진 5-1]은 겨울철 눈이 많이 내린 후 촬영한 도심지 설경(雪景)이다.

[사진 5-1. 도심지 설경(雪景)]

※ 자료 : Photo by Prof. S.B.Park

[사진 5-2]는 산성눈(雪)과 산성비(雨) 등 외부 환경요인 등에 의해 오염된 오스트리아 잘츠부르크의 미라벨 정원(Mirabell Garden)에 있는 조각품들이다. 여기서 미라벨(Mirabell)이란 '아름다운 성'이란 뜻이며, 이 정원은 영화 "사운드 오브 뮤직(Sound of Music)"에서 '도레미 송'을 부를 때 배경으로 등장한 곳이기도 하다.

【 사진 5-2. 산성눈과 산성비 등 외부 환경요인에 의해 오염된 조각품 】

※ 자료 : Photo by Prof. S.B.Park, Austria, 2015년 7월

3 │ 가스 제거 메커니즘

❶ 흡수에 의한 제거

흡수란 가스상 오염물질을 흡수액과 접촉시킴으로써 오염된 가스가 액상에 잘 용해되거나, 화학적으로 반응하는 성질을 이용하여 유해가스를 제거하는 것을 말한다. 흡수에 의한 제거효율은 기체와 액체의 접촉면적과 반응시간에 관계있고, 흡수액(세정액)의 농도와 반응속도에 영향을 받으며, 근본적으로 물에 대한 기체의 용해도에 좌우된다. 이처럼 흡수를 위해 중요한 흡수액 선정에 있어 고려할 사항(흡수액 구비조건)을 설명하면 다음과 같다.

① 적은 양의 흡수제로 많은 오염물을 제거하기 위해서는 유해가스의 용해도가 큰 흡수제를 선정한다. 흡수제가 화학적으로 유해가스 성분과 비슷할 경우에 일반적으로 용해도가 크다.
② 흡수제의 손실을 줄이기 위하여 휘발성이 작아야 한다.
③ 장치의 부식을 막기 위해 가능하면 부식성이 없는 흡수제를 사용한다.
④ 가격이 저렴하고, 사용이 용이해야 한다.
⑤ 흡수율을 높이고 범람(汎濫)을 줄이기 위해서는 흡수제의 점도가 낮아야 한다.
⑥ 흡수제는 무독성이고, 착화성이 없어야 하며, 화학적으로 안정해야 한다.
⑦ 빙점(氷點)은 낮고, 비점(沸點)은 높아야 한다.

　이동 중인 기체로부터 기체상 오염물이 액체 속으로 흡수되는 것은 물리적으로 대단히 복잡한 현상으로서, 기본적으로 기체상 오염물이 액체 속으로 전이되는 과정은 두 가지 작용기구에 의하여 이루어진다고 할 수 있다.

　오염물은 와류운동에 의하여 가스로부터 가스-액체(Gas to Liquid) 간의 경계면으로 이동되며, 이때 경계면과 매우 가까운 부분에서의 유체운동은 층류를 형성하므로 오염물은 이 부분을 분자확산에 의해 통과하게 된다. 경계면의 액체부분에서는 그 과정이 반대로 일어나게 된다. 즉, 경계면에 흡수된 오염물은 액체를 향해 확산하여 와류가 존재하는 위치에 도달하면 와류운동에 의하여 액체 속으로 퍼지는 것이다. [그림 5-1]은 흡수경막에서의 평형관계를 도식화한 것이다.

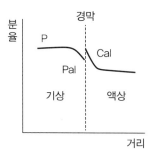

[그림 5-1. 흡수경막에서의 평형관계]

 심화학습

헨리(Henry)의 법칙

영국의 화학자인 윌리엄 헨리(William Henry)는 어떤 온도에서 기체의 액체에 대한 용해도(C)는 액체에 가해지는 그 계의 압력(P)에 비례한다는 이론을 발표하였다. 이는 일명 헨리의 법칙으로서 식은 다음과 같다.

$$P(\text{atm}) = H \cdot C$$

여기서, H는 헨리상수로서 단위는 [atm · m³/kmol]이다. 용해도가 낮을수록 액중농도는 감소하고 H값은 커지게 된다. 또한 H값은 온도에 따라 변하며 온도가 높을수록 헨리상수가 커진다.

❷ 흡착에 의한 제거

흡착의 원리는 기체분자나 원자가 고체표면에 부착하는 성질을 이용하여 오염된 기체를 고체흡착제가 들어있는 흡착탑을 통과시키면 유해가스뿐만 아니라 악취도 함께 제거된다. 흡착은 대상 기체가 회수할 가치가 있는 경우와 비가연성인 경우 아주 저농도인 가스처리에 특히 효과적이라 할 수 있다.

흡착현상을 이해하기 위해서는 우선 세공구조(Pore Structure)와 세공분포(Pore Distribution)에 대해 이해할 필요가 있다. 세공 직경분포를 기준으로 Dubinin은 20Å 이하를 Micro-pore, 20~200Å 범위를 Transition-pore(또는 Meso-pore), 200Å 이상을 Macro-pore라고 제한하였지만, IUPAC(International Union of Pure and Applied Chemistry, 국제순수·응용화학연맹)에서는 20Å 이하를 Micro-pore, 20~1,000Å 범위를 Meso-pore, 1,000Å 이상을 Macro-pore라고 분류하였는데, 학술적으로는 IUPAC의 분류기준에 따르는 것이 타당할 것으로 여겨진다.

여기서, 세공 직경단위인 Å(옹스트롬, Angstrom)은 19세기 스웨덴의 물리학자인 안데르스 요나스 옹스트롬의 이름을 따서 명명한 것으로, 옹스트롬은 μm(마이크로미터), nm(나노미터)와 함께 분자의 지름이나 액체 표면막의 두께 등을 측정하는 데도 사용되고 있으며, 1Å은 10^{-8}cm($=10^{-10}$m)에 해당한다.

흡착에 있어 합성세제로 오염된 물을 활성탄으로 정수시킬 때 활성탄을 흡착제(Adsorbent)라 하고, 합성세제가 녹아 있는 물을 혼합용매(Adsorptive), 그리고 합성세제를 흡착질(Adsorbate)이라고 한다. 흡착공정은 다음과 같이 크게 3단계로 구분할 수 있다.

① 흡착질 분자들의 액경막(液硬膜), 즉 흡착제 외부 표면으로의 이동
② 흡착질이 흡착제의 대세공(大細孔), 중간세공(中間細孔)을 통해 확산
③ 확산된 흡착질이 미세공(微細孔) 내부 표면과의 결합 또는 미세공(微細孔)에 채워짐.

여기서 1단계와 2단계는 일반적으로 속도가 늦는 반면, 3단계는 매우 빠르다고 할 수 있다. 〈표 5-1〉은 각종 흡착제의 선택성을 비교한 것이다.

〈표 5-1〉 각종 흡착제의 선택성

구 분		비극성(포화 결합)[1] : 유기질	극성(불포화 결합)[2] : 무기질
분자의 크기	대	탄소질 흡착제 (활성탄, 골탄 등)	실리카, 알루미나제 흡착제 (실리카겔, 알루미나겔)
	소	분지체 탄소 Molecular Sieving Carbon	합성 제올라이트 Molecular Sieve Zeolite

※ 1) 포화 결합 : 단(單)결합(예 -CH₂-CH₂-)
2) 불포화 결합 : 이중(二重)결합, 삼중(三重)결합 등(예 -CH=CH-)

심화학습

제올라이트(Zeolite)의 구조와 특성

(1) 제올라이트의 구조

제올라이트는 장석류 광물의 일종으로서, 1756년에 발견되어 '끓는 돌'이라는 의미로 명명된 광석이다. 제올라이트의 내부에 있는 나노 크기의 세공 속에는 보통 물분자들로 가득 채워져 있는데, 이 광석을 가열하면 내포된 물분자가 증발하여 수증기를 발생한다. 제올라이트는 견고한 삼차원 구조를 지닌 결정성 알루미노실리케이트로 정의하며, 구조식은 $M_x D_y [\mathrm{Al}(x+2y)\mathrm{O}_2 n] \cdot m\,\mathrm{H_2O}$ 이다. 여기서, M은 1가 양이온, D는 2가 양이온이다. [그림 5-2]는 전형적인 제올라이트 골격 구조도이다.

[그림 5-2. 전형적인 제올라이트 골격 구조도]

제올라이트의 골격은 실리콘과 알루미늄이 각각 4개의 가교 산소를 통해 연결되어 있는 삼차원적인 무기 고분자이며, 이때 알루미늄이 4개의 산소와 결합하게 됨에 따라 음전하를 가지게 된다. 이러한 음전하를 상쇄하기 위하여 다양한 양이온이 존재한다. [그림 5-3]은 제올라이트의 모습 및 결정구조이다.

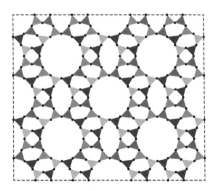

[그림 5-3. 제올라이트의 모습 및 결정구조]

(2) 제올라이트의 특성

순수한 제올라이트는 3~20Å 정도 크기의 균일한 세공을 지니고 있는데, 40여 종의 천연 제올라이트와 80여 종의 합성 제올라이트까지 합쳐 현재 약 130여 종의 다양한 세공구조를 지닌 제올라이트가 알려져 있다. 제올라이트 골격 내에 존재하는 빈 공간인 세공에는 제올라이트수라 불리는 물분자들과 전하상쇄를 위한 양이온들로 채워져 있다.

제올라이트의 용도로는 이온교환체, 촉매, 흡착제 및 탈수제, 나노반응기, 기타 가축용사료 및 식물 첨가제 등이 있다. 이탈리아에서는 제올라이트 광산으로부터 직접 제올라이트 벽돌을 생산하여 건축자재로 사용하고 있는데, 이 벽돌로 지은 건축물은 보온이 잘되며, 특히 여름에는 습기를 흡수하여 건조하게 해주고, 겨울에는 습기를 방출하여 적당한 습도를 유지하는 데 탁월한 성능이 있다고 한다.

※ 자료 : 박성복, 대기관리기술사, 한솔아카데미

일반적으로 흡착공정에서 많이 사용되는 탄소질 흡착제인 활성탄은 입자 하나하나에 잘 발달된 미세공(微細孔)으로 이루어진 탄소의 집합체로서, 활성화 과정에서 분자 크기 정도의 미세 세공이 형성되어 큰 내부 조직을 갖는 흡착제이다.

이 표면적은 상대 분자 크기에 따른 세공 크기의 적합성과 함께 활성탄소의 생명인 흡착능력을 좌우하게 되고, 활성탄소 1g은 $1,000 \sim 1,600 m^2$의 대단히 넓은 표면적을 갖는다. 탈색(脫色), 탈균(脫菌), 탈취(脫臭)의 목적으로 광범위한 산업분야에서 활발하게 적용되고 있는 활성탄을 물리적 형상과 출발원료에 따라 분류하면 다음과 같다.

① 물리적 형상에 의한 분류
   ㉠ 분말상 : 분말도, 입도분포(100mesh 이하)
   ㉡ 파쇄상 : 입상(Granular Type)이지만 형상 및 크기 불규칙(3~8mesh)
   ㉢ 조립(성형) : 형상 및 크기가 다양하며, 바인더(Binder)를 첨가하여 조립(성형)
   ㉣ 섬유상, Cloth상, 그 밖의 특수형상, 액체상, 페인트상 등
② 출발원료에 의한 분류
   ㉠ 식물질 : 목재, 톱밥, 목탄, 야자각탄(Coconut), 소회 등
   ㉡ 석탄질 : 아탄, 갈탄, 역청탄, 무연탄 등
   ㉢ 석유질 : 석유잔사, 황산, 슬러지(Sludge), 기름(Oil), 탄소(Carbon) 등
   ㉣ 기타 : 펄프폐액, 합성수지, 폐액, 유기질 폐기물 등

심화학습

물리흡착과 화학흡착

(1) 물리흡착(Physical Adsorption)

물리흡착을 지배하는 힘은 비교적 약한 반 데르 발스(Van Der Walls)의 힘이다. 물리흡착일 경우는 흡착제 표면과 흡착질 간에 전자의 공유를 갖지 않기 때문에 흡착질은 소위 분자간 인력, 즉 London의 분산력(London Force)에 의해 흡착제의 표면 가까이 일시적으로 붙잡힌 상태에 놓여져 있다. 이렇게 약하게 흡착된 분자는 용액의 농도 변화나 그다지 높지 않은 온도(약 150℃)와 저압에서 수증기 등으로 쉽게 짧은 시간에 탈착, 재생될 수 있기 때문에 가역적이라고 보며 대부분의 기상흡착이 이에 해당된다.

(2) 화학흡착(Chemical Adsorption)

화학흡착을 지배하는 것은 강한 이온결합 또는 공유결합 등의 화학결합이다. 화학흡착은 흡착제와 흡착질 간에 전자의 이동이 일어나며 그 결과 화학적 화합물이 형성되기 때문에 비가역적이라고 보는데, 탈착시키기 위해서는 고온(850℃)에서 장시간 수성가스 등과 접촉시켜야 하며 대부분의 액상흡착이 이에 해당된다. 그러나 유기물 흡착은 물리흡착과 화학흡착이 동시에 일어나는 일이 많고, 첨착 활성탄에 의한 흡착은 순전히 화학흡착이므로 흡착된 물질의 탈착이 불가능하다.

〈표 5-2〉는 물리흡착과 화학흡착을 온도, 흡착질, 흡착열, 흡·탈착, 흡착속도 등을 대상으로 특성을 각각 비교한 것이다.

〈표 5-2〉 물리흡착과 화학흡착의 비교

구 분	물리흡착	화학흡착
온도	저온에서 흡착량이 크다.	비교적 고온에서 일어난다.
흡착질	비선택성	선택성
흡착열	소(1~10kcal/g · mol) 응축열과 같은 정도	대(10~30kcal/g · mol) 반응열과 같은 정도
흡·탈착	가능	불가능
흡착속도	빠르다.	느리다(활성화에너지 필요).

Q 화석연료 연소 시 발생되는 황산화물(SO_x)의 생성과 피해에 대해 간단히 설명해 주시고, 산성비 생성 메커니즘을 그림으로 표시해 주시기 바랍니다.

A 석탄, 석유 등의 화석연료의 가연성 성분의 연소에서 발생되는 생성물 중 황산화물의 생성반응식은 다음과 같습니다.

$$S + O_2 \rightarrow SO_2 \ (연소 \ 생성물)$$

$$SO_2 + \frac{1}{2}O_2 \rightarrow SO_3 \ (노 \ 내에서 \ 일부 \ 산화)$$

생성된 황산화물은 대기 중에 배출되어 산화한 후 수분과 결합하여 황산을 생성하여 산성비(Acid Rain)의 원인이 되며, 이것은 식물의 피해 및 토양과 호수의 산성화를 가져오고, 건축물 등의 부식을 초래하며, 인체에는 호흡기 질환을 유발합니다. 산성비(雨) 생성 메커니즘은 다음 그림과 같습니다.

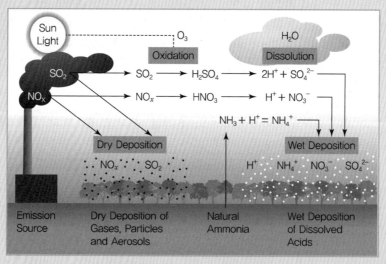

[산성비(雨) 생성 메커니즘(총괄)]

CHAPTER 6

황산화물 (SO$_x$) 저감기술

학습목표

1. 탈황방법을 구분할 수 있다.
2. 석유(원유)탈황과 배연탈황에 대하여 이해할 수 있다.
3. 습식 석회석-석고법 공정에 대하여 알 수 있다.

학습내용

1. 탈황방법의 구분
2. 석유(원유)탈황과 배연탈황
3. 습식 석회석-석고법 공정

1 탈황방법의 구분

탈황방법은 크게 석유(원유)탈황과 배연탈황으로 구분할 수 있다. 석유(원유)탈황은 석유(원유) 속에 존재하는 황화합물이 석유 정제공정에서 문제가 되고, 석유제품의 질을 떨어뜨리며, 환경오염의 원인이 되므로 이를 석유(원유)에서 제거하는 방식을 말한다. 석유(원유) 속의 황화합물은 무기황과 유기황으로 각각 구분할 수 있는데, 무기황은 황화수소나 원소형태의 황으로서 그 함유량은 일반적으로 적은 편이며, 유기황은 메르캅탄·술피드·티오펜 등이다.

반면 배연탈황은 연소에 의하여 생기는 배연 중에서 황산화물(SO$_x$)을 제거하는 것을 말한다. 즉, 유황을 함유하는 연료의 연소에 기인하여 연소성 유황은 대부분 산화유황(SO$_2$)으로 되며, 1~5% 정도가 삼산화유황(SO$_3$)으로 된다. 연소가스 중에서 이들 유황산화물을 제거하는 방법을 배연탈황이라 하며, 이는 습식 탈황법과 반건식 탈황법, 그리고 건식 탈황법으로 구분할 수 있다.

2 | 석유(원유)탈황과 배연탈황

❶ 석유(원유)탈황

석유(원유)탈황에는 화학적 정제법(산·알칼리 세척법), 흡착정제법, 용제추출법, 스위트닝과 용제탈황, 수소화 정제 등이 있으며, 각 방법을 구체적으로 설명하면 다음과 같다.

(1) 화학적 정제법(산·알칼리 세척법)

이 방법은 석유의 주성분인 포화탄화수소가 황산과는 작용하지 않고 불포화탄화수소, 산소, 질소, 황 등의 불순물과는 여러 가지로 작용하는 성질을 이용한 것으로, 황산으로 처리한 후 가성소다 용액으로 세척하여 석유제품을 생산하는 방법이다.

(2) 흡착정제법

산성백토, 활성백토, 활성탄 등과 같은 다공질 흡착체는 표면적이 넓고 흡착력이 클 뿐 아니라, 석유 중의 불순물이나 불용성분을 우선적으로 흡착하는 성질을 갖고 있다. 그리고 각종 탄화수소에 대해서는 방향족 > 올레핀 > 포화의 순으로 흡착하므로 이들 흡착제는 석유의 정제나 방향족 탄화수소의 분리 등에 이용된다. 흡착제 중에서 제올라이트(Zeolite)는 일정한 기공경(氣孔徑)을 갖고 있어 여러 종류의 탄화수소의 분리에 사용된다. 석유의 흡착정제에는 일반적으로 활성백토(Activated Clay)가 가장 많이 사용된다.

(3) 용제추출법

석유 중의 불용성분을 제거하거나 혹은 특정한 성분만을 얻기 위하여 가끔 용제가 사용된다. 용제추출에서 용제에 의하여 추출된 성분을 'Extract', 추출되지 않은 성분을 'Raffinate'라 한다. 1909년 Edeleau가 액체 아황산을 사용하여 등유를 정제한 이래 여러 종류의 용제가 개발되어, 최근에는 특히 윤활유의 정제에 많이 사용되며, 방향족 탄화수소의 분리에도 널리 응용되고 있다. 석유공업에서의 용제 정제는 보통 파라핀계, 나프텐계, 방향족 탄화수소의 혼합원료로부터 어떤 성분을 제거하는 데 사용되며, 용제로는 푸르푸랄, 크레졸, 프로판 등이 사용된다.

(4) 스위트닝과 용제탈황

가솔린이나 등유 속에는 황분, 특히 메르캅탄류가 많이 포함되어 있어 그 제품의 가치를 저하시키고 있다. 메르캅탄류를 산화하여 이황화물로 변화시키면 냄새가 없어지고 스위트한 냄새가 난다. 이와 같이 악취를 없애는 방법을 스위트닝법이라고 한다. 그러나 이 방법은 악취를 없앨 뿐 본질적으로 황성분을 감소시키는 것이 아니므로 점차 사용하지 않게 되었다. 이에 대하여 환경오염의 원인인 황화합물을, 용제를 사용하여 경제적으로 가솔린이나 등유로부터 제거하는 방법이 연구되었는데, 이것이 바로 용제탈황법(Solvent Desulfurization Process)이다.

(5) 수소화 정제

원료유(올레핀, 디올레핀과 같은 불포화탄화수소)를 수소와 혼합하여 고온·고압하에서 주로 코발트-몰리브덴-알루미나계의 촉매를 사용하여 반응시킴으로써 황, 질소, 산소화합물을 제거하는 방법이다. 이들 불순물은 황화수소, 암모니아, 물과 같은 수소화합물로 전환되어 간단한 처리로 정제유로부터 분리·제거된다. 동시에 불포화탄화수소, 방향족 탄화수소에의 수소화 반응도 일어나므로 등유의 연소성, 경유의 세탄가를 높이기 위해서도 유효하다.

❷ 배연탈황

(1) 배연탈황의 구분

① **습식 탈황** : 습식(Wet) 탈황은 물이나 알칼리성 용액 및 슬러지를 사용하여 기상의 SO$_2$를 흡수하고 알칼리 성분과 반응시켜 생성된 슬러지를 탈수처리하여 폐기하거나 재생공정을 거쳐 시장성이 있는 부산물을 생성하는 방법으로서, 건식 탈황에 비해 다음과 같은 장·단점을 가지고 있다.

    ㉠ 장점
- 반응속도가 빨라 SO$_2$ 제거율이 높다.
- 장치가 비교적 집적화(集積化)되어 있어 필요 부지가 적은 편이다.
- 보일러 부하변동에 따른 영향이 적다.
- 대형 석탄보일러에의 적용성이 우수하고, 설치 실적이 많다.
- 공정신뢰도가 높다.

    ㉡ 단점
- 처리 후 가스 온도가 낮아 재가열이 필요하다.
- 공정에서 다량의 폐수를 방출한다.
- 용수 소모량이 많다.
- 동력 소모가 많다.
- 부식 및 마모가 심하다.

② **반건식 탈황** : 반건식(Semi-Dry) 탈황은 알칼리 흡수제(석회, 석회석 및 소다회)가 포함된 슬러리 용액을 아토마이저(Atomizer)나 유체노즐을 사용하여 120~200℃의 배연가스에 분사하여 슬러리 입자에 SO$_2$ 기체를 흡수, 반응시켜 건조상태의 분말형태로 회수하는 공정을 말한다. 알칼리 흡수제로서는 소석회(Ca(OH)$_2$)가 반응성과 경제성이 우수하여 가장 널리 사용되고 있다. 미국 및 독일 등지에서는 주로 중·소규모의 저유황 석

탄의 연소보일러에 적용되며, 유황 함량이 3% 이상인 고유황 석탄의 연소시설에서는 다소 경제성이 없는 것으로 평가되고 있다.

 ㉠ 장점
- 초기 투자비가 적은 편이다.
- 부산물 처리비용이 감소한다.
- 다이옥신 제어에 효과가 있다.
- 폐수처리가 필요 없다.

 ㉡ 단점
- 습식에 비해 상대적으로 제거효율이 낮은 편이다.
- 고형물 처리가 문제될 수 있다.
- 후단에 설치된 여과집진시설 내 여과포의 파손을 유발할 수 있다.
- 반응탑(Reactor) 내부에 스케일(Scale)이 생성된다.

③ 건식 탈황 : 건식 탈황은 배기가스를 분말이나 펠렛(Pellet) 형태의 촉매층으로 통과시키거나 고온의 배기가스 유로(流路)에 건조한 분말의 반응제 및 슬러지 형태의 반응제를 분사하여 SO_2를 제거하는 방법으로서, 습식 탈황에 비해 다음과 같은 장·단점을 가지고 있다.

 ㉠ 장점
- 용수 소모량이 거의 없다.
- 배기가스 재가열이 필요 없다.
- 스팀(Steam)의 소모가 거의 없다.
- 초기 투자비 및 에너지 소모량이 적다.
- 부산물 처리비용이 적다.

 ㉡ 단점
- 흡수제가 고가이다.
- SO_x 제거효율이 낮다.
- 대형 석탄보일러에의 적용성이 떨어지고, 설치 실적이 미흡한 편이다.
- 보일러 부하변동에 따른 영향이 다소 큰 편이다.

(2) 배연탈황 설비의 종류

일반적으로 배연탈황 설비의 종류는 석회석 주입법, 알칼리법, 금속산화물법, 전자빔법, 그리고 기타(촉매산화법, 흡착법)로 구분할 수 있으며, 각 설비에 대한 상세 설명은 다음과 같다.

① 건식 석회석 주입법 : 석회석을 가루로 만들어 연소로에 직접 주입하는 방법으로서, 초기 투자비용이 적게 들어 소규모의 보일러나 노후(老朽)된 보일러에 주로 사용된다([그림 6-1]). 석회석은 연소로 내에서 발생되는 황산화물과 반응하여 석고 분말상이 되어 배출

가스와 함께 처리되는데, 여기서 석회석이란 주로 방해석이나 아라고나이트 형태의 탄산칼슘($CaCO_3$)으로 구성된 퇴적암을 일컫는다. 석회석 주입법에 사용되는 석회석 값은 대체로 저렴한 편으로 재생하여 쓸 필요가 없으며, 분쇄와 주입에 필요한 간단한 장비만 있으면 되고, 건식이므로 배기가스 온도가 내려가지 않는 장점이 있다. 반면, 탈황효율이 40% 정도로 아주 낮은 편이고, 과잉 공급된 석회석으로 인하여 고형폐기물의 처리량이 많으며, 스케일(Scale) 생성이나 관(管) 부식이 우려된다.

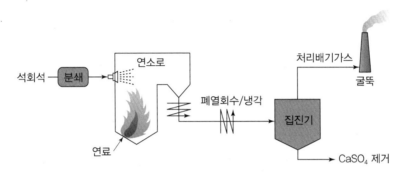

[그림 6-1. 건식 석회석 주입법의 공정도]

② **알칼리법** : 대부분의 반응물이 용액의 상태로 존재하기 때문에 찌꺼기가 생기거나 퇴적물이 생기는 일이 없고 아황산가스와 비교적 잘 반응하므로 아황산가스의 제거에 주로 이용되어 오고 있다.

③ **금속산화물법** : 아황산가스를 아연, 철, 망간, 구리 등의 금속산화물과 반응시켜 금속의 황산화물을 생성하여 처리한 후, 금속의 황산화물을 재생시켜 다시 사용하는 방법을 말한다. 이 방법은 재생 시 발생된 황산화물을 이용하여 고농도의 황산을 회수할 수 있다.

④ **전자빔법** : 연소 배기가스로부터 SO_2와 NO_x를 동시에 제거하는 건식 세정공정에 해당한다. 배기가스에 전자빔의 방사로 활성 라디칼(Radical) 및 원자가 발생되고, 이들이 SO_2와 NO_x와 반응하여 각각 산을 형성한다. 형성된 산은 암모니아와 함께 암모늄 설페이트(Ammonium Sulfate) 등으로 전환된다.

> ⚡ **라디칼(Radical)**
> 화학반응에서 다른 화합물로 변화할 때 분해되지 않고 마치 한 원자처럼 작용하는 원자의 집단을 말한다.

⑤ 기타

㉠ 촉매산화법 : 이 공정은 보일러에서 발생한 SO_x를 함유한 배기가스를 전기집진기에 통과시켜 촉매에 악영향을 미치는 분진(Dust), 미스트(Mist) 등의 입자상 물질을 제거한 후 촉매전환장치로 유입시킨다. SO_2를 V_2O_5나 K_2SO_4 등의 촉매와 접촉시켜 무수황산(SO_3)으로 전환시키고, 무수황산(SO_3)을 함유한 배기가스를 폐열회수장치 등으로 적절히 냉각시킨 후 흡수탑으로 유입시킨다. 흡수탑으로 유입된 SO_3는 물과 반응하여 황산으로 전환되어 흡수탑의 저부(低部)에서 이를 회수한다.

• 산화 : $SO_2 \rightarrow Catalyst \rightarrow SO_3$
• 흡수 : $SO_3 + H_2O \rightarrow H_2SO_4$ (온도가 낮을수록 유리)

㉡ 흡착법 : 아황산가스를 함유한 배기가스를 약 100℃에서 활성탄층을 통과시켜 아황산가스와 산소가 활성탄에 흡착하게 하는 방법을 말한다. 활성탄은 세정에 의해 황산을 탈착시켜 재생하여 재사용한다.

심화학습

클라우스(Claus) 공정

클라우스 공정이란 H_2S의 일부를 연소시켜 SO_2를 만들고, H_2S와 SO_2를 2 : 1로 반응시켜 유황을 만드는 공정을 말한다(촉매 : Activated Alumina).

$$H_2S + 3/2O_2 \rightarrow SO_2 + H_2O \text{ (제1반응)}$$
$$\underline{2H_2S + SO_2 \rightarrow 2H_2O + 3S \quad \text{(제2반응)}}$$
$$3H_2S + 3/2O_2 \rightarrow 3H_2O + 3S$$

개량된 클라우스 공정은 15% 이상의 황화수소(H_2S)를 함유한 가스를 $250\sim300Nm^3/hr \cdot m^3$ 촉매의 공간속도에서 92~94% 처리가 가능하다. 클라우스 공정 촉매로는 고순도 알루미나, 알루미나 기질의 전이금속, 타이타니아 기질의 전이금속 촉매 등이 주로 사용되고 있다. 클라우스 반응기의 배출가스 중에는 미반응된 고농도 H_2S(7,000ppm)와 SO_2(3,700ppm)을 함유하고 있어 대기 중으로 방출하면 곤란하므로 Co-Mo 촉매로 충전되어 있는 SCOT (Shell Claus Off-gas Treatment) 반응탑으로 보내어 수소를 이용, SO_2를 환원시켜 발생된 H_2S 가스는 다시 클라우스 반응기로 순환된다.

3 습식 석회석-석고법 공정

❶ 공정원리

연소공정에서 발생한 배기가스를 먼저 집진기 등에서 분진을 제거한 후, 이를 흡수탑 내 석회석 슬러리와 접촉시키면 SO$_2$와 석회석이 반응하여 CaSO$_3$, CaSO$_4$ 등과 같은 고형 침전물을 포함하는 슬러지가 생성되며, 이 생성된 슬러지를 탈수공정, 화학적 안정화 공정을 거쳐 매립방법 등에 의해 최종 처리한다.

초기에 일본, 미국 등 선진국을 중심으로 본 공정에 강제산화(Forced Oxidation) 방식을 도입하여 석고(Gypsum)를 생성시키는 습식 석회석-석고법 공정으로 발전시켜 왔으며, 공정 부산물로 생성된 석고는 건축자재인 석고보드나 시멘트 원료로 널리 사용되고 있다. 특히 부산물인 석고를 전량 재활용하게 됨으로써 우리나라와 같이 국토가 협소한 국가 등을 대상으로 매립용 부지 확보의 어려움을 해소시켜 주는 역할까지 가능하게 하였다.

[그림 6-2]는 국내 대형 석탄(유연탄) 화력발전소 습식 석회석-석고법 FGD 공정흐름도이다.

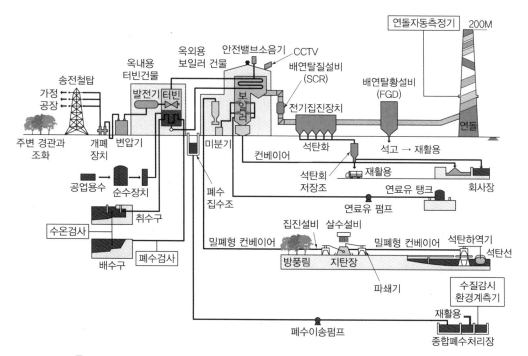

【 그림 6-2. 국내 석탄(유연탄) 화력발전소 습식 석회석-석고법 공정흐름도 】

❷ 운전특성에 따른 분류

전 세계적으로 상용화되어 있는 습식 석회석－석고법 배연탈황 공정을 운전특성에 따라 분류하면 〈표 6-1〉과 같다.

〈표 6-1〉 습식 석회석－석고 배연탈황 공정의 분류 및 특성

분류방법	분류	특징
분사방식	액 분사 (Liquid Dispersion)	• 대표적인 공정 : Spray Tower, 분무탑 • 흡수효율 및 운전비 : 액기비(L/G)에 의존적
	가스 분사 (Gas Dispersion)	• 대표적인 공정 : Tray Tower, 다공 트레이탑, 제트 버블링 반응기, CT-121(Chiyoda社, Japan) • 흡수효율 및 운전비 : ΔP에 의존적
산화방식	자연 산화 (Natural Oxidation)	산화율 15~95%, 석고 스케일(Scale) 발생
	산화 억제 (Inhibited Oxidation)	산화율 15% 이하 $x\,CaSO_4 \cdot (1-x)\,CaSO_3 \cdot \frac{1}{2}H_2O$
	강제 산화 (Forced Oxidation)	산화율 98% 이상, 상업용 석고(Saleable Gypsum)
루프(Loop) 구성	Dual – loop	전처리용 스크러버(Prescrubber) 설치, HCl, HF, Fly Ash 사전 제거, 고순도 석고 생성
	Single – loop	전처리용 스크러버(Prescrubber) 미설치, 설치비용 및 폐수 발생량 감소, 궁극적으로 Closed – loop 지향

국내 및 해외 대형 석탄(유연탄) 화력발전소용 습식 석회석－석고법 FGD 설치 전경은 [사진 6-1]과 같고, 중소형 산업분야 습식 석회석－석고법 FGD 공정흐름도는 [그림 6-3]과 같다.

(a) 국내　　　　　　　　　　　(b) 해외(USA)

【 사진 6-1. 대형 석탄(유연탄) 화력발전소 습식 석회석-석고법 FGD 전경 】

※ 자료 : Photo by Prof. S.B.Park

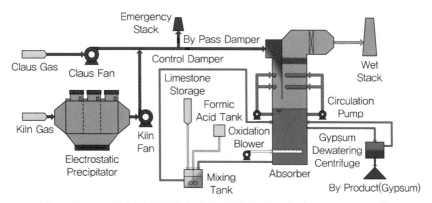

[그림 6-3. 중소형 산업분야 습식 석회석-석고법 FGD 공정흐름도]

[사진 6-2. 중소형 산업분야 습식 석회석-석고법 FGD 전경]

NCS 실무 Q & A

Q 유체의 흐름을 판단하는 기준이 되는 레이놀즈수(N_{Re} : Reynolds Number)에 대하여 자세히 설명해 주시기 바랍니다.

A 레이놀즈수는 1883년에 이를 최초 제안한 영국의 대학교수 Osborne Reynolds(1842~1912)의 이름을 따서 명명되었습니다. 유체역학에서 레이놀즈수는 '관성에 의한 힘'과 '점성에 의한 힘(Viscouse Force)'의 비(比)로서, 주어진 유동조건에서 이 두 종류의 힘의 상대적인 중요도를 정량적으로 나타냅니다. 레이놀즈수는 유체 동역학에서 가장 중요한 무차원수 중 하나이며, 다른 무차원수들과 함께 사용되어 동적 상사성(Dynamic Similitude)을 판별하는 기준이 됩니다.

또한 레이놀즈수는 유동이 층류인지 난류인지를 예측하는 데에도 사용됩니다. 층류는 점성력이 지배적인 유동으로서 레이놀즈수가 낮고, 평탄하면서도 일정한 유동이 특징인 반면, 난류는 관성력이 지배적인 유동으로서 레이놀즈수가 높고, 임의적인 에디(Eddy)나 와류(渦流), 기타 유동의 변동(Perturbation)이 특징입니다. 즉, N_{Re} =2,000을 하임계 레이놀즈수(Lower Critical Reynolds Number)라 하고, N_{Re} =4,000을 상임계 레이놀즈수(Upper Critical Reynolds Number)라 하는데, 여기서 N_{Re} < 2,100이면 층류(層流), 2,100 ≤ N_{Re} ≤ 4,000이면 천이류(遷移流), N_{Re} > 4,000이면 난류(亂流)가 됩니다.

질소산화물 (NO$_x$) 저감기술

1. 질소산화물(NO$_x$)의 특성 및 생성기작을 알 수 있다.
2. 질소산화물(NO$_x$) 저감기술에 대해 알 수 있다.
3. SCR 시스템의 운전 중 문제점과 대책을 수립할 수 있다.

1. 질소산화물(NO$_x$)의 특성 및 생성기작
2. 질소산화물(NO$_x$) 저감기술
3. SCR 시스템의 운전 중 문제점과 대책

1 질소산화물(NO$_x$)의 특성 및 생성기작

❶ 질소산화물(NO$_x$)의 특성

NO$_x$는 모든 질소산화물을 통칭하지만, 대기오염 분야에서는 일반적으로 NO와 NO$_2$를 의미한다. 질소산화물로 널리 알려진 7가지는 NO, NO$_2$, NO$_3$, N$_2$O, N$_2$O$_3$, N$_2$O$_4$, N$_2$O$_5$인데, 이 중에서 NO(Nitric Oxide)와 NO$_2$(Nitrogen Dioxide)는 대량으로 배출되기 때문에 가장 중요한 대기오염물질로 분류되고 있다. 대기 중에 방출된 NO$_x$는 O$_3$로 전환하여 눈과 코를 자극하는 스모그나 강한 호흡 자극제로 변한다.

- 질소산화물(NO$_x$) + 탄화수소(Hydrocarbons) + 자외선(Sunlight) + O$_2$
  $\rightarrow$ O$_3$ + Other Irritating Components

- 일산화질소(NO) + $\dfrac{1}{2}$O$_2$ $\leftrightarrow$ 이산화질소(NO$_2$)

NO는 대기에서 시간이 흐르면 NO$_2$로 산화반응하며, NO는 O$_3$를 생성하고 O$_2$ 최대(Peak) 후에 O$_3$ 최대(Peak)가 발생한다. 연소상태에서 NO$_x$의 생성을 감축시키는 방법은 가능한 한 낮은 온도, 짧은 체류시간, 낮은 산소 함량의 조건 등을 만드는 것이 중요하다.

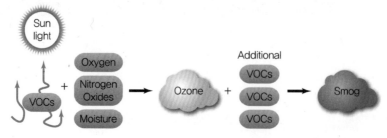

[그림 7-1. VOCs/NO$_x$에 의한 O$_3$ 및 광화학스모그 생성기전]

※ 자료 : 박성복 외 1인, 최신대기제어공학, 성안당

❷ 질소산화물(NO$_x$)의 생성기작

일반적으로 NO$_x$의 생성기작은 세 가지, 즉 열적(Thermal) NO$_x$, 연료(Fuel) NO$_x$, 프롬프트(Prompt) NO$_x$로 구분하고 있는데, 각각의 생성 특성을 설명하면 다음과 같다.

(1) 열적(Thermal) NO$_x$

연소에 사용된 공기 중의 질소가 산소와 반응하여 NO$_x$를 생성하는 것을 말하는데, 이는 온도에 매우 민감하며 약 1,200~1,300℃ 정도의 화염영역에서 빠르게 생성하는 특성을 갖고 있다.

(2) 연료(Fuel) NO$_x$

연료 중에 존재하는 유기성 질소가 연소과정에서 산화되어 NO$_x$를 생성하는 것을 말한다. Fuel NO$_x$의 경우에는 연료에 포함된 질소성분이 원인이므로 질소 함유량이 낮은 연료로 전환하거나 연료 중 질소성분을 제거하는 방법을 고려할 수 있겠지만 연료 중 질소성분을 제거하기 위해서는 막대한 설비와 비용이 필요하여 비경제적이다. 일반적으로 석탄의 질소 함유율은 0.5~2%, 잔류유의 질소 함유량은 0.1~0.5% 정도이나, NO$_x$로의 전환율은 10~60% 정도로 알려져 있다.

(3) 프롬프트(Prompt) NO$_x$

이는 화염면에서 생성된 탄화수소 라디칼과 질소가 반응하여 생성된 HCN, CN 등의 중간체로서, 연료 농후영역에 생성률이 최대가 되며, 이후 산화되어 NO$_x$로 전환된다. 다시 말해 CH$_2$, C 이온을 갖고 있는 물질이 연소하여 질소와 반응하여 Carbon-bearing Radicals를 생성하고, 분리된 N가 산소와 반응하여 NO$_x$를 생성하는 것을 말한다.

$$CH + N_2 \rightarrow HCN + N, \ N + O_2 \rightarrow NO + O$$

HCN은 O_2와 반응하여 NO를 생성하고 부분적으로 NO는 N_2를 생성한다.

 심화학습

일산화질소(NO)와 이산화질소(NO_2)의 특성 비교

(1) 일산화질소(NO)

무색이면서 건강에 해로우나 NO_2보다 실질적으로 덜 영향을 주며, 대기에서나 산업 메커니즘에서 NO는 O_2와 산화하여 NO_2로 전환한다.

(2) 이산화질소(NO_2)

갈색 가스로서 호흡을 자극하는 심각한 물질이며, 질산을 NO_2로 분해하는 공정에서나 산업공장 연돌에서 나오는 갈색 색깔을 쉽게 볼 수 있다.

2 질소산화물(NO_x) 저감기술

❶ 연료 개선

(1) 연료 전환

연료 전환에 의한 NO_x 감소대책으로서, 질소 함량이 적은 양질의 연료로 전환하는 방식에 해당한다.

(2) 연료 탈질

원유(Crude Oil) 중의 탈황 시에 질소분도 제거되며, 연료 탈질은 현재 지속적으로 상용화가 진행되고 있다.

❷ 연소조건 개선

(1) 운전조건 변경

① 공기온도 조절(연소공기 예열 조절)
② 연소부분 냉각

(2) 연소장치 개조

① 2단 연소법(2-Stage Combustion)

연소용 공기를 2단(버너 부분 및 버너 윗부분)으로 공급하는 것으로서, 버너 부분에 연소용 공기를 이론 공기량보다 약간 적게 공급(보통 이론 공기량의 85~95%)하여 불완전 연소를 시키고, 버너 윗부분에서 나머지 부족한 공기를 공급하여 완전연소시키는 방식을 말한다. 이 방식은 질소산화물(NO_x)의 생성량이 10~30% 정도 감소하는 것으로 알려져 있다.

② 배기가스 재순환법(EGR : Exhaust Gas Recirculation)

연소가스의 일부(연소용 공기량에 대한 순환율 15~20% 정도)를 연소용 공기에 혼입, 연소시켜 연소온도를 낮추어 NO_x 생성량을 저감한다. 연소 배기가스는 공기에 비해 산소 농도가 낮고, 연소속도를 늦추는 효과가 있으므로 화염의 최고온도를 낮추게 된다. 따라서 이 방법은 Thermal NO_x의 저감효과는 있지만 Fuel NO_x의 저감효과는 거의 없다.

③ 농담연소(濃淡燃燒, OSC : Off-Stoichiometric Combustion)

비화학양론적 연소 또는 바이어스 연소라고도 한다. 다수의 버너를 설치하여 몇 개는 연료 과잉상태로 연소시키며, 그 주변에 공기 과잉상태의 버너를 배치하거나 공기만 유입될 수 있는 공간을 두고 연소시킨다. 연료 과잉영역에서는 저산소 효과에 의한 NO_x의 생성이 저감되고, 공기과잉 영역에서는 과잉공기에 의한 급속한 냉각효과로 NO_x의 생성이 낮아진다. 따라서 Thermal NO_x 및 Fuel NO_x의 생성을 동시에 억제하면서 운전하고, 2단 연소방식과 동일하게 NO_x뿐만 아니라 CO, HC, 매연 등의 생성을 적극 억제할 수 있다.

④ 수증기 또는 물 분사법

연소실의 불꽃에 수증기 또는 물을 분사하여 그 잠열을 이용해 온도를 낮추는 한편, 연소가스의 열용량을 증가시킴으로써 NO_x의 발생량을 줄인다. NO_x 저감효과는 수증기 또는 물의 토출량에 비례하지만 배기가스의 열손실이 증가하기 때문에 열효율은 낮아진다. 이 방법의 주된 효과는 연소온도를 낮추는 것이므로 Thermal NO_x의 저감효과는 있지만, Fuel NO_x의 생성을 억제하지는 못한다. 중질유의 연소시설에 이 방법을 적용할 경우 먼지 발생량을 줄일 수 있다.

⑤ 저NO_x 버너(Low - NO_x Burner)

연료 및 공기혼합 특성을 조절하여 연소강도를 낮추고, 연소 초기영역 산소농도의 화염 농도를 낮추어 열에 의한 NO_x(Thermal NO_x)와 연료의 질소성분에 의한 NO_x(Fuel NO_x)의 생성을 억제시키는 기술을 갖춘 버너를 말하며, 저NO_x 버너의 종류로는 다음과 같은 것이 있다.

㉠ 혼합 촉진형 저NO_x 버너

연소실 내에서의 연료와 공기의 혼합특성은 연소반응을 결정짓는 가장 중요한 물리적인 요소 중 하나로서 고온 NO_x와 연료 NO_x 생성에 모두 영향을 미친다. 혼합이 빨리 이루어지면 연소가 일찍 종결되어 연소영역이 고온으로 되어도 고온에서 연소가스의 체류시간이 단축되어 전체적으로 NO_x 저감이 가능하다. 연소용 공기는 환상의 통로 출구부의 중심 노즐로부터 방사상으로 분출되는 연료와 혼합되고 레지스터 (Register) 주변에서 예혼합 영역을 형성한다. 다수의 작은 구멍에서 분출되는 연료는 여기에서 공기와 균일하게 예혼합 기류를 형성하고 곧 그 하류에서 연소를 개시하지만 얇은 연료막과 고속으로 진입하는 공기와 충돌하여 짧은 종모양의 극히 얇은 화염층을 갖는다. 혼합 촉진형 저NO_x 버너는 대략 25~40%의 저감률을 갖는 것으로 보고되고 있다.

ⓛ 분할 화염형 저녹스 버너

노즐 출구의 모양을 변형시켜 화염을 여러 개의 독립된 작은 화염으로 분할함으로써 화염의 방열성을 증가시켜 화염온도를 저하시킴과 동시에 화염층을 얇게 형성해 체류시간을 단축시킴으로써 NO_x의 생성이 감소된다. 분할 화염형 버너에서는 화염길이가 짧고 미연분의 발생도 적지만 질소산화물 발생 억제 원리가 혼합 촉진형 버너와 유사하므로 연료 NO_x(Fuel NO_x)의 제어에 큰 효과를 기대할 수는 없다. 분할 화염형 버너에 의한 NO_x 저감률은 대략 18~40% 정도인 것으로 보고되고 있다.

ⓒ 연소가스 자기 재순환형 버너

연소가스 자기 재순환형 버너의 형식은 공기 또는 연소가스의 고속 분사에 의해 형성되는 반류를 이용하여 버너 내부에서 연소가스를 재순환시켜 연소 초기 영역의 산소농도를 낮춤으로써 연료의 기화를 촉진시켜 후류에서의 연소를 가스 연소에 가깝도록 하여 NO_x의 발생을 저감시킨다. 이 방식에 의한 NO_x 저감률은 과잉 공기비에 영향을 그다지 받지 않고 연료 중 질소(N)성분의 전환율은 10~20% 정도이며, Oil 및 가스버너에 적용할 수 있다. 질소산화물의 저감효과는 25~45% 정도 있는 것으로 보고되고 있다.

ⓓ 단계적 연소형 버너

단계적 연소형 버너는 연소 초기영역을 연료과잉 상태로 만들어 산소농도를 줄이고 후류영역에 공기를 충분히 공급하여 완전연소가 이루어진다. 이 방법은 주로 1차, 2차, 3차 공기의 유량을 상대적으로 조절하여 연료와 공기의 혼합을 지연시킴으로써 이루어지며 연료 NO_x의 제어도 가능하다. 단계적 연소형 버너는 3차 공기의 공급구가 버너의 주변에 설치되어 화염 외부로부터 3차 공기가 유입되는 외부 단계적 연소형과 3차 공기가 2차 공기 공급구 주변으로 공급되면서 유속의 차이를 이용하면서 혼합을 지연시키는 내부 단계적 연소형으로 나누어지며, 유속 조절이 간편하고 혼합 지연효과가 뛰어난 외부 단계적 연소형이 주류를 이루고 있다.

ㅁ 배기가스 재순환(FGR : Flue Gas Recirculation)

연소실 내의 연소영역에 약 200℃ 정도의 배기가스를 재순환시킴으로써 로 내 가스의 유량 증가에 따른 열용량 증가에 의하여 연소실 내의 온도를 낮추고 연소영역의 산소농도를 희석시켜 NO_x 생성을 억제하는 방법을 말한다.

심화학습

LNT(Lean NO$_x$ Trap)

LNT는 Lean NO$_x$ Trap의 약자로, 배기가스 규제기준 유로 6(Euro 6)을 충족하기 위한 디젤 배기가스 정화 관련 기술을 말한다. 여기서 Lean이란 공기/연료의 비율 중 공기가 많은 상태를 의미하며, 다른 말로는 희박연소라고도 한다. 이 상태에서는 질소산화물(NO_x)이 다량으로 발생하게 된다. 발생한 질소산화물(NO_x)을 촉매에 잠시 붙잡아 두었다가(Trap) 연소실 조건을 Rich, 다시 말해 공기/연료의 비율 중 연료가 많은 상태로 의도적으로 만든 후, 불완전연소로 남은 일산화탄소(CO)와 탄화수소(HC)를 이용하여 질소산화물(NO_x)을 질소(N_2)와 이산화탄소(CO_2), 그리고 물(H_2O)로 정화하는 것을 말한다.

LNT 방식은 별도의 추가적인 장치 없이 기존의 정화장치를 이용하는 장점이 있으나 EMS의 정확한 'Lean/Rich Control', 공기/연료의 비율 중 연료의 비율에 대하여 민감한 조정을 필요로 한다. [그림 7-2]에서는 유해 배기가스의 정화원리를 설명하고 있다.

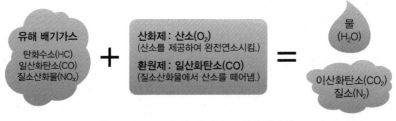

[그림 7-2. 유해 배기가스 정화원리]

※ 자료 : CHEVROLET KOREA TALK, 2015년

(3) 후처리 기술

① 선택적 촉매환원법(SCR)

암모니아를 배기가스 속에 흡입하며 그 가스를 촉매(Catalyst)로 접촉시켜 NO_x를 N_2와 H_2O로 분해하는 방법이다. 배출되는 NO_x의 대부분은 NO의 형태로 존재하며, 200~400℃ 범위에서 촉매를 통과하면서 반응제와 반응하게 된다. 이 온도 범위에서는

반응제가 O$_2$ 등과는 거의 반응하지 않고, NO와 선택적으로 반응하기 때문에 선택적 촉매환원법(SCR ; Selective Catalytic Reduction)이라 한다. 대표적인 반응식을 표시하면 다음과 같다.

- $4NO + 4NH_3 + O_2 \rightarrow 4N_2 + 6H_2O$
- $NO + NO_2 + 2NH_3 \rightarrow 2N_2 + 3H_2O$
- $2NO_2 + 4NH_3 + O_2 \rightarrow 3N_2 + 6H_2O$
- $6NO_2 + 8NH_3 \rightarrow 7N_2 + 12H_2O$

촉매를 재생하는 방식으로 열풍을 사용하는 방법이 실용화되고 있고, SCR은 연소관리를 전제로 하며, 1몰비는 약 80~90%의 제거효율을 갖는다. 관련 주요 설비로는 암모니아 혹은 요소 주입설비, 촉매 탈질, 탈다이옥신설비, 가스 열교환기 등이 있다. 참고로 사업장에서 주로 사용되고 있는 환원제로는 암모니아(NH$_3$), 암모니아수(NH$_4$OH), 요소(Urea, (NH$_2$)$_2$CO) 등이 있다. [그림 7-3]은 SCR 시스템의 개념도이다.

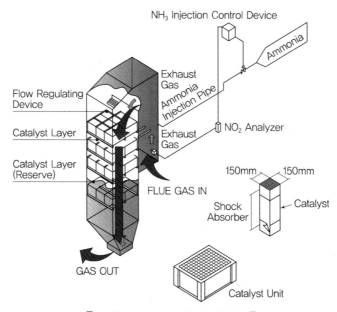

[그림 7-3. SCR 시스템 개념도]

※ 자료 : 박성복 외 1인, 최신대기제어공학, 성안당

㉠ SCR 촉매의 특성

촉매(Catalyst, 觸媒)란 반응 도중에 소모되지 않고 단지 반응속도만을 증가시키는 물질을 말한다. 일반적으로 촉매작용은 촉매와 반응물 사이에 화학반응이 일어나 중

간물질을 형성해 서로간 또는 다른 반응물과 쉽게 반응하도록 하여 원하는 최종 생성물을 만든다.

화학반응의 중간물질과 반응물 사이에 반응이 일어나면 촉매는 재생산된다. 촉매와 반응물 사이의 반응형태는 매우 다양하며, 고체촉매에서는 종종 복잡하다. 이러한 반응의 전형적인 예로는 산 – 염기반응, 산화환원반응, 배위착물형성반응, 자유 라디칼 형성반응이 있다.

일반적으로 SCR(Selective Catalytic Reduction, 선택적 촉매환원법)에 사용되는 촉매는 허니콤(Honeycomb) 형상과 플레이트(Plate) 형상 촉매 두 가지가 있다. 대개의 경우 허니콤 형상의 촉매가 기하학적인 표면적이 넓기 때문에 더 경제적인데, 촉매의 형상을 유지하는 기본적인 원료는 이산화티타늄(TiO_2)이며, 활성원료로 오산화바나듐(V_2O_5)과 삼산화텅스텐(WO_3)이 첨가된다. 보통 촉매의 활성도는 운전조건이나 화학적인 요인에 의해 낮아지기 때문에 공정 운전조건에 맞는 촉매가 계획되어야 한다.

예를 들면, 중유보일러에서 중유에 함유된 바나듐에 의해 촉매 활성도가 상승하여 NO_x 제거효율이 상승할 뿐만 아니라 SO_2나 SO_3의 산화도 촉진되는데, 이러한 운전조건 하에서는 연료 특성을 고려하여 활성도를 유지하면서 황산화물의 산화를 최소화하는 촉매가 설계되어야 한다. 촉매의 사용온도 범위를 대략적으로 구분해보면, 저온촉매는 160~300℃, 중온촉매는 280~420℃, 고온촉매는 350~450℃ 정도이다. [사진 7-1]은 허니콤(Honeycomb) 타입 촉매 형상이다.

[사진 7-1. 허니콤(Honeycomb) 타입 촉매 형상]

※ 자료 : 박성복 외 1인, 최신 대기제어공학, 성안당

ⓛ SCR 촉매의 역할

SCR 방법은 널리 입증된 NOx를 저감하는 기술의 한 형태로서, 배출가스 중의 NOx를 촉매가 존재하는 상태에서 환원제인 암모니아나 요소와 반응시켜 N$_2$와 H$_2$O로 분해하는 방법을 말하며, 공정상에서의 촉매의 역할과 반응 메커니즘을 도식(圖式)화하면 [그림 7-4]와 같다.

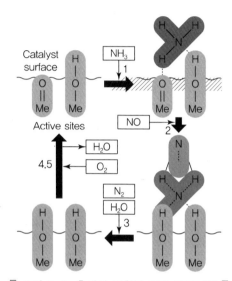

[그림 7-4. 촉매의 역할과 반응 메커니즘]

※ 자료 : 국립환경인력개발원, 폐기물처리시설기술관리인 Ⅲ

V$_2$O$_5$-TiO$_2$ 촉매의 반응은 NH$_3$가 NH$_4^+$로 변하여 V$_2$O$_5$에 흡착되고, NH$_3$ 형태로는 Al$_2$O$_3$에 흡착된다. NOx는 NO$_2$ 형태로 흡착되어 NH$_4^+$ 또는 NH$_3$와 반응하여 N$_2$와 H$_2$O로 전환된다. V$_2$O$_5$-Al$_2$O$_3$ 촉매는 산화반응의 효율이 높으나 350℃ 이상에서는 NH$_3$가 NO로 전환된다.

ⓒ SCR 촉매 제조사 현황

최근의 국내외 주요 촉매 제조사 현황을 소개하면 다음 〈표 7-1〉, 〈표 7-2〉와 같다.

〈표 7-1〉 국내 주요 SCR 촉매 제조사 현황

제조사명	촉매 종류	촉매 형태	비 고
SK이노베이션 - (주)나노	SCR 촉매	Ceramic	Ti, V, Mo, W
한국전력기술 - 대영씨엔이	SCR 촉매	Corrugate	Ti, V
(주)코켓	SCR 촉매(재생)	Ceramic	

〈표 7-2〉 국외 주요 SCR 촉매 제조사 현황

제조사명	촉매 종류	촉매 형태	비 고
BASF	SCR 촉매	Ceramic	Ti, V, W
Engelhard Company	SCR 촉매	Coated Ceramic	Ti + V Zeolite
Hitachi Zosen	SCR 촉매	Ceramic on Fibrous support	Ti, V, W
Haldor Topsoe	SCR 촉매	Ceramic	Ti
Kawasaki Heavy Industries	SCR 촉매	Ceramic	Ti, V, W
Siemens	SCR 촉매	Plate Ceramic	Ti, V, W Ti, V, W
Johnson Matthney	SCR 촉매	Coated metal	Ti, V, W
Cormetech	SCR 촉매	Ceramic	Ti, V, W

ⓔ SCR 촉매의 재생

촉매의 활성도는 중요한 촉매의 설계인자로서, 촉매의 활성도가 높을수록 NO_x의 제거효율은 높아지지만 부가적으로 SO_2의 산화반응과 같은 촉매의 효율을 저감시키는 부가반응이 일어날 확률도 그만큼 높아진다.

새 촉매의 활성도를 100으로 볼 경우에 촉매의 활성도가 50 이하가 되면 교체를 하여야한다. 그러나 현재 사용한 촉매를 촉매재생 특수약품으로 세척, 건조하여 재사용할 수 있는 촉매재생기술이 있으며 유럽에서는 널리 사용되고 있다. 주기적인 촉매 활성도 검사에 있어 촉매의 재생 가능 여부 및 최적의 재생공정까지 검토한다. 재생 시 촉매 활성도를 새 촉매의 95% 이상 보증 가능하며, 촉매재생기술을 이용하여 신규 촉매 교체비용을 절약하므로 SCR의 유지비용을 효과적으로 절감할 수 있다.

ⓜ SCR 촉매 사용 시 유의사항

촉매에 극소량의 다른 물질이 들어가서 촉매에 강하게 흡착하든가 또는 결합하여 촉매의 활성을 감소시키는 현상을 피독현상(Poisoning)이라고 하며, 이러한 현상을 일으키는 물질을 촉매독(Catalyst Poison)이라고 한다. 촉매의 피독현상은 촉매 독성물질의 종류 및 양에 따라 재생이 되는 일시적 피독(Temporal Poisoning)과 영구히 재생이 되지 않는 영구적 피독(Permanent Poison)으로 구별된다. 일시적 피독의 경우 적절한 처리에 의하여 촉매가 재생될 수 있으나 영구적 피독의 경우 촉매의 재생이 불가능해진다. 촉매독의 대표적인 예로 암모니아를 합성하는 반응의 촉매인 철의 경우, 산소나 수증기는 일시적 촉매독이므로 적절하게 처리하면 피독이 해결될 수 있으나, 황화물은 영구적인 촉매독이므로 그 영향이 촉매활성에 치명적이다. [그림 7-5]는 노화 전·후 촉매의 표면상태를 나타낸 것이다.

A. Fresh Catalyst : Before Aging

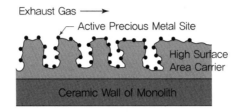

B. Poisoned Catalyst : After Aging

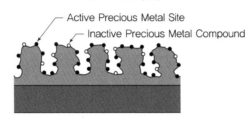

C. Masked Catalyst : After Aging

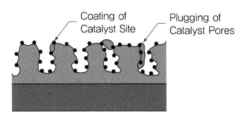

[그림 7-5. 노화 전·후 촉매의 표면상태]

금속산화물 촉매용으로 사용되는 금속은 사용빈도가 높은 순서로 하여 V, Fe, W, Cu, Mo, Mn, Ce, Ni, Sn 등이 있다. 또한 금속 또는 그 화합물과 질소산화물과의 반응성은 Pt, MeO_2, CuO, Fe_2O_3, Cr_2O_3, Co_2O_3, MoO_3, NiO, WO_3, Ag_2O, ZrO_2, Al_2O_3, SiO_2, PhO 순으로 반응성이 낮아진다. 금속산화물 촉매는 질소산화물과 반응성이 높은 금속 또는 그 화합물을 두 가지 이상 혼합하여 사용하는데, 사용빈도가 높은 촉매로는 $V_2O_5-Al_2O_3$ 촉매, $V_2O_5-SiO_2-TiO_2$ 촉매, Pt 촉매, WO_3-TiO_2 촉매, $Fe_2O_3-TiO_2$ 촉매, $CuO-TiO_2$ 촉매, $CuO-Al_2O_3$ 촉매 등이 있다. SCR에 주로 사용되는 촉매는 V_2O_5 계열의 촉매가 가장 많이 사용되고 있는데, 그 중에서도 $V_2O_5-Al_2O_3$ 촉매와 $V_2O_5-TiO_2$ 촉매가 가장 많이 사용된다. 반응계에서의 고려사항을 설명하면 다음과 같다.

• NO_2, NH_3, H_2O와 결합하여 암모늄 나이트레이트(Ammonium Nitrate)가 생성될 가능성이 있으므로 장치의 예열부를 150℃ 이상 유지할 필요 있음(주로 150℃ 이하에서 생성)

- 300℃ 이하에서 암모늄 설페이트(Ammonium Sulfate), 암모늄 바이설페이트(Ammonium Bisulfate) 생성으로 촉매표면에 침적 가능성이 있으며, 이는 촉매의 활성저하, 하부 장치의 부식 및 막힘 유발현상으로 연결될 수 있음.
- SCR에 사용되는 촉매의 특성은 반응온도가 증가함에 따라 NO_x의 전환율이 증가하여 최고치를 나타내며, 높은 온도에서는 반응의 환원제로 사용하는 암모니아가 배기가스 중 산소와 반응하여 산화되어 기능 상실의 가능성이 존재함.

ⓑ SCR 촉매기술 개발동향

SCR법은 현재까지 개발된 기술 중 NO_x를 저감시키는 가장 대표적이고 보편화된 방법 이다. 상업적으로 개발이 진행되어 많은 분야에서 적용실험 또는 입증된 설비로 평가받 고 있지만 촉매의 설치로 인해 배기가스의 흐름을 막아 압력이 증가하여 보일러 등의 운 전에 다소 영향을 줄 수 있는 만큼, 압력 발생을 최소화 할 수 있는 다양한 노력이 필요 하다. 특히 발전소 등 대량의 가스를 발생하는 설비에서는 균일한 반응온도를 유지시키 기가 어려워 N_2O를 생성시키지 않는 Pd, CuO, Cr_2O_3를 기본 소재로 하는 촉매가 개발 되었지만 처리공정에 새로이 추가 공정을 적용시켜야 하는 문제가 발생하고 있다.

최근의 선진 SCR 촉매기술 개발현황에 의하면(BASF, Germany), 다수의 SCR 공정에 서 인입 분진농도가 높을 경우에 촉매의 피치(Pitch) 사이즈를 기존보다 크게 설계하는 고농도 분진(High Dust)용 촉매를 개발하여 사용 중이며, 나아가 실증 플랜트에까지 상 업적으로 적용하여 좋은 효과를 나타내고 있다. 또한 SCR 설비가 부득이하게 낮은 온도 영역에 설치될 경우, 저온탈질촉매를 적용하여 기존의 탈질촉매보다 적은 양을 설치하더 라도 요구하는 탈질성능을 얻고 있다. 이는 고가의 탈질촉매 비용을 절감할 수 있을 뿐 만 아니라 설계 시 탈질반응기 및 덕트 등을 축소시킬 수 있어 초기 공사비 절감을 기할 수도 있다. 따라서 국내의 경우도 소수 한정된 역량의 SCR 촉매 관련 기술개발방식에서 탈피하여 선진 외국과의 적극적인 기술협력 및 산·학·연 공동 연구개발 등을 통해 지 속적으로 고부가가치 산업인 SCR 촉매의 성능 향상 및 고급화를 위한 노력이 요구된다.

【 사진 7-2. SCR 시스템 설치 모습 】

※ 자료 : Photo by Prof. S.B.Park

② 선택적 비촉매환원법(SNCR)

촉매를 사용하지 않고 고온의 배출가스에 암모니아, 암모니아수, 요소수 등의 환원제를 직접 분사하여 NO$_x$를 N$_2$와 H$_2$O로 분해하는 방법이다. SCR 방법과 비교할 때 별도의 반응기나 고가의 촉매를 사용하지 않기 때문에 공정이 비교적 단순하고 기존 설비에도 비교적 쉽게 적용이 가능하므로 투자비용이 적은 것이 특징이다. 그러나 반응온도가 약 900~1,000℃ 정도이고, NO$_x$의 제거효율도 40~60% 정도(NH$_3$: NO$_x$ 몰농도의 비율이 1 : 1에서 2 : 1인 경우)로 낮다는 단점이 있지만 만약 40~60% 정도의 NO$_x$ 저감 효율이 요구된다면 조작의 간단함과 낮은 가격때문에 SNCR은 SCR보다 훨씬 더 유용하다고 하겠다.

고온의 배출가스와 NH$_3$의 불완전한 혼합, 부적절한 온도제어, 그리고 온도가 너무 낮을 경우에 미반응 NH$_3$가 배출될 우려가 있는 반면, 온도가 너무 높으면 NH$_3$는 NO로 산화될 수 있으므로 운전 시 유의해야 한다. SNCR의 주반응식은 다음과 같으며, [그림 7-6]은 보일러에 설치된 SNCR 시스템의 모식도이고, [사진 7-3]은 환원제를 사용한 SNCR 프로세스(예)이다.

$$4NO + 4NH_3 + O_2 \rightarrow 4N_2 + 6H_2O$$

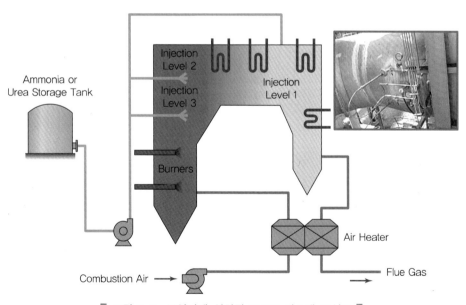

【 그림 7-6. 보일러에 설치된 SNCR 시스템 모식도 】

T.M.S.

Local Control
Panel

Spray Nozzle

Urea Water Tank   Metering Module   Distribution Module

【 사진 7-3. 환원제를 사용한 SNCR 프로세스(예) 】

SNCR 시스템에서 NO_x 제어에 영향을 미치는 동력학적 인자와 엔지니어링 인자를 소개하면 다음과 같다.

㉠ 반응온도

반응온도가 너무 낮게 되면 NO_x의 제거효율이 낮아지며, 암모니아 슬립(Slip)에 의해 황산암모늄을 생산하여 반응기 후단의 구조물 부식이나 배관 폐색 등의 문제를 야기할 수 있다. 또한 적정 반응온도를 초과할 경우에는 NO_x 제거효율이 낮아지면서 NH_3가 NO로 산화되는 등의 문제가 발생하기도 한다.

㉡ 반응시간

반응기 내 체류시간을 길게 할수록 탈질효율은 증가한다.

㉢ 환원제 주입비

NO_x에 대한 환원제 주입비(NH_3/NO)가 가급적 2 이상이 되도록 NH_3를 주입한다.

㉣ 산소농도

NO의 환원을 위해서는 적정 산소농도를 필요로 한다.

㉤ 배기가스 조성 및 첨가제

NH_3와 함께 H_2, CO, HC 등을 첨가하면 H, O, OH 등의 자유 라디칼이 생성되어 환원반응이 촉진될 뿐만 아니라 200~300℃ 정도로 반응온도를 낮출 수 있다. 또한 연소조건을 적절하게 조정하여 연료 자체에 의한 무촉매 환원효과를 얻을 수 있다면 훨씬 더 경제적으로 NO_x를 제어할 수 있게 된다.

ⓗ 균일하고 신속한 혼합

반응기 내에서 혼합이 균일하고 신속히 이루어지면 NH_3나 요소 등이 갖는 고온에서의 매우 짧은 수명 특성을 극복할 수 있다.

다음 〈표 7-3〉에서는 SNCR 시스템에 환원제로 주로 사용되는 요소수와 암모니아 수용액의 특성을 비교하였고, [사진 7-4]에서는 폐기물소각시설에 설치될 SNCR 시스템을 보여주고 있다.

〈표 7-3〉 환원제인 요소수와 암모니아 수용액의 특성 비교

특 성	요소수	암모니아 수용액
화학식	$(NH_2)_2CO$	NH_3
상온에서의 상태	액체	액체
공급 시 농도	50%(by Weight)	29.4%(by Weight of NH_3)
분자량	60.06	17.03(as NH_3)
밀도(at 60℃)	71 lb/ft³	56 lb/ft³
증기압(at 80℉)	< 1 psia	14.6 psia
결정화 온도	64℉	-110℉
공기 중 인화한계점	Non-flammable	16~25% NH_3 by volume
TLV(역치)	-	25ppm
냄새	약한 암모니아 냄새	톡 쏘는 듯한 냄새
저장용기 재질	Plastic, Steel/Stainless Tank	Steel Tank

※ 자료 : Tanner Industries, Inc., 1995년

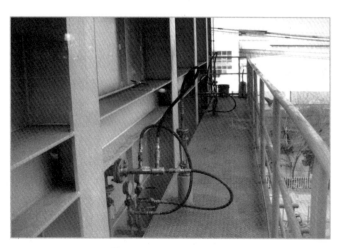

[사진 7-4. 폐기물소각시설에 설치된 SNCR 시스템]

※ 자료 : Photo by Prof. S.B.Park

③ 흡착법(활성탄 공정)

활성탄은 온도가 높으면 쉽게 연소되므로 120~150℃에서 흡착 및 SCR 반응이 이루어
지며, 아황산가스의 탈착은 산소 없이도 활성탄을 가열하는 것만으로도 쉽게 이루어진다.
NO_x와 SO_x를 동시에 제거할 수 있으나, 활성탄 재생문제와 화재 및 폭발에 주의해야
한다.

④ 복사법(전자빔법)

복사법, 일명 전자빔(Electron Beam)은 전자(Electron)와 빔(Beam)의 합성어이다. 전자
(電子)는 19세기에 톰슨(Tomson)에 의해 발견되었으며, 인류가 처음 발견한 소립자이다.
전자빔은 분자의 구조를 바꿈으로서 기존의 물질과 물리·화학적 특성이 다른 물질로 전
환시키는 성질을 가지고 있고, 짧은 시간(10^{-9}~10^{-8}초 이내)에 반응이 진행되므로 기존의
공정으로서는 얻을 수 없는 특성을 나타낸다. NO_x와 SO_x를 함유한 배기가스의 전자선 복
사는 질산염과 황산염의 음이온을 생성한다. 배기가스에 물과 암모니아를 첨가하여
NH_4NO_3과 $(NH_4)_2SO_4$와 같은 고형물이 생성되면 이들을 분리하여 비료로 팔 수 있다.

⑤ 습식 흡수법

NO_x를 각종 수용액에 흡수시켜 제거하는 방법으로 일반적으로 NO_x뿐만 아니라 SO_x도
제거시킨다. NO는 물에 대한 용해도가 낮아 NO_2로 산화시켜야 효율이 좋다. 습식법은
대체로 공정이 복잡하고 가격이 비싼 편이며, 질산염, 아질산염의 처리가 곤란하므로 2차
환경오염을 유발시킬 수 있다. 특히 NO는 반응성이 낮아 처리를 위해 NO_2 또는 N_2O_5
로 산화하려면 강산화제가 필요하므로 가격 상승요인이 된다.

3 ┃ SCR 시스템의 운전 중 문제점과 대책수립

요소수를 환원제로 사용할 때 SCR 시스템의 운전 중 일어나기 쉬운 문제점과 대책을 몇 가
지 요약하면 다음과 같다.

❶ 저온가스의 유입문제

SCR 시스템 내로 유입되는 가스의 온도가 적정치에 미달하는 경우, 즉 적정온도 이하에서
는 요소수가 Pyrolysis duct에 분사되더라도 암모니아로 분해가 잘 되지 않아 NO_x 환원을 위
한 반응효율이 매우 저조하게 된다. 이럴 경우, SCR 본체 입·출구에 설치되어 있는 열전대
(Thermocouple)에서 온도를 감지하여 적정온도 이하가 될 경우에는 PLC(Programmable
Logic Controller)에서 펌프를 자동으로 멈출 수 있는 시퀀스(Sequence)를 구성한다.

❷ SCR 시스템 내의 이상압력 발생

요소수 공급라인(Urea Dosing Line)에서 압력이 비이상적으로 상승할 경우인데, 요소수 이송펌프에서의 공급 적정압력은 2~3kg$_f$/cm^2 정도이다. 만약 이를 초과하여 5~6kg$_f$/cm^{2}에 이르러 장시간 운전하게 되면 펌프에 심각한 손상을 초래할 수 있으므로 공급라인 중에 압력계를 장착해 이상압력을 감지하여 자동으로 펌프를 멈추게 할 수 있도록 시퀀스(Sequence)를 구성한다.

❸ 촉매의 오염

촉매층이 분진에 의하여 심하게 오염되었을 경우인데, 통상 반응기(Reactor) 입·출구의 정상적인 압력손실은 40~90mmAq 정도로서, 만약 이를 초과하여 최대 200mmAq 정도에 다다르면 펌프는 자동적으로 멈추게 된다. 센서(Sensor)는 반응기의 입·출구에 설치하여 차압을 측정할 수 있으며, 정압을 측정하여 PLC에서 차압을 계산하거나 압력손실을 직접 측정할 수 있다.

❹ 촉매의 눈막힘 현상

배출가스 중에 황산화물인 SO$_x$(B-C Oil의 연소에 의해 생성)가 존재할 경우, (NH$_4$)$_2$SO$_4$나 (NH$_4$)HSO$_4$에 의한 촉매의 눈막힘 현상이 발생할 수 있다. 요소수에서 전환된 암모니아는 NO$_x$와 반응하지 않고 오히려 SO$_x$와 반응함으로써 (NH$_4$)$_2$SO$_4$, (NH$_4$)HSO$_4$과 같은 생성물을 만들어내게 된다.

이들 생성물은 V$_2$O$_5$ 촉매하에서 생성되며, 공교롭게도 V$_2$O$_5$는 질소산화물을 N$_2$로 환원시키는 데 필요한 촉매로서도 작용하므로 만약에 SO$_x$가 배출가스 중에 존재한다면 V$_2$O$_5$의 함유율을 산정하는 데 세심한 주의를 기울여야 한다. 이들 생성물은 미세한 분말상태의 백색입자로 존재하고, 촉매층을 통과하면서 그 일부가 촉매표면에 부착되며, 시간이 경과함에 따라 그 정도가 더 심해져 눈막힘 현상(Blinding Effect)에 의한 압력손실 증가로 이어진다. 이럴 경우에는 본 시스템의 부대설비인 가열장치(Heat-up System)를 가동시켜 SCR 내부 온도를 400℃ 이상으로 2~3시간 정도 유지시킴으로써 문제를 해결할 수 있다. 결론적으로 생산시설에서는 가급적 저유황 연료(Fuel with Low-sulfur Content)를 사용함으로써 SO$_x$의 촉매독으로 인한 눈막힘 현상과 함께 환원제인 요소수가 필요 이상으로 낭비되는 경우를 방지할 수 있다.

❺ 노즐에서의 문제점

SCR 시스템에서 가장 큰 비중을 차지하는 것이 바로 요소수 분사노즐(Spray Nozzle)인데, 설계 시 노즐에서의 분무입경을 최소화하는 것이 주요 관건이다. 가동 시 이류체 노즐에 의해 요소수(40%)가 미세한 입자로 분사되는데, 이때 요소수 주입량에 따라 압축공기의 압력 및 공급량 등을 조절하고 노즐 헤드부분을 개량, 분사각도를 조절하며 수량을 증가시켜 노즐당 부하량을 줄이는 노력이 필요하다.

NCS 실무 Q & A

Q 요소수를 사용하는 SCR 시스템의 공정별 장치 기능을 가스분배정류기, 반응제 분사, 가스 혼합, 촉매반응으로 구분하여 설명해 주시기 바랍니다.

A 공정별 장치 기능을 가스분배정류기, 반응제 분사, 가스 혼합, 촉매반응으로 구분하여 설명하면 다음과 같습니다.

① 가스분배정류기에서는 가스정류기를 통해 배기가스를 균일하게 유입시킨다.
② 반응제 분사의 경우, 이류체 노즐에 의해 요소수(40%)를 미세한 입자로 분사하여 고온의 배기 가스 내에서 요소수를 NH$_3$와 H$_2$O로 열분해한다.
③ 가스 혼합의 경우, 배기가스와 NH$_3$는 Static Mixer를 거치면서 완전 혼합된다.
④ 촉매반응에 있어, 반응기(Reactor) 내 촉매층을 거치면서 질소산화물(NO$_x$)은 NH$_3$와 반응하여 무해한 질소(N$_2$)로 환원된다.

다음 그림은 요소수를 환원제로 사용하는 SCR 처리공정도의 예이다.

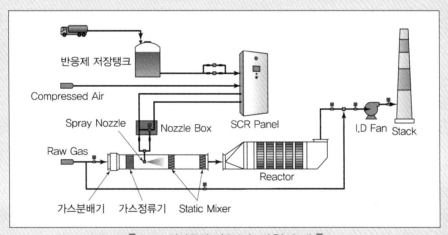

【 SCR 처리공정도(요소수 사용)의 예 】

※ 자료 : 블루버드환경(주), 2018년 1월(검색기준)

휘발성유기화합물(VOCs) 처리기술

1. 휘발성유기화합물(VOCs) 일반에 대해 이해할 수 있다.
2. 휘발성유기화합물(VOCs) 처리기술을 파악할 수 있다.
3. 휘발성유기화합물(VOCs) 처리기술간 비교를 할 수 있다.

1. 휘발성유기화합물(VOCs) 일반
2. 휘발성유기화합물(VOCs) 처리기술
3. 휘발성유기화합물(VOCs) 처리기술간 비교

1 휘발성유기화합물(VOCs) 일반

휘발성유기화합물(VOCs : Volatile Organic Compounds)이란 탄화수소류 중 석유화학제품, 유기용제, 그 밖의 물질로서 환경부장관이 관계 중앙행정기관의 장과 협의하여 고시하는 것을 말한다(대기환경보전법 제2조 정의).

휘발성유기화합물은 쉽게 증발되는 액체 또는 기체상 유기화합물로서, 대기 중에서 질소산화물(NO_x)과 공존하면 햇빛의 작용으로 광화학반응을 일으킨다. 오존 및 PAN 등 광화학 산화성 물질을 생성시켜 광화학스모그를 유발하는 물질로도 잘 알려져 있다. 산업체에서 많이 사용하는 용매에서 화학 및 제약공장이나 플라스틱 건조공정에서 배출되는 유기가스에 이르기까지 매우 다양하며, 끓는점이 낮은 액체연료, 파라핀, 올레핀, 방향족화합물 등 우리 생활주변에서 흔히 사용하는 탄화수소류가 거의 해당한다. 유기용제 사용시설(도장시설, 세탁소 포함)과 자동차 등의 이동오염원이 대부분을 차지하고 있다.

PAN

PAN은 Peroxy Acetyl Nitrate(퍼옥시 아세틸 나이트레이트)의 약자로서, 1956년 미국에서 발견되었으며, 1차 오염물질인 탄화수소에 따라 여러 동족체가 존재한다. PAN은 광화학스모그의 대표적 생성물이나 옥시던트 중 생성비는 오존에 비해 매우 낮은 편이며, −n−butylene과 질소산화물이 광산화반응에 의해 생성된다. 기공을 통해 식물의 잎 내부로 들어가 중엽세포에 피해를 주며, 잎 표면의 갈변, 광택, 그리고 표피 하부세포가 파괴되고, 잎 표면에 백색 또는 갈색 반점을 형성한다.

〈표 8-1〉은 국내에서 적용하고 있는 휘발성유기화합물(VOCs) 규제 제품 및 물질이다.

〈표 8-1〉 휘발성유기화합물(VOCs) 규제 제품 및 물질

번호	제품 및 물질명		분자식	CAS No.
1	아세트알데히드	Acetaldehyde	$C_2H_4O[CH_3CH_0]$	75 − 07 − 0
2	아세틸렌	Acetylene	C_2H_2	74 − 86 − 2
3	아세틸렌 디클로라이드	Acetylene Dichloride	$C_2H_2Cl_2$	540 − 59 − 0
4	아크롤레인	Acrolein	C_3H_4O	107 − 02 − 8
5	아크릴로니트릴	Acrylonitrile	C_3H_3N	107 − 13 − 1
6	벤젠	Benzene	C_6H_6	71 − 43 − 2
7	1,3 − 부타디엔	1,3 − Butadiene	C_4H_6	106 − 99 − 0
8	부탄	Butane	C_4H_{10}	106 − 97 − 8
9	1 − 부텐, 2 − 부텐	1 − Butene, 2 − Butene	$C_4H_8[CH_3CH_2CHCH_2)]$, $C_4H_8[CH_3(CH)_2CH_3]$	106 − 98 − 9, 107 − 01 − 7
10	사염화탄소	Carbon Tetrachloride	CCl_4	56 − 23 − 5
11	클로로포름	Chloroform	$CHCl_3$	67 − 66 − 3
12	사이클로헥산	Cyclohexane	C_6H_{12}	110 − 82 − 7
13	1,2 − 디클로로에탄	1,2 − Dichloroethane	$C_2H_4Cl_2[Cl(CH_2)_2Cl]$	107 − 06 − 2
14	디에틸아민	Diethylamine	$C_4H_{11}N[(C_2H_5)_2NH]$	109 − 89 − 7
15	디메틸아민	Dimethylamine	C_2H_7N	124 − 40 − 3
16	에틸렌	Ethylene	C_2H_4	74 − 85 − 1
17	포름알데히드	Formaldehyde	$CH_2O[HCHO]$	50 − 00 − 0
18	n − 헥산	n − Hexane	C_6H_{14}	110 − 54 − 3
19	이소프로필 알코올	Isopropyl Alcohol	$C_3H_8O[(CH_3)CHOHCH_3]$	67 − 63 − 0
20	메탄올	Methanol	$CH_4O[CH_3OH]$	67 − 56 − 1
21	메틸에틸케톤	Methyl Ethyl Ketone	$C_4H_8O[CH_3COCH_2CH_3]$	78 − 93 − 3

번 호	제품 및 물질명		분자식	CAS No.
22	메틸렌클로라이드	Methylene Chloride	CH_2Cl_2	75 − 09 − 2
23	엠티비이(MTBE)	Methyl Tertiary Butyl Ether	$C_5H_{12}O[CH_3OC(CH_3)_2CH_3]$	1634 − 4 − 4
24	프로필렌	Propylene	C_3H_6	115 − 07 − 1
25	프로필렌옥사이드	Propylene Oxide	C_3H_6O	75 − 56 − 9
26	1,1,1 − 트리클로로에탄	1,1,1 − Trichloroethane	$C_2H_3Cl_3$	71 − 55 − 6
27	트리클로로에틸렌	Trichloroethylene	C_2HCl_3	79 − 01 − 6
28	휘발유	Gasoline	−	86290 − 81 − 5
29	납사	Naphtha	−	8030 − 30 − 6
30	원유	Crude Oil	−	8002 − 5 − 9
31	아세트산(초산)	Acetic Acid	$C_2H_4O_2$	64 − 19 − 7
32	에틸벤젠	Ethylbenzene	C_8H_{10}	100 − 41 − 4
33	니트로벤젠	Nitrobenzene	$C_6H_5NO_2$	98 − 95 − 3
34	톨루엔	Toluene	C_7H_8	108 − 88 − 3
35	테트라클로로에틸렌	Tetrachloroethylene	C_2Cl_4	127 − 18 − 4
36	자일렌 (o −, m −, p − 포함)	Xylene	C_8H_{10}	1330 − 20 − 7 (95 − 47 − 6 108 − 38 − 3 106 − 42 − 3)
37	스티렌	Styrene	C_8H_8	100 − 42 − 5

1) 규제 제품 및 물질 「대기환경보전법」 제2조 제10호, 「휘발성유기화합물 지정 고시」(환경부 고시 제2015 − 181호, 2015.9.11. 발령 · 시행)
2) CAS No(Chemical Abstracts Service Registry Numbers)는 미국화학회(ACS ; American Chemical Society)에서 동질성을 가지는 물질 등에 부여한 고유번호를 말한다.
3) 휘발성유기화합물 배출시설 외 관리대상 휘발성유기화합물 1기압 250℃ 이하에서 최소 비등점을 가지는 유기화합물. 다만, 탄산 및 그 염류 등 국립환경과학원장이 정하여 공고하는 물질[아세톤 및 파라−클로로 벤조트리플루오라이드 ; 「도료 함유 휘발성유기화합물의 면제물질 지정에 관한 규정」(국립환경과학원 예규 제682호, 2015.8.5. 발령 · 시행)]은 제외

2 휘발성유기화합물(VOCs) 처리기술

현재 국내외적으로 상용화가 이루어지고 있는 휘발성유기화합물 처리기술로는 연소공정 (Combustion Process), 촉매산화(Catalytic Oxidation), 활성탄 흡착(Activated Carbon Adsorption), 흡수(Absorption), 응축(Condensation), 보일러−프로세스 히터(Boiler−Process

Heaters), 플레어(Flares), 생물막법(Bio-Filtration), 막기술(Membrane Technology), UV 산화기술 등이 있으며, 관련 기술에 대해 구체적으로 설명하면 다음과 같다.

❶ 연소공정(Combustion Process)

연소공정은 직접소각 혹은 열소각으로 잘 알려져 있으며, VOCs를 함유한 기체를 공조시스템에서 모아 예열(豫熱)하고 잘 섞어 고온에서 연소시킨 후 이산화탄소(CO_2)와 수증기(H_2O)로 산화시키는 방법을 말한다. 본 공정은 VOCs를 함유한 기체를 이송하는 송풍기(필요하다면 연소용 공기를 이송하는 송풍기도 포함)와 1~2개의 버너가 설치되어 있고 실(室) 내부가 내화재로 되어 있는 연소기, 열회수장치, 그리고 처리된 가스를 대기 중으로 방출하는 연돌(Stack) 등으로 구성되어 있다. VOCs 농도가 낮은 가스 흐름에서는 연소온도를 유지하는 데 필요한 양의 산화에너지를 갖지 못하므로 부가연료를 필요로 하는 반면, VOCs의 농도가 매우 높아 저위폭발한계(LEL : Lower Explosive Limit)의 25%를 넘어서면 폭발을 우려해 희석용 공기를 필요로 한다. 열회수장치는 통상 연소 전에 들어오는 가스를 예열시키기 위해 설치되는데, 이는 도입가스의 연소온도에 필요한 부가연료를 줄여주는 역할을 한다.

연소온도 외에 VOCs 제거효율에 큰 영향을 미치는 중요한 인자는 체류시간(Residence Time)과 혼합도(Degree of Mixing)이다. 체류시간은 VOCs를 완전히 산화시키는 데 필요한 시간으로 보통 0.5~1초 정도이며, 만약 할로겐간 화합물이 포함된 VOCs를 처리할 경우에는 체류시간이 조금 더 길어질 수 있다.

> **⚓ 할로겐간 화합물**
>
> 서로 다른 2개의 할로겐(Halogen) 원소로 이루어진 화합물을 할로겐간 화합물(Interhalogen Compound)이라고 한다. 할로겐간 화합물에는 플루오르화브롬, 염화요오드, 브롬화요오드, 염화브롬, 플루오르화염소 등이 있다.

또한 연소 전에 VOCs를 함유한 기체 흐름은 혼합도에 따라서도 체류시간이 달라질 수 있으며, 혼합만 잘 한다면 체류시간이 다소 짧더라도 완전산화가 가능하게 된다. 이 공정은 열회수에 사용되는 장치에 따라 직화형(Direct Flame), 열교환기형(Recuperative), 그리고 축열형(Regenerative) 등으로 구분할 수 있다. 직화형은 열회수 장치가 없으며, 후연소 버너(Afterburner)로 더 잘 알려져 있다. 열교환기형은 여러 가지 형태(Cross-flow, Counter-flow 혹은 Con-current Flow)의 열회수 장치가 장착되어 있는 구조를 말하며, 개략도는 [그림 8-1]과 같다.

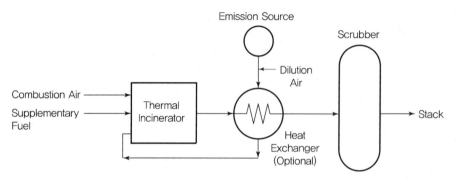

[그림 8-1. 열교환기형 열소각 공정]

이에 비해 축열형은 세라믹 재료를 이용해 열을 회수하는 시스템으로, 축열식 열소각설비 (RTO : Regenerative Thermal Oxidizer)라고 불린다. 축열식 열소각설비(RTO)는 1970년대 미국에서 개발된 새로운 형태의 직접소각설비로서, 사용 연료비를 최소한으로 줄일 수 있다는 장점으로 인해 국내는 물론 선진 외국에서도 꾸준히 사용되고 있다. 축열식 열소각설비는 분리되어 있는 몇 개의 층에 세라믹 물질을 충전하고 여기에 열을 축적(蓄積)함으로써 다음에 도입되는 가스를 예열하는 원리이다. 즉, 배기가스는 축열체를 통과하여 예열되고 고온에서 산화되어 다시 축열체에 열전달 후 배출되며, 나머지 한 개의 세라믹층은 인입 세라믹층이 바뀌면서 생긴 일부 미처리된 가스를 깨끗한 가스로 퍼지(Purge)하여 연소실에서 산화된 후 바뀐 배출 세라믹층을 통하여 배출되게 된다([그림 8-2] RTO 개념도 참조).

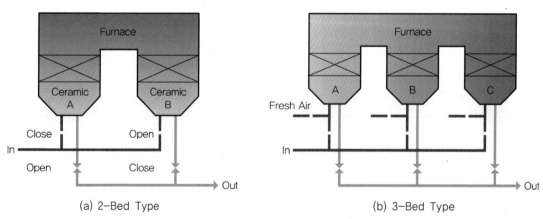

[그림 8-2. 축열식 열소각설비(RTO)의 개념도]

축열식 열소각설비(RTO)의 상세 운전절차

2-Bed RTO([그림 8-2 (a)])에 있어, 운전 초기 소각로 내 세라믹의 상층부 온도가 소각로 운전온도가 되게 가열한 후, 처리 전 가스를 B로 투입한다(Phase 1). 가스의 온도는 세라믹 B를 통과한 후 그 온도가 소각로 온도까지 예열되며, 가스에 포함된 유기성 가스는 산화되기 시작하여 적정한 체류시간을 갖는 상부 실(室)을 통과하면서 모든 유기물이 산화 처리된다. 처리된 고온의 가스는 세라믹 A에 거의 모든 열을 배출하고, 세라믹 B 입구 온도보다 30~40℃ 높은 온도로 배출된다. 일정시간이 경과하여 축열(畜熱)된 세라믹 A가 흡입가스 예열로 냉각되고, B세라믹이 배기가스에 의해 가열되면 가스 투입 유로를 A로 전환(Switching)하며(Phase 2), 일정시간(1.5~3분) 간격으로 상기 Phase 1과 Phase 2의 전환(Switching) 운전을 반복함으로써 가스 소각에 필요한 에너지 소비를 최소화하게 된다.

2-Bed RTO는 경제적인 시스템이나 전환할 때마다 세라믹에 존재하는 미처리 가스와 RTO Furnace를 바이패스(By-pass)한 미처리 가스가 일시에 외부로 배출되므로 전체 유기물 제거효율은 95% 내외 정도이다. 2-Bed RTO 시스템의 평균 처리효율이 95%라 할지라도 이 배출가스가 일시에 배출된다는 점과 배출가스 농도가 높은 경우, 평균 배출농도 역시 상당히 높은 수치를 나타낼 수 있으며, 특히 RTO의 경우 세라믹 내의 불완전 산화층이 Switching 시 전량 역류하여 배출하게 되므로 고도의 처리가 필요한 경우에는 2-Bed+버퍼(Buffer) 시스템 또는 3-Bed RTO 시스템([그림 8-2 (b)])을 적용하게 된다.

축열식 열소각설비는 보조연료의 사용량을 최소화 할 수 있고 제거효율을 극대화 할 수 있으며, 유지보수 또한 편리하고 대용량의 배기가스를 처리할 수 있는 장점이 있지만 설비가 크고 무거운 것이 단점이다. 다음 [사진 8-1]은 사업장에 설치된 축열식 열소각설비의 실제 모습을 나타내고 있다.

(a) 2-Bed (28,000Nm³/hr)   (b) 3-Bed (10,000Nm³/hr)

【 사진 8-1. 축열식 열소각설비의 실제 모습 】

❷ 촉매산화(Catalytic Oxidation)

촉매산화는 연소기 내에 충전되어 있는 촉매가 연소에 필요한 활성화에너지를 낮춤으로써 비교적 저온에서 연소가 가능하도록 하는 연소방식을 말한다. 보통 직접소각의 경우는 연소실 온도를 800~900℃를 유지하여야 하지만 촉매를 이용하면 온도를 300~400℃로 낮출 수 있다. 결과적으로 촉매산화에 소요되는 연료비는 같은 성능의 열소각 공정에 비해 훨씬 싸게 된다. [그림 8-3]에서는 촉매산화 공정 및 사용촉매(Honeycomb형)를 개략적으로 보여주고 있다.

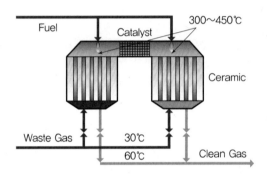

[그림 8-3. 촉매산화 공정 및 사용촉매(Honeycomb형)]

촉매산화 공정에 사용되는 전형적인 촉매로는 백금(Platinum)과 팔라듐(Palladium), 그리고 크롬 알루미나(Chrome Alumina), 코발트(Cobalt), 산화물(Oxide), 구리(Copper), 망간산화물(Oxide-Manganese Oxide) 등의 금속산화물이 포함된다. 사용되는 촉매의 평균수명은 평균 2~5년 정도인데, 이는 촉매 저해물질(Inhibitors)이나 분진에 의한 막힘현상, 그리고 열노화(Thermal Aging) 등에 의해 좌우된다.

❸ 활성탄 흡착(Activated Carbon Adsorption)

흡착(Adsorption)이란 가스 중의 VOCs 분자가 고체 흡착제와 접촉하여 분자간의 약한 힘으로 결합하는 과정을 말한다. 흡착제로 사용되는 것으로 실리카겔, 알루미나, 제올라이트 등이 있으나, VOCs 제거용으로 현재 가장 많이 사용되는 흡착제는 활성탄(Activated Carbon)이다. 활성탄은 목재, 석탄, 혹은 코코넛 껍질 등과 같은 탄소성 원재료로부터 만들어진다. 현재 세 가지 형태의 탄소흡착제가 많이 사용되는데, 입자 활성탄, 분말 활성탄, 그리고 탄소섬유가 그것이다. 여기서 활성(Activated)이란 흡착에 사용될 수 있는 표면적을 증가시키기 위해 원재료를 매우 높은 온도에서 가열함으로써 휘발성 비탄소물질을 제거하는 과정을 일컫는다.

입자 활성탄은 표면적이 넓고 재생이 쉬운 장점때문에 가장 많이 사용되지만, 분말 활성탄에 비해 질이 떨어져 싼 편이다. 반면 분말 활성탄은 압력강하가 크고, 재생이 불가능하여 사용 후 폐기하여야 한다는 단점이 있다. 탄소섬유는 최근 강력한 대체 흡착제로 부상되고 있는데, 대부분 허니콤(Honeycomb) 형태의 구조로 성형되어 표면적을 최대화하고 섬유표면에서 흡착이 일어나도록 만들어진다.

현재 상용되어 있는 탄소흡착장치는 재생형태의 고정층, 폐기 및 재이용 가능한 캐니스터(Canister), 이동층, 유동층 등이 있다. 참고로 재생형태의 고정층 탄소흡착기의 개략도를 [그림 8-4]에 나타내었으며, 이 재생형태의 고정층은 두 개 이상의 활성탄층으로 이루어져 있고 하나 이상의 층에서는 흡착이, 그리고 다른 층에서는 탈착이 이루어져 순방향(Con-current)으로 연속조작이 가능하다.

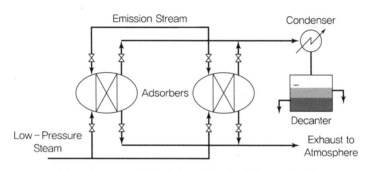

[그림 8-4. 재생형태의 고정층 탄소흡착 공정도]

활성탄 흡착에서 혼합가스를 수증기에 통과시키면 처음에는 흡착률이 매우 높으나 투과시간이 진행될수록 흡착률이 떨어져 활성탄이 포화점에 달하게 된다. 이때 출구가스에는 증기분이 서서히 나타나기 시작하는데, 이를 파과점(Break-through Point)이라고 하며, 흡착공정에서 이 파과점을 지나면 흡착효율은 점점 감소하는 경향을 갖는다. 아울러 흡착시간 경과에 따른 출구에서의 VOCs 농도 및 활성탄 요오드가(요오드 흡착률)의 변화곡선을 나타낸 것을 파과곡선(Break-through Curve)이라고 한다. 활성탄의 수명은 통과유량, 피흡착질의 종류와 농도, 활성탄의 양, 활성탄의 질에 따라 좌우된다.

> ✎ **요오드 흡착률(Iodine Adsorption)**
>
> 요오드 흡착률이란 활성탄의 흡착성능을 측정하는 방법으로, 세공(細孔)이 발달한 활성탄의 경우 요오드 흡착률이 높고, 피흡착물질을 흡착할 수 있는 능력이 크다. 일반적으로 요오드가가 600mg/g 이하로 되면 흡착성이 거의 없다고 판단하는데, 여기서 요오드가(Iodine Number)란 활성탄 단위 g당 요오드 흡착능력을 mg으로 표시한 것을 말한다. [그림 8-5]는 파과곡선 및 흡착탑 출구에서의 시간 경과에 따른 VOCs 출구농도를 나타내고 있다.

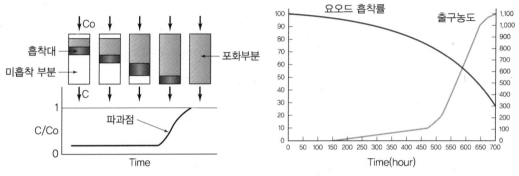

[그림 8-5. 파과곡선 및 흡착탑 출구에서의 시간 경과에 따른 VOCs 출구농도]

※ 자료 : 박성복, 대기관리기술사, 한솔아카데미

심화학습

활성탄 관련 주요 용어

(1) **입도**(Particle Size) : 활성탄 입자상의 크기를 메시(Mesh)로 구분하며, 규정 크기 내의 양을 백분율로 표시한다.

(2) **건조감량**(Total Moisture) : 활성탄 시료를 일정 조건하에서 건조시켰을 때 감량된 양, 즉 시료가 함유하고 있다가 증발된 수분의 양을 나타낸다.

(3) **충전밀도**(Bulk Density) : 단위 부피 내의 충전된 활성탄 양을 무게로 표시한다.

(4) **경도**(Hardness) : 입자상 활성탄의 물리적 강도(단단한 정도)의 수치로서, 경도가 높을수록 사용 시 시료의 이동 또는 유동에 의해 서로 충돌함으로써 마모되어 분(粉)으로 되는 것을 최소화하고 사용 후 재생 시 활성탄 손실방지에 유리하다.

(5) **휘발성물질**(Volatile Material) : 활성탄 내에 함유한 휘발성분을 백분율로 표시한다.

(6) **회분**(Ash) : 활성탄 시료를 건조한 후 완전연소 후 남은 잔류분을 백분율로 표시한다.

(7) **비표면적**(Specific Surface Area) : 활성탄의 성능을 평가하는 방법 중의 하나로서, 활성탄 1g당 내부의 세공 표면적의 총합으로서, 흡착이 세공표면에서 이루어지므로 표면적이 클수록 흡착량도 늘어나는 것이 일반적이다. 측정방법은 BET법, Langmuir법 등이 사용되고 있으며, 측정장비가 고가이고 분석시간이 장시간 소요되므로 현재 일반적인 성능평가 항목으로는 요오드 흡착력이 널리 이용되고 있다.

(8) **세공용적**(Pore Volume) : 활성탄 1g 중에 형성된 세공용적으로 활성화와 함께 증가하며, 세공용적의 증가는 곧 그대로 세공의 발달이라고 알려져 있다.

(9) **세공분포**(Pore Distribution) : 활성탄 내에 세공 크기의 분포형태이며, 미세공이 많을수록 비표면적이 늘어나서 흡착량도 늘어난다. 세공이 너무 작을 경우에는 피흡착물질이 세공을 통해 활성탄 내부까지 침입하기 어려우므로 이용 가능한 세공은 줄어든다. 화학처리에서처럼 단일물질의 흡착 제거 시에는 세공분포가 특정 세공에 편중된 것이 좋으

나, 수처리에서처럼 다양한 물질을 제거해야 하는 경우에는 세공분포가 큰 쪽이 유리할 수 있다. 따라서 미세공이 편중된 야자껍질 쪽보다는 중(Meso)~대(Macro) Pore가 고르게 발달한 석탄계 쪽이 수처리(특히 폐수처리)용으로 유리하다.

(10) **공극률**(Void Fraction) : 활성탄 단위체적당(세공 포함) 공간용적의 비로서, 미세공 용적과 공극률은 직접적인 흡착용량과의 관계보다 재생 시 세공의 회복정도를 간단히 측정하는 방법으로 쓰인다.

(11) **입경**(Pore Diameter) : 피흡착물질의 활성탄 입자 내 확산이 흡착속도를 결정하는 주요소로서, 입경이 작으면 표면적이 커지고 피흡착제의 입자 내 확산거리가 짧아져서 흡착속도가 빨라지게 된다. 입경 크기는 평균경 또는 유효경으로 표시되며, 균등계수가 적을수록 입경분포가 적다.

(12) **요오드 흡착력**(Iodine Adsorption) : 활성탄의 흡착성능을 측정하는 방법으로, 세공이 발달한 활성탄의 경우 요오드 흡착력이 높고 피흡착물질을 흡착할 수 있는 능력이 크다.

(13) **메틸렌블루 흡착성능**(Methylene Blue Adsorption) : 시료에 메틸렌블루 용액을 가하여 흡착시킨 후 거르고 거른 액의 흡광도를 측정하여 잔류농도에서 메틸렌블루 흡착량을 구한다.

(14) **벤젠평형흡착력**(Benzene Adsorption) : 활성탄의 벤젠평형흡착량을 백분율로 표시
[실험방법] 시료에 1/N (포화도) 용제 증기를 함유하는 공기를 2L/min의 속도로 통하여 무게가 일정하게 된 때의 시료의 증가한 무게로부터 평형 흡착성능을 구한다.

(15) **페놀價**(Phenol Number) : 페놀 100ppm 용액에 활성탄을 첨가하여 1시간 교반 후 잔류 페놀 양을 10ppb로 제거하는 데 필요한 활성탄량. 즉, 물속에 잔류하는 페놀을 흡착하는 활성탄의 성능을 평가하는 항목이다.

(16) **ABS價**(Alkyl Benzene Sulfonate Number) : ABS 5ppm 용액에 활성탄을 첨가하여 1시간 교반 후 ABS량을 0.5ppm으로 감소시키는 데 필요한 활성탄의 양으로 ABS 및 Phenol 성분이 수중에 존재할 때 제거할 수 있는 활성탄의 능력을 알아보는 방법으로 ABS, Phenol價는 낮을수록 우수함을 나타낸다.

❹ 흡수(Absorption)

흡수 혹은 세정이란 VOCs를 함유한 가스가 액상흡수제로 물질전달되는 현상을 말하며, 물질전달의 구동력은 가스상과 액상 내의 VOCs의 특성에 좌우된다. 흡수장치에 있어서 Con-current나 Cross 형태로 가스상과 액상이 흐르는 경우도 있으나 대부분은 Counter-current 형태가 일반적이다.

일반적인 흡수장치의 형태로는 충전탑(Packed Tower), 분사실(Spray Chamber), 벤투리세정기(Venturi Scrubber), 단(Plate) 혹은 트레이 탑(Tray Tower) 등 4가지가 있으며, 장치별 특성은 다음과 같다.

(1) 충전탑(Packed Tower)

충전탑은 세라믹이나 플라스틱제인 충전제(Packing Material)를 채워 이 표면에서 흡수가 일어나게 하는 구조이다. 액상흡수제는 탑 상부에서 하부로 흘러내리게 하여 충전물질의 표면에 박막(薄膜, Thin Film)을 형성시키고, VOCs를 함유한 가스는 탑 하부에서 상부로 올라가게 해 충전제의 액상박막(液狀薄膜)에 흡수시킨다. [사진 8-2]는 사업장에 설치된 충전탑 흡수장치의 모습이다.

(a) 충전탑 본체   (b) 순환수조

【 사진 8-2. 충전탑 흡수장치의 실제 모습 】

※ 자료 : Photo by Prof. S.B.Park

충전제는 액상박막을 넓게 형성할 수 있도록 흡수면적을 충분히 크게 하고, 플러깅(Plugging)이나 파울링(Fouling)이 형성되지 않도록 해야 한다. 아울러 흡수제 분배장치에서는 흡수제가 충전제에 고루 퍼질 수 있도록 설계한다. [그림 8-6]은 설계 시 요구되는 충전제 상부 노즐(Nozzle) 오리엔테이션이다.

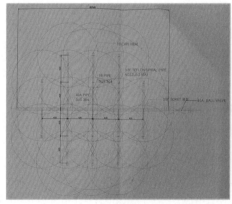

【 그림 8-6. 충전제 상부 노즐(Nozzle) 오리엔테이션 】

※ 자료 : 다토코리아, 스크러버 부품 전문기업, 2017년

(2) 분사실(Spray Chamber)

분사실은 충전제를 사용하지 않는 구조이며, 액상흡수제를 가능한 한 미세한 액적형태로 분사하여 VOCs가 충분히 흡수될 수 있도록 접촉면적을 극대화한다. 이 장치는 액적의 정상적인 분배와 완전하고 연속적인 흐름을 위해서 액상분사기에 플러깅(Plugging)이 생기지 않도록 유의해 운전해야 한다. 분사실은 액상과 기상의 접촉시간이 매우 짧기 때문에 VOCs 제거에는 다소 적당하지는 않으나, SO_2나 NH_3 같이 용해도가 높은 가스에 한정해 일부 적용한다.

(3) 벤투리 세정기(Venturi Scrubber)

벤투리 세정기는 VOCs를 함유한 가스와 액상흡수제가 벤투리 노즐의 목(Throat) 부위에서 접촉하여 VOCs를 제거하는 구조이다. 이 형태도 분사실과 마찬가지로 액상과 기상의 접촉시간이 매우 짧기 때문에 VOCs보다는 일부 용해도가 높은 가스의 제거에 적합한 장치이다. [그림 8-7]은 벤투리 세정기 구조도이다.

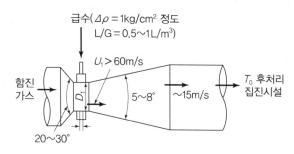

[그림 8-7. 벤투리 세정기(Venturi Scrubber) 구조도]

(4) 단(Plate) 혹은 트레이 탑(Tray Tower)

단 혹은 트레이 탑은 각 단(段) 위에 존재하는 액상흡수제에 VOCs를 함유한 가스를 접촉시켜 제거하는 구조이다. 다소 장치가 복잡하더라도 흡수계에서는 VOCs의 분리와 함께 회수도 가능하다. 또한 VOCs와 액상흡수제의 반응 가능성에 따라 물리적인 흡수계가 될 수도 있고, 화학적인 흡수계가 될 수도 있다.

❺ 응축(Condensation)

응축은 비응축성 가스 흐름에서 VOCs를 제거하는 과정을 말하며, 가스 흐름의 온도를 정압상태에서 떨어뜨리거나 정온상태에서 가압 혹은 두 경우를 조합함으로써 일어날 수 있다. 여기에는 두 가지 형태의 일반적인 응축기가 있는데, 하나는 표면형(Surface)이고 다른 하나는 직접 접촉형(Direct Contact)이다.

표면형은 일반적으로 튜브(Tube)형의 열교환기인데, 튜브 내로 응축제가 흐르고 튜브 밖으로는 VOCs를 함유한 가스가 흘러 전열됨으로써 응축된다. 직접 접촉형은 찬 액체를 가스 흐름 내로 직접 분사함으로써 VOCs를 냉각시켜 응축시킨다. 이 두 가지 형태 모두 VOCs를 재생하여 사용 가능한 것이 특징이다. 응축제로는 냉각수, 브라인(Brine) 용액, 프레온가스(CFCs), 그리고 응축제(Cryogen) 유체 등이 사용된다.

✒ 응축제

1. 브라인(Brine) 용액

냉동기 냉매의 냉동 동력을 냉동물(冷凍物)에 전달하는 역할을 하는 열매체이며, 본래는 염수(鹽水) 또는 해수(海水)를 말한다. 일반적으로는 염화칼슘 수용액, 염화마그네슘 수용액, 그 밖의 부동액도 브라인(Brine)이라 부른다.

2. 프레온가스(CFCs)

냉매, 발포제, 분사제, 세정제 등으로 산업계에 폭넓게 사용되는 가스로, 화학명이 클로로플로르카본(鹽化弗化炭素)인 CFCs는 1928년 미국의 토머스 미즐리(Thomas Midgley)에 의해 발견되었으며, 인체에 독성이 없고 불연성을 가진 이상적인 화합물이어서 한때 '꿈의 물질'이라고 불렸다. 그러나 CFCs는 태양의 자외선에 의해 염소원자로 분해돼 오존층을 뚫는 주범으로 밝혀져 몬트리올 의정서에서 이의 사용을 규제하고 있다.

3. 응축제(Cryogen) 유체

응축제로서, 주로 액체질소와 액체이산화탄소(드라이아이스)를 말한다.

냉각수는 약 45℉ 정도로 냉각시키는 데 효과적인 응축제이고, 브라인(Brine) 용액은 −30℉, 그리고 프레온가스(CFCs)는 −90℉로 냉각시키는 데 유용하지만 CFC의 생산과 사용을 제한받고 있는 실정이며, 응축제(Cryogen) 유체는 −320℉ 이하로 냉각시키기에 적절하다. [그림 8-8]은 전형적인 냉동응축시스템을 보여주고 있다.

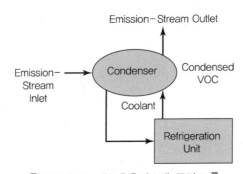

[그림 8-8. 냉동응축시스템 공정도]

❻ 보일러-프로세스 히터(Boiler-Process Heater)

보일러-프로세스 히터는 VOCs 처리에 단속적으로 사용되지 않으며, 농축된 VOCs는 보일러-프로세스 히터의 주요 연료 혹은 2차 연료원으로 사용되고, 농축되어 완전 처리될 수 있다. 만약 저농도의 VOCs가 빠른 속도로 처리되면 불완전연소가 일어날 수 있다. 산업용 보일러-프로세스 히터는 열에너지가 뜨거운 연소가스로부터 뜨거운 물과 수증기를 담고 있는 전열튜브를 통해 전달됨으로써 작동된다.

❼ 플레어(Flare)

플레어는 연소장비 중의 하나로, 평소 공정의 비이상적인 작동 시에 비상용으로 사용되지만 때로는 VOCs 처리에 도움을 주는 경우도 있다. 석유정제와 같은 일부 공정에서는 플레어가 주로 VOCs 처리 목적으로 사용되기도 한다.

VOCs를 함유한 폐가스가 컬렉션 헤더(Collection Header)를 통해 들어오고, 필요하면 물과 유기액적을 없애기 위해 녹아웃 드럼(Knockout Drum)이 사용된다. 물은 불을 끌 수 있기 때문에 제거되어야만 하고, 유기액적은 소각 후에 입자를 발생하기 때문에 제거되어야만 한다. VOCs를 함유한 가스 흐름이 녹아웃 드럼을 빠져 나온 후에는 Water Seal과 Stock Seal을 통과하고, 가스가 퍼지(Purge)되어 불꽃이 역화(Flash Back)되지 않도록 해야 한다. 최종적으로 폐가스는 플레어를 통해 대기로 방출되는데, 여기에 설치된 버너는 처리가스를 태워 VOCs를 파괴하게 된다. 만약 VOCs 함유가스의 순수 열용량(Net Heating Value)이 VOCs를 완전연소시키는 데 부족하면 천연가스와 같은 부가연료를 넣어주면 된다.

플레어는 그 팁(Tip)의 높이에 따라 Ground 형태와 Elevated 형태로 나뉜다. Elevated 형태는 작업장보다 훨씬 높은 위치에서 연소 시 오염물질을 분산시켜 열, 소음, 연기, 악취 등의 영향을 줄일 수 있을 뿐 아니라 작업상 및 운전상의 안전을 기할 수 있다. 또한 Non-smokeless, Smokeless 혹은 Endothermic 등 세 가지로도 구분되는데, Non-smokeless 형태는 연기 없이 쉽게 탈 수 있는 유기물질의 연소에 사용된다. Smokeless 형태는 수증기나 공기를 사용하여 난류를 유도함으로써 효율적인 혼합과 VOCs의 완전연소를 꾀한다. 이 형태는 메탄보다 무거운 유기물을 함유하는 배출흐름에 적용된다. 수증기는 많은 양의 배기가스에, 공기는 보통 정도의 흐름량에 적용된다. 마지막으로 Endothermic 형태는 VOCs를 파괴하는데 부가에너지를 더 필요로 한다. [그림 8-9]는 수증기를 사용하는 플레어의 개략도이다.

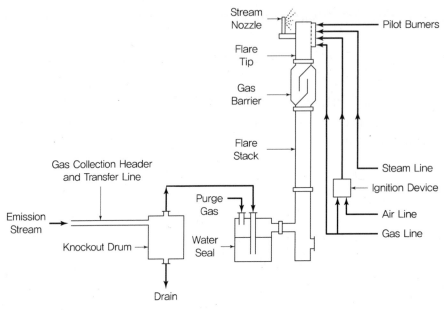

【 그림 8-9. 수증기형 플레어(Flare) 공정도 】

❽ 생물막법(Bio-Filtration)

생물막법은 미생물을 사용하여 VOCs를 이산화탄소, 물, 광물염(鑛物鹽)으로 전환시키는 일련의 공정을 말한다. 생물처리공정은 생물막, Bio-remediation, Bio-reclamation, 생물처리 등을 포함한다. 이들 중 생물막이 악취제거기술로 효과적이라는 것이 알려지면서 타당성 있는 VOCs 제어기술로도 부각되고 있다. 생물막은 토양이나 퇴비층을 사용하여 그 안에 담겨 있는 미생물이 VOCs를 무해한 성분으로 바꾸고, 그 층은 대기 중에 노출될 수도 있고 격리될 수도 있다. [그림 8-10]은 바이오 필터(Bio-Filter) 내에서의 VOCs 및 악취처리 메커니즘을 보여주고 있다.

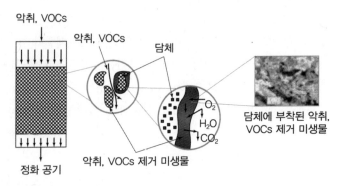

【 그림 8-10. 바이오 필터(Bio-Filter) 내에서의 VOCs 및 악취처리 메커니즘 】

VOCs가 함유된 가스를 사전에 탈진(脫塵)하거나 냉각하고, 필요에 따라서는 가습(加濕)하여 송풍기(Blower)와 구멍이 뚫린 파이프 망을 통해 미생물, 활성탄, 알루미나, 실리카 및 석회(Lime) 등이 들어있는 토양층으로 통과시킨다. 여기에 사용되는 미생물은 처리대상 VOCs의 종류에 따라 다르며, 폐가스 내의 VOCs는 토양 혹은 퇴비층 하부에서 상부로 이동하면서 유기점(Organic Sites)과 만나 이산화탄소와 물, 그리고 광물염(鑛物鹽)으로 바뀐다. VOCs 제거효율은 대상 VOCs의 종류에 따라 다른데, 예를 들어 알데히드, 케톤, 알코올, 에테르, 에스테르, 그리고 유기산은 빨리 제거되는 반면, 할로겐(Halogen)이 치환된 탄화수소와 고분자 상태의 방향족 탄화수소는 늦게 분해한다. [그림 8-11]은 노출 단일층 생물막 공정도이다.

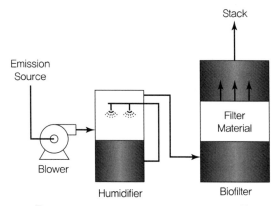

[그림 8-11. 노출 단일층 생물막 공정도]

앞서 설명한 바와 같이 VOCs를 함유한 폐가스는 탈진, 냉각, 가습 등 전처리를 실시하는데, 이러한 전처리 요소들은 필터층을 오래도록 유지하는 데 매우 중요하기 때문이다. 특히 폐가스 내의 분진입자는 필터층으로 들어가는 파이프를 막거나 유기점을 막아 결국 VOCs를 산화시키는 활성점을 줄이게 된다. 폐가스의 온도를 최적 운전온도인 약 100°F로 만들기 위한 냉각조작은 미생물의 활성 저하를 방지하며, 필터층은 크래킹이 일어나지 않도록 습도를 유지하여야 하는데, 이는 크래킹이 일어나면 미반응된 VOCs가 대기로 배출되기 때문이다.

최근에는 미생물을 이용한 처리시설인 바이오 필터만으로 처리가 어려운 산 성분(S-, N-성분의 화합물) 및 악취, 휘발성유기화합물(VOCs) 등을 동시에 처리하기 위해서 2단 바이오 필터(Bio-Filter + Bio-Trickling Filter)를 개발, 이를 활용함으로써 상당한 효과를 얻고 있다.

관련 공정도는 [그림 8-12], [사진 8-3]과 같고, 〈표 8-2〉와 〈표 8-3〉에는 해당 사용 설비 목록과 계기류(Instrument)를 요약하였다.

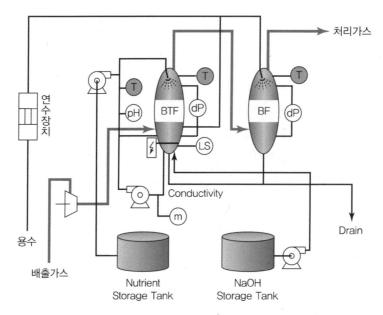

여기서, BTF : Bio-Trickling Filter
BF : Bio-Filter

【 그림 8-12. 바이오 트리클링 필터(Bio-Trickling Filter) 공정도 】

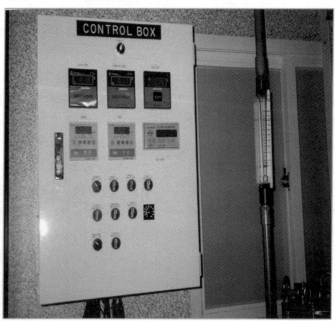

【 사진 8-3. 바이오 트리클링 필터(Bio-Trickling Filter) 파일럿 테스트 장치 】

〈표 8-2〉 바이오 트리클링(Bio-Trickling) 시스템의 주요 장치 및 기능

No.	장 치	기 능	비 고
1	BTF 탱크	탱크 내부에 충전된 담체에서 선택적으로 고정된 미생물에 의해 악취물질 중 H$_2$S와 같은 VOCs 황화물의 분해	*BTF : Bio – Trickling Filter
2	BF 탱크	고정화된 미생물에 의해 BTF를 거친 후 잔존하고 있는 악취물질 제거 *재질 : 나무껍질류 + Compost Materials	*BF : Bio – Filter
3	송풍기	• BTF 내부로의 공기주입 • 수동밸브(Manual V/V)에 의한 풍량 조절	
4	펌프	• BTF로 물을 순환시킴. • 자동밸브에 의한 간헐적 수(水) 분사	
5	NaOH 주입펌프	• pH 조절 목적 • 주파수(Hz) 혹은 스트로크(Stroke)에 의한 속도 조절 • pH – Control Loop에 의한 양 조절	
6	영양제 주입펌프	• Bio – Trickling Filter에의 영양물질 주입 • 주파수(Hz) 혹은 스트로크(Stroke)에 의한 속도 조절 • Volume Control Depends on Timer	
7	전기히터	• 물 온도의 설정한 값 유지	
8	연수기	• 물의 경도 완화 • Resin은 NaCl에 의해 재생됨.	내부 충전물 : Resin

〈표 8-3〉 바이오 트리클링(Bio-Trickling) 시스템의 사용 계기류

No.	계기류	수 량	기 능
1	pH지시계 (pH Indicator)	1세트	• pH값의 지시 • Automatic Calibration from T.I.
2	탁도계 (Conductivity Meter)	1세트	• 염류농도 측정 • 컨트롤 패널 화면상에 지시값 표시 • Conductivity 순환수의 Setting Value : 4μs/cm
3	압력지시계 (ΔP Indicator)	2세트	• For BTF & BF Tank • 단위 : mmH$_2$O
4	수위계 (Liquid Level Switch)	1세트	• BTF 순환수 Tank 하부에 설치 • 순환수 조절
5	온도지시계 (Thermometer)	2세트	• For BTF & BF Tank • 출구온도 지시

❾ 막기술(Membrane Technology)

막기술은 반투과성 막을 사용하여 VOCs를 폐가스로부터 분리하는 것을 말한다. 막은 음용수(飮用水)를 처리하는 데 수년간 사용되어 왔으며, 최근에는 대기 중의 VOCs를 처리하는 기술로 응용되고 있다. 막기술은 예전에는 회수가 다소 어려웠던 염화탄화수소, 염화불화탄소, 그리고 수염화불화탄소 등을 회수하는 데 매우 효율적인 것으로 판명되기도 하였다. [그림 8-13]에서는 막기술 시스템의 개략도를 나타내고 있다(Baker, 1992).

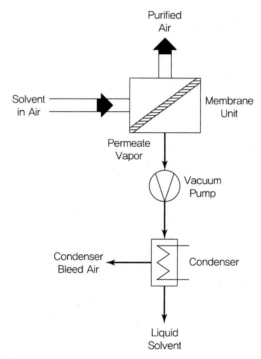

[그림 8-13. 막기술(Membrane Technology) 시스템]

반투과성 막은 구멍난 파이프 주위에 합성 고분자를 입혀 만드는데, 막 주위의 공간망(Mesh Spacer)은 막을 지지하고 공기의 흐름을 채집관으로 유도한다. 공기가 흐르는 구동력은 막 양편의 압력강하에 좌우되므로 채집관 쪽에 저압을 유지하기 위하여 감압펌프가 사용되어 VOCs를 함유한 가스는 막을 통해 이동하게 된다. 막은 VOCs만 통과시키고 공기는 통과시키지 않는다. 그러므로 VOCs는 선택적으로 막을 통하여 채집관으로 이동하는 반면, 정화된 공기는 대기로 방출되고, 농축된 VOCs의 일부는 피드 스트림(Feed Stream)으로 순환되어 VOCs 제거효율을 높이는 데 사용된다. 희석된 경우에는 2개의 막을 직렬로 연결하여 앞의 막에서 나온 농축 VOCs를 뒤의 막에 넣어준다.

⑩ UV 산화기술

UV 산화기술은 오존, 퍼록사이드, OH 및 O-라디칼 같은 산소를 기본으로 한 산화제를 사용하여 UV 빛이 존재하는 상태에서 물로 전환시키는 방법을 말한다.

> ✒ **UV(Ultra Violet, 자외선)**
>
> UV는 전자기파 중 가시광선보다 파장이 짧은 것으로 보라색 스펙트럼 옆에 있는 것을 말한다. 자외선 (UV)은 파장이 긴 순서대로 UV-A, UV-B, UV-C 등으로 구분된다. 태양에서 올 때 유해한 UV-C 자외선은 대부분 대기권에서 오존층에 흡수되며, 대기권을 통과한 6%의 자외선인 UV-A와 UV-B는 피부 건조와 기미, 노화 등을 일으킨다. 자외선은 살균과 소독작용이 있지만 피부에 닿으면 피부암, 화상 등을 일으키므로 강렬한 태양빛에 피부를 장시간 노출하면 안 된다.

우선 VOCs를 함유하는 가스를 채집장치로 보내고 여기서 분진 제거용 필터를 거치게 한 다음, 폐가스를 다시 반응기로 보내서 UV 빛의 존재하에 앞에 언급된 산화제가 VOCs를 산화하여 CO_2와 물로 전환시킨다. UV 빛의 주기범위는 폐가스 흐름 내에 존재하는 VOCs의 특성에 따라 최고 제거효율이 나오도록 조절한다. 반응기에서 나오는 배기가스는 다른 VOCs 제거 시스템(보통은 흡수세정이나 탄소흡착)으로 보내져 2차로 VOCs를 제거하게 된다. 흡수제로는 물을 사용하는데 물은 산화제와 함께 분사되어 제거효율을 높여주고, 흡착제는 산화제의 농도가 높은 용액으로 탈착되어 VOCs 제거효율을 높인다. 이러한 다단계 조작을 거친 후에 정화된 공기는 최종 대기 중으로 방출된다.

---

3 | 휘발성유기화합물(VOCs) 처리기술간 비교

❶ 설계기준

설계기준은 VOCs 처리설비를 위한 기술을 선정하는 데 사용되며, VOCs 제거효율이나 적용도와 같은 다른 조건에 기초해 선정된 특정기술의 비용이나 크기를 결정하는 데도 유용하다. 〈표 8-4〉는 VOCs 처리기술을 선택하는 데 필요한 설계기준을 요약한 것이다.

〈표 8-4〉 VOCs의 설계기준

VOCs 제거기술	설계기준
직접소각	• 연소온도(Combustion Temperature) • 체류시간(Residence Time) • 산소 함량(Oxygen Content of Flue Gas) • 혼합도(Degree of Mixing) • 배출가스량(Emission Stream Flowrate) • 휘발성유기화합물 농도(VOCs Concentration) • 연료값(Emission Stream Fuel Value) • 흐름성분(Stream Composition)
촉매소각	• 운전온도(Operation Temperature) • 공극속도(Space Velocity) • 촉매특성(Catalyst Properties) • 배출가스량(Emission Stream Flowrate) • 산소 함량(Oxygen Content of Flue Gas) • 휘발성유기화합물 농도(VOCs Concentration) • 연료값(Emission Stream Fuel Value) • 흐름성분(Stream Composition)
흡착	• 배출가스량(Emission Stream Flowrate) • 평형(Equilibria) • 흡착능력(Adsorption Capacity) • 흐름성분(Stream Composition) • 입구온도(Inlet Temperature)
흡수	• 평형(Equilibria) • 충전물 형태(Type of Packing) • 배출가스량(Emission Stream Flowrate) • 입구온도(Emission Stream Inlet Temperature)
응축	• 흐름성분(Stream Composition) • 응축온도(Condensation Temperature) • 배출가스량(Emission Stream Flowrate) • 혼합노점(Mixture Dew Point)
생물막	• 필터 규격(Filter Size) • 필터 재질(Filter Material) • 폐가스 전처리(Waste Gas Pretreatment) • 배출가스량(Emission Stream Flowrate) • 흐름성분(Stream Composition) • 흐름온도(Stream Temperature)
막기술	• 운전주기(Operation Schedule) • 배출가스량(Emission Stream Flowrate) • 입구온도(Inlet Temperature) • 흐름성분(Stream Composition)

VOCs 제거기술	설계기준
UV 산화	• 배출가스량(Emission Stream Flowrate) • 휘발성유기화합물 질량부하(VOCs Mass Loading) • 흐름성분(Stream Composition) • 흐름온도(Stream Temperature)

❷ 설계 시 고려사항

(1) 유틸리티(Utility)와 유지보수

연료, 수증기, 냉각수와 전기 등과 같은 유틸리티는 VOCs 처리설비나 부속장치(응축기나 보일러 등)를 운전하는 데 필요하다. 〈표 8-5〉에서는 필요한 유틸리티와 유지보수 필요성을 요약하였다.

〈표 8-5〉 필요한 유틸리티(Utility)와 유지보수 필요성

VOCs 처리기술	필요 유틸리티	유지보수 필요성[1]
직접소각	• 연료(Fuel) • 전기(Electricity)	적다(Low)
촉매소각	• 연료(Fuel) • 전기(Electricity) • 촉매교환	적다(Low)
흡착	• 증기(Steam) • 냉각수(Cooling Water) • 전기(Electricity)	적다(Low)
흡수	• 전기(Electricity) • 용제/용매	적다(Low)
플레어(Flare)	• 연료(Fuel) • 전기(Electricity) • 증기(Steam)	적다(Low)
응축	• 전기(Electricity) • 응결제(Refrigerant)	적다(Low)
생물막	• 전기(Electricity) • 물(Water)	적거나 보통 (Low to Medium)
막기술	• 전기(Electricity) • 냉각수(Cooling Water)	보통(Medium)
UV 산화	• 전기(Electricity) • 보충수(Make – up Water)	적다(Low)

1) 유지보수의 필요성 : • 적다(Low) : - < 1 man-hour/shift
                     • 보통(Medium) : 1~2 man-hours/shift

(2) 2차 환경영향

2차 환경영향이란 특정 설비를 운전함으로서 발생되는 대기오염물질, 폐수 혹은 고형폐기물 (Solid Waste) 등의 배출을 언급하는 것으로서, 매립 가능한 탄소를 발생시키는 흡착계도 여기에 속한다. 특히 폐수나 고형폐기물 배출처가 한정되어 있는 경우의 2차 환경영향은 VOCs 처리기술 선정 시 중요한 고려대상 항목이다. 〈표 8-6〉은 2차 환경영향을 기술별로 나열한 것으로, 직접소각과 플레어(Flare)는 공기, 촉매산화는 공기와 고형폐기물을 생성한다. 연소 부산물은 일반적으로 NOx와 일산화탄소이다. 촉매산화장치는 폐촉매를 제거할 경우나 폐기 시에 고형폐기물을 발생시키며 흡착, 흡수, 응축, 막기술은 2차 폐수와 고형폐기물을, 그리고 생물막은 고형폐기물을 생성한다.

〈표 8-6〉 **2차 오염물질 발생현황**

VOCs 제거기술	2차 오염물질
직접소각	• 공기 (Air)
촉매산화	• 공기 (Air) • 고형폐기물 (Solid Waste)
흡착	• 폐수 (Waste Water) • 고형폐기물 (Solid Waste)
흡수	• 폐수 (Waste Water) • 고형폐기물 (Solid Waste)
응축	• 폐수 (Waste Water) • 고형폐기물 (Solid Waste)
플레어(Flare)	• 공기 (Air)
생물막	• 고형폐기물 (Solid Waste)
막기술	• 폐수 (Waste Water) • 고형폐기물 (Solid Waste)

(3) 전처리 사항

전처리란 VOCs를 함유한 가스가 VOCs 처리설비로 들어가기 전에 최적조건을 맞추기 위해 사용하는 방법을 말한다. 〈표 8-7〉은 VOCs 처리기술별로 고려해야 할 전처리 사항들을 요약한 것이다.

〈표 8-7〉 전처리 사항

VOCs 처리기술	전처리 사항
직접소각	• 희석 (Dilution) • 예열 (Preheating)
촉매산화	• 희석 (Dilution) • 먼지 제거 (Particulate Removal) • 예열 (Preheating)
흡착	• 냉각 (Cooling) • 제습 (De-humidification) • 희석 (Dilution) • 먼지 제거 (Particulate Removal)
흡수	• 먼지 제거 (Particulate Removal)
응축	• 제습 (De-humidification)
생물막	• 습윤화 (Humidification) • 냉각 (Cooling) • 먼지 제거 (Particulate Removal)
막기술	• 먼지 제거 (Particulate Removal)

(4) 흐름량과 VOCs 농도

VOCs 처리기술을 결정하는 데 중요한 설계인자에는 VOCs 배출가스량(Flowrate)과 처리농도(Concentration)가 있다. [그림 8-14]는 기술별 VOCs 배출가스량과 처리농도에 따른 적정 VOCs 처리설비를 제시한 것으로 설계 시 참조 가능하다.

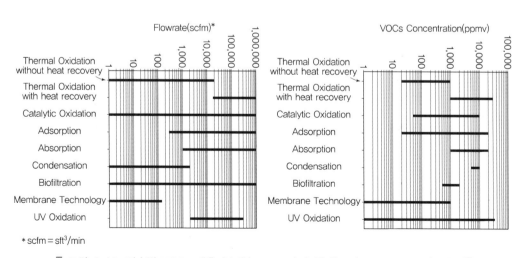

[그림 8-14. 기술별 VOCs 배출가스량(Flowrate)과 처리농도(Concentration) 범위]

심화학습 휘발성유기화합물(VOCs) 방지시설 설계지침   ※ 자료 : 환경부

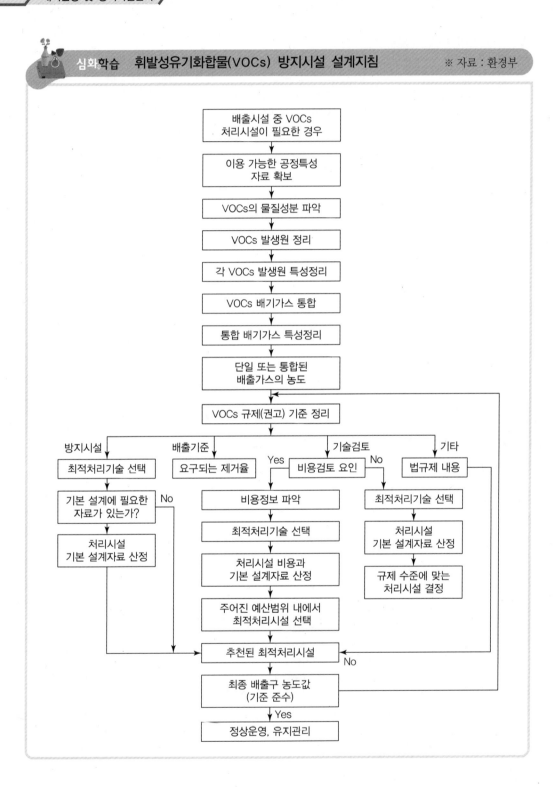

NCS 실무 Q & A

Q 석유 정제 및 석유화학제품 제조시설에서 휘발성유기화합물(VOCs) 오염 배출을 억제하기 위하여 설치·운영하는 저장시설의 종류와 특징에 대하여 설명해 주시기 바랍니다.

A 저장시설의 종류를 내부 부상지붕(Internal Floating Roof)형 저장시설, 외부 부상지붕(External Floating Roof)형 저장시설, 그리고 기존의 고정 지붕(Fixed Roof)형 저장시설로 구분하여 설명하면 다음과 같습니다.

(1) 내부 부상지붕형 저장시설의 경우
　① 내부 부상지붕은 저장용기 내부의 액체 표면에 놓여 있거나 떠 있으며, 반드시 액체와 접촉할 필요는 없다.
　② 저장탱크 내벽과 부유지붕의 상단 가장자리에는 다음 밀폐장치 중의 하나를 갖춘다.
　　㉠ 유면과 접촉되어 있어 떠 있는 폼 밀봉장치(Foam Seal) 또는 유체충전형 밀봉장치는 저장탱크의 내벽과 부유지붕 사이의 유체와 항상 접촉되어 있다.
　　㉡ 이중밀봉장치 : 저장용기 벽면과 내부 부유지붕의 가장자리 사이의 공간을 완전히 막기 위하여 2개의 층으로 되어 있고, 각각 지속적으로 밀폐될 수 있다.
　③ 자동환기구와 림환기구를 제외하고, 부상지붕에 설치되는 각 개구부의 하부 끝은 액 표면 아래에 잠길 수 있도록 설계되어야 하며, 각 개구부의 상부에는 덮개를 설치하여 작동 중인 때를 제외하고는 항상 틈이 없이 밀폐한다.
　④ 자동환기구는 개스킷(Gasket)이 정착되어야 하며, 부상지붕이 액 표면 위에 떠 있지 않거나 지붕지지대에 놓여 있을 때를 제외한 작동 중에는 항상 닫혀진 상태이다.
　⑤ 림환기구는 개스킷이 장착되어야 하며, 부상지붕이 부상지지대에서 떨어져 부상하고 있거나 사용자의 필요시에만 열리도록 설치한다.

(2) 외부 부상지붕형 저장시설의 경우
　① 외부 부상지붕은 폰툰식(Pontoon Type)이거나 이중갑문식 덮개(Double Deck Type Cover) 구조이다.
　② 저장용기 내벽과 부상지붕의 상단 가장자리에는 이중밀폐장치를 설치한다.
　③ 부상지붕은 초기 충전 시와 저장용기가 완전히 비어 재충전할 때를 제외하고는 항상 액체 표면에 떠 있다.
　④ 자동환기구와 림환기구를 제외하고, 부상지붕에 설치되는 각 개구부의 하부 끝은 액 표면 아래에 잠길 수 있도록 설계되어야 하며, 각 개구부의 상부에는 덮개를 설치하여 작동 중인 때를 제외하고는 항상 틈이 없이 밀폐되도록 한다.
　⑤ 자동환기구는 개스킷이 장착되어야 하며, 지붕이 떠 있지 아니하거나 지붕지지대에 놓여 있을 때를 제외한 작동 중에는 항상 닫혀진 상태이다.

(3) 기존의 고정 지붕형 저장시설의 경우
　휘발성유기화합물(VOCs) 방지시설을 설치하여 대기 중으로 직접 배출되지 않는다.

CHAPTER

9

포집설비(후드), 관로설비(덕트), 송풍설비 및 펌프류

1 포집설비(후드)

❶ 후드(Hood)의 종류 및 특성

후드의 종류에는 포위형 후드(Enclosing Hood), 부스형 후드(Booth type Hood), 외부 장착형 후드(Exterior Hood), 수형 후드(Receiving Hood) 등이 있다.

(1) 포위형 및 부스형 후드(Enclosing & Booth type Hood)

발생원을 거의 다 감싸서 후드로 개구면에서 불가피하게 남은 약간의 흡입기류를 넣어 포위 내부의 유해물질이 외부로 배출되지 않도록 설비하여 덕트 내로 이송시켜 처리하는 국소배출 가스설비이다.

(2) 외부 장착형 후드(Exterior Hood)

발생원을 둘러쌀 수 없을 때 발생원에 가급적 접근해서 개구부에 흡입기류를 일으켜 비산 및 확산하고 있는 유해물질을 포착해 덕트 내로 이송시켜 처리하는 국소배출가스설비이다.

(3) 수형 후드(Receiving Hood)

발생원의 열 및 관성에 의해 발생된 먼지나 배출가스 흐름의 인자를 그 방향에 따라 막는 형태로 포위 흡입해 덕트 내로 이송시켜 처리하는 국소배출가스설비이다.

⟨표 9-1⟩은 설계에 필요한 후드(Hood) 형태별 유량 계산식을 보여주고 있다.

⟨표 9-1⟩ 후드(Hood) 형태별 유량 계산식

후드 형태	후드 명칭	종횡비(W/L)	흡인량(Q, m³/min)
	부스형 (Booth)	작업에 맞게	$Q=60VA = 60VWH$
	외부식 또는 편평형 (Plain Opening)	0.2 이상 또는 원형	$Q=60V(10X^2+A)$
	편평형 + 플랜지형 (Flanged Opening)	0.2 이상	$Q=60\times0.75V$ $(10X^2+A)$
	편평형 + 후드 한 면이 작업대에 접하여 설치한 경우	0.2 이상	$Q=60V(5X^2+A)$
	편평형 + 플랜지 + 후드 한 면이 작업대에 접하여 설치한 경우	0.2 이상	$Q=60\times0.75V$ $(5X^2+A)$
	슬롯형 (Slot)	0.2 이하	$Q=60\times3.7LVX$
	플랜지형 슬롯 (Flanged Slot)	0.2 이하	$Q=60\times2.6LVX$
	슬롯형 + 개구부 한 면이 작업대 등에 접한 경우	0.2 이하	$Q=60\times2.8LVX$
	플랜지형 슬롯 + 개구부 한 면이 작업대 등에 접한 경우	0.2 이하	$Q=60\times1.6LVX$

후드 형태	후드 명칭	종횡비(W/L)	흡인량(Q, m³/min)
	캐노피형 (Canopy)	작업에 맞게	$Q=60 \times 1.4 PVD$
	편평형 다중 슬롯 (Plain Multiple Slot Opening)	0.2 이상	$Q=60 \times V(10 X^2 + A)$
	플랜지형 다중 슬롯 (Flanged Multiple Slot Opening)	0.2 이상	$Q=60 \times 0.75V$ $(10 X^2 + A)$

❷ 후드의 기능

국소배기장치의 시작점으로 공간에서 오염물질이 포함된 공기를 유입시켜 주는 역할을 하므로 국소배기장치에서 가장 중요한 부분에 해당한다. [그림 9-1]은 플랜지(Flange) 효과를 고려한 사업장 실내환기를 위한 후드 설계(예)이다.

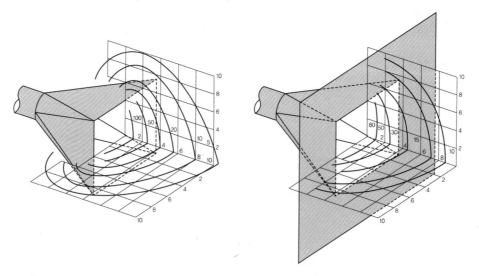

[그림 9-1. 플랜지(Flange) 효과를 고려한 사업장 실내환기를 위한 후드 설계(예)]

※ 자료 : 신은상 외 5인, 산업환기기술, 동화기술, 2012년 3월 초판

❸ 후드의 적용성

후드를 선정함에 있어 발생원 근처의 공간으로 먼지가 비산되는 범위 내의 먼지를 전부 흡인할 수 있는 크기와 방향, 그리고 형식(Type) 등이 반드시 고려되어야 한다. 후드를 설계하고자 할 때는 후드(일반 후드), 캐노피 후드(Canopy Hood), 압인 후드(Push-Pull Hood)로 구분하게 되는데, 이것은 설계를 위한 접근방법이나 적용 공식이 차이가 나기 때문이다.

여기서 일반 후드란 캐노피 후드와 압인 후드를 제외한 모든 것을 총칭하며, 후드라고 표기하는 것이 편리하며 합리적이다. 배출원에서 발생되는 오염물질을 후드에 흡인할 시에는 다음과 같은 요령을 숙지하여 시행하여야 한다.

① 후드를 발생원에 근접시킨다.
　잉여공기의 흡입을 적게 하고 충분한 포착속도를 가지기 위하여 가능한 한 후드를 발생원에 근접시킨다.

② 국부적인 흡인방식을 택한다.
　분진을 발생시키는 부분만을 국부적으로 처리하는 로컬(Local) 후드방식을 취하여 적은 흡인량으로 충분한 포착속도를 갖게 한다.

③ 후드의 개구면적을 작게 한다.
　후드 개구면의 중앙부를 막아 흡인할 풍량을 줄이고, 포착속도(Capture Velocity)를 크게 한다.

④ 공기커튼(Air Curtain)을 이용한다.
　실내의 기류, 발생원과 후드 사이의 장애물 등에 의한 영향을 고려하여 필요에 따라 공기커튼을 이용한다.

⑤ 충분한 포착속도(Capture Velocity)를 유지한다.
　먼지의 입도, 비중, 외부기류 영향 등을 고려하여 포착속도를 결정한다.

⑥ 송풍기(Fan)에 여유를 준다.
　먼지의 퇴적, 배관 변경에 따른 압력손실 증가, 외기 유입 등에 의해 후드에서 포착속도 저하를 고려하여 약 10~20% 정도의 여유를 준다.

다음 [사진 9-1]은 일반 사업장과 연구 실험실에 설치된 배기가스 덕트(Duct)의 실제 적용 모습이다.

(a) 일반 사업장 후드

(b) 연구 실험실 후드

【 사진 9-1. 배기가스 덕트(Duct) 설치 모습 】

※ 자료 : Photo by Prof. S.B.Park, 2017년

심화학습

헤미온 이론(Hemeon Theory), 무효점 이론

오염물질의 발생원으로부터 후드 입구까지 당겨 오는데 필요한 제어속도는 발생원에서뿐만 아니라 발생원으로부터 후드의 반대쪽으로 비산해가는 오염물질의 처음 속도가 0이 되어야 오염물질을 적절히 처리할 수 있는데, 이것을 일컬어 "헤미온의 무효점 이론(Null Point 이론)"이라고 하며, 그 개념은 [그림 9-2]와 같다.

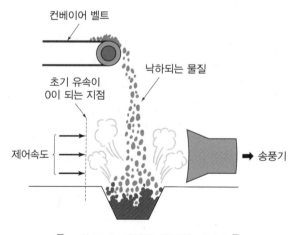

【 그림 9-2. 헤미온 이론의 개념도 】

※ 자료 : 박성복 외 1인, 최신대기제어공학, 성안당

❹ 후드의 유지 및 운영관리 시 고려사항

① 후드 근처에 칸막이를 설치하거나 개구(開口) 주위에 플랜지(Flange)를 설치하여 등속
   도면을 변형하여 흡인기류를 효율적으로 유도한다.
② 운영 시 주위 난기류(亂氣流)에 대응하면서 흡인기류를 최대화하기 위하여 후드는 가능
   한 한 포위식(包圍式)으로 설치, 운영하는 것이 좋다. 난기류의 주원인으로는 작업장 내
   기계의 회전과 왕복운동, 컨베이어에 의한 물체의 이동, 칸막이, 그리고 작업장 내부 창
   문이나 출입문을 통해 들어오는 외기(外氣), 작업장 내부 공조시설, 겨울철 난방기기(라
   디에이터, 전기히터, 난로) 등이다.
③ 후드를 사정상 외부식(外部式)으로 설치해야 하는 경우는 발생원에 최대한 가까이 설치
   하여 운영한다.
④ 후드의 개구면과 전단 발생원에 틈새바람이나 작업장 선풍기 바람, 공조기류 등의 난기
   류가 형성되면 국소배기효과는 급속히 약화되므로 개구 주위에 플랜지를 설치하거나 방
   해판(妨害板)을 설치하여 효율적으로 운영이 되도록 한다.
⑤ 운영 시 작업에 방해를 받지 않는 한 후드의 형태(원형 혹은 사각)는 크게 중요하지 않다.
   단지 후드가 너무 커지면 송풍량이 증가되기 때문에 겨울철 난방에 직접적인 영향을 주
   거나 작업에 지장을 주는 경우가 있으니 유의해야 한다.
⑥ 후드로 흡인되는 기류 중에 산성 가스 혹은 부식성 가스가 다량 함유되어 있을 경우에는
   후드 재질을 잘 선정해야 한다. 산성이나 부식성 가스에는 일반 탄소강 대신 스테인리스
   계통이나 FRP 등의 재질을 사용해야 하고, 만약 흡입기류 중에 마모성이 심한 분진이 함
   유되어 있을 경우에는 내마모성 재질인 합금강 등을 사용하여 운영하는 것이 효율적이다.

2 관로설비(덕트)

❶ 덕트(Duct) 일반

덕트는 후드에서 흡인된 오염물질과 주변의 오염된 공기를 후단의 방지시설이나 송풍기로
이송하는 통로에 해당한다. 덕트 내 기류는 난류가 되며, 덕트 벽면에서 마찰이 발생하고, 덕
트의 곡면, 수축, 확대면 등에 따른 압력손실이 발생하는데, 이를 총칭하여 압력손실(Pressure
Loss)이라고 한다. [사진 9-2]는 제조사업장 배기가스 덕트 설치 예이다.

[사진 9-2. 제조사업장 배기가스 덕트 설치(예)]

※ 자료 : Photo by Prof. S.B.Park, 2017년

일반적으로 덕트 내 압력손실은 속도압(P_v : Velocity Pressure)에 비례하며, 속도압은 다음과 같이 정의된다.

$$P_v = \frac{r V^2}{2g}$$

여기서, P_v : 속도압(mmH₂O), g : 중력가속도(9.8m/s²)

r : 가스의 밀도(kg/m³), V : 유속(m/s)

❷ 덕트에서의 이송속도

덕트 설계요소인 덕트 내 오염물질 종류별 이송속도는 다음 〈표 9-2〉와 같다.

〈표 9-2〉 덕트 내 오염물질 이송속도

오염물질	이송물질(예)	이송속도 (m/s)
극히 가벼운 물질 (가스, 증기, 흄 등)	각종 가스, 증기, 산화아연, 산화알루미늄의 흄, 목분 및 솜	10
가벼운 건조먼지	원사, 삼베부스러기, 곡물, 고무, 베크라이트(합성수지) 등의 분말	15
일반 공업먼지	털, 나무부스러기, 샌드블라스트 발생먼지, 그라인더 작업 발생먼지, 신발의 흙, 대팻밥	20
무거운 먼지	납분, 주조(鑄造)작업, 주물(鑄物)작업, 소각발생 먼지	25
비중이 크고 기름, 물 등으로 젖은 먼지	젖은 납분, 젖은 주조(鑄造)작업 발생먼지	25 이상

❸ 덕트의 이송유량 산정방법

후드에서 흡인된 유량은 덕트를 통해서 이송되며, 덕트의 이송유량(Q)은 덕트의 단면적(A)과 덕트 내 유속(V)과 관계되므로 관련 식은 다음과 같다.

$$\text{이송유량}(Q) = \text{덕트의 단면적}(A) \times \text{덕트 내의 유속}(V)$$

① 덕트의 단면적(A)

ㄱ 원형 덕트의 경우 : $A = \dfrac{\pi \times D^2}{4}$ (D : 관의 직경)

ㄴ 장방형 덕트의 경우 : $A = H(\text{높이}) \times W(\text{넓이})$

② 덕트의 유속(V)

$$V = C \times \sqrt{\frac{2 \cdot g \cdot h}{\gamma}}$$

여기서, C : 피토관계수
g : 중력가속도(m/s^2)
h : 동압(mmH$_2$O)
γ : 유체의 비중량(kg/m^3)

❹ 덕트의 압력손실 계산방법

덕트 내에서의 직관 압력손실 계산은 일반적으로 다음 식을 적용하면 된다. 덕트 내에 유체가 흐르면 난류(Turbulent Flow)를 형성하고, 이때 유체는 덕트 면에 부딪치며 마찰을 일으키게 되는데, 이것을 마찰계수(λ)라고 한다.

$$\Delta P = \lambda \times \frac{\gamma V^2}{2g} \times \frac{L}{D}$$

여기서, λ : 마찰계수(4f)
g : 중력가속도(m/s^2)
V : 덕트 내 유속(m/s)
D : 덕트의 직경(m)
γ : 유체의 비중량(kg/m^3)
L : 덕트의 길이(m)

❺ 덕트의 유지 및 운영관리 시 고려사항

① 운영 시 덕트 내부에 이물질이 자주 퇴적되거나 필요 이상으로 내벽에 부착되지 않는지 수시로 육안 점검한다.

② 덕트 이송기류 중에 산성 가스 혹은 부식성 가스가 다량 함유되어 있을 경우에는 후드와 마찬가지로 재질을 잘 선정해야 한다. 유기용제 등의 부식, 마모가 없는 경우는 아연도금 강판이나 함석을, 염산이나 황산과 같은 강산이나 트리클로로에틸렌, 테트라클로로에틸렌과 같이 염산이 유리되는 염소계 용제에는 스테인리스강이나 경질염화비닐판을, 수산화나트륨(가성소다) 등의 알칼리에는 철강판을, 그리고 주물사 등 마모(磨耗)가 심히 우려되는 경우에는 흑피강판을 사용하여 유지관리한다.

③ 덕트 내 육안점검을 용이하게 하기 위하여 감시창(Sight Glass)이나 점검구(Man-Hole) 등을 설치하여 유지관리의 효율성을 증대시킨다.

④ 덕트설비에 있어 곡관(Bend 또는 Elbow), 합류(Branch) 접속 등은 가능한 한 기류방향이나 속도가 급격히 변하지 않도록 완만한 구조로 해야 하는데, 이는 이송기류가 압력손실이나 덕트 내 분진 퇴적에 영향을 미치기 때문이다.

⑤ 곡관의 곡률반경은 덕트 직경의 2배 이상으로 하는 것이 일반적이다. 여기서 곡률반경이란 곡선의 각 점에서 그 곡선이 구부러진 정도를 표시하는 값으로, 곡선의 구부러진 정도가 완만할수록 그 값은 커진다. 평면에서는 무한대이고, 구(球)나 원에서는 그 반지름과 같다.

3	송풍설비 및 펌프류

❶ 송풍설비

(1) 송풍기(Fan) 일반

송풍기는 오염물질을 후드가 포착하여 덕트 내를 통과한 후 방지시설에서 제거될 수 있도록 이송기류를 발생시키는 장치로서, 회전속도에 따라 유량, 정압, 동력이 변화하는데, 이 3개 요소의 상호작용 관계를 송풍기의 상사법칙이라고 한다.

① 송풍기의 유량은 회전속도에 비례한다.

$$Q_2 = Q_1 \times \frac{N_2}{N_1}$$

② 송풍기의 정압은 회전속도의 2승에 비례한다.

$$FSP_2 = FSP_1 \times \left(\frac{N_2}{N_1}\right)^2$$

③ 송풍기의 동력은 회전속도의 3승에 비례한다.

$$W_2 = W_1 \times \left(\frac{N_2}{N_1}\right)^3$$

[사진 9-3]은 일반 사업장에 설치된 송풍기의 실제 모습이다.

【 사진 9-3. 일반 사업장 송풍기(Fan) 설치 모습 】

※ 자료 : Photo by Prof. S.B.Park, 2017년

(2) 종류와 특징

① 축류형 송풍기

축류형 송풍기는 전동기와 직결할 수 있고 공기의 흐름방향이 축방향이기 때문에 덕트 내부에 설치할 수 있어서 비교적 경량이고, 재료비 및 설치비가 저렴하다. 그러나 압력이 약하고 원심형 송풍기보다 속도가 커서 소음이 크고, 규정용량 외에는 효율이 갑자기 떨어지기 때문에 가열공기 혹은 오염공기의 취급에는 부적당하다. 축류형 송풍기는 저정압 고송풍량을 요구하는 전체 환기용이나 통풍용으로 적합한 송풍기이며, 그 종류로는 프로펠러형(Propeller Type), 축관형(Tubeaxial Type), 날개축형(Vaneaxial Type) 등이 있다.

② 원심형 송풍기

원심형 송풍기는 송풍기 중앙의 축상으로 들어오는 공기를 입사각과 직각이 되도록 높은 속도와 압력으로 배출시킨다.

축형 송풍기보다 불확실한 기류나 기류의 변동조건에 매우 적절하게 대처하므로 국소배
기시설에서 훨씬 많이 사용되지만 효율이 낮은 것이 흠이다. 원심형 송풍기에는 전향곡
형(Forward-Curved Type) 혹은 다익형(Multi-Blade Type), 방사형(Radial Type),
후향곡형(Backward-Curved Type) 혹은 터보형(Turbo Type), 익형(Airfoil Type) 등
이 있다([사진 9-4] 참조).

(a) 터보형(Turbo Type) (b) 익형(Airfoil Type)

【 사진 9-4. 송풍기(Fan)의 실제 모습 】

※ 자료 : 세일풍력기계, 송풍기 전문기업, 2018년 2월(검색기준)

③ 특수형 송풍기

특수형 송풍기에는 관내류 원심형과 지붕환기장치(Power Roof Ventilator)가 있다.

(3) 선정 시 유의사항

① 필요한 송풍량은 송풍기 유입구 측에서 실제 송풍량(Actual m^3/min)으로 계산하여야
한다.

② 표준공기(공기밀도 : 1.2kg/m^3)하에서 수두(mmH₂O)로 송풍기 정압이나 송풍기 전압으
로 계산하여야 한다.

③ 적은 양의 매연이나 분진은 원심형 후향곡형 송풍기나 축류형 송풍기, 약간의 분진을 갖
고 있는 흄(Fume)이나 습기 함유 물질은 원심형 후향곡형 혹은 방사형 송풍기, 만약 많
은 양의 입자상 물질은 원심형의 방사형 송풍기가 필요하다.

④ 만약 화염 및 폭발위험이 있는 기류 속에 모터가 들어가야 한다면 방폭형(防爆型) 모터
를 사용하여야 한다.

> **✏️ 방폭형(防爆型) 모터**
>
> 밀폐함 내부로 스며드는 폭발성 가스로 인해 폭발이 일어날 우려가 있을 경우에 밀폐함이 폭발에 견딜 수 있고, 외부의 폭발성 분위기로 불꽃의 전파를 방지하도록 제작한 모터를 말한다. 즉, 방폭형 모터는 내부폭발 시 압력을 충분히 견뎌야 하고, 폭발화염이 외부에 전달되지 않도록 하며, 폭발 시에 외함(外函) 표면온도가 주변 가연성 가스에 점화되지 않도록 설계하여야 한다.

⑤ 부식성 물질에는 스테인리스 스틸(Stainless Steel)이나 유리섬유 송풍기가 필요하다.

⑥ 배출물질의 온도변화에 유의하여 선정하여야 한다.

⑦ 회전동력장치에 유의하여야 한다.

⑧ 소음발생에 유의하여야 한다.

⑨ 안전성 및 부속품에 유의하여야 한다.

(4) 점검 시 유의사항

① 정상가동 시에 소음이나 비정상적인 떨림현상이 발생하지 않는지 확인한다.

② 베어링(Bearing)의 온도와 진동은 정상인지를 확인한다.

③ 전류계 지시치가 정상인지를 확인한다.

④ 오일레벨게이지(Oil Level Gauge)에 의해 측정한 윤활유량은 적정한지를 확인한다.

⑤ 분해된 부품은 깨끗하게 청소하고, 윤활유나 그리스는 새것으로 교환한다.

⑥ 각 부분의 동작상태를 점검하고, 축(Shaft) 직결상태를 재점검한다.

(5) 유지 및 운영관리 시 고려사항

① 송풍기 기동전류는 전동기 정격전류의 약 5~7배 정도로 상승할 경우가 있으므로 피크 전류값을 완화시키는 와이 델타기동(Star Delta)을 하든가, 스위치를 단속하여 회전수(RPM)가 서서히 정상상태에 오르게 하는 등 전동기에 무리가 가지 않도록 해야 한다. 여기서 RPM이란 Rates Per Minute의 약자로서, 분당 회전수를 말한다.

② 회전이 정상상태가 되면 댐퍼를 서서히 개방한다.

③ 최초 가동 시에는 40~50mmAq에서 열린 상태로 운전을 개시한다.

④ 진동의 크기는 송풍기의 용도, 구조, 장치상태, 회전수 등에 따라 허용치가 다르므로 운전상태 변화를 수시로 점검한다. 경험적으로 볼 때, 주요 진동의 원인으로는 임펠러(Impeller) 밸런스가 맞지 않거나 볼트, 너트가 풀렸을 때, 그리고 임펠러에 이물질이 부착되었거나 베어링에 이상이 발생한 경우 등이다.

⑤ 통상 베어링의 온도는 KS 표준공업시험기준에 의거, 대기온도 40℃를 한도로 한다. 베어링 과열의 주요 원인으로는 V-Belt의 장력이 센 경우이거나 윤활유가 미달되었을 때,

그리고 베어링 하우징(Bearing Housing)과 베어링 간의 압박 및 베어링의 이상 발생 등이다.

⑥ 송풍기 가동개시 전에는 모든 부분이 완전히 취부되었는지 확인하고, 설비 주변을 정리하며, 흡입관이나 흡입부분에 이물질이 없는지를 체크한다.

⑦ 전동기와 연결된 전기배선 부분이 제대로 연결되었는지를 확인한다.

⑧ 베어링(Bearing)의 윤활상태를 점검한다. 과도한 그리스(Grease) 주입은 베어링 내에서 오히려 급격한 온도상승을 초래할 수 있으므로 규정에 의한 적정량을 주입한다.

❷ 펌프류

(1) 펌프(Pump) 일반

펌프는 전동기 또는 엔진으로부터 기계적 에너지가 펌프 회전축에 공급되면서 펌프 회전자(임펠러)를 이용하여 유체에너지의 형태로 변환시키는 에너지변환기를 말한다. 펌프의 사용 목적은 크게 유체의 가압(加壓), 유체의 양수(揚水), 그리고 유체의 수송(輸送)에 있다. [사진 9-5]는 흡수에 의한 시설에 설치된 순환 세정수용 펌프의 모습이다.

【 사진 9-5. 흡수에 의한 시설에 설치된 순환 세정수용 펌프 】

※ 자료 : Photo by Prof. S.B.Park, 2017년

(2) 펌프의 종류 및 작동원리

펌프는 크게 원심펌프(Centrifugal Pump), 축류펌프(Axial-flow Pump), 사류펌프(Supercritical Flow Pump), 왕복동펌프(Reciprocating Pump), 회전펌프(Rotary Pump), 특수펌프(Special Pump) 등으로 구분하고 있으며, 각 펌프별 작동원리는 다음과 같다.

① 원심펌프(Centrifugal Pump, 遠心–)

원심펌프는 한 개 또는 여러 개의 임펠러(Impeller)를 밀폐된 케이싱 내에서 회전시켜 발생하는 원심력을 이용하여 액체의 펌프작용, 즉 액체의 수송작용을 하거나 압력을 발생시키는 펌프를 말한다. 1689년 프랑스 물리학자 데니스 파핀(Denis Papin)이 원심펌프를 발명한 이후 오늘날까지 전 세계에서 가장 많이 사용되는 펌프가 되었다.

② 축류펌프(Axial – flow Pump, 縮流–)

축류펌프는 물이 축방향을 따라 흐르는 펌프로서, 토출량은 매우 크고 비속도가 높아 1,000~2,200 범위에서 양정이 낮은(10m 이하) 경우에 적용되므로 주로 상하수도용 펌프에 사용한다. 그 외 일반적인 양수와 배수, 그리고 공업용수용과 증기터빈 배수의 순환수 펌프 등에서도 사용되고 있다. 축류펌프의 구조는 간단한 편이며, 용량이 같은 원심펌프와 비교할 때 용적이 절반으로 감소된다.

③ 사류펌프(Supercritical Flow Pump, 斜流–)

사류펌프는 원심펌프와 축류펌프의 중간이라고 할 수 있다. 이 펌프는 대부분 단단으로 사용되고 농지 관개용, 상하수도용, 냉각수 순환용, 도크 배수용 등에 주로 쓰인다. 원심펌프보다 고속으로 회전할 수 있고, 소형 경량으로 제작이 가능하며, 고(高)양정에서는 공동현상(Cavitation)도 적고, 수명도 길다.

> **공동현상(Cavitation)**
>
> 공동현상 또는 캐비테이션(Cavitation)이란 유체의 속도변화에 의한 압력변화로 인해 유체 내에 공동이 생기는 현상을 말한다. 공동현상은 빠른 속도로 액체가 운동할 때 액체의 압력이 증기압 이하로 낮아져서 액체 내에 증기 기포가 발생하는 현상이다. 증기 기포가 벽에 닿으면 부식이나 소음 등이 발생하므로 설계자는 공동현상을 피하도록 설계해야 한다.

④ 왕복동펌프(Reciprocating Pump, 往復動–)

왕복동펌프는 흡입밸브와 송출밸브를 장치한 실린더 속을 피스톤 또는 플런저(Plunger)를 왕복운동시켜 송수하는 펌프이다.

⑤ 회전펌프(Rotary Pump, 回轉–)

회전, 즉 로터리 펌프는 1~3개의 회전자가 회전하는 피스톤류, 기어, 나사 등을 써서 흡입 및 송출 밸브 없이 액체를 운송하는 펌프를 말한다. 이 펌프는 소유량, 고압의 양정을 요구하는 경우에 적합하고, 연속적으로 유체를 운송하므로 일반적인 왕복펌프와 같이 송출량이 맥동하는 일은 거의 없다. 또한 구조가 간단하고 취급이 용이하며 밸브 없이 또 유체에 공급되는 에너지가 주로 정압력이기 때문에 비교적 점도가 높은 유체에 대해서도 성능이 좋다.

⑥ 특수펌프(Special Pump, 特殊−)

특수 사용 목적으로 제작된 펌프를 말하며, 재생펌프(Regenerative Pump), 점성펌프 (Viscosity Pump), 분사펌프(Jet Pump), 기포펌프(Air Lift Pump), 수격펌프 (Hydraulic Pump) 등이 여기에 해당한다.

 심화학습

펌프양정(−揚程, Pumping Head)

펌프양정이란 펌프 토출구와 흡입구 사이의 총 수두차이를 의미하는데, 이는 다시 말해 펌프 가 얼마나 높이 액체를 밀어올릴 수 있는가를 표현하는 것을 말한다. 펌프가 최대로 올릴 수 있는 물의 높이를 토출양정이라 하고, 토출양정은 흡입양정과 달리 한계가 없으며, 펌프의 성능이 높을수록 더 높아진다. 또한 토출양정의 크기는 액체의 종류에 따라 달라지며, 비중 이 높은 물질일수록 동일 부피당 질량이 무겁기 때문에 양정은 감소한다. 예를 들어, 프로판 (C_3H_8)의 경우 물보다 비중이 작기 때문에 같은 펌프라도 액체를 더 높은 곳까지 퍼 올릴 수 있는 것이다. 이와 같이 '흡입양정'과 '토출양정'의 합을 실양정이라고 한다.

(3) 유지 및 운영관리 시 고려사항

① 펌프 흡입측의 진공계와 토출측 압력계의 정상설치 여부를 사전에 점검하고, 압력계 (Pressure Gauge), 전류계(AMP Meter) 등 계기류의 정상 지시치를 확인한다.

② 전압계의 정격전압 지시 여부와 전류계의 정격 전류치 이하의 안정 여부를 확인한다.

③ 촉수진단(觸手診斷) 및 온도계 등을 통해 베어링의 온도 여부를 확인하고, 만약 케이싱 중앙부에서 65℃를 초과하고 있으면 정밀점검을 실시한다.

④ 펌프설비 운전 중 소음진동이 발생하는지, 그리고 평소와 달리 이상 음(音)이 전달되는 지 확인한다.

⑤ 베어링(Bearing)용 오일은 원칙적으로 3개월 이내에 교체하고, 그랜드 패킹(Packing)과 메커니컬 실(Seal)은 1년에 1회 이상 교환한다. 만약 누수가 심하면 교체주기를 앞당길 수 있다.

⑥ 윤활유의 공급을 원활하게 하고, 색이 짙어졌거나 교체주기가 도래하면 즉시 이를 교체 한다(통상 1년에 1회 이상).

⑦ 펌프 고정용 하부 기초 지지대가 이완되지 않았는지 수시로 점검 및 확인한다.

NCS 실무 Q & A

Q 송풍기(Fan)의 풍량 조절에 사용하는 인버터(Inverter)의 원리에 대해서 설명해 주시기 바랍니다.

A 사업장에서는 속도제어를 필요로 하는 동력원으로 주로 직류전동기가 이용되어 왔으며, 유도전동기는 정속도 운전에 많이 사용되어 왔습니다. 그러나 1957년 사이리스터(Thyristor(SCR))가 개발되고 1960년대에 이르러 전력전자 분야의 발전과 함께 유도전동기도 속도제어 계통에 이용할 수 있게 되었습니다. Solid State Devices을 이용한 유도전동기의 속도제어방식에는 여러 가지가 있지만 대표적인 방법은 1차 전압제어방식과 주파수 변환방식입니다. 따라서 유도전동기의 속도를 정밀하게 제어하려면 전압과 주파수 변환이 필요합니다. 인버터(Inverter)는 직류전력을 교류전력으로 변환하는 장치로, 직류로부터 원하는 크기의 전압 및 주파수를 가진 교류를 얻을 수 있으므로 유도전동기의 속도제어는 물론이고 효율제어, 역률제어 등이 가능하며 예비전원, 컴퓨터용의 무정전전원, 직류송전 등에 응용되고 있습니다.

인버터는 엄밀하게 말하면 직류전력을 교류전력으로 변환하는 장치이지만 우리가 쉽게 얻을 수 있는 전원이 교류이므로 교류전원으로부터 직류를 얻는 장치까지를 인버터 계통에 포함시키고 있습니다.

최상가용기법(BAT) 및 통합환경관리시스템

1. 최상가용기법(BAT) 일반에 대해 이해할 수 있다.
2. 최상가용기법(BAT)의 기능을 분류할 수 있다.
3. 통합환경관리시스템을 이해할 수 있다.

1. 최상가용기법(BAT) 일반
2. 최상가용기법(BAT)의 기능 분류
3. 통합환경관리시스템의 이해

1 최상가용기법(BAT) 일반

최상가용기법(BAT : Best Available Techniques economically achievable)이란 경제성을 담보하면서 환경성이 우수한 환경기술 및 운영기법을 말한다. 다시 말해, 사업장 배출시설에서 발생 및 배출되는 오염물질을 최소화하는 동시에 공정의 운전효율을 최적화하여 경제적으로 환경오염을 최소화할 수 있는 포괄적인 개념의 기술을 의미한다.

최근 국내 통합환경관리시스템 도입과정에서 소개하고 있는 최상가용기법(BAT)은 환경오염과 관련된 설비나 기술을 활용하게 됨으로써 환경산업을 육성하는 데도 도움이 될 것이라고 기대할 수 있으며, 생산에서 처리(저감)공정 전반에서 발생할 수 있는 오염물질을 최소화할 수 있는 우수 상용화 기술로서 경제적 타당성이 입증된 기술을 의미하기도 한다. 초기 정부에서는 보도 설명자료를 통해 최상가용기법(BAT)이 환경관리 방법론에 해당되는 바, 기술규제에 해당되지 않고 기업이 참여하는 업종별 기술작업반(TWG : Technical Working Group)에서 선정하고 사업장별 상이한 여건에 따라 기업이 적정하게 적용하여 허가신청 시 포함하여 제출한다고 발표하였다(※ 자료 : 환경부 보도 설명자료, 2014년 7월 9일자).

⟨표 10-1⟩은 BAT와 관련하여 미국과 유럽의 적용기술에 대한 용어를 비교한 것이고, [사진 10-1]은 가동 중인 해외(스페인) 유연탄 화력발전소 전경이다.

〈표 10-1〉 미국과 유럽의 적용기술에 대한 용어 비교

구 분	유 럽	미 국	
		대기오염방지	수질오염방지
Definition	BAT (Best Available Techniques) : Technology + the way	• BACT (Best Available Control Technology) • MACT (Maximum Achievable Control Technology)	• BPT (Best Practicable control Technology currently available) • BAT (Best Available Technology economically achievable)
Scope	사업장 관리체계, 배출시설별 관리방안, 배출량 저감방안 등	오염물질 제거효율	
Integration	매체 통합적 접근	각 매체별 적용기술	
Consideration	경제성, 기술성 동시 고려	여건·물질에 따른 효율	

※ 자료 : 환경부, 환경오염시설의 통합관리에 관한 법률 개요, 2014년 2월

[사진 10-1. 해외(스페인) 유연탄 화력발전소 전경]

※ 자료 : Photo by Prof. S.B.Park, Spain

2 최상가용기법(BAT)의 기능 분류

(1) ISO 14001, EMAS 등 환경경영을 통한 지속적 점검 및 개선으로 물질·에너지 등 자원 소비의 효율화 및 균형 잡힌 오염배출 저감체계를 구현한다. 여기서 EMAS란 Eco-Management and Audit Scheme의 약자로서, ISO 26000 또는 유럽연합에서 운영하는 대표적인 녹색경영 인증제도를 말한다.

(2) 배출시설의 최적운전을 통해 오염물질 발생 자체를 최소화한다.

(3) 폐기물, 폐수, 폐열 등을 회수하여 재이용(활용)하거나 물질 및 에너지 소비를 최소화한다.

(4) 경제성을 감안하여 효율적인 오염배출저감기법을 적용한다.

(5) 지속적 환경관리를 위한 배출시설 운영 및 오염배출 모니터링을 수행한다.

3 통합환경관리시스템의 이해

❶ 통합환경관리시스템의 도입 배경 및 현황

정부(환경부)는 현행 오염물질 배출시설의 허가관리 방식을 근본적으로 개선하고자 최상가용기법(BAT) 적용으로 과학적인 관리체계를 도입하는 통합환경관리시스템을 도입하였다.

현행 우리나라의 배출시설 관리체계는 1971년에 도입되어 수질, 대기 등 다양한 환경매체별로 분산·발전되어 왔다. 매체별 획일적인 배출허용기준 강화 등 제도의 기본 틀을 지속적으로 유지해 왔지만, 매체별 영향에 대한 종합적인 고려나 발전되는 환경기술을 산업현장에 적시에 적용하기가 어려웠고, 여러 허가관청에 의한 중복된 규제 등으로 고비용·저효율적 구조로 운영되는 현실이 지속되고 있는 것이 사실이다.

이에 '통합환경관리제도'는 이렇게 분산되어 있는 배출시설 인·허가, 관리·감독제도를 통합하고 간소화하는 것을 말하며, 1개 사업장에 1개 허가로 개선하는 것이다. 다시 말해 7개 법률로 분산·중복된 것을 '환경오염시설의 통합관리에 관한 법률' 1개로 일원화하고자 하는 것이다.

유럽연합(EU)에서는 90년대부터 통합환경오염예방·관리제도(IPPCD, IED)를 도입하여 각 국가에 시행하도록 했고, 독일은 연방임미시온방지법(Federal Immission Control Act), 영국은 환경보호법을 제정하여 80년대부터 통합환경관리제도를 시행·발전해 나가고 있다. EU위원회의 통합환경관리에 따른 행정비용 변화 조사('07년)에 따르면, EU 전체 통합관리 사업장 약 5만2천 개소의 통합허가에 따른 행정비용은 연간 1억 500만 유로에서 2억 5,500만 유로(약 1,526~3,706억 원)가 절감된 것으로 추정하고 있다.

영국 환경청에서 2001년부터 2006년까지 실시한 통합환경관리 도입효과 조사('07년)에서는 통합환경관리 도입에 따라 대부분의 배출시설에서 대기오염물질이 저감된 것으로 나타났는데, 특히 납과 황산화물은 절반 수준으로 저감되었으며, 폐기물 발생량은 약 25% 감소하고, 새이용량은 약 50% 증가한 것으로 조사되었다.

✐ 통합환경오염예방 · 관리제도

1. IPPCD

IPPCD는 Integrated Pollution Prevention and Control Directive의 약자로서, EU의 통합오염 예방 · 관리지침('96)으로 BAT 적용, 허가 재검토 등을 규정하고 있다.

2. IED

IED는 Industrial Emission Directive의 약자로서, IPPCD에서 EU 회원국이 의무적으로 준수하여야 하는 BATC(BAT Conclusion)를 포함하여 제정된 지침('10)을 말한다.

❷ '환경오염시설의 통합관리에 관한 법률' 주요 내용

(1) '환경오염시설의 통합관리에 관한 법률'의 구성

'환경오염시설의 통합관리에 관한 법률'은 총칙 등 총 6장(章), 47개 조(條) 및 부칙으로 구성되어 있다([그림 10-1] 참조).

주 : 총칙 등 총 6장(章), 47개 조(條) 및 부칙으로 구성됨. 통합관리 사업장은 이 법률을 우선 적용하되, 이 법에 규정되지 아니한 사항은 다음 7개 관계 법률*을 적용하고 있습니다.

* ① 대기환경보전법, ② 소음 · 진동관리법, ③ 수질 및 수생태계 보전에 관한 법률, ④ 악취방지법,
⑤ 잔류성 유기오염물질관리법, ⑥ 토양환경보전법, ⑦ 폐기물관리법

【 그림 10-1. 통합환경관리시스템의 법률체계 일반 】

※ 자료 : 환경부 보도 설명자료, 2014년 12월

우선 '총칙'에서는 목적, 정의, 국가의 책무, 그리고 다른 법률과의 관계를 규정하고 있으며, '통합허가'는 사전협의, 통합허가, 허가기준 등, 허가배출기준, 허가조건 및 허가배출기준 변경, 적용 특례, 권리·의무 승계 등을 다루고 있다. '통합관리'에서는 가동개시 신고 및 수리, 오염도 측정, 개선명령 등, 배출부과금, 측정기기, 배출시설 등 및 방지시설 운영·관리 등, 허가 취소 등, 과징금 등의 내용을 담고 있으며, 'BAT'에서는 최적가용기법, 실태조사, 기술개발 지원 등의 내용을 담고 있다. '보칙'에서는 정보공개, 통합환경허가시스템 구축, 전문기술심사원 운영 등, 보고·검사 등, 자가측정, 기록·보존, 연간보고서, 수수료, 위임·위탁, 공무원 의제, 규제 재검토 등을 다루고 있고, 마지막 장(章)인 '벌칙'에서는 벌칙, 양벌 규정, 과태료 등에 대해서 규정하고 있다.

(2) 통합환경관리시스템 도입에 따른 개선

다음 〈표 10-2〉에서는 통합환경관리시스템 도입에 따른 개선내용을 요약하였고, 관련 절차를 사전준비, 허가 신청, 검토 및 결정, 설치 및 운영, 사후관리 등으로 각각 구분하여 제도 도입 후의 개선 기대효과를 설명하고 있다.

① **사전준비** : 당초 일방향·중복·획일적 규제에서 소통·통합·과학적 접근방식으로의 개선이 기대되며, 공식적으로 사전협의와 함께 기술정보자료에 해당하는 최적가용기법(BAT) 기준서인 K-BREF(BAT REFerence Documents) 등을 제공하고 있다.

② **허가 신청** : 9개 허가 복수신청을 1개 통합허가 신청으로 개선하였고, 허가서류도 통합환경관리계획서 1종으로 하였다. 아울러 법령별로 다양한 허가권자를 1개 기관(환경부장관)으로 일원화하였고, 인·허가서류 제출방식도 시대상황에 맞게 과거 서면방식에서 온라인(통합환경허가시스템)으로 개선하였다.

③ **검토 및 결정** : 과거 서류 확인 위주의 방식, 즉 주민등록등본 발급방식에서 객관적·전문적 검토(BAT 기준서 기반, 전문기술심사원 운영)가 이루어지게 하였고, 유관 행정기관의 검토과정 비공개 및 일방적 통보방식에서 검토과정의 조회 및 이의신청을 가능하게 하였다.

④ **설치 및 운영** : 과거 시설특성 및 실제 현장여건을 반영하지 않는 획일적 배출기준방식에서 실제 현장에서 적용되는 기술과 기법을 기반으로 맞춤형 배출기준을 설정하였다.

⑤ **사후관리** : 허가조건 불변과 매체별 일회성, 적발식 단속에서 주기적(5~8년) 허가조건 등 보완 및 기술지원이 가능하게끔 하였다.

〈표 10-2〉는 통합환경관리시스템 도입에 따른 개선내용에 대한 사항이다.

〈표 10-2〉 통합환경관리시스템 도입에 따른 개선내용

현 행	개 선
일방향 · 중복 · 획일적 규제	소통 · 통합 · 과학적 접근
사전준비 • 공식절차 없음.	• 공식 사전협의 • 기술정보 사전 제공 * 최적가용기법(BAT) 기준서(K–BREF) 등

허가신청 • 9개 허가 복수신청
  * (허가서류) 70여 종(유사 · 중복 다수)
  * (허가권자) 법령별로 다양
    (환경청, 시 · 도, 시 · 군 · 구)
  * (제출방식) 서면 제출
	• 1개 통합허가 신청
	  * (허가서류) 1종(통합환경관리 계획서)
	  * (허가권자) 1개 기관(환경부장관)
	  * (제출방식) 온라인(통합환경허가시스템)

검토·결정 • 서류 확인 위주
  * 주민등록등본 발급식 허가
• 검토과정 비공개, 일방적 결과 통보
	• 객관적 · 전문적 검토
	  * BAT 기준서 기반, 전문기술심사원 운영
	• 검토과정 조회 및 이의신청 가능

설치·운영 • 획일적 배출기준
  * 시설특성 등 실제 현장여건 미반영
	• 맞춤형 배출기준 설정
	  * 실제 현장에서 적용되는 기술 · 기법 기반

사후관리 • 허가조건 불변
• 매체별 일회성 · 적발식 단속
  * 빈번한 단속(여수 A사업장, 연 36회)
	• 주기적(5~8년) 허가조건 등 보완 및 기술지원
	• 통합 지도 · 점검 및 기술진단
	  * 규모 · 관리수준 등에 따라 점검

⇓ 불완전한 허가	⇓ 허가의 완결성 제고

※ 자료 : 환경부 보도 설명자료, 2014년 12월

(3) 법률의 주요 내용(요약)

제도 도입 초기 주무부처인 환경부 보도 설명자료에 의하면 당초 3대 기본 원칙을 토대로 법률안을 입안(立案)하였고, 최상가용기법 적용으로 환경 개선과 산업 생산성을 제고하고 산업계 등 다양한 이해관계자가 참여하여 합리적인 규제 수준을 설계한다고 하였다. 여기서 말하는 3대 기본 원칙이란 기술혁신, 산업협업, 현장맞춤으로서 관련 내용은 다음과 같다.

① 기술혁신

환경을 개선하고, 생산성을 제고할 수 있도록 최상가용기법을 적용하여 원료·용수·에너지 절감을 유도한다.

② 산업협업

산업계, 전문가, 정부가 함께 최상가용기법의 범위, 수준 등을 설계한다.

③ 현장맞춤

업종·시설별 특성에 따른 사업장 여건을 반영하여 맞춤형 관리체계를 구축하여 부담을 균등화한다.

또한, 업종별 특성 등을 반영한 합리적이고 과학적인 관리체계를 구축했으며, 이에 대한 주요 내용은 다음과 같다(※ 자료 : 환경부 보도 설명자료, 2014년 1월 22일자).

• 현행 대기환경보전법에 따른 대기오염물질 배출시설 허가, 수질 및 수생태계 보전에 관한 법률에 따른 폐수 배출시설 허가 등 6개 법률의 9개 인·허가를 하나로 통합하여 사업자의 환경 인·허가에 대한 부담을 완화하고 오염물질이 매체별로 미치는 영향을 종합적으로 고려한다.
• 업종별로 산업체 등 이해관계자가 참여하는 기술작업반(TWG) 등에서 최상가용기법을 선정, 이에 대한 세부 기준서(K-BREF)를 작성한다. 이를 통해 사업자에게는 우수한 환경관리기술을 공유·적용하도록 하고, 허가담당 공무원에게는 기술에 기반(基盤)한 과학적인 허가 및 관리를 도모하고자 한다.
• 그 동안 배출시설에 획일적으로 적용되었던 배출허용기준을 개선하여 업종별·사업장별 특성과 최상가용기법 적용 등을 감안한 맞춤형 배출기준으로 전환하고자 한다.
• 허가관청이 5년에서 8년 사이에 주기적으로 허가한 사항에 대하여 그 적정성 등을 재검토하도록 하여 사업자의 배출시설 등의 적정한 운영을 지원하고, 비고의적 범법행위를 사전에 바로잡아 선의의 범법자 양산을 방지한다.
• 현행 제도에서의 일부 불합리한 규제를 합리적으로 개선하고 일회성 또는 적발식 단속 위주에서 사업자의 자율적 관리기반을 조성할 수 있는 방향으로 관리방식을 전환한다.

[그림 10-2]에서는 국내 통합환경 인·허가절차 흐름도를 표시하고 있다.

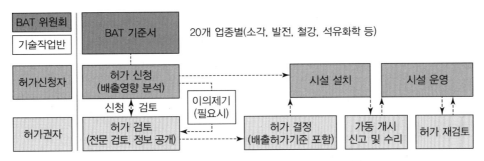

【 그림 10-2. 통합환경 인·허가절차 흐름도 】

※ 자료 : 환경부, 기술발전을 고려한 통합환경관리 도입방안, 2014년 1월 22일

❸ 적용 대상과 시행

통합환경관리제도는 환경영향이 큰 대기·수질 1, 2종 사업장을 중심으로 먼저 적용하게 되고, 2017~2021년간 업종별로 단계적으로 시행하되, 기존 사업장은 4년간 유예조건으로 한다. 본 제도는 사업장별로 허가배출기준 설정 및 허가조건을 부여하고, 매 5년마다 허가조건 및 기준의 적정성을 검토하되, 3년 범위에서 연장 가능하다. 참고로 국내 통합환경관리제도 허가절차는 [그림 10-3]과 같다.

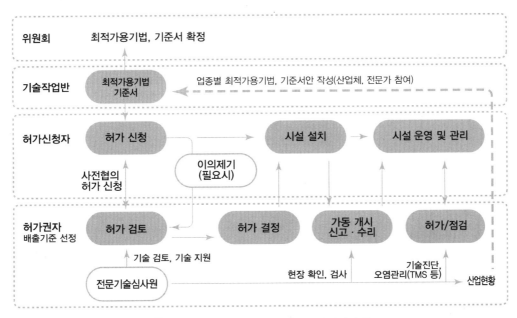

【 그림 10-3. 통합환경관리제도 허가절차 】

※ 자료 : 환경부 통합환경허가시스템 홈페이지, 국립환경과학원, 2016년 11월

최적가용기법(BAT)의 수준 및 선정에 있어 BAT는 현재 사업장에서 사용하고 있는 환경관리기법 중 환경개선 효과가 크고 경제성 있는 기법을 총칭한다. 이는 산업계 등이 참여하는 기술작업반(TWG)에서 제안하고, 기술발전을 고려하여 개정하게 된다. 참고로 BAT 선정을 위한 일반기준은 다음과 같다.

① 현장 적용 가능성
② 오염물질 발생량 및 배출량 저감효과
③ 경제적 비용
④ 에너지 사용의 효율성
⑤ 폐기물의 감량 및 재활용 촉진

❹ 시행 후 효과

환경부 산하 국립환경과학원 자료에 의하면 통합환경관리제도 시행에 따라 연간 82억 원 비용절감 추정과 함께 3,300억 원 GDP 창출, 그리고 5년간 6천여 개의 일자리 창출이 가능할 것으로 예상하고 있다([그림 10-4] 참조).

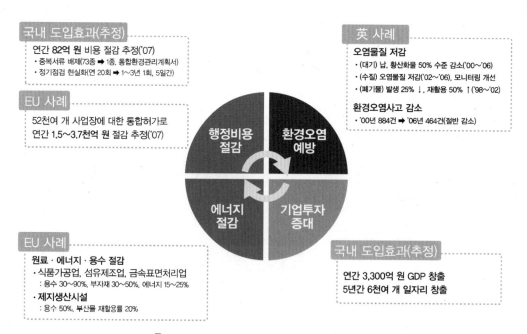

[그림 10-4. 통합환경관리제도 시행 효과]

※ 자료 : 환경부 통합환경허가시스템 홈페이지, 국립환경과학원, 2016년 11월

NCS 실무 Q & A

Q 최상가용기법(BAT ; Best Available Techniques economically achievable)이란 경제성을 담보하면서 환경성이 우수한 환경기술 및 운영기법을 말하는 것으로 알고 있는데, 본 제도의 도입효과에 대하여 설명해 주시기 바랍니다.

A 최근 국내 통합환경관리시스템 도입과정에서 소개하고 있는 최상가용기법(BAT)은 환경오염과 관련된 설비나 기술을 활용하게 됨으로써 환경산업을 육성하는 데도 도움이 될 것이라고 기대할 수 있으며, 생산에서 처리(저감)공정 전반에서 발생할 수 있는 오염물질을 최소화할 수 있는 우수 상용화 기술로서 경제적 타당성이 입증된 기술을 의미하기도 합니다.

대기오염방지시설 사업추진 절차 및 방법

1. 대기오염방지시설을 위한 사업추진 절차 일반에 대하여 알 수 있다.
2. 대기오염방지시설을 위한 단계별 사업추진 절차를 수립할 수 있다.

1. 대기오염방지시설을 위한 사업추진 절차 일반
2. 대기오염방지시설을 위한 단계별 사업추진 절차

1 대기오염방지시설을 위한 사업추진 절차 일반

대기오염방지시설을 위한 단계별 사업추진 절차는 대기오염방지시설뿐만 아니라 건설 및 플랜트 엔지니어링 관련 설계 및 선정, 산업설비 공정 등에도 광범위하게 적용할 수 있는 절차 및 방법에 해당한다.

일반적으로 관련 사업추진 절차는 크게 기본계획(Basic Plan), 사업 타당성 검토(Feasibility Study), 기본설계(Basic Design), 실시(상세)설계(Detail Design), 시공 및 구매(Construction/Erection & Procurement), 시운전(Commissioning/Test Run), 피드백(Feed Back) 등으로 구분할 수 있다.

2 대기오염방지시설을 위한 단계별 사업추진 절차

❶ 기본계획

기본계획(Basic Plan)이란 기본방침을 수립하기 위한 계획으로서 구체적 계획의 전체가 되는 것으로써 부분적 변경에 관하여 융통성을 갖는 계획을 말하며, 일명 마스터 플랜(Master Plan)이라고도 한다.

❷ 사업 타당성 검토

사업 타당성 검토(Feasibility Study)란 사업의 추진방향과 추진전략을 계획하고 이행함에 있어 합리적이고 목적 달성이 가능한 개발사업 추진 여부를 결정하는 검토단계를 말한다.

일반적으로 사업 타당성 검토는 3가지, 즉 정책적 타당성, 기술적 타당성, 그리고 경제적 타당성 검토로 구분할 수 있으며, 사업수행 시 본 검토결과를 준용해 계획수립 단계에서부터 최종 피드백(Feed Back)까지 이어가면서 이를 전체 계획내용에 충실히 반영하여 추진하는 단계를 말하는 것이다.

(1) 정책적 타당성

사업에 대한 필요성에 보다 중점을 두는 검토로서 사업의 시급성, 관계된 사람이 납득할 수 있는 논리성 등이 주(主)가 되는 검토를 말한다. 만약 정책적 타당성 검토에 문제점이 발생할 경우, 문제해결을 위한 별도의 법적·제도적 절차를 검토하여 대안을 제시할 필요가 있다.

(2) 기술적 타당성

계획의 내용에 대해 물리적 여건, 기술상 실현 가능성이 타당한지 여부를 검토하는 것을 말한다. 토목적, 건축적, 구조물적 안전성 확보 가능성과 법규적 실현 가능성 등을 검토해야 하고, 정성적 검토와 정량적 검토를 실시해 보편적인 분석결과를 도출한다.

(3) 경제적 타당성

경제적 효율을 평가하는 과정으로서, 일반적으로 사용되는 비용/편익(Cost-Benefit) 또는 비용/효용(Cost-Effectiveness)으로 사용된 비용에 대해 얻어지는 수익가치에 대한 비교를 말한다. 민간사업의 경우, 투입비용과 수익이 모두 금전적 가치로 표시되는 비용 – 편익(비용수익 분석)을 사용하지만 공공사업의 경우 초기 투자비용에 대하여 직·간접적인 금전적 수익뿐만 아니라 사업의 추진에 의해 기대되는 지역민 만족도 상승, 생활의 질 향상 등의 외부효과와 간접효과까지 고려하게 된다.

심화학습

편익/비용비율(B/C Ratio), 순현재가치(NPV), 내부 수익률(IRR)

(1) 편익/비용비율(B/C Ratio)

편익/비용비율은 재무적 타당성 분석을 위해서 투입비용과 산출편익을 사업 분석기간 동안 나타내 분석을 실시하며, 비용은 직·간접투자비, 운영비, 감가상가비 등을 고려해 산출한다.

편익/비용비율 분석의 기본적인 개념은 총편익을 총비용으로 나눈 비율의 결과가 1.0 이상 또는 다수의 사업일 경우 상대적으로 큰 사업을 선택한다. 다시 말해 B/C Ratio가 1.0 이상일 경우 수익성이 있는 사업으로, 그리고 B/C Ratio가 1.0보다 작거나 같을 경우는 수익성이 낮은 사업으로 판단하는 것이다. 일반적으로 구체적인 사업의 B/C Ratio 채택기준은 사업 주체의 여건에 따라 기준을 설정하게 된다.

(2) 순현재가치(NPV, Net Present Value)

순현재가치법은 투자되는 연차별 비용과 발생되는 연차별 편익을 할인율로 할인하여 산출된 현재가치(PV)로 환산하여 총편익에서 총비용을 차감한 총순현재가치(NPV)를 구한 후 총순현재가치가 0.0보다 큰 사업의 경우 사업은 경제적으로 타당하다고 보며, 다수의 사업일 경우 총순현재가치가 큰 사업을 전체적인 투자수익면에서 가치가 있는 사업으로 판단하는 것이다. 즉, NPV가 0.0보다 크면 수익성이 있고, NPV가 0.0보다 작거나 같으면 수익성이 없다고 판단하는 것이다.

(3) 내부 수익률(IRR, Internal Rate of Return)

내부 수익률은 투자의 경제적 타당성 검토에서 많이 사용되고 있는 편익효과지수로서, 일련의 편익과 비용이 같아지도록 하는 이자율을 계산하는 방식이다. 초기에 많은 투자비가 집중적으로 소요되고, 수익이 단계적으로 발생하는 사업의 경우 이자율이 증가하면 순현재가치(NPV)는 감소하게 되어 투자비를 회수하기가 어려워진다. 총할인율이 조금씩 증가하여 매 연도의 비용과 수익에 적용하면 총비용과 총편익이 똑같아지는 때가 있는데, 이때의 할인율(I)을 내부 수익률(IRR)이라고 한다.

초기 투자비가 소요되고 편익이 나중에 발생하는 사업에서 경제적 타당성을 확보하기 위해서는 내부 수익률(IRR)이 재원조달의 기준 이자율 또는 기회비용에 의한 사업의 이자율보다 커야 투자가치가 있다. 다시 말해 IRR이 최소 요구 수익률보다 크거나 같을 경우 수익성이 있고, IRR이 최소 요구 수익률보다 작으면 수익성이 없다고 판단하는 것이다.

❸ 기본설계

기본설계(Basic Design)란 실시설계 또는 상세설계를 수행하기 전에 기본이 되는 사항을 명확히 하는 설계로서, 그 목적은 시설계획 과정에서 선택된 공정설계를 보다 더 정밀하게 하는 것이다.

기본설계 단계에서는 설계에 관한 주요 항목들이 제시되고 추천되어 단계적으로 완성 및 확정되며, 시설계획 과정에서 수립된 설계 개념들은 기본설계 단계에서 거의 변경할 수 없다. 기본설계 단계에서 작성되는 기술사양서, 관련 일반 및 특기시방서 및 도면 등에는 일반적으로 다음과 같은 내용들이 수록되어야 한다.

① 공정흐름도(Process Flow Diagram) 및 설계기준(Design Criteria)
② 배관계장도(Piping & Instrument Diagram)
③ 주요 시설 현장배치도(Lay-Out)
④ 용량, 등급, 규격 및 요구, 유틸리티를 표시한 주요 장비 목록
⑤ 이동 동선(차량, 인력 등) 및 유지관리사항
⑥ 공간의 특수성(유해지역, 폭발우려지역, 부식우려지역, 폐쇄성 공간 등)
⑦ 건축 및 시설물의 법적 요구에 따른 준수사항
⑧ 환경안전사항
⑨ 전기배선도 및 예비전력 필요 여부
⑩ 전기설비를 위한 중앙제어실(MCC) 및 Local Control Room 요건
⑪ 소방설비 현황
⑫ 약품 저장 및 투입시설
⑬ 철거장비 및 구조물
⑭ 비용 산정
⑮ 기타 사업장에서 추가로 요구되는 설계항목

기본설계에 대한 이해를 돕기 위하여 [그림 11-1]에 화장장(火葬場) 주요 시설 현장배치도 (예)를, 그리고 [사진 11-1]에 화장장 관련 시설 조감도를 나타내었다. 건물 1층에는 화장로 및 로 전실을 통해 화장 진행상황을 지켜볼 수 있는 관망홀과 직원휴게실, 그리고 유족 및 방문객이 자유로이 통행할 수 있는 메인홀을 배치하였고, 2층은 화장로에서 배출되는 대기오염물질을 처리할 수 있는 대기오염방지시설 및 방문객 휴게실을 배치하였다.

최근 발표된 통계자료에 의하면 숨진 사람의 시신을 매장하는 대신 화장하는 비율이 2015년 처음으로 전국 80%를 넘었다. 이는 2005년 화장률이 52.6%로 매장률을 넘어선 후 연평균 약

3% 포인트씩 증가해 10년 만에 80%를 넘어선 것이며, 2016년에는 화장률이 82.7%로 최종 집계되었다(※ 자료 : 보건복지부 보도자료, 2017년 12월 7일자).

따라서 향후 화장률은 지속적으로 증가할 것으로 예상되며, 화장로에서 발생하는 오염물질을 처리하기 위한 대기오염방지시설 또한 무공해 첨단시스템으로의 기술발전이 기대된다.

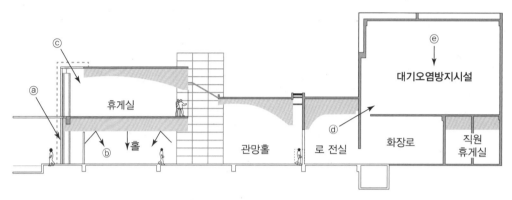

ⓐ 자연광을 베이스 라인(Base Line)으로 하고, 탑 라이트(Top Light)로 광원 보충
ⓑ 의식의 정숙함과 간접조명, 장식조명 및 스포트라이트 설치
ⓒ 의식공간과의 차별화, 일반적인 쾌적한 광원, 자연광 이용
ⓓ 상승감 있는 광원(죽음에서 영원으로 삶의 승화를 강조)
ⓔ 설비실은 충분한 조도 유지 및 유지보수를 고려한 예비등 설치

【 그림 11-1. 화장장(火葬場) 주요 시설 현장배치도(예) 】

【 사진 11-1. 화장장(火葬場) 관련 시설 조감도 】

❹ 실시(상세)설계

실시(상세)설계(Detail Design)란 기술시방서나 관련 도면을 보고 직접 건설할 수 있도록 항목별로 상세하게 설명해 놓은 설계를 말한다. 다시 말해 실시(상세)설계 단계에서는 앞서 수행한 기본설계 내용을 구체화하여 실제 시공에 필요한 구체적인 사항을 설계도면에 상세하게 표기하는 단계에 해당하는 것이다.

❺ 시공 및 구매

시공(Construction/Erection)이란 앞서 수행한 기술시방서, 설계내역서 및 설계도 등을 가지고 실제 현장작업에 들어가는 것을 말하며, 현장에서 시공을 계획함에 있어 고려해야 할 요소를 열거하면 다음과 같다.

① 프로젝트 달성계획과 총괄 일정표
② 관리감독 계획과 절차, 소속직원들의 역할
③ 필요 장비 선정
④ 현재 및 중장기 목표
⑤ 개선 프로젝트에 맞춘 제출문서
⑥ 시공성, 운전성, 유지관리성 검토
⑦ 기타 시공 관련 현장 요구사항

다음 [사진 11-2]는 환경기초시설 시공현장에서의 전기 케이블 트레이(Cable Tray) 설치와 수전선 인입공사 장면을 촬영한 것이다.

(a) 케이블 트레이 설치공사   (b) 수전선 인입공사

【 사진 11-2. 현장 전기 케이블 관련 공사 】

※ 자료 : 박성복, 최신폐기물처리공학, 성안당

그리고 구매(Procurement)란 공사현장에서 필요한 기자재(기성품) 등을 매입하여 현장에 투입시키는 단계를 말한다. 구매단계는 본사 및 현장에서 동시에 수행 가능한 업무절차로서, 구매 담당자는 철저한 윤리적 사명감을 바탕으로 공개입찰 등을 통해 공정하게 시공자재 등이 실제 시공현장에 반입될 수 있게 업무 지원해야 한다. 특히 품질확인이 필요한 대기오염방지설비의 경우는 반드시 현장검수를 통해 당초 제시한 제작시방서를 충족하는지 여부를 꼼꼼하게 확인한 후 시공현장에 반입될 수 있도록 한다.

❻ 시운전

시운전(Commissioning/Test Run)이란 설비현장에서 기계적 준공을 마친 완성품의 정상작동 여부를 판단하기 위하여 사전 운전을 행하는 단계를 말한다. 시운전은 무부하 운전(Unload Test)과 부하운전(Load Test), 그리고 상업운전(Commercial Test) 등으로 구분할 수 있으며, 시운전 계획의 일반적인 목표는 다음과 같다.

① 프로세스(Process)와 장비를 당초 배치순서에 맞게 안전한 방법으로 처리공정에 투입한다.
② 프로세스가 설계대로 수행되도록 필요 시험을 수행한다.
③ 허가요건사항을 모두 충족하는지를 체크하며 반드시 일정을 준수한다.

심화학습

환경기초시설 커미셔닝(Commissioning)

환경기초시설 커미셔닝이란 환경기초시설 건설, 관련 설비에 대해 기획부터 설계, 시공, 운용까지의 각 단계에 있어서 제3자·중립적인 입장에서 발주자에게 조언이나 필요한 확인을 행하고, 인도를 받을 때는 기능성 시험을 실시하여 설비의 적정한 운전·보수가 가능한 상태인 것을 검증하는 것을 말한다.

❼ 피드백

피드백(Feed Back)이란 차기에 진행될 동종 혹은 유사 시설공사에 대하여 시간과 비용을 줄이기 위해 이전 공사 시 발생한 시행착오(Trial & Error) 사항을 기록·보전하여 이를 활용하고자 하는 목적에서 수행하는 업무절차를 말한다. 시설공사 중에 발생한 중요한 일들을 기록하여 정리한 '시행착오 보고서(Trial & Error Report)'는 공사를 수행하는 데 절대적으로 도움이 된다.

NCS 실무 Q & A

Q 폐기물자원화(소각)시설 환경설비 계획수립에 있어 일반적으로 검토해야 할 사항을 몇 가지만 설명해 주시기 바랍니다.

A 폐기물자원화(소각)시설 환경설비 계획수립을 위한 검토사항 몇 가지를 소개하면 다음과 같습니다.

① 폐기물자원화(소각)시설에서 배출되는 다이옥신을 처리하는 방안을 충분히 검토하여 최적의 시스템으로 계획합니다.
② 폐기물처리시설 설치 촉진법 및 지역주민의 지원에 관한 법률에 따라 입지선정위원회의 구성 등을 계획하고, 가급적 인원구성은 지역주민 4인 이상 참여하도록 합니다.
③ 폐기물자원화(소각)시설에서 배출되는 폐수는 최소한으로 발생되도록 하며, 가능한 한 무방류 방식으로 계획합니다.
④ 연소 후 발생되는 소각재에서 재활용 가능한 가치성 금속을 회수할 수 있는 회수시설 설치 여부를 검토합니다.
⑤ 적정 환경오염방지시설의 검토 및 선정에 따른 계획을 수립합니다(유해가스, 분진, 악취, 폐수, 소음·진동, 비산먼지, 연돌높이 등).

대기오염방지시설
계획 및 설계

1. 대기오염방지시설을 정의할 수 있고, 종류를 파악할 수 있다.
2. 주요 대기오염방지시설 설계이론을 알 수 있다.
3. 주요 대기오염방지시설 설치방법에 대하여 알 수 있다.

1. 대기오염방지시설의 정의 및 종류
2. 주요 대기오염방지시설의 설계이론
3. 주요 대기오염방지시설의 설치방법

1 대기오염방지시설의 정의 및 종류

국내 대기환경보전법의 정의에 의하면 '대기오염방지시설'이란 대기오염물질배출시설로부터 나오는 대기오염물질을 연소 조절에 의한 방법 등으로 없애거나 줄이는 시설로서 환경부령으로 정하는 것을 말한다. 구체적으로 대기오염방지시설의 종류에는 ① 중력집진시설, ② 관성력집진시설, ③ 원심력집진시설, ④ 세정집진시설, ⑤ 여과집진시설, ⑥ 전기집진시설, ⑦ 음파집진시설, ⑧ 흡수에 의한 시설, ⑨ 흡착에 의한 시설, ⑩ 직접연소에 의한 시설, ⑪ 촉매반응을 이용하는 시설, ⑫ 응축에 의한 시설, ⑬ 산화·환원에 의한 시설, ⑭ 미생물을 이용한 처리시설, ⑮ 연소 조절에 의한 시설, ⑯ 상기의 시설과 같은 방지효율 또는 그 이상의 방지효율을 가진 시설로서 환경부장관이 인정하는 시설을 말한다. 여기서 방지시설에는 대기오염물질을 포집하기 위한 장치(후드), 오염물질이 통과하는 관로(덕트), 오염물질을 이송하기 위한 송풍기 및 각종 펌프 등 방지시설에 딸린 기계, 기구류(예비용을 포함한다) 등을 포함하고 있다.

2 주요 대기오염방지시설의 설계이론

❶ 중력집진시설

(1) 설계 절차 및 방법

중력집진시설(重力集塵施設, Settling Chamber, Dust Chamber)이란 대상 분진을 중력에 의한 자연침강의 원리에 의하여 분리 · 포집하는 장치를 말한다. 즉, 배출가스를 용적이 큰 침강실로 끌어들여 그 내부의 가스유속을 0.5~1m/sec 정도로 유지하여 분진이 중력에 의해 침강하는 원리를 이용해 분진을 가스와 분리시키는 방식이다. 분리한계 입자의 굵기는 처리량이 적을수록, 또 평면의 면적이 클수록 작게 되고 높이는 한계가 없지만, 하워드(Howard)식 집진장치와 같이 다수의 선반이 설치된다. 대체로 압력손실이 작고(약 5~10mmH₂O) 안정하다는 장점이 있지만 미세한 입자까지 포집하기 위해서는 상당한 부지면적이 요구되기 때문에 실제로는 50μm 이상의 굵은 입자 제거용으로 주로 사용된다. 또 낮은 유속의 덕트는 일종의 분진용 챔버(Dust Chamber)에서 입자가 침강하여 쌓여지기는 하지만 이를 인출하기가 다소 곤란하므로 실제로는 경사진 덕트를 사용하기도 한다. 집진효율, 집진 최소입경, 압력손실 등으로 성능효율이 결정되는 중력집진시설의 외형은 [그림 12-1]과 같다.

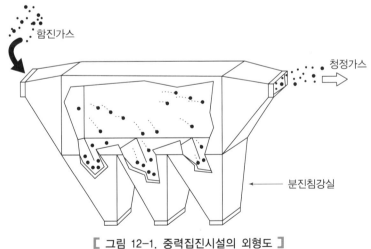

함진가스

청정가스

분진침강실

[그림 12-1. 중력집진시설의 외형도]

(2) 설계 시 고려사항

집진침강실 내 처리가스의 속도는 분진의 입경과 입자의 겉보기 비중 등을 고려하여 하강속도 이하로 하고, 공정별 분진 및 처리가스에 대한 특성, 그리고 성상 등을 사전에 확인하는 습관이 중요하다.

> **겉보기비중**
>
> 입자의 집합체나 다공질 물질 등에 있어서 내부의 공극까지 포함시킨 체적당의 비중을 말한다. 따라서 그 값은 공극률이 클수록 참비중보다 작다. 예를 들어, 고체시료의 무게를 W_1, 수중에서의 무게를 W_2 라고 하면 겉보기비중은 $W_1/(W_1-W_2)$로 표시된다.

❷ 관성력집진시설

(1) 설계 절차 및 방법

관성력집진시설(慣性力集塵施設, Impact Collector)이란 처리가스의 흐름방향을 급격하게 바꾸어 줌으로써 분진의 충돌(Impact)에 의하여 분리시키는 방법을 말한다. 이것은 처리입자가 비교적 큰 것에 효과가 있으며, 제거효율은 다소 낮은 편이다. 분진을 함유한 배출가스를 5~10m/sec의 속도로 흐르게 하면서 장애물들을 이용하여 흐름방향을 급격히 바꾸어 주면, 분진이 갖고 있는 관성력으로 인해 분진이 직진하여 장애물에 부딪치는 원리를 이용하여 분진을 가스와 분리하는 방식이다. 10~100μm 이상의 분진을 50~70%까지 제진할 수 있으며, 특히 폐기물자원화(소각)설비에서는 전처리용 집진장치(Pre-Duster)로서 적용할 수 있다. 관성력집진시설의 외형은 [그림 12-2]와 같다.

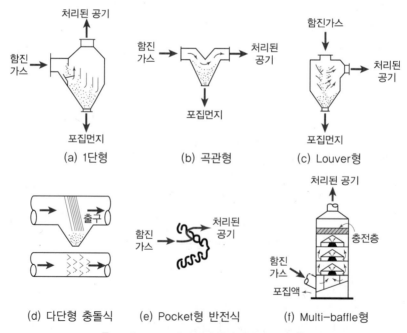

[그림 12-2. 관성력집진시설의 외형도]

※ 자료 : 서광석 외 7인, 대기오염방지기술, 화수목

(2) 설계 시 고려사항

　관성력집진시설은 고온가스 처리가 가능하고, 연돌(Stack)이나 배관 내에도 직접 설치 가능하지만 포켓형(Pocket Type), 채널형(Channel Type)과 같은 미로(迷路)형에서는 분진이 관성력집진시설 내에 퇴적될 수 있기 때문에 대상 분진의 성상을 충분히 파악해야 한다. 특히 액체입자 제거에 사용되는 멀티배플(Multi Baffle)형은 주로 $1\mu m$ 전후의 미스트를 제거할 수 있기 때문에 처리효율 증가를 위해서는 별도의 추가장치가 요구된다.

❸ 원심력집진시설

(1) 설계 절차 및 방법

　원심력집진시설(遠心力集塵施設, Cyclone/Multi-clone)이란 배기가스에 선회력을 가하여 분진을 제거하는 방식이다. 원심력을 이용하여 분진을 함유한 가스에 중력보다 훨씬 큰 가속도를 주게 되면, 분진과 가스와의 분리속도가 무게에 의한 침강과 비교해서 커지게 되는 원리를 이용하는 집진장치이다. 이 장치는 사이클론 형태로 실용화되었으며, 외형은 [그림 12-3]과 같다.

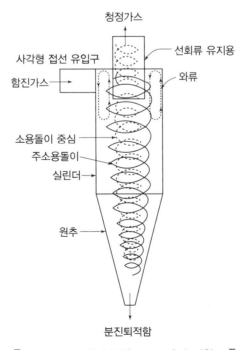

[그림 12-3. 사이클론(Cyclone)의 외형도]

원심력집진시설은 사이클론 형식과 회전식이 있으며, 사업장에서는 주로 사이클론 형식이 사용되고 있다. 이 사이클론 형식은 처리대상 가스의 인입방법에 따라 '접선 유입형'과 '축류형'으로 각각 구분하고 있으며, 형식별 구체적 내용은 다음과 같다.

① 접선 유입형(Tangential Entry)

접선 유입형은 과거에 처리가스량이 많지 않을 경우에 주로 사용되어 왔지만, 멀티클론(Multi-clone)이 개발되기 시작하면서 대용량의 가스를 처리하는 데 많이 활용되고 있다. 압력손실은 입구가스 유속이 12m/sec 정도일 때 나선형에서 100mmH₂O 전후이며, 이는 와류형보다 약 20% 정도 압력손실이 작은 편이다.

② 축류형(Axial Entry)

축류형은 분진을 함유한 가스를 안내깃(Guide Vane)을 통하여 집진장치에 유입하는 방식이며, 반전형과 직진형이 있다. 반전형은 입구가스 유속이 10m/sec 정도일 때 압력손실이 약 80~100mmH₂O이며, 직진형은 압력손실이 반전형보다 낮은 약 40~50mmH₂O 정도이다.

원심력집진시설은 처리해야 할 배기가스량(Q)이 많을수록 내경이 커져야 하기 때문에 작은 입자의 분리가 사실상 잘 되지 않으므로 처리배기가스량이 많고, 집진효율을 향상시켜야 할 경우에는 소구경 사이클론이 병렬로 연결된 멀티클론(Multi-clone)의 구조를 주로 채택한다. 일반적으로 널리 활용되고 있는 원심력집진시설 중 사이클론(Cyclone)의 설계를 위한 개략 치수 결정방법은 [그림 12-4]에, 그리고 멀티클론형은 [그림 12-5]에 각각 나타내고 있다.

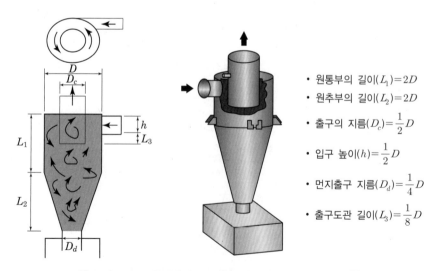

- 원통부의 길이(L_1) $= 2D$
- 원추부의 길이(L_2) $= 2D$
- 출구의 지름(D_c) $= \dfrac{1}{2}D$
- 입구 높이(h) $= \dfrac{1}{2}D$
- 먼지출구 지름(D_d) $= \dfrac{1}{4}D$
- 출구도관 길이(L_3) $= \dfrac{1}{8}D$

【 그림 12-4. 원심력집진시설(Cyclone) 치수 결정방법 】

※ 자료 : 한국환경기술단(KETEG), 대기오염방지시설 설계 자료집

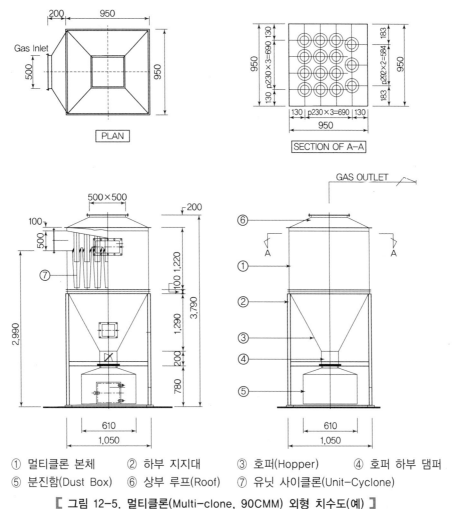

① 멀티클론 본체　② 하부 지지대　③ 호퍼(Hopper)　④ 호퍼 하부 댐퍼
⑤ 분진함(Dust Box)　⑥ 상부 루프(Roof)　⑦ 유닛 사이클론(Unit-Cyclone)

【 그림 12-5. 멀티클론(Multi-clone, 90CMM) 외형 치수도(예) 】

※ 자료 : 한국환경기술단(KETEG), 대기오염방지시설 설계 자료집

참고로 원심력집진시설의 운전 시 압력손실은 50~150mmAq 정도로 비교적 큰 편이다. 폐기물자원화(소각)시설에 직경 300~400mm 정도의 소형 사이클론을 여러 개 묶은 멀티클론(Multi-clone)을 사용할 경우에는 집진효율이 약 85~90% 정도이고, 처리가스 중 분진량은 0.6~0.7g/Nm^3 정도로 알려져 있다.

(2) 성능효율에 미치는 요인

① 블로다운 효과(Blow-down Effect)를 적용하면 효율이 높아진다. 사이클론의 분진함(Dust Box), 멀티클론의 호퍼부에서 처리가스량의 5~10%를 흡입함에 따라 사이클론 내의 난류현상을 억제시킴으로써 집진된 먼지의 비산을 방지하고 먼지의 내벽 부착도 방지한다. 사이클론의 블로다운 효과와 집진효율에 미치는 영향은 [그림 12-6]과 같다.

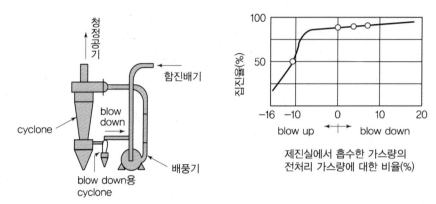

[그림 12-6. 블로다운 효과(Blow-down Effect)가 집진효율에 미치는 영향]

② 내경(배출 내관)이 작을수록 입경이 작은 먼지를 제거할 수 있다.

③ 입구유속에는 한계가 있지만 그 한계 내에서는 유속이 빠를수록 효율이 증가하며, 압력손실(Pressure Loss)도 증가한다.

④ 사이클론의 직렬 단수, 적당한 분진함(Dust Box)의 모양과 크기도 효율에 관계된다.

⑤ 축류식 직진형, 접선 유입형, 소구경 멀티클론(Multi-clone)에서는 블로다운 효과를 얻을 수 있다.

⑥ 고농도일 때는 병렬로 연결하여 사용하고, 응집성이 강한 먼지는 직렬연결(단수 3단 한계)하여 사용한다.

⑦ 점착성이 있는 먼지의 집진에는 적당하지 않으며, 딱딱한 입자는 장치의 마모를 일으킬 수 있다.

⑧ 고성능의 전기집진시설(ESP)이나 여과집진시설(Bag House)의 전처리용으로 사용된다.

⑨ 먼지 폐색(Dust Plugging : 와류(Eddy) 발생 현상)을 방지하기 위하여 축류집진장치를 사용하거나 입구에 선회류 약화기(Vortex Finder)를 사용하거나 돌출핀(Eductor) 혹은 스키머(Skimmer) 등을 부착한다.

⑩ 침강먼지와 미세먼지의 재비산을 방지하기 위하여 스키머(Skimmer)와 회전깃(Turning Vane), 그리고 탈수설비(De-watering Facility) 등을 설치하여 집진효율을 증대시킨다.

⑪ 역기류(Back Flow)가 발생하지 않도록 멀티클론의 입구실과 출구실의 크기 또는 호퍼의 크기를 충분하게 하고, 각 실(室)의 정압이 균일하도록 한다.

⑫ 사이클론은 규격이 정해진 표준형만이 절대적인 것이 아니라 조건 및 상황에 따라 처리효율이 다양하게 변한다.

❹ 세정집진시설

(1) 설계 절차 및 방법

세정집진시설(洗淨集塵施設, Wet Scrubbing System)이란 분진을 함유한 가스를 액적 또는 액막에 접촉시켜 제거하는 방식으로, 스크러버(Scrubber) 형태가 대표적이다. 대부분의 경우 세정액으로 물을 사용하거나 특별한 경우 화학약품이 첨가된 용액이 사용되며, 분진과 함께 유해가스도 동시처리 가능하다.

세정식 집진장치는 그 종류가 많고 기능 또한 다양하지만, 종류와 형식에 상관없이 배출가스와 액상과의 접촉을 좋게 하는 것이 집진효율을 높이는 주요 관건이 된다. 세정집진시설은 구조가 그다지 복잡하지 않고 조작이 용이하지만, 폐수처리시설을 함께 설치해야 하기 때문에 운전비용이 많이 드는 단점이 있다. 또한 설비 부식문제가 상존하고, 비용해성 분진 제거 또한 적용하기가 적절하지 못하다는 근본적인 문제도 있다. 내부 충전물(Packing Material)을 포함한 세정집진시설(충전탑)의 외형은 [그림 12-7]과 같다.

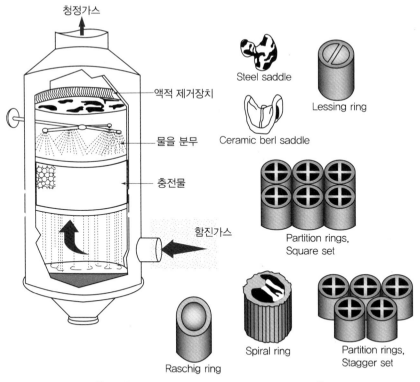

[그림 12-7. 세정집진시설(충전탑)의 외형도]

※ 자료 : 박성복 외 1인, 최신대기제어공학, 성안당

189

① 세정집진시설(충전탑)의 본체 직경과 높이 계산방법

충전탑 설계 시, 본체 치수 결정을 위한 직경(Diameter)은 일반적으로 인입가스의 공탑속도(V)로 결정하고(즉, 유량(Q) = 단면적$\left(\dfrac{\pi}{4}d^2\right)$ × 유속(V)), 충전층 높이(Height)는 이동단위수(NTU : Number of Transfer Unit)와 이동단위높이(HTU : Height of Transfer Unit)의 곱으로 각각 결정한다. 여기서 공탑속도(Penetration Velocity)란 충전탑이나 촉매탑 혹은 단탑 등의 내부를 유체(기체, 액체)가 흐를 때 공탑이라고 가정했을 경우의 겉보기 선속도 또는 질량속도를 말한다. 실제로는 내부의 충전물이나 구조로 인해 유체의 흐름이 복잡해 그 진유속을 규정하기 어려우므로 편의상 이 공탑속도가 설계상의 가늠으로서 사용된다. 증류탑의 설계 등에서 단순히 증기속도라고 하는 것은 대개 이 공탑속도를 말한다. 탑의 면적을 $A(\text{m}^2)$, 단위시간당의 유량을 $V(\text{m}^3/\text{h})$ 또는 W(kg/h)로 하면, 공탑속도는 V/A(m/h) 또는 $W/A(\text{kg/m}^2 \cdot \text{h})$로 주어진다. 전자는 겉보기 선속도이며, 후자는 겉보기 질량속도에 해당한다. 충전층 높이를 설계하기 위해 결정해야 할 이동단위수(NTU)와 이동단위높이(HTU)에 대한 개념을 구체적으로 설명하면 다음과 같다.

㉠ 이동단위수(NTU : Number of Transfer Unit)

이동단위수는 흡수 또는 흡수탑의 경우, 가스흡수(물질이동)의 난이도를 나타내는 지수이므로 처리가스와 흡수액 내에서 흡수될 수 있는 물질(가스)의 농도와 용해도에 좌우된다. 이동단위수는 N_{OG} 또는 N_{OL}로 나타내며, 물질이동의 난이성이 가스측 경막에 좌우될 때는 N_{OG}로, 액체측 경막에 좌우될 때는 N_{OL}로 각각 표시한다. 가스흡수의 경우는 가스의 용매에 대한(흡수액에 대한) 용해도가 높을 때는 가스의 이동이 가스측 경막에 좌우되며, 용해도가 낮을 때는 흡수액 쪽 경막에 좌우된다. 대기오염방지기술에서 취급하는 처리가스는 공기 또는 질소가스인 불용성의 캐리어 가스(반송가스)와 대기오염물질인 용해가스로 구성된다. 처리가스 내 오염물질의 성분은 일반적으로 농도가 매우 낮아서 흡수를 이용하여 처리가스 내의 대기오염물질(가스)을 제거하려고 할 때는 처리가스 내의 대기오염물질이 가장 잘 녹는 흡수액을 용매로 선택하게 되므로 대기오염방지기술에서의 대부분 물질수지는 가스측 경막 저항에 좌우된다.

㉡ 이동단위높이(HTU : Height of Transfer Unit)

이동단위높이는 보통 H_{OG} 또는 H_{OL}로 표시되며, H_{OG}는 가스, H_{OL}은 용액에 대한 것이다. 이들은 일반적으로 충전재, 가스 및 용액 유입량에 기초한 실험적인 사실에서 유도된 것이다. 여기에 적용되는 실험식은 상대방 경막의 저항은 무시하고 있으나, 용해도가 매우 높은 암모니아를 물에 흡수시킬 경우에도 실험적으로 볼 때 용액 경막에 의한 저항이 작용하고 있음을 나타낸다. 결론적으로 충전탑 설계 시 본체 높이

　　(H)는 충전층의 높이 + 유입부 + 액적제거기(Demister) + 노즐층 높이 + 순환수 탱크의 높이로 치수를 합산하여 결정한다.

② 세정집진시설(충전탑) 충전층의 압력손실 계산방법

　　세정집진시설(충전탑) 내 충전층의 압력손실(Pressure Loss) 계산방법은 다음 식과 같다.

$$\Delta P / Z = \alpha \cdot 10^{\beta L / \rho_L} \times (G^2 / \rho_G)$$

여기서, ΔP : 단위 충전층 높이에 대한 압력손실(kg/m^2)

　　　　Z : 충전층의 높이(m)

　　　　G : 가스의 공탑 질량속도(kg/m$^2 \cdot$ hr)

　　　　L : 액체의 공탑 질량속도(kg/m$^2 \cdot$ hr)

　　　　ρ_G : 가스의 밀도(kg/m^3)

　　　　ρ_L : 액체의 밀도(kg/m^3)

　　　　α, β : 충전물에 대한 실험정수(〈표 12-1〉 참조)

〈표 12-1〉 충전물에 대한 실험정수 α, β

충전물	호칭치수 (in)	$\alpha \times 10^{-6}$	$\beta \times 10^{-2}$	충전물	호칭치수 (in)	$\alpha \times 10^{-6}$	$\beta \times 10^{-2}$
Raschig ring (Ceramic)	1	3.46	1.42	Berl Saddle (자제)	1	1.73	0.967
	3/2	1.30	1.31		3/2	0.864	0.740
	2	1.21	0.967	인터록스 새들 (Ceramic)	1	1.34	0.910
Raschig ring (금속제)	1	1.81	1.19		3/2	0.605	0.740
	3/2	1.25	1.14	Pall ring (금속제)	1	0.648	0.853
					3/2	0.346	0.910
	2	0.994	0.786		2	0.259	0.683

③ 세정 순환펌프(Circulation Pump) 설계방법

　　세정 순환펌프의 용량 산정을 위한 설계방법은 다음과 같다.

　　㉠ 물분무량(m^3/min) = 처리가스량(Q, m^3/min) × 액가스비(L/m^3) × 10^{-3}(m^3/L)

　　㉡ 동력(HP) = $\dfrac{\gamma \times Q \times H}{75 \times \eta} \times \alpha$ (여유율)

　　∴ 세정펌프의 제원 : 물분무량(m^3/min) × 양정(mH) × 동력(HP) × 수량(Set)

　　이해를 돕기 위하여 [그림 12-8]에서는 세정집진시설인 충전탑의 설계(예)를 보여주고 있다.

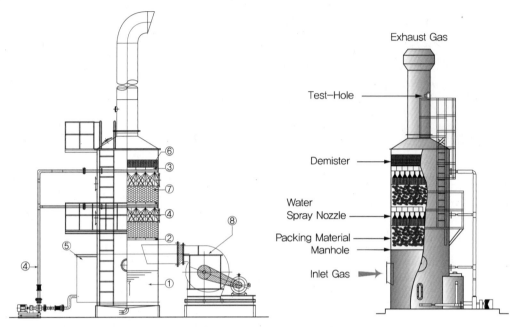

① 세정흡수시설(충전탑) 본체, ② 충전층(Packed Bed), ③ 액적제거(Demister)층
④ 수분사용 배관설비(Water Spray Pipe), ⑤ 보조탱크, ⑥ 액적제거기(Demister)
⑦ 충전물(Packing Material, Pall/Raschig Ring etc.), ⑧ 송풍기(Turbo형 F.D.Fan)

【 그림 12-8. 세정집진시설(충전탑) 설계(예) 】

※ 자료 : 한국환경기술단(KETEG), 대기오염방지시설 설계 자료집

❺ 여과집진시설

(1) 설계 절차 및 방법

여과집진시설(濾過集塵施設, Bag House / Bag Filter)이란 여과포(Filter Bag)에 처리대상 가스를 통과시켜 분진을 분리하는 장치를 말하며, 백 하우스(Bag House) 혹은 백 필터(Bag Filter)라고 부른다. 과거에는 배기가스 중의 염화수소 및 황산화물에 의한 부식과 배출가스 온도의 특성(약 250~350℃)에 따른 여과포 수명문제로 인해 배출가스의 성분이 악성(惡性)인 폐기물 소각로 등에는 잘 사용하지 않았으나 다이옥신(Dioxin) 및 염화수소 가스의 처리에 효과가 있는 것으로 판명되어 여과포의 사용이 가속화되기 시작하였다. 여과집진시설 설치 시 다음과 같은 설계요소를 반영함으로써 최적의 처리효율을 유지할 수 있다.

① 처리가스 유량(Q)의 극대화

최소의 여과면적(Filtering Area)으로 많은 양의 배기가스를 처리할 수 있으면 여과집진 시설의 초기 설치비와 운전비를 절감할 수 있다. 여과면적과 처리유량과의 균형은 기본 이론 및 다양한 설계 경험을 반영하여 결정하는 것이 유리하다.

② 압력손실의 최소화

압력손실(Pressure Loss)은 송풍기 동력(kW)에 직접 비례하여 운전비에 영향을 미치므로 설계 시 압력손실을 최소화하는 것이 중요하다.

③ 배출농도의 최소화

포집 또는 부분 포집률이 중요하긴 하나, 최종적으로 배출농도가 낮으면 목적은 달성되는 것이다. 배출농도는 여과포의 사양, 여과속도, 분진 탈진주기에 따라서 큰 차이가 나고, 또 평균농도와 순간농도의 구별을 명확히 하여 관리할 필요가 있다.

④ 여과포 수명의 연장

최적의 여과포를 선정하기 위해서는 여과집진장치의 형식, 여과속도, 압력손실, 풍량, 정압, 전처리 장치(Pre-Duster)의 필요 유무, 압축공기의 압력, 여과포의 직경과 길이, 여과포의 설치간격, 부속기기 등의 검토가 필요하다.

일반적으로 여과집진장치의 여과저항치(압력손실)는 150~200mmAq 정도가 적정하다고 알려져 있으므로 운영 시 본 압력손실이 유지되도록 펄싱(Pulsing) 속도 및 주기를 조절하여야 한다. 만약 여과집진장치 내 압력손실이 300mmAq를 넘을 경우에는 즉시 가동을 멈추고 여과포를 교체해야 한다.

$$\Delta P = \Delta P_o + \Delta P_d = (J_o + \alpha m_d)\mu V$$

여기서, ΔP : 전 압력손실

ΔP_o : 여과포에 의한 압력손실

ΔP_d : 먼지층에 의한 압력손실

J_o : 여과포의 저항계수

α : 퇴적먼지의 비저항

m_d : 퇴적먼지 부하(kg/m^2)

μ : 가스의 점도

V : 겉보기 여과속도(cm/sec)

(2) 여과속도(공기여재비)가 과다할 경우에 미치는 영향

여과속도(Filtering Velocity)란 처리배기가스량(Q)을 여과포의 총면적(A_f)으로 나눈 것으로서, 일명 공기여재비(Air-to-Cloth Ratio)라고도 하며, 관련 식은 다음과 같다.

$$V_f = Q / A_f$$

여기서, V_f : 여과속도(m/min)
Q : 처리가스량(m^3/min)
A_f : 여과면적(m^2)

여과속도(공기여재비)가 클수록 필요한 여과면적이 감소하게 되어 설치비용이 줄어드는 효과가 있지만, 성능보증 측면에서는 다소 불리한 측면이 있다. 분진의 제거성능에 가장 큰 영향을 미치는 것이 여과속도(공기여재비)라고 할 수 있는데, 여과속도가 크면 압력손실이 증가하게 되어 전력비가 상승하게 되고, 여과포의 기공폐쇄 또한 급속히 일어나게 되며, 분진이 외부로 유출되기도 한다.

이와 관련한 대책으로는 여과면적을 증대시키거나 여과포의 전처리를 통해 기계적 강도를 유지시키고, 충격기류방식으로 전환하는 방법 등이 있다.

심화학습

여과포(Filter Bag)의 전처리 목적과 방법

여과포의 전처리 목적은 여과포의 기계적 강도를 유지시키고, 치수변화 등을 방지하기 위해 시행한다. 관련 전처리 방법으로는 실리콘처리, 침수처리, 기타 열처리, 화염처리 및 래핑(Lapping)처리 등이 있다.

(1) **실리콘 처리** : 탈리(脫離)과정에 분진층의 분리가 보다 용이해진다.
(2) **침수처리** : 자연섬유의 형태 변화를 방지하기 위하여 섬유를 전처리한다.
(3) **기타 열처리, 화염처리 및 래핑(Lapping)처리** : 섬유의 사용 수명을 연장하고, 세탁을 쉽게 할 수 있도록 한다.

〈표 12-2〉는 여재별 공기여재비(Air-to-Cloth Ratio)의 범위를 나타낸 것이다.

〈표 12-2〉 여재별 공기여재비(Air-to-Cloth Ratio)의 범위

분 진	공기여재비(cfm/ft^2)		
	진동형	펄스 젯	역기류형
Alumina	2.5~3.0	8~10	–
Asbestos	3.0~3.5	10~12	–
Bauxite	2.5~3.2	8~10	–
Carbon Black	1.5~2.0	5~6	1.1~1.5
Coal	2.5~3.0	8~10	–
Cocoa, Chocolate	2.8~3.2	12~15	–
Clay	2.5~3.2	9~10	1.5~2.0
Cement	2.0~3.0	8~10	1.2~1.5
Cosmetics	1.5~2.0	10~12	–
Enamel Frit	2.5~3.0	9~10	1.5~2.0
Feeds, Grain	3.5~5.0	14~15	–
Feldspar	2.2~2.8	9~10	–
Fertilizer	3.0~3.5	8~9	1.8~2.0
Flour	3.0~3.5	12~15	–
Graphite	2.0~2.5	5~6	1.5~2.0
Gypsum	2.0~2.5	10~12	1.8~2.0
Iron Ore	3.0~3.5	11~12	–
Iron Oxide	2.5~3.0	7~8	1.5~2.0
Iron Sulface	2.0~2.5	6~8	1.5~2.0
Lead Oxide	2.0~2.5	6~8	1.5~1.8
Leather Dust	3.5~4.0	12~15	–
Lime	2.5~3.0	10~12	1.6~2.0
Limestone	2.7~3.3	8~10	–
Mica	2.7~3.3	9~11	1.8~2.0
Paint Pigments	2.5~3.0	7~8	2.0~2.2
Paper	3.5~4.0	10~12	–
Plastics	2.5~3.0	7~9	–
Quartz	2.8~3.2	9~11	–
Rock Dust	3.0~3.5	9~10	–
Sand	2.5~3.0	10~12	–
Saw Dust(Wood)	3.5~4.0	12~15	–
Silic	2.3~2.8	7~9	–1.2~1.5
Slate	3.5~4.0	12~14	–
Soap, Detergents	2.0~2.5	5~6	1.2~1.5
Spices	2.7~3.3	10~12	–
Starch	3.0~3.5	8~9	–
Sugar	2.0~2.5	7~10	–
Talc	2.5~3.0	10~12	–
Tobacco	3.5~4.0	13~15	–
Zinc Oxide	2.0~2.5	5~6	1.5~1.8

> ## Tobacco(담배) 꽁초 주요 성분
>
> 필터(아세테이트필터, 탄소필터, 종이필터), 차콜(필터 역할을 하는 일종의 흡착제로 숯(탄소)), 담뱃잎(12종류의 알칼로이드), 궐련지(마(Flax)와 목재펄프로 제조) 등 4종
>
> ※ 자료 : 한국환경기술단(KETEG), 대기오염방지시설 설계 자료집, 2017년

심화학습

복합 집진장치의 전체 집진효율(%)과 배출먼지농도(mg/Sm³) 계산

Q. 배출가스 중 먼지농도가 $3,000\text{mg/Sm}^3$인 먼지를 처리하기 위해 집진효율이 각각 70%, 80%, 85%인 원심력집진장치, 세정집진장치, 여과집진장치를 직렬로 연결하였을 때 전체 집진효율(%)과 최종 배출먼지농도(mg/Sm³)를 각각 계산하시오.

A. 분진의 농도가 크고 입경범위가 넓은 분진을 집진할 경우에는 굵은 입자를 대상으로 하는 집진장치와 미세한 입자를 대상으로 하는 고성능 집진장치를 조합하여 경제적으로 처리할 수 있다. 이때 전처리를 1차 집진 후 처리를 2차, 3차 집진이라 하며, 전체 집진효율의 계산법은 다음과 같다.

$$\eta_t = 1 - (1-\eta_1)(1-\eta_2)(1-\eta_3)\cdots$$

여기서, η_t : 전체 집진효율(%)

η_1, η_2, η_3 : 1차(원심력), 2차(세정), 3차(여과) 집진장치의 집진율(%)

최종 배출먼지농도에 해당하는 출구농도(C_o) 계산식은 $C_o = C_i \times (1-\eta_t)$이다.

① 먼지농도 $3,000\text{mg/Sm}^3$, 집진율 70%, 80%, 85%를 각각 계산식에 대입하면,
   전체 집진효율(η_t) $= 1 - (1-0.7)(1-0.8)(1-0.85) = 99.1\%$

② 최종 배출먼지농도(C_o)
   $C_o = 3,000 \times (1-0.991) = 27\text{mg/Sm}^3$

∴ **정답** 전체 집진효율 $= 99.1\%$, 최종 배출먼지농도 $= 27\text{mg/Sm}^3$

❻ 전기집진시설

(1) 설계 절차 및 방법

전기집진시설의 설치를 위해서 다음과 같은 설계요소를 사전에 반영하여 현장에 적용해야 한다.

① **장치 치수비** : 장치 본체의 처리가스 방향에 따라 길이, 장치 높이와 장치 폭의 각 치수비는 가스유속, 가스통과시간(처리시간), 건식형에 있어서는 재비산의 문제, 집진율, 장치 내 처리가스 온도분포 등

② **용량** : 장치 본체의 유효처리공간 용적, 하전설비의 용량, 함진가스량과 처리가스량에 관계하는 호퍼 용적 등

③ **전극청정장치** : 건식 전기집진장치의 탈진장치는 탈진장치의 형식 및 수량, 습식 전기집진장치는 세정방식의 선정 등

④ **구성 각부의 신뢰성** : 고압정류변압기(T/R), 절연애자, 방전극 등의 신뢰성

⑤ **전기계통의 안정성** : 특히 코로나 방전특성과 안정성 및 제어성 등

⑥ **정비성** : 전극의 구성과 정비를 위한 공간, 애자, 탈진장치, 정류판 등의 정비성

⑦ **처리가스의 정류**

⑧ **전극의 부식방지 등**

(2) 저항범위(Ω–cm)에 따른 집진효율 특성

① 10^4Ω–cm 이하 : 전기 비저항이 낮아 집진극에 집진된 입자가 전자를 쉽게 흘려보내기 때문에 부착력을 잃어 입자가 집진극으로부터 재비산이 일어난다. ☞ 재비산을 방지하기 위해 온도와 습도를 낮게 유지해야 한다.

② $10^4 \sim 10^{10}$Ω–cm : 포집입자가 적당한 전하를 가지고 일정한 속도로 집진이 이루어지므로 이상적인 집진이 일어난다.

③ 10^{11}Ω–cm 이상 : 전기 비저항이 높아 포집분진층의 양끝 사이에 전위차가 높아지게 되고, 이 부분에서 절연파괴를 일으킨다. 여기에서 역전리(Back Corona)가 일어나고, 이로 인해 스파크(Spark)를 자주 일으켜 집진율의 저하를 초래한다. ☞ 이를 방지하기 위해 처리가스의 온도를 높게 하거나(350~400℃), 배출가스 중에 물(수증기) 또는 조질제(SO₃, Tri Ethyl Amine 등) 등을 주입한다.

[그림 12-9]는 B–C유 보일러용 건식 전기집진장치(ESP)의 설계도(예)이다.

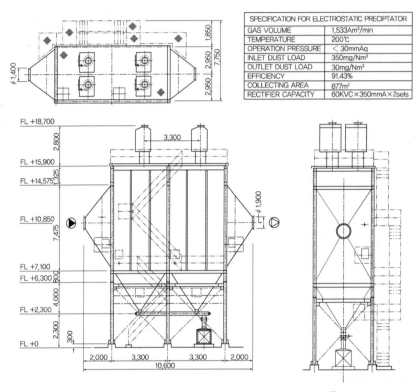

SPECIFICATION FOR ELECTROSTATIC PRECIPTATOR	
GAS VOLUME	1,533Am³/min
TEMPERATURE	200℃
OPERATION PRESSURE	< 30mmAq
INLET DUST LOAD	350mg/Nm³
OUTLET DUST LOAD	30mg/Nm³
EFFICIENCY	91.43%
COLLECTING AREA	877m²
RECTIFIER CAPACITY	60KVC×350mmA×2sets

[그림 12-9. 건식 전기집진장치(ESP) 설계도(예)]

3 주요 대기오염방지시설의 설치방법

❶ 설치 일반사항

① 사업장 대기오염방지시설을 설치함에 있어 가장 중요한 요소는 신뢰도와 유효성에 있으
므로 관련 시설은 점검, 보수 및 청소를 하기 위한 가동정지 상황이 발생되지 않는 한
원활한 가동이 되어야 한다.

② 대기오염방지시설을 위한 공사는 인원 및 시설에 대한 방호 및 안전, 유지관리의 편의성
을 충분히 고려하여 실시하여야 한다.

③ 각종 긴급상태 발생 시에 대비한 시설 각 부분의 방호를 위하여 제어방식 및 범위, 예비
장비의 형식, 전선관 설치방식 등이 충분히 고려되어야 한다.

④ 관련 시설의 운전 및 유지관리를 극소화하기 위하여 시설간의 연계사항에 특별히 주의하
여야 하며, 계약자는 각종 보조시설, 즉 소방시설, 급ㆍ배수시설, 연계성을 충분히 고려

하여 주요 장비들에 대한 설계작업을 수행하여야 한다.

⑤ 장비설계 시에는 관리의 용이성 및 운전의 신뢰도를 고려하여야 하고, 제반부품들은 검사되어야 하며 호환성이 있어야 한다.

⑥ 대기오염방지시설에 사용되는 모든 자재는 양질의 신품이어야 하고, 규정된 운전조건에 적합하여야 함은 물론 현장에서의 운전조건 변화에 따른 온도 및 대기조건의 변동 시에도 찌그러짐이나 열화현상 등이 발생되지 않아야 한다.

> **✎ 열화현상**
>
> 열화현상(劣化現狀)은 성능의 저하, Deterioration을 노화(老化)로 부르기도 한다. 단순히 시간 경과로 인해 자연히 기능이 저하되는 현상에 한하지 않고, 마모와 같이 외적 원인이 분명한 기능 저하 현상은 물론 고장과 같은 시간적 경과와는 반드시 관계가 없는 현상도 포함해 열화(劣化)라고 하며, 이 과정의 특징을 나타내는 것을 열화 메커니즘이라고 한다.

⑦ 대기오염방지시설 관련 주요 계장설비 및 주동력제어설비는 중앙제어실에 설치하고, 원칙적으로 외산자재의 수입은 정부 승인 품목에 한한다.

② 설치 특기사항

① 대기오염방지시설 각 부분은 최신 설계실적과 기술에 의거하여 설계 및 제작되어야 한다.
② 별도 규정이 없는 한 대기오염방지시설 모든 부분은 현장의 특수한 기상 및 운전조건 하에서 최대출력으로 연속운전이 가능하도록 설계, 제작되어야 한다.
③ 대기오염방지시설은 항상 평상 가동 시 또한 현장 기상여건 하에서 발생될 수 있는 부하, 압력, 온도 등의 모든 변화조건 하에서도 만족스런 운전이 되도록 계획되어야 하며, 이상소음 및 진동 등이 발생되지 않아야 한다.
④ 대기오염방지시설 설계 시에는 검사, 청소, 관리 및 보수작업을 위한 설비를 고려하여야 하며, 운전 및 관리에 관계된 제반 안전 및 방호시설을 충분히 반영하여야 한다.
⑤ 대기오염방지시설은 우수한 기능은 물론 미관을 고려하여 설계, 제작, 배치되어야 한다.
⑥ 대기오염방지시설의 모든 부분은 일반적이며 정확한 규격으로 설계·제작되어야 하며, 지속 가능한 최대용량 이상의 적절한 여유를 가지도록 한다.
⑦ 대기오염방지시설은 장기간 동안 시험되고, 설비의 신뢰도 향상을 위해 최소 1년 이상 연속운전 실적을 가진 장치를 적용하여야 하며, 특히 최초 제작품이나 개작품은 충분한 가동개시 실적을 보유한 후 사업장에 적용해야 함을 원칙으로 한다.
⑧ 유사한 용도에 사용되는 모든 장비는 동일 제작자에 의한 동일 형식으로 구성되어 예비부품의 확보를 용이하게 하는 것이 유리하다.

NCS 실무 Q & A

Q 사업장 배출원에서 발생되는 오염물질을 후드에 흡인할 때의 요령에 대하여 설명해 주시기 바랍니다.

A 후드를 발생원에 근접시키고, 국부적인 흡인방식을 택하며 후드의 개구면적을 작게 합니다. 또 공기커튼(Air Curtain)을 이용하고, 충분한 포착속도(Capture Velocity)를 유지하며, 송풍기에 여유를 주고 설계합니다. 여기서 포착속도란 발생원으로부터 비산하는 오염물질을 비산 한계점 범위 내의 어떤 점에서 포착하여 후드로 몰아넣기 위하여 필요한 최소의 속도를 말합니다. 다음 그림은 오염원의 위치에 따른 후드 배치(예)를 도식화한 것이다.

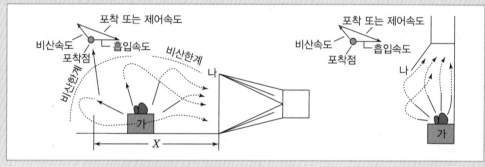

(a) 측방 후드   (b) 상부 후드

[오염원의 위치에 따른 후드 배치(예)]

※ 자료 : (주)삼화이엔지, 공기정화장치전문기업, 2018년 2월(검색기준)

대기오염방지시설 운영 및 유지관리

1. 대기오염방지시설의 유지관리 일반에 대하여 이해할 수 있다.
2. 대기오염방지시설의 선정방법을 알 수 있다.
3. 대기오염방지시설의 운영 및 유지관리에 대하여 알 수 있다.

학습내용

1. 대기오염방지시설의 유지관리 일반
2. 대기오염방지시설의 선정방법
3. 대기오염방지시설의 운영 및 유지관리

1 대기오염방지시설의 유지관리 일반

❶ 시운전 시

① 유체기계인 송풍기, 전동기, 그리고 대기오염방지시설 등의 구동부 주유상태와 기밀유지 여부를 검토하고, 냉각시설 및 안전장치 등의 성능을 확인한다.
② 전동기의 과부하를 방지하기 위해 댐퍼(Damper) 개도를 적절히 조정하면서 풍량을 맞추며 시운전에 임해야 한다.

❷ 상업운전 시

① 시설 각 부분의 정압, 온도, 풍압, 송풍기 전류치, 소음·진동, 배출가스 색깔, 포집 분진상태 등을 정기적으로 체크하여야 하며, 사업장에서는 이를 점검기록지(Check Sheet) 양식에 일일이 기록하여 보관하는 것이 효율적이다.

② 정기적인 운전기록을 위해 발생원(설비출력, 처리능력 등), 원료(종류, 사용량, 성분, 혼합도 등), 연료(종류, 사용량, 성분, 연소율, 공기사용량 등), 가스성상(성분, 농도, 온도, 습도, 노점, 압력 등), 먼지(농도, 성분, 입경분포, 비중, 전기저항, 폭발성 여부 등), 하전특성(1차 전압 및 전류, 2차 전압 및 전류), 용수와 증기량(사용량, 압력, 온도, pH 등) 등을 파악해야 한다.

③ 일상 운전기록 항목에는 발생원 설비의 출력 또는 처리능력, 원료 및 연료, 배기량, 온도, 압력, 차압(Differential Pressure), 하전특성, 용수 및 증기의 사용량 등이 있다.

❸ 정지 시

① 송풍기, 전동기 정지, 냉각장치 및 안전장치 등을 확인하고 송풍기 및 분진배출시설에서의 먼지 퇴적 여부를 확인한다.

② 대기오염방지시설에 부착된 계측기(압력계, 온도계, 차압계, Thermometer기, pH미터기 등)의 정상작동상태 확인과 정기정밀검사를 실시한다.

③ 조업을 정지할 경우에는 밀폐된 작업장 내부와 이송관(덕트)에 유해가스, 폭발성 가스 및 분진, 부식성 가스 등이 상존할 수 있으므로 자연환기나 기계식 환기를 통해 신선한 공기로 치환한다.

2	대기오염방지시설의 선정방법

집진장치 설계 시는 현장의 여건 및 제한적 요소를 극복하면서 검증된 기술(As Proven Technology)과 최상가용기법(BAT)을 기반으로 충실하게 해야 하며, 이는 집진장치를 선정할 경우에도 마찬가지다.

> **⚒ 최상가용기법(BAT)**
>
> 최상가용기법(BAT : Best Available Techniques economically achievable)이란 경제성을 담보하면서 환경성이 우수한 환경기술 및 운영기법을 말한다. 다시 말해, 사업장 배출시설에서 발생 및 배출되는 오염물질을 최소화하고 동시에 공정의 운전효율을 최적화하여 경제적으로 환경오염을 최소화 할 수 있는 포괄적인 개념의 기술을 의미한다.

3 대기오염방지시설의 운영 및 유지관리

❶ 중력집진시설

① 집진침강실 내의 처리가스속도가 느릴수록 미세한 입자가 제거된다.
② 장치가 크지만 초기 투자비와 유지비는 적다.
③ 일정한 유속 하에서 집진침강실의 높이가 낮을수록, 길이가 길수록 처리효율이 높아진다.
④ 정류판(整流板) 등을 활용하면 집진침강실 내 유속이 균일화되어 집진효율을 향상시킬 수 있다.
⑤ 50~100μm 이상의 분진에 대해서 40~60% 정도의 집진효과를 기대할 수 있다.

❷ 관성력집진시설

① 집진실 내 충돌판(방해판)을 많이 설치할수록 압력손실(Pressure Loss)은 커지지만 분진의 처리효율은 높아진다.
② 분진을 함유한 가스의 충돌, 기류의 방향전환속도가 빠르고, 방향전환 시 곡률반경이 작을수록 작은 입자의 포집에 유리하다.
③ 유입되는 분진입자의 특성을 충분히 감안하여 유속을 선정하고, 처리 후의 출구가스속도를 늦출수록 작은 입자가 잘 제거된다.

❸ 원심력집진시설

(1) 원심력집진시설의 집진효율이 저하되는 경우는 외기의 유입으로 재비산되는 경우가 대부분이므로 외부와의 기밀성이 철저히 유지되도록 정비하여야 한다.

(2) 원심력집진시설 하부 원추부에서의 포집분진 배출이 불량인 경우는 즉시 청소를 실시하여야 하며, 만약 외기의 유입이 확인될 경우에는 기밀성이 유지되도록 수리해야 한다.

(3) 원심력집진시설 원추부위 로터리 밸브(Rotary Valve)의 주유(注油) 및 정비(整備)를 실시하여야 한다.

(4) 사이클론(Cyclone) 운영 시 성능장애 원인으로는 분진 폐색(Dust Plugging), 백 플로(Back Flow), 마모성 먼지, 압력손실 감소와 효율 저하, 재비산 등이 있다. 관련 원인과 대책을 구체적으로 설명하면 다음과 같다.

① 분진 폐색(Dust Plugging)

분진 폐색의 원인으로는 분진입자의 원심력이 아주 크거나 너무 미세하여 부착력이 증가되는 경우 또는 점착성이 강한 분진에 의해 발생되며, 단위 사이클론이 소형일수록 분진 폐색이 생기기 쉽다. 관련 대책으로는 집진효율에 영향을 주지 않는 범위 내에서 가능한 한 규격(치수)이 큰 사이클론을 사용한다.

② 백 플로(Back Flow)

백 플로의 원인으로는 각 사이클론 내부 유량이나 분진의 농도가 서로 다른 경우, 그리고 각 사이클론 하부에서 압력이 다르거나 유량이 서로 다른 경우에 백 플로가 발생할 수 있다. 관련 대책으로는 멀티클론(Multi-clone)의 입구실 및 출구실의 크기 또는 호퍼(Hopper)의 크기를 충분히 크게 하고, 각 실(室)의 정압이 균일하게 유지되도록 한다.

③ 마모성 먼지의 영향 및 대책

마모로 인한 구멍뚫림으로 외부 공기의 누입(漏入)에 의한 재비산을 초래하여 집진효율이 저하된다. 관련 대책으로는 내면에 내마모성 라이닝(Lining)을 시행하고, 비교적 두껍고 내마모성인 재료를 선택한다. 또한 처리효율에 크게 영향을 미치지 않는 범위 내에서 유속을 느리게 하는 것이 유리하다.

④ 압력손실 감소와 효율 저하

압력손실 감소와 효율 저하의 원인은 내통 마모로 인해 구멍이 뚫려 분진을 함유한 배기가스가 바이패스(By-pass)될 때, 외통의 접합부 불량 및 마모로 인하여 분진이 누출될 때, 내통의 접합부 기밀 불량으로 분진이 누출될 때, 분진에 의한 마모로 처리가스의 선회운동이 되지 않을 때, 호퍼 하단의 기밀이 불안전하여 그 부위에서 외기가 누입(漏入)될 경우 등이다. 관련 대책으로는 설계 시 마모성 먼지에 대하여 충분히 고려하여야 하고, 분진처리 및 호퍼관리 시 외부 공기 유입을 억제하여야 함은 물론 설비 부식 여부를 수시로 점검하여 적절한 대책을 강구한다.

⑤ 처리효율 저하와 압력손실 증가

처리효율 저하와 압력손실 증가의 원인은 매연의 성상변화, 가스의 온도 저하, 정지 시 배기가스의 치환이 충분히 이루어지지 않은 경우와 외통 하부에 분진의 퇴적으로 선회류에 영향을 미쳐 난류가 심하게 발생하여 재비산하는 경우 등이다. 관련 대책으로는 분진 부하를 일정하게 유지할 수 있도록 연소 조절 등의 조치를 강구하고, 외통 하부에 분진이 퇴적하지 않도록 한다.

⑥ 재비산

㉠ 원인

- 원추부의 직경이 몸체 직경의 1/4을 초과할 때 : 원추부를 통과하는 선회류(旋回流)가 원추 벽을 스치면서 침강하므로 원추 하부로 침강해 내려온 포집분진이 분진함(Dust Box)으로 이동하지 못하고 재비산된다.

- 선회류(旋回流)의 속도가 너무 빠른 경우 : 분진입자의 원심력이 너무 커져서 몸체 벽에 충돌한 후 다시 튀어나와 내부 선회류에 실려 재비산하게 된다.
- 입구와 출구부의 환상공간에 와류(Eddy)가 발생하는 경우 : 발생된 와류는 국부 순환을 하기 때문에 유입처리가스 내의 미세분진이 내부 선회류와 이동하여 재비산된다.
- 내부 선회류와 외부 선회류의 정압 불균형 : 일반적으로 내부 선회류가 외부 선회류에 비하여 그 속도가 빠르지만 내부 선회류를 너무 크게 유지하면 외부 선회류보다 정압을 감소시키게 되어 외부 선회류로부터 내부 선회류로 분진이 이동하는 재비산이 발생한다.
- 원추 하부의 과도한 음압 형성 : 원추 하부에 과도한 음압이 형성될 경우 퇴적된 분진입자가 원추부의 내부 선회류에 빨려 들어가 대기 중으로 재비산하게 된다.
- 외통의 마모로 인해 구멍뚫림이 발생할 경우 : 분진을 함유한 가스가 바이패스(By-pass)하거나 접합부의 마모 또는 기밀불량으로 재비산 현상을 초래하게 된다.

ⓒ 대책
- 유입구 측에서의 난류 억제대책 : 입구와 출구 돌출부 사이에 반사깃을 설치하여 유입가스를 집진장치 몸체 벽에 접선이 유지되도록 한다.
- 벽면의 마찰이나 와류 억제대책 : 축류식 집진장치 사용, 입구에 선회류 약화기(Vortex Finder) 부착, 돌출핀(Eductor) 설치, 스키머(Skimmer) 등을 부착한다.
- 분진충돌이 강한 경우 : 몸체 벽을 살수(撒水)하여 충돌탄성계수를 감소시킨다.
- 원추 하부에 음압이 강한 경우 : 호퍼로부터 처리가스량의 5~10%를 흡입하는 블로다운(Blow-down) 방식을 채택하거나 분진함(Dust Box) 외부에서 양(+)압의 공기를 공급하여 진공에 의한 재비산을 방지한다.
- 원추 하부의 가교현상 발생 또는 퇴적된 분진이 재비산하는 경우 : 회전밸브(Rotary Valve), 슬라이드 게이트(Slide Gate), 자동플랩밸브(Automatic Flap Valve), 배출 스크루 피더(Discharge Screw Feeder) 등을 설치하여 선회류가 퇴적된 분진에 영향을 미치지 않도록 한다.

원심력집진시설 운영 시 필요한 주요 점검항목은 〈표 13-1〉과 같으며, 이는 현장에서 일상점검 시 활용 가능하다.

〈표 13-1〉원심력집진장치 주요 점검항목(Check List)

구 분	점검부위	점검내용	결 과	비 고
가동중	전기	• 전기패널(Panel) 표면은 이상이 없는가?		
		• "ON", "OFF" 스위치의 램프는 점등되어 있는가?		
	송풍기	• V-Belt의 상태는 양호한가?		
		• 구동 부위의 소음은 없는가?		
		• 베어링(Bearing) 부분의 소음은 없는가?		
		• 베어링(Bearing) 부분의 과열현상은 없는가?		
		• 샤프트(Shaft)의 비틀림 및 흔들림은 없는가?		
	덕트	• 덕트(Duct)의 변형은 이루어지지 않았는가?		
		• 개스킷(Gasket) 부분의 누출현상은 없는가?		
		• 댐퍼 조절용 핸들은 고정되어 있는가?		
		• 덕트(Duct)에서 소음은 없는가?		
		• 플랜지(Flange) 및 이음부분의 누출은 없는가?		
		• 캔버스(Canvas)의 상태는 양호한가?		
	몸체	• 상부의 비산되는 분진은 없는가?		
		• 집진기 내부의 이상소음은 없는가?		
		• 몸체의 변형이 이루어진 부분은 없는가?		
가동후	전 부분	• 원심력집진장치 주변에 정리정돈은 되어 있는가?		
		• 송풍기(Fan)는 가동을 멈추었는가?		
		• 전원은 차단되었고 전기패널(Panel)은 닫혀 있는가?		
		• 베어링(Bearing) 주유기의 오일(Oil)은 충분한가?		
		• 생산라인의 작업은 완료되었는가?		

④ 세정집진시설

세정집진시설 내의 배관라인, 데미스터(Demister)의 손상원인은 주로 고온가스에 의한 수분 동반현상이 대부분이므로 충전탑 출구가스 온도를 상시 점검하여야 한다. 참고로 세정집진시설 정상운영을 위한 운전방법 및 절차는 다음과 같다.

① 먼저 흡수에 의한 시설 저장조 탱크에 흡수액이 직정량 있는지를 확인한다.
② 송풍기 댐퍼가 닫혀 있는지, 스프레이 펌프용 밸브가 열려 있는지를 확인한 후에 주전원 스위치를 올린다.

③ 스프레이 펌프는 주전원 스위치를 올린 후 약 10분 정도 가동한다.

④ 송풍기의 On 스위치를 가동한다. 단, 송풍기 스위치를 가동할 때 모터와 전압이 일치하는가를 반드시 확인한 후 송풍기를 가동해야 한다.

⑤ 송풍기가 정상적으로 가동되는 것을 확인한 다음, 송풍기 댐퍼를 천천히 열어준 다음 고정 핀(Pin)으로 고정시킨다.

⑥ 전체적으로 관련 설비가 정상적으로 운전되는지 다시 한 번 확인한다.

⑦ 세정집진시설 정지 시는 앞 방법의 역순(逆順)으로 하면 된다.

세정집진시설에서의 처리효율 저하의 원인은 흡수액의 공급 저하와 배관계통, 데미스터(Demister)의 손상, 그리고 수분사노즐(Water Spray Nozzle)에서 원활한 분사가 이루어지지 않는 경우 등이 대부분이다. 흡수액의 공급 저하와 배관계통 및 분사노즐에서의 막힘현상을 해결하기 위해서는 흡수액 탱크의 적정수위 유지, 사용 순환수의 주기적 교체와 함께 배관계통 및 분사노즐을 점검해야 하는데, 관련 사항을 구체적으로 설명하면 다음과 같다.

① SO_2나 HCl과 같은 산성가스는 물에 용해되어 강산성을 나타내므로 이들 산성 수용액을 중화하기 위해 주로 가성소다(NaOH)를 사용하게 되는데, 현장관리자는 흡수액 탱크 수위의 상시 점검을 통해 충분한 NaOH량을 확인해야 한다.

② 겨울철 NaOH 용액의 온도가 낮아지면 동결될 수 있으므로 보통 스팀코일(Steam Coil)이나 전기히터(Electric Heater)로 가온(加溫)하는 것이 유리하다.

③ 충전탑 내의 분사노즐은 적정압력을 유지하여 골고루 분사되도록 해야 한다. 특히 배기가스 중의 비산재(Fly Ash)가 흡수액 중에 혼입되어 배관계통과 분사노즐 등에서 막힐 우려가 있는 경우는 흡수액 순환펌프의 전류치나 차압계를 점검하여 막힘현상을 조기에 발견하여 즉시 뚫어주거나 교체해 주어야 한다.

④ 세정집진시설 하부 부식은 유해가스가 충전탑 표면에 직접 접촉하여 발생하는 경우에 해당한다. 충전탑 하부를 통해 인입되는 가스는 부식성이 강한 유해가스가 대부분이고, 이들이 충전탑 하부 벽면에 직접 접촉하기 때문에 항시 세정 순환수를 흘려줌으로써 부식을 방지할 수 있으므로 현장관리자는 이 세정수가 충분히 흐르고 있는지 확인해야 한다.

세정집진시설 관련 주요 점검항목은 〈표 13-2〉와 같고, 이는 현장에서 일상점검 시 활용 가능하다.

〈표 13-2〉세정집진시설 주요 점검항목(Check List)

세정집진시설(SC-)	설치위치	
년 월 일 점검자 :	팀장 확인 :	

점검내용	점검결과
• 배출구의 냄새 및 배출상태	
• 세정집진시설 내부의 세정수 혼탁상태	
• 전원 공급상태 : 정격(V A)	지시치 (V A)
• 본체, 덕트의 공기가 새는 곳은 없는가?	
• pH Meter 적정 여부(6.5~7.5)	pH :
• 각 펌프(Pump)의 정상가동 및 압력상태	mmAq mmAq
• 충전흡수재의 청결 여부 및 교체 여부	
• 세정수 노즐(Nozzle)의 막힘 및 이상 여부	
• 각 부위의 윤활유 주입상태	
• 약품탱크 내의 약품보관, 공급 여부	pH :
• 각 배관의 누수는 없는가?	
• 동파에 대비한 보온대책은 적정한가?	
• 벨트(Belt)의 장력, 마모, 교체 여부	
• 이상소음 발생 여부	
• 송풍기(Fan)의 가동상태	A B
• 유량 조절용 댐퍼의 적정 개폐 여부	
• 각 밸브(Valve)의 적정 개폐 여부	
• 자동 세정수 공급장치(볼탑)의 정상 여부	
• 전원공급장치 및 전기패널(Panel)의 정상 여부	
• 경보장치(Alarm System)의 정상 여부	
의 견	

❺ 여과집진시설

여과집진시설(Bag House)의 효율적인 유지관리를 위해서는 기술시방서(技術示方書) 작성이 중요한데, 이는 기술시방서가 시공뿐 아니라 설계 및 설치, 그리고 운영 시까지 주요 지침서 역할을 하기 때문이다.

> ✒ **기술시방서(Technology Specification, 技術示方書)**
>
> 기술시방서란 기계, 토목, 전기설비 등의 작업을 수행하는 데 필요한 시공기준을 명시한 문서를 말하며, 여기에는 적용 규격 등을 비롯하여 작업의 절차 및 방법 등을 상세하게 명시해야 한다.

(1) 여과집진시설의 기술시방서 작성요령(예)

① 여과집진시설은 발생원으로부터 배출된 분진을 함유한 가스를 처리하기 위한 대기오염방지시설이다.

② 여과집진시설은 통상 한계입자경 $10\mu m$ 이상에서 집진효율이 90% 이상이다.

③ 여과집진시설 하부에는 탈진 시 발생하는 분진을 모을 수 있는 호퍼(Hopper)를 설치하여야 한다.

④ 호퍼의 수직각도는 포집된 분진의 안식각(Repose Angle)보다 크게 설계함으로써 분진이 호퍼 벽면 내부에 부착되지 않도록 해야 한다.

⑤ 여과포(Filter Bag)는 원통형 구조로, 백 케이지(Bag Cage), 벤투리(Venturi) 등과 효율적인 유기적 관계를 유지하면서 설치되어야 한다.

⑥ 여과포는 처리용량 대비 충분한 효율을 유지하여야 하고, 처리가스에 포함된 수분에 대응하여 발수처리가 되어야 하며, 전기적 스파크(Spark)에도 견딜 수 있게 방전 가공처리되어야 한다.

⑦ 여과포는 우수한 양질의 원포로 제작되어야 하며, 미싱에 의한 박음질 가공 등이 견고하게 실시되어야 한다.

⑧ 여과포는 구조특성(상부 혹은 측면)을 감안하여 조립, 설치할 수 있는 구조로 되어야 한다.

⑨ 탈진을 위해 설치하는 에어 헤더(Air Header), 다이어프램 및 솔레노이드 밸브(Diaphragm & Solenoid Valve), 펄스 타이머 키트(Pulse Timer Kit) 등은 정비 및 유지보수가 손쉬운 구조로 설치되어야 한다.

⑩ 펄스 타이머 키트가 오염이 심한 옥외에 설치될 경우는 방진(防塵) 및 방수(防水) 구조로 제작되어야 한다.

⑪ 탈진을 위한 압축공기 저장용 에어 헤더는 압력계측이 가능한 압력계(Pressure Gauge)와 함께 장치 하부에 응축수를 제거할 수 있는 드레인 콕(Drain Cock)을 설치하여야 한다.

⑫ 안전사다리(Safety Ladder)와 핸드레일(Hand Rail)을 제작한다. 지상으로부터 사다리(Ladder)의 높이가 2.2m되는 지점부터는 국내 산업안전보건법에 의거하여 추락방지구조물(등받이망)을 설치하며, 핸드레일은 작업자의 추락을 방지할 수 있는 구조이어야 한다. 사업장 안전사다리와 핸드레일의 설치(예)는 [사진 13-1]과 같다.

【 사진 13-1. 안전사다리(Safety Ladder)와 핸드레일(Hand Rail)의 설치(예) 】

※ 자료 : 한국환경기술단(KETEG), 대기오염방지시설 설계 자료집(개정), 2018년

(2) 여과집진시설의 운영관리를 위한 운전절차 및 방법

① 공기압축기(Air Compressor)를 작동시켜 정격 공기압($5\sim7kg/cm^2$)에 도달하는지 확인한다.

② 송풍기용 댐퍼가 닫혔는지 확인한 다음 주패널(Main Panel)을 개방하고 주전원스위치를 올린다. 이때 전압은 송풍기용 전동기(Motor) 전압과 같은지를 확인하고, 각 라인(Line)에 연결된 스위치를 올린다.

③ 송풍기를 가동시킨다.

④ 송풍기가 정상적으로 가동되는 것을 확인한 다음, 송풍기용 댐퍼를 서서히 열어주며 필요 개도(開度)에 맞추어 고정 핀(Pin)으로 고정시킨다.

⑤ 여과집진장치 내부에서 포집되는 분진을 배출할 목적으로 설치된 로터리 밸브(Rotary Valve)나 스크루 컨베이어(Screw Conveyor) 등이 설치되어 있는 경우는 이를 동작시키되, 현장 여건에 따라 주기적으로 운전하여도 무방하다.

⑥ 타이머(Timer) 스위치를 넣는다.

⑦ 모든 기계가 정상 작동하는지 다시 한 번 확인한다.

⑧ 정지 시는 앞 방법의 역순(逆順)으로 한다.

(3) 여과집진시설의 정상적 운영관리를 위한 유지관리 절차와 방법

① 여과포 손상과 연결부위의 결함, 그리고 여과포에 액적(液滴)이 부착되었는지를 확인한다.

② 압력손실(차압)을 점검한다.

③ 장치의 파손 및 공기누출 여부를 점검한다.

④ 진동형의 경우는 베어링 파손과 회전축 주유의 결함 유무를 확인하고, 펄스 제트(Pulse Jet)형의 경우는 압축공기의 비정상적 소음과 회전축 주유의 결함 여부를 확인한다.

⑤ 송풍기 지지대 및 주유상태의 점검, 그리고 설비에서 비정상적인 소음 및 진동이 발생하는지를 점검한다.

⑥ 댐퍼밸브의 작동상태와 손상 여부를 확인한다.

⑦ 배플 플레이트(Baffle Plate)의 부식 및 마모를 확인한다.

⑧ 최초 가동 시 처리가스의 온도가 높아 여과집진시설 전단에 냉각시설이 설치되어 있는 경우는 시설 정상가동 여부를 확인하고, 부착된 계기류도 가동 전에 정상작동 여부를 일일이 확인한다.

⑨ 운전 중에는 배기가스 온도변화에 유의하고, 여과포(Filter Bag)의 보호를 위해 비상밸브의 개방, 배출기 정지 등의 조작을 한다.

⑩ 설비정지 후 약 5~10분간 공회전을 유지하고, 배기가스가 설비 내에서 응고되지 않도록 외부 공기와 충분히 치환되도록 한다. 또한 설비정지 후에는 일정시간 여과포를 털어줌으로써 여과포의 눈막힘 현상(Blind Effect)을 일부 해소하도록 한다.

⑪ 여과포의 교체주기는 배출원 및 공정특성에 따라 다르므로 개별 사업장 특성에 맞게 교체주기를 결정해야 한다.

⑫ 여과집진시설에서의 여과저항치(압력손실)가 낮은 원인은 대개 여과포의 파손 또는 설치불량, 본체 덮개나 집진실 칸막이의 손상, 과다 탈진, 처리풍량의 감소, 배관의 막힘 또는 누출 등에 기인한다.

⑬ 반대로 여과저항치(압력손실)가 높은 원인은 여과포의 막힘, 포집먼지의 재비산, 탈진불량, 처리풍량의 증가, 배관의 막힘 또는 누출 등이 원인이다.

여과집진시설 관련 주요 점검항목은 〈표 13-3〉과 같고, 이는 현장에서 일상점검 시 활용 가능하다.

〈표 13-3〉 여과집진시설 주요 점검항목(Check List)

○ 시운전 / 정상운전 / 정기점검 시의 Check List

장 비	Check Point	점검시기		
		시운전 시	정상운전 시	정기점검 시
펄싱 시스템	펄싱(Pulsing) 강도의 이상 유무	○	○	
	솔레노이드 밸브의 이상음 발생 유무	○	○	
	펄싱 주기는 세팅치 기준으로 정확히 작동되고 있는지 여부	○	○	
	ΔP(High → High) 상승시간	○	○	
본체	본체의 공기누설 개소	○	○	○
	맨홀 측 공기누설 및 닫힘상태	○	○	○
	본체 보온상태		○	○
	본체 내면 부식상태			○
	압축공기라인의 상태		○	○
	에어 유닛(Air Unit)의 상태(압력 세팅값 포함)		○	○
	호퍼 내부의 먼지 고착상태			○
	손잡이 및 계단상태		○	○
여과포 및 백 케이지	설치상태	○		○
	여과포 조립부의 누설(Leak) 현상	○		○
	여과포의 파손 여부	○		○
	백 케이지(Bag Cage)의 변형 및 부식 여부	○		○
	여과포와 백 케이지의 들러붙음 여부			○
	여과포에 먼지의 고착 여부			○
덕트	마모상태			○
	외기누설 여부	○	○	○
	보온상태		○	○
	분진 퇴적현상			○
	이상소음	○	○	
	부식 여부			○
슬라이드 게이트	Open/Close 시의 조작이 원활한지 여부	○		○
	윤활 및 보온상태	○	○	○
로터리 밸브 및 체인 컨베이어	이상음 유무	○	○	
	보온상태		○	○
	윤활상태	○	○	○

장 비	Check Point	점검시기		
		시운전 시	정상운전 시	정기점검 시
로터리 밸브 및 체인 컨베이어	부식 여부			○
	분진배출의 정상 유무	○	○	
	체인, 레일 및 로터(Rotor)의 마모 여부			○
	플랜지(Flange) 부위의 외기누출 유무	○	○	
	로터의 분진고착 유무	○		○
댐퍼	실린더(Cylinder)의 작동상태	○	○	○
	솔레노이드 밸브(Solenoid V/V) 작동상태	○	○	○
	기밀상태	○	○	○
	공기누설	○	○	
	샤프트(Shaft) 베어링의 윤활상태	○	○	○
	이상소음 유무	○	○	
	보온상태		○	○
	정확한 개도(열림/닫힘)의 유지 유무	○	○	○
	분진고착 및 부식 유무			○
에어 노커	노킹(Knocking) 강도 이상 유무	○	○	
	솔레노이드 밸브(Solenoid V/V) 이상 유무	○	○	
	공기의 세팅값 압력유지 여부(3.5~5kg/cm^2)	○	○	
	베이스 플레이트(Base Plate)와 노커(Knocker)의 이완 여부	○	○	
가열설비	세팅 온도값의 범위에 의거하여 정확히 조정되고 있는지 여부	○	○	
	가열선의 절연저항 테스트	○		○
전기 및 계장	각종 계기류의 세팅값의 이상 유무		○	○
	계기류 설치상태		○	○
	패널(Panel) 내부로 빗물유입 여부		○	
	전기패널(Panel)의 각종 선택스위치는 운전 모드에 맞게 세팅되어 있는지 여부		○	
에어 유닛	• 세팅 압력값이 정상적으로 유지되고 있는지 유무 • 응축된 물의 배수 여부 • 공기누설 유무		○	
기타	주위 청소상태		○	
	보온재 내부로 빗물유입 여부	○	○	

❻ 전기집진시설

(1) 시설 개요

전기집진시설(電氣集塵施設, Electrostatic Precipitator)이란 처리대상 분진을 코로나 (Corona) 방전에 의해 하전(荷電)시킨 후 쿨롱(Coulomb)의 법칙을 이용하여 집진하는 장치를 말한다.

(2) 정기점검 항목 및 주기

전기집진시설(ESP)의 항목별 점검주기는 사업장 및 현장여건에 따라 차이가 있을 수 있지만, 통상적으로 적용되는 정기점검 항목 및 주기를 열거하면 다음과 같다.

① 회전부(구동부)의 마모상태를 관찰하기 위해 1년에 1회 이상 점검한다.
② 방전극과 집진판의 부식상태를 확인하기 위해 1년에 1회 이상 점검한다.
③ 애자 표면의 오탁도(汚濁度) 및 틈 유무는 6개월에 1회 이상 점검한다.
④ 방전극과 집진판의 간극은 1년에 1회 이상 점검한다.
⑤ 점검문(Inspection Door)의 패킹상태는 6개월에 1회 이상 점검한다.

(3) 기술시방서 작성 요령

① 전기집진시설이 정지될 경우에는 점검문을 열어 전기집진시설 내부를 먼저 냉각시킨다.
② 작업자는 가스정류장치에 분진의 퇴적상태를 확인하고 정류판의 위치가 정확한지 점검한다.
③ 혹시 방전극(Discharge Electrode)이 단전된 것은 없는지를 우선 확인하고, 만약 단전된 방전극이 있어 교체가 필요한 경우에는 다른 전극에 손상이 가지 않도록 주의해야 한다.
④ 전극간의 간격은 당초 설계 및 초기 설치 시와 비교하여 정상적인지 확인한다.
⑤ 운전 중 외부 요인에 의해 방전극을 지지하고 있는 프레임(Frame)의 변형이 발생하지 않았는지 확인한다.
⑥ 방전극과 집진극에 분진이 퇴적되어 있는지를 우선 육안점검한다. 만약 분진이 심하게 퇴적되어 있다면 건식(Dry Type)의 경우는 추타장치를 연속 가동해 털어주고, 습식 (Wet Type)의 경우는 물로 씻어낸다.
⑦ 극간 사이에 분진이 많이 퇴적되어 있으면 이를 제거해야 한다.
⑧ 히터(Heater)가 정상적으로 가동하는지, 그리고 애자(Insulator)류가 흠이나 틈(Crack)이 생기지 않았는지를 확인한다.
⑨ 연결 애자류에 응축수나 분진의 퇴적이 없는지를 확인한다.

⑩ 1년에 1회 이상 대점검(Overhaul) 및 보수(Repair)를 반드시 실시하여야 하며, 이때 고압 정류변압기(Transformer/Rectifier)의 오일을 점검하여 교체한다.

(4) 유지 및 운영관리 시 고려사항

① 2차 전류치가 주기적으로 헌팅(Hunting)하는 것은 방전극에서의 스윙(Swing)현상이 주원인이므로 전기집진시설 내부를 점검한 후 방전극을 재배치하거나 스윙부분을 고정한다.

② 전압 및 전류치가 높은 상태에서 스파크(Spark)가 발생하는 것은 전기집진시설 내부 하전전압이 너무 높은 것이 원인이므로 전압을 하향조정한다.

③ 1실(室)에서 전류치가 가끔 헌팅을 반복하는 현상이 일어나면 추타 시에 본 현상이 발생하는지를 우선 확인하고, 집진판 및 방전극에 고착된 분진이 일시적으로 탈진되는 현상일 가능성이 높으므로 탈진주기를 재조정한다.

④ 최종 배출구인 연돌(Stack)에서 주기적으로 분진이 기대치보다 높게 배출되면 분진의 재비산현상에 기인하는 경우가 대부분이므로 내부 유속을 재점검하거나 추타시간을 재조정한다.

⑤ 장시간 운전 시 전압, 전류치가 점점 낮아지는 원인은 집진판 및 방전극에 분진이 퇴적되고 있다는 신호이므로 추타장치를 점검한 후 추타시간을 조정하고, 전기집진시설로 유입되는 가스의 온도변화를 함께 확인한다.

⑥ 정류변압기(T/R)의 전원을 켜도 동작이 안 되는 원인은 정류변압기 패널(Panel) 내부의 주전원 퓨즈(Fuse)가 단선되었거나 패널 전원공급용 주전원이 공급되지 않고 있는 경우이므로 즉시 정류변압기 패널 차단 후 인입전원을 확인하고, 내부의 퓨즈를 점검한 후에 교체한다.

⑦ 2차 전압과 2차 전류가 거의 0인 상태에서 스파크와 아크(Arc)현상이 지속되는 이유는 방전극이 접지상태에 가깝거나 접지상태인 경우이므로 전기집진장치 호퍼 내부의 분진 퇴적 상태를 점검하고, 이물질 걸림이 없는지를 확인하면서 집진판과 방전극의 극간 거리를 점검한다. 아울러 정류변압기 접지박스(Ground Box) 내 접지바(Ground Bar)의 위치를 확인하고, 전기집진시설 상부 펜트 하우스(Pent-House) 내부 애자(Insulator)의 절연파괴 또는 파손 여부를 확인한다.

⑧ 추타장치가 동작되지 않고 LED 화면이 디스플레이되지 않는 경우는 퓨즈(Fuse) 단선 여부와 함께 전원이 들어와 있는지를 확인한다.

⑨ 애자류 파손의 원인은 오손(汚損)이나 가열장치의 고장, 습분흡입 및 하중(荷重) 이상 등이므로 에어 퍼지(Air Purge)를 통해 청소하거나 불량품 교체, 온풍(溫風) 공급, 애자 증설, 애자에 걸리는 지지하중을 균등하게 배분하는 등의 대책을 통해 파손을 방지한다.

⑩ 전기집진시설은 전원을 끊은 후에도 잔류전하가 존재할 우려가 있으므로 작업자 안전을 위해 어스 봉(Earth Rod)을 방전극에 닿게 하여 접지(接地)시켜 대전 여부를 확인한다. 접지는 안전을 위해 작업이 끝날 때까지 유지시킨다.

⑪ 전기집진장치 작동 시는 내부에 작업자나 남은 공구가 없는지 확인하며, 어스 봉을 방전극에서 분리하고 점검구가 완전히 닫혔는지 최종 확인한다.

전기집진시설 관련 주요 점검항목은 〈표 13-4〉와 같고, 이는 현장에서 일상점검 시 활용 가능하다.

〈표 13-4〉 전기집진시설 주요 점검항목(Check List)

전기집진시설(ESP-)	설치위치	
년 월 일 점검자 :		팀장 확인 :
점검내용	**결 과**	
• 배출구의 냄새 및 배출상태		
• 이온화 램프의 "ON"상태		
• 전원 공급상태 : 정격(V A)	지시치(V A)	
• 본체에서 공기가 새는 곳은 없는가?		
• 덕트에 공기가 새거나 유입되는 곳은 없는가?		
• 나사의 풀림이나 조임상태		
• 조작 패널(Panel)의 전선 및 안전성		
• 부식, 마모, 훼손된 곳은 없는가?		
• 각 부위의 윤활유 주입상태		
• 전기적인 안전성 및 접지상태		
• 애자류 표면이 오염되지 않았는가?		
• 전동기(Motor)의 동력 전달상태		
• 벨트 장력, 마모, 교체 여부		
• 이상소음 발생 여부		
• 송풍기(Fan)의 가동상태		
• 유량 조절용 댐퍼의 적정 개폐		
• 덕트 내 먼지퇴적 여부		
• 스위치의 정상작동상태		
• 고압발생장치(T/R)의 정상 여부		
• 과전류 통전 여부		
의 견		

(계속)

구 분	점검부위	점검내용	결 과	비 고
가동중	전기	• 패널(Panel)의 표면은 이상이 없는가?		
		• "ON", "OFF" 스위치의 램프는 점등되어 있는가?		
	송풍기	• V-Belt의 상태는 양호한가?		
		• 구동부위의 소음은 없는가?		
		• 베어링 부분의 소음은 없는가?		
		• 베어링 부분의 과열현상은 없는가?		
		• 샤프트(Shaft)의 비틀림 및 흔들림은 없는가?		
	덕트	• 덕트의 변형은 이루어지지 않았는가?		
		• 개스킷(Gasket) 부분의 누출현상은 없는가?		
		• 댐퍼 조절용 핸들은 고정되어 있는가?		
		• 덕트에서 소음은 없는가?		
		• 플랜지(Flange) 및 이음부분의 누출은 없는가?		
		• 캔버스(Canvas) 상태는 양호한가?		
	몸체	• 상부 커버(Cover) 부분의 소음은 없는가?		
		• 전기집진시설 내부의 마찰소음은 없는가?		
		• 전기집진시설 내부의 이온화는 이상이 없는가?		
		• 전기집진시설 내부의 셀(Cell)은 이상이 없는가?		
		• 몸체의 변형이 이루어진 부분은 없는가?		
		• 파워 팩(Power Pack) 램프는 정상가동 중인가?		
가동후	전 부분	• 전기집진시설 주변에 정리정돈은 되어 있는가?		
		• 송풍기(Fan)는 가동을 멈추었는가?		
		• 전원은 차단되었고 패널(Panel)은 닫혀 있는가?		
		• 베어링 주유기의 오일(Oil)은 충분한가?		
		• 생산라인 작업은 완료되었는가?		

❼ 음파집진시설

(1) 시설 개요

음파집진시설(音波集塵施設, Sonic Dust Collector)이란 함진기류(含塵氣流)에 음파를 발사하면 입자는 그 크기에 대응하여 진동한다는 이론에 근거하여 개발한 집진시설을 말한다. 그 진폭(振幅) 및 위상(位相)의 차는 입자를 충돌시켜 응집(凝集)시킴으로써 어림 비중이 커지며 이것을 멀티클론(Multi-clone) 등으로 보내 포집(浦集)할 수 있다. 일반적으로 10μm 이하의 입자도 포집 가능하다고 보고되고 있으며, 집진대상 분진입자의 크기는 100~0.5μm 정도이다. 개략 외형은 [그림 13-1]과 같다.

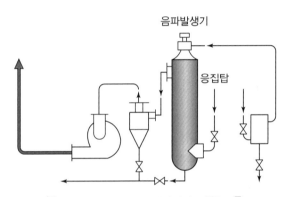

[그림 13-1. 음파집진시설의 외형도]

※ 자료 : 서광석 외 7인, 대기오염방지기술, 화수목

(2) 요소장치별 특징

음파집진시설은 크게 음파발생기(音波發生機), 응집탑(凝集塔), 분리기(分離機) 등 3요소로 구성되어 있으며, 요소장치별 특징은 다음과 같다.

① 음파발생기

사이렌식과 전기식이 있으며, 1μm 전후의 미립자에는 수kHz 이상의 진동수를 필요로 한다. 통상 0.1W/cm^2 정도의 음파강도가 필요하다.

② 응집탑

응집탑에서의 체류시간 범위는 약 3~5초이며, 처리가스의 온도가 높을수록 응집효과는 커진다. 처리가스 내 분진 함유량이 많을 경우는 전처리가 별도로 요구되며, 적은 경우는 응집보조액을 주입한다.

③ 분리기

사이클론(Cyclone)을 주로 사용하며, 음파 집진효율을 높이려면 분리기능을 향상시켜야 한다.

(3) 유지 및 운영관리 시 고려사항

음파(音波) 주파수 및 용량은 처리대상 물질의 성상을 정확하게 파악하여 산정하는 것이 무엇보다 중요하다. 효율적인 운전을 위해 응집탑 내부에서의 가스속도와 체류시간을 적절하게 산정하고, 분리기능을 높여 집진효율을 향상시킨다.

❽ 흡수에 의한 시설

(1) 시설 개요

흡수(吸收, Absorption)에 의한 시설이란 오염물을 함유한 가스로부터 액상 흡수제로의 물질이 전달되는 현상을 응용해 만든 시설을 말한다. 이 물질전달의 구동력은 대부분 가스상과 액상 내에 함유되어 있는 처리대상물의 고유특성에 의해 좌우된다.

(2) 흡수장치의 구분

① 충전탑(Packed Tower)

충전탑은 세라믹이나 플라스틱제인 충전제(Packing Material)를 채워 이 표면에서 흡수가 일어나게 하는 구조이다. 액상흡수제는 탑 상부에서 하부로 흘러내리게 하여 충전물질의 표면에 박막(薄膜, Thin Film)을 형성시키고, 대기오염물질을 함유한 가스는 탑 하부에서 상부로 올라가게 해 충전제의 액상박막(液狀薄膜)에 흡수시킨다. [사진 13-2]는 사업장에 설치된 충전탑 흡수장치의 실제 모습이다.

[사진 13-2. 충전탑 흡수장치의 실제 모습]

※ 자료 : Photo by Prof. S.B.Park, 2018년

② 분사실(Spray Chamber)

분사실은 충전제를 사용하지 않는 구조이며, 액상흡수제를 가능한 한 미세한 액적형태로 분사하여 대기오염물질이 충분히 흡수될 수 있도록 접촉면적을 극대화한다.

③ 벤투리 세정기(Venturi Scrubber)

벤투리 세정기는 대기오염물질을 함유한 가스와 액상흡수제가 벤투리 노즐의 목(Throat) 부위에서 접촉하여 대기오염물질을 제거하는 방법이다.

④ 단(Plate) 혹은 트레이 탑(Tray Tower)

단 혹은 트레이 탑은 각 단(段) 위에 존재하는 액상흡수제에 대기오염물질을 함유한 가스를 접촉시켜 제거하는 구조이다. 다소 장치가 복잡하더라도 흡수계에서는 대기오염물질의 분리와 함께 회수도 가능하다. 또한 대기오염물질을 함유한 가스와 액상흡수제의 반응 가능성에 따라 물리적인 흡수계가 될 수도 있고, 동시에 화학적인 흡수계도 될 수 있다.

(3) 유지 및 운영관리 시 고려사항

① 충전탑(Packed Tower)

충전탑에 사용되는 충전제는 액상박막(液狀薄膜)을 넓게 형성할 수 있도록 흡수면적을 충분히 크게 하고, 플러깅(Plugging)이나 파울링(Fouling)이 형성되지 않도록 해야 한다. 아울러 흡수제 분배장치에서는 흡수제가 충전제에 고루 퍼질 수 있도록 한다.

② 분사실(Spray Chamber)

분사실은 액적의 정상적인 분배와 완전하고 연속적인 흐름을 위해서 액상분사기에 플러깅이 생기지 않도록 유의해 운전해야 한다. 분사실은 액상과 기상의 접촉시간이 매우 짧기 때문에 대기오염물질 중 휘발성유기화합물(VOCs) 등의 제거에는 다소 적당하지 않으나 SO_2, NH_3, HF와 같이 용해도가 높은 가스상 오염물질에 한정해 적용한다.

③ 벤투리 세정기(Venturi Scrubber)

벤투리 세정기도 분사실과 마찬가지로 액상과 기상의 접촉시간이 매우 짧기 때문에 SO_2, NH_3, HF와 같이 용해도가 높은 가스에 한정해 적용한다.

④ 단(Plate) 혹은 트레이 탑(Tray Tower)

단 혹은 트레이 탑은 슬러리 흡수액을 탑 상부에서 공급하고, 탑의 중간 또는 하부에서 배기가스를 불어넣어 여러 단의 기·액 접촉 분사판을 거치게 되므로 특성상 장치의 압력손실이 커진다. 아울러 탑 상부로 흡수액을 이송해야 하기 때문에 펌핑(Pumping)을 위한 동력소모 또한 커지게 된다. 특히 장치운전 중 플로딩(Flooding)이나 위핑(Weeping)현상을 방지하기 위해서는 가스처리량의 범위를 제한할 수도 있다.

심화학습

물에 대한 용해도가 큰 물질과 용해 시 발열물질

물에 대한 용해도가 큰 물질인 HF, HCl, H_2SO_4, NH_3, Phenol 등은 수세(水洗)가 효과적이고, 용해 시 발열(發熱)이 큰 물질인 HF, HCl, H_2SO_4 등은 대량의 물을 사용하되, 배수에 의한 수질오염도 고려해야 한다.

❾ 흡착에 의한 시설

(1) 시설 개요

흡착(吸着, Adsorption)에 의한 시설이란 가스 중의 오염분자가 고체 흡착제와 접촉하여 분자간의 약한 힘으로 결합하는 과정을 응용한 시설을 말한다. 흡착제의 수명을 연장하기 위해서는 처리대상물질을 회수하거나 폐기하여야만 하는데, 특히 휘발성유기화합물(VOCs)의 경우가 그렇다. 흡착제로 사용되는 것으로 활성탄 외 실리카겔, 알루미나, 제올라이트 등이 있지만, 처리대상가스의 흡착 제거용으로 현재 가장 많이 사용되는 흡착제는 활성탄(Activated Carbon)이다.

(2) 탄소흡착제의 종류

탄소는 여러 가지의 목재, 석탄, 혹은 코코넛 껍질 같은 다른 탄소성 원재료로부터 만들어진다. 주로 세 가지 형태의 탄소흡착제가 많이 사용되고 있는데, 입자활성탄, 분말활성탄, 그리고 탄소섬유가 그것이다. 여기서 활성(Activated)이라 함은 흡착에 사용될 수 있는 표면적을 증가시키기 위해 원재료를 매우 높은 온도에서 가열하여 휘발성 비탄소물질을 제거하는 일련의 과정을 일컫는다.

(3) 유지 및 운영관리 시 고려사항

① 운전 전 점검사항
   ㉠ 배기용 송풍기에 취부된 조절댐퍼 상태와 흡착시설 내의 전처리 장치(Pre-Filter) 부착 여부를 확인한다.
   ㉡ 활성탄 부위의 상태를 점검하고, 배기용 송풍기 벨트의 상태와 작동 여부를 확인한다 (벨트 구동용 송풍기의 경우).
   ㉢ 팬 베어링(Fan Bearing)의 주유 여부를 확인한다.

② 운전요령

㉠ 배기용 송풍기에 부착된 메인 댐퍼(Main Damper)의 범위를 50~40%로 세팅한다.

㉡ 배기용 송풍기의 On 스위치(S/W)를 넣는다.

㉢ 흡착에 의한 시설의 상태를 확인한다(Dust, Carbon의 상태 및 진동 여부).

㉣ 배풍용 송풍기의 운전 및 정상가동 여부를 확인한다.

㉤ 설비 정지는 시동의 역순(逆順)으로 진행하되, 만약 운전 시에 이상현상이 발생될 경우에는 가동을 즉시 정지시키고 이상 유무를 확인한 후 재가동해야 한다.

③ 운전 후 점검사항

㉠ 흡착에 의한 시설 내 전처리 장치(Pre-Filter)에서의 분진 부착상태를 확인한다. 전처리 장치는 자주 청소해야 하는데, 만약 전처리 장치에 분진류가 다량 부착되어 저항막을 형성하고 있는 경우에는 그 막을 제거하여야 한다.

㉡ 전처리 장치의 청소가 필요한 경우는 흡착에 의한 시설로부터 분리시켜 공기로 블로잉(Blowing)시킨다. 분진을 아무리 제거해도 재사용이 불가능할 정도로 눈막힘 현상이 심한 경우에는 새것으로 교체하도록 한다.

㉢ 송풍기의 이상 유무를 확인하고, 가동 중에 점검이 필요하다고 판단한 부분을 확인한다. 필요할 경우 베어링에 그리스(Grease)를 주유한다.

(4) 고장원인별 조치사항

① 각 후드에서 흡입된 후 배출량이 줄어드는 경우

㉠ 덕트 및 각 연결부위의 이음새가 불량인 경우는 플랜지 상태를 점검한 후에 패킹(Packing)을 새로 교체하여 체결한다.

㉡ 부식 등 파손에 의해 외부공기가 유입되는 경우는 파손부위를 제거한 후 철판 등으로 기밀유지에 만전을 기한다.

㉢ 탄소필터(Carbon Filter)의 기공이 막힌 경우는 압력손실이 증가하여 흡입이 잘 안 되므로 탄소필터를 새것으로 교환한다.

㉣ 비닐 등 이물질이 유입되는 경우는 점검구(Man-Hole)를 열어 이물질을 제거한다.

② 연돌(Stack)에서 오염물질이 배출될 때

㉠ 그레이팅(Grating)이 파손된 경우에는 스테인리스 계통(SUS304, SUS316 등)의 내식성(耐蝕性) 재질로 즉시 교체한다.

㉡ 탄소(炭素)가 다져져서 상부가 비었을 경우에는 이를 즉시 보충한다.

✒ SUS304 / SUS316 / 금속재료 기호식 해설

1. SUS304

SUS304는 스테인리스강 산업계에서 가장 많이 사용하는 재질이며, SUS304나 SUS316은 모두 오스테나이트계 스테인리스강(鋼)이다. SUS3XX는 보통 오스테나이트계 스테인리스강으로 분류되며, 이것은 철에 크롬, 니켈, 망간을 첨가하여 만든다. 원래 오스테나이트는 저탄소강을 고온으로 가열할 때만 나타나는데 니켈, 망간때문에 상온에서도 그 구조를 유지하게 만든 것이다.

2. SUS316

SUS316은 SUS304에 몰리브덴을 첨가한 것으로, 비슷한 강도를 가지고 있으면서도 부식에 대한 저항이 상당히 높다. 물론 이보다 더 부식에 강한 스테인리스강도 있는데, 듀플렉스강과 슈퍼 듀플렉스강이 그것이다. SUS316은 몰리브덴을 첨가했기 때문에 SUS304보다 해수에 강하다. SUS316이 부식에 강하기 때문에 산업용 재료로 사용할 수 있지만 용접을 하고 나서 부식이 생기는 문제가 발생하므로 용접을 해야 하는 경우에는 SUS316 대신 SUS316L을 사용해야 한다.

3. 금속재료 기호식 해설

① SS400(일반구조용 압연강재)

가장 널리 사용되고 있는 강재(鋼材)로 용접성이 비교적 양호하다. 일반적으로 강재라고 하면, SS400을 가리킨다. 기호 순서대로 해설하면 S : Steel, S : Structure, 400 : 최저인장 강도 41kgf/mm^2, 400MPa

② S45C(기계구조용 탄소강 강재)

S : Steel, 45C : 탄소 함유량이 0.4~0.5%를 나타낸다.

흡착에 의한 시설 관련 주요 점검항목은 〈표 13-5〉와 같고, 이는 현장에서 일상 및 정기점검 시 활용 가능하다.

〈표 13-5〉 흡착에 의한 시설 주요 점검항목(Check List)

구 분	점검부위	점검내용	결 과	비 고
가동중	전기	• 전기패널(Panel)의 표면은 이상이 없는가?		
		• "ON", "OFF" 스위치의 램프는 점등되어 있는가?		
	송풍기	• V-Belt의 상태는 양호한가?		
		• 배기구 외부에 활성탄이 날린 흔적은 없는가?		
		• 구동부위의 소음은 없는가?		
		• 베어링(Bearing) 부분의 소음은 없는가?		
		• 베어링(Bearing) 부분의 과열현상은 없는가?		
		• 샤프트(Shaft)의 비틀림 및 흔들림은 없는가?		
	덕트	• 덕트의 변형은 이루어지지 않았는가?		
		• 개스킷(Gasket) 부분의 누출현상은 없는가?		
		• 댐퍼 조절용 핸들은 고정되어 있는가?		
		• 덕트에서 소음은 없는가?		
		• 플랜지(Flange) 및 이음부분의 누출은 없는가?		
		• 캔버스(Canvas)의 상태는 양호한가?		
	몸체	• 상부 커버 부분의 소음은 없는가?		
		• 흡착시설 내부의 마찰소음은 없는가?		
		• 몸체의 변형이 이루어진 부분은 없는가?		
		• 차압계 및 지시치(mmAq)는 정상적인가?		
가동후	전 부분	• 흡착에 의한 시설 주변에 정리정돈은 되어 있는가?		
		• 송풍기(Fan)는 가동을 멈추었는가?		
		• 전원은 차단되었고, 전기패널(Panel)은 닫혀 있는가?		
		• 베어링(Bearing) 주유기의 오일(Oil)은 충분한가?		
		• 흡착에 의한 시설 주변의 활성탄은 날리지 않았는가?		
		• 생산라인의 작업은 완료되었는가?		

⑩ 직접연소에 의한 시설

(1) 시설 개요

직접연소에 의한 시설(Direct Combustion)이란 연소과정을 통해 배기가스 중에 함유된 대기오염물질을 직접 제거하는 것을 말한다. 다시 말해 연소공정(Combustion Process)은 직접소각 혹은 열소각으로 잘 알려져 있으며, 대기오염물질을 함유한 기체를 공조시스템에서 모아 예열(豫熱)하고, 잘 섞어 고온에서 연소시킨 후 이산화탄소(CO_2)와 수증기(H_2O)로 산화시키는 방법에 해당한다.

(2) 열회수에 따른 장치 구분

직접연소에 의한 시설의 경우 열회수에 사용되는 장치에 따라 직화형(Direct Flame), 열교환기형(Recuperative), 그리고 축열형(Regenerative)으로 구분할 수 있다.

① **직화형** : 열회수장치가 없으며, 후연소 버너(Afterburner)로 더 잘 알려져 있다.
② **열교환기형** : 여러 가지 형태(Cross-flow, Counter-flow 혹은 Con-current Flow)의 열회수 장치가 장착되어 있는 구조를 말한다.
③ **축열(畜熱)형** : 세라믹 재료를 이용해 열을 회수하는 시스템으로, 축열식 열소각설비(RTO : Regenerative Thermal Oxidizer)라고 불린다.

(3) 유지 및 운영관리 시 고려사항

최근 사업장에서는 2-Bed/3-Bed RTO 대신 Rotary 1-Can RTO 방식을 많이 채택하고 있는 추세이므로 현장실무를 위해 간략히 설명하고자 한다.

Rotary 1-Can RTO는 특성상 한 개의 구동부(Rotary Valve)를 갖고 있어 유지보수가 쉬운 편이며, Single Vessel Type의 콤팩트한 설계로 부지가 적게 소요된다. 또한 VOCs 처리효율을 98% 이상, 열에너지 회수율을 95% 이상 유지할 수 있다.

Rotary 1-Can RTO에서의 Ceramic Chamber는 12 Zone의 축열재 층으로 되어 있고, 각 Zone은 Rotary Valve에 의해 순차적으로 급기, Air Purge, 배기, Dead Zone(Stand-by)으로 변환되는 구조이다([그림 13-2] 참조).

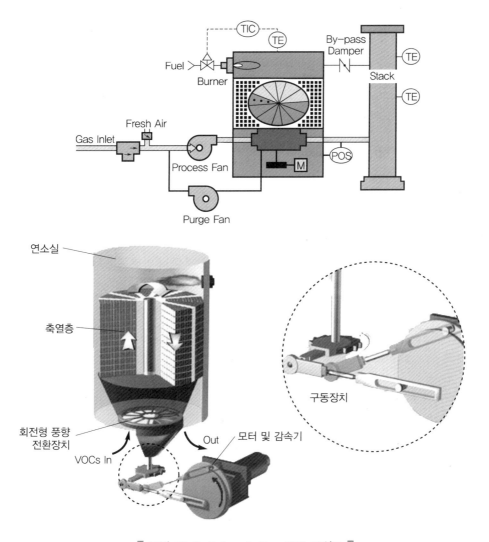

【 그림 13-2. Rotary 1-Can RTO 구성도 】

※ 자료 : (주)디복스, RTO 전문기업, 2018년 2월(검색기준)

Rotary 1-Can RTO는 Ceramic Media 층과 Retention Chamber(가스 연소실), 그리고 가스의 풍향을 변화시켜 주는 Rotary Valve 등으로 구성되어 있다. 공정가스는 Rotary Valve에 의해 각각 분리된 급기부 축열재 층으로 유입되어 연소실에서 연소된 후 각각의 배기부 축열재 등으로 배출된다.

Ceramic Media를 통과한 공정가스가 800℃ 이상의 고온에서 연소 가능하도록 Retention Chamber(가스 연소실)에서의 체류시간은 약 1초 이상으로 설계하며, 공정가스의 누출이 발생하지 않도록 철판 용접 시 유의해야 한다.

풍량 변환장치인 Rotary Valve는 공정가스를 격실별로 인입하고 청정가스를 배출하는 역할을 하며, 회전속도는 0.3rpm 정도의 저속으로 설계한다. 사용되는 Rotary Valve는 고장이 거의 없고, 회전하면서 각 격실별로 급기, 배기, Flushing을 순차적으로 전환하며, 급배기 Zone과 Rotary Valve 사이에는 기밀을 유지함으로써 가스의 누설을 최소화해야 한다.

⓫ 촉매반응을 이용하는 시설

(1) 시설 개요

촉매(觸媒)반응을 이용하는 시설이란 반응기 내에 충전되어 있는 촉매가 대기오염물질의 연소에 필요한 활성화에너지를 충분히 낮추는 기능을 수행함으로써 비교적 저온에서 연소가 가능하도록 하는 방식을 응용한 시설을 말한다. 촉매에서의 반응에너지 분포는 [그림 13-3]과 같다.

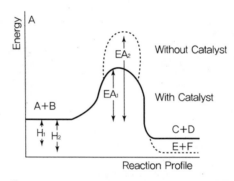

[그림 13-3. 촉매에서의 반응에너지 분포]

※ 자료 : 박성복 외 1인, 최신대기제어공학, 성안당

(2) 유지 및 운영관리 시 고려사항

① 운전 중 촉매는 NO_2, NH_3, H_2O와 결합하여 암모늄 나이트레이트(Ammonium Nitrate)가 생성할 가능성이 있으므로 장치의 예열부를 150℃ 이상 유지할 필요가 있다 (주로 150℃ 이하에서 생성).

② 300℃ 이하에서 암모늄 설페이트(Ammonium Sulfate), 암모늄 바이설페이트(Ammonium Bisulfate) 등의 생성으로 촉매 표면에 침적 가능성이 있으며, 이는 촉매의 활성 저하, 하부장치의 부식 및 막힘 유발현상으로 연결될 수 있다.

③ SCR에 사용되는 촉매는 반응온도가 증가함에 따라 NO_x의 전환율이 증가하여 최고치를 나타내며, 높은 온도에서는 반응의 환원제로 사용하는 암모니아가 배기가스 중 산소와 반응하여 산화되어 기능 상실의 가능성이 존재한다.

④ SCR 본체 입·출구에 설치되어 있는 열전대(Thermocouple)에서 온도를 감지하여 적정 온도 이하가 될 경우에는 PLC(Programmable Logic Controller)에서 펌프를 자동으로 멈출 수 있는 시퀀스(Sequence)를 구성한다.

⑤ SCR 시스템 요소수 공급라인(Urea Dosing Line)에서 압력이 비이상적으로 상승하여 $5\sim6kgf/cm^2$에 이르러 장시간 운전하게 되면 펌프에 심각한 손상을 초래할 수 있으므로 공급라인 중에 압력계를 장착하여 이상압력을 감지하여 자동으로 펌프를 멈추게 할 수 있도록 시퀀스를 구성한다.

⑥ 촉매층이 분진에 의하여 심하게 오염되었을 경우인데, 통상 반응기(Reactor) 입·출구의 정상적인 압력손실은 40~90mmAq 정도로서, 만약 이를 초과하여 최대 200mmAq 정도에 다다르면 펌프는 자동적으로 멈추게 된다.

⑫ 응축에 의한 시설

(1) 시설 개요

응축(凝縮, Condensation)에 의한 시설이란 비응축성 가스 흐름에서 오염물질을 제거하는 과정을 응용한 것을 말한다. 응축은 가스 흐름의 온도를 정압상태에서 떨어뜨리거나 정온상태에서 가압하거나 혹은 두 경우를 조합함으로써 일어날 수 있다.

(2) 응축기의 종류

통상 2가지 형태의 일반적인 응축기가 있는데, 하나는 표면형(Surface)이고 다른 하나는 직접 접촉형(Direct Contact)이다. 각 형태별 특성을 간략히 설명하면 다음과 같다.

① **표면형** : 일반적으로 튜브(Tube)형의 열교환기인데, 튜브 내로 응축제가 흐르고 튜브 밖으로는 휘발성유기화합물(VOCs) 등을 함유한 가스가 흘러 전열됨으로써 응축된다.

② **직접 접촉형** : 찬 액체를 가스 흐름 내로 직접 분사함으로써 휘발성유기화합물(VOCs) 등을 냉각시켜 응축시킨다. 이 두 가지 형태 모두 휘발성유기화합물(VOCs) 등을 재생하여 사용 가능한 것이 특징이다. 응축제로는 냉각수, 브라인(Brine) 용액, 프레온가스(CFCs), 그리고 응축제(Cryogen) 유체 등이 사용된다.

> ⚗ **브라인 용액 / 프레온가스(CFCs) / 응축제(Cryogen) 유체**
>
> **1. 브라인(Brine) 용액**
>
> 냉동기 냉매의 냉동 동력을 냉동물(冷凍物)에 전달하는 역할을 하는 열매체이며, 본래는 염수(鹽水) 또는 해수를 말한다. 일반적으로는 염화칼슘의 수용액, 염화마그네슘 수용액, 그 밖의 부동액도 브라인이라 부른다.
>
> **2. 프레온가스(CFCs)**
>
> 냉매, 발포제, 분사제, 세정제 등으로 산업계에 폭넓게 사용되는 가스로, 화학명이 클로로플로르카본(鹽化弗化炭素)인 CFCs는 1928년 미국의 토머스 미즈리에 의해 발견됐으며, 인체에 독성이 없고 불연성을 가진 이상적인 화합물이어서 한때 '꿈의 물질'이라고 불렸다. 그러나 CFCs는 태양의 자외선에 의해 염소원자로 분해돼 오존층을 뚫는 주범으로 밝혀져 몬트리올의정서에서 이의 사용을 규제하고 있다.
>
> **3. 응축제(Cryogen) 유체**
>
> 응축제로서, 주로 액체질소와 액체이산화탄소(드라이아이스)를 말한다.

(3) 유지 및 운영관리 시 고려사항

응축에 의한 시설에서 사용되는 냉각수는 약 45°F 정도로 냉각시키는 데 효과적인 응축제이고, 브라인 용액은 −30°F, 그리고 프레온가스(CFCs)는 −90°F로 냉각시키는데 유용하지만 현재는 CFCs의 생산과 사용을 제한받고 있는 실정이다. 그리고 응축제 유체는 −320°F 이하로 냉각시키기에 적절하므로 유지 및 운영관리 시 참조 가능하다(온도단위 환산방법 : °F = 1.8°C + 32).

⑬ 산화·환원에 의한 시설

(1) 시설 개요

산화·환원에 의한 시설이란 화학의 기본반응 중 하나인 전자밀도가 조금이라도 증가하면 환원, 감소하면 산화에 해당하는 원리를 응용하여 대기오염물질을 처리하는 것을 말한다. 쉽게 말해 산화·환원반응은 전자의 이동반응이므로 어느 물질이 전자를 잃는 것을 산화, 전자를 얻은 것을 환원이라 한다. 영어로는 환원(Reduction)과 산화(Oxidation)를 합쳐 REDOX Reaction(REDuction+OXidation)이라 부른다.

(2) 시설의 특징

산화제와 환원제는 반응대상을 각각 산화, 환원시키는 물질이다. 즉, 자기 자신은 그 반대로 산화제의 경우 환원되고, 환원제의 경우 산화된다. 산소, 과산화수소, 과망간산칼륨($KMnO_4$)

등이 대표적인 산화제이며, 환원제로 자주 쓰이는 물질로는 LAH($LiAlH_4$), 하이드라진, 일산화탄소 등이 있다.

그러나 산화제, 환원제는 어디까지나 상대적 개념이며, 산화제라고 알고 있는 물질이 환원제로 작용할 수도 있고, 그 반대도 가능하다. 대표적으로 산화 – 환원반응이 연관된 부분은 전지반응이나 전기분해에 관련된 화학양론이다. 이외에도 연소, 금속의 제련 등 다양한 반응들이 산화 – 환원반응에 속한다.

(3) 산화·환원에 의한 시설 적용 사례

첫 번째로 국내 하수처리장에서 발생한 소화가스 중의 H_2S를 전처리 촉매탈황탑, 주촉매탈황탑, 촉매재생탑으로 구성된 습식 산화공정에서 탈황시켜 소화가스를 정제하는 기술이 있다. 이 기술은 액상 산화환원반응 촉매(Fe/MgO)를 이용하여 하수처리장에서 발생하는 H_2S를 처리하는 공정에 해당한다(신기술인증 제255호).

알칼리 및 알칼리 토금속을 담체로 한 액상 산화환원반응 촉매(Liquid REDOX Mechanism Catalyst)를 제조하여 사용하며, 촉매 재생공정 개발로 액상 산화환원반응 촉매를 재생한다. 주촉매탈황탑에서 사용되고, 활성이 떨어진 액상 산화환원 촉매를 촉매재생탑으로 회수처리한 후 전처리 촉매탈황탑에서 재이용하여 소화가스를 전처리하는 기술이다. 본 기술은 액상산화환원촉매를 사용하여 기존의 적용된 탈황시설보다 탈황성능 및 처리효율을 향상시킨 공정이며, 소화가스 조건에 맞춘 안전설계로 구성하고 있다는 것이 주요 특징이다.

두 번째로는 산화·환원반응을 이용한 CO_2 회수설비이다. 이 설비는 황화수소와 암모니아가 동시에 존재하는 가스와 액상용액의 기·액반응으로 발생하는 가스를 산화 및 환원반응을 통해 정화시키는 설비이다(※ 자료 : (주) 해림엔지니어링, 코네틱 설비장터).

> **✍ 반응 메커니즘(CO_2 회수)**
>
> Mercaptans(R–SH) : $CH_3SH + 2O_2 \leftrightarrow 2H_2O + CO_2 + S\downarrow$
> $CH_3(CH_2)_2SH + 5O_2 \leftrightarrow 4H_2O + 3CO_2 + S\downarrow$
> Ammonia(NH_3) : $4NH_3 + 3O_2 \leftrightarrow 6H_2O + 2N_2\uparrow$
> Ammonia(R–NH_2) : $2CH_3NH_2 + 9/2O_2 \leftrightarrow 5H_2O + 2CO_2 + N_2\uparrow$
> $2(CH_3)_3NH + 11/2O_2 \leftrightarrow 7H_2O + 4CO_2 + N_2\uparrow$

자료에 의하면 산화·환원반응이 반복되어 순환되므로 촉매의 수명은 반영구적이고, 2차 폐수, 폐기물, 대기환경오염을 유발하지 않으며, 제품 제조공정에서 발생되는 H_2S, NH_3 및 배기가스의 정화가 가능하다(고효율 탈취효과 및 화학공정 및 위생처리장, 오·폐수처리장 등에 적용 가능). 또한 설비가 간단하여 운전이 용이하고 유지관리가 쉬운 편이며, 연속운전이 가능하다.

⑭ 미생물을 이용한 처리시설

(1) 시설 개요

미생물을 이용한 처리시설이란 미생물(微生物)을 사용하여 각종 대기오염물질, 특히 악취 및 휘발성유기화합물(VOCs)을 이산화탄소, 물, 광물염(鑛物鹽)으로 전환시키는 일련의 공정을 말한다.

(2) 유지 및 운영관리 시 고려사항

① 바이오 필터(Bio-Filter) 공정은 기본적으로 액상순환이 없기 때문에 반건조 상태가 유지된다고 할 수 있으나, 담체와 미생물막이 지나치게 건조되면 미생물의 활성도가 떨어져 처리효율이 감소될 수 있으므로 운영 시 유의해야 한다.

② 바이오 필터 공정은 공기유입구 전단에 조습기(Humidifier)를 설치하거나, 영양염류를 함유한 액상을 담체에 간헐적으로 살포해주어 수분 함량을 유지하며 운전하면 효율적이다.

③ 바이오 트리클링 필터(Bio-Trickling Filter) 공정은 습도 유지의 필요성은 없으나, 지속적으로 액상을 순환시키는 데 필요한 유지관리비가 높은 편이다.

④ 미생물을 이용한 처리시설에 사용되는 담체는 가볍고(낮은 밀도), 시공이 용이해야 하며, 가격이 저렴해야 함은 물론 물질전달률을 높이기 위해서 비표면적(Specific Surface Area)이 큰 것을 선정해야 한다.

⑤ 미생물을 이용한 처리시설의 운전 시 미생물 성장에 의한 폐색(Clogging)현상이나 압력손실이 작도록 해야 하고, 특히 장치 내부 기체 흐름의 단극(Channeling)현상을 최소화해야 한다.

⑥ 미생물 성장에 의한 폐색현상은 바이오 필터나 바이오 트리클링 필터의 불안정한 운전효율과 관련이 있으므로 운영 시 유의해야 한다. 이 현상은 주로 유기물(VOCs, 유기성황화합물 등)을 분해·제거하는 충전형 생물여과장치에 주로 나타나는 것으로 유기물을 먹이로 이용하는 미생물이 증식하여 담체 사이의 공극을 막아 정상적인 공기 흐름을 방해하는 데 기인한다.

⑦ 운영 시 폐색 방지를 위한 방안에는 역세척(Back Washing) 방식이 있는데, 이는 고압의 물이나 공기를 분사하여 담체 표면에 과도하게 끼여 있는 미생물을 제거하는 것이다. 그러나 담체의 종류에 따라 본 방식의 적용이 불가능하거나 어려운 경우도 있으며, 유지관리비도 높은 편이다.

⑧ 최근에는 스펀지(Polyurethane) 담체를 이용하여 과도하게 성장한 미생물을 기계적으로 짜내는 방법이 적용되고 있으며, 또 다른 독특한 방법으로는 미생물을 먹이로 사용하

는 진드기를 바이오 필터에 인위적으로 첨가하여 과도하게 성장한 미생물을 제거하는 방법도 연구진행 중이므로 운영 시 참고 가능하다.

✒ 대기오염방지시설 설치 시 권장사항

① 흡수에 의한 시설 점검을 위한 통로인 Walkway는 수직형이 아닌 경사식(계단식)으로 설계하여 현장관리자의 안전을 담보할 것

② 핸드레일(Hand rail)은 원형 SGP Pipe 구조로 현장관리자의 이동 시 그립(Grip)이 용이한 직경(ϕ)으로 설계할 것(통상 ϕ15~25B 범위로 설계하고, 사각형은 지양함)

③ 플랫폼(Platform)은 견고하고 부식에 강한 도금 그레이팅(Grating) 구조로 설계할 것. Expanded Metal이나 Check Plate 등은 부식에 취약하고, 설비 내구성이 약하므로 기본적으로 사용을 지양함.

④ 송풍기 하부 기초는 수평 레벨(Level)을 잘 유지하고, 방진코일 스프링을 채택할 것. 특히 옥상에 설치할 경우는 방진코일 스프링 적용이 필수이며, 노후화된 옥상 구조물 유지 하중에 유의할 것 (정하중, 동하중, 풍하중, 설하중 등 고려)

⑤ 맨홀/점검구의 사이즈는 현장 작업자의 출입이 가능하도록 충분한 크기로 설계할 것(통상 ϕ600mm 이상)

⑥ 송풍기 모터 결선용 전기 케이블, 계장류 선 등은 콘크리트 바닥에 노출되지 않게 형강(Channel, Angle 등)으로 지지대를 설치하여 보호할 것. 호우 시 감전 및 누전의 원인이 될 수 있기 때문임 (안전사고 방지 및 설비 효율화 차원임).

⑦ 중량물의 바닥기초는 Anchor/Bolt 시공을 원칙으로 할 것(시공도면에 반영). 만약 건물 옥상의 바닥기초 콘크리트 시공 시 건축구조물 내부 균열 여부 사전 진단(점검) 필요

⑧ 흡수에 의한 시설(스크러버) 및 송풍기 하부 기초바닥은 평평한 지면으로부터 높이 100~150mm 이상 유지할 것. 집중호우 시 침수 방지 및 설비 효율화 목적임.

⑨ 기타 추가적으로 필요한 사항은 입증기술(Proven Technology)을 토대로 판단하되, 시행착오를 최소화할 것

※ 자료 : 한국환경기술인(KETEG), 대기오염방지시설 설계 자료집(개정), 2018년

NCS 실무 Q&A

Q TiO_2와 Al_2O_3를 원료로 배합하여 생산하는 SCR 촉매 생산공정을 설명해 주시기 바랍니다.

A SCR 촉매 생산공정은 크게 원료제조공정, 혼합공정, 성형공정, 건조공정, 소성공정, 커팅 및 모듈공정 순으로 구분하며, 각 공정별 설명은 다음과 같습니다.

① 원료제조공정

고객의 사이트 조건에 맞게 원하는 성능을 내기 위하여 촉매원료 조성을 설계하고 적정 입도 및 조성을 갖는 분말을 제조하는 공정을 말합니다.

② 혼합공정

건식 및 습식 혼합공정으로 구성되며, 건식공정에서는 미리 준비된 촉매분말, 고체상 바인더 등을 혼합하며, 습식공정에서는 액상 첨가물을 혼합합니다.

③ 성형공정

토련(土鍊), 압출 및 커팅으로 구성되며, 토련은 습식 혼합 후의 혼합물보다 부드럽고 균일하게 하는 기능입니다. 토련 후의 반죽을 다이를 이용하여 허니콤(Honeycomb) 형태의 성형체로 만드는 공정이 압출이며 압출 후에 젖은 허니콤을 길이에 맞게 절단하는 커팅으로 이어집니다.

④ 건조공정

허니콤 내부의 수분이 제거되며 이때 건조수축이 수반되며, 수분의 제거상태는 이어지는 소성공정에서의 수율과 직결됩니다. 건조공정에서 제품의 불량률을 줄이고 수율을 제고하기 위해서는 성형 배합특성에 가장 적절한 건조 프로그램을 적용해야 합니다.

⑤ 소성공정

허니콤 촉매가 최적의 활성을 내기 위한 내부 기공 형성 및 촉매가 장착된 후 장기간 기계적 강도를 유지하도록 하는 기능을 말합니다.

⑥ 커팅 및 모듈공정

소성이 완료된 촉매는 고객이 요구하는 성능을 충족하기 위해 정밀하게 설계된 치수로 절단하는데, 이 공정이 커팅공정입니다. 커팅이 완료된 촉매는 최종적으로 필요 현장에 설치하기 위하여 모듈의 형태로 제작됩니다.

대기오염방지시설 화재 및 폭발 대책

1 대기오염 발생 시 긴급조치 사항

① 특정 유해물질이 누출되어 비산될 때에는 보건 위생상 위험하므로 관계 관청이나 경찰서 혹은 소방서에 신고하여야 한다.

② 바람이 불어가는 피해지역의 주민은 바람이 불어오는 쪽으로 대피한다. 특히 시안화수소(HCN), 포스핀(PH_3), 포스겐($COCl_2$) 등 맹독성 가스는 위험 표시, 출입금지 표시를 설치한다.

③ 가스상 휘발성 물질 중에서 밀도가 공기보다 큰 것은 확산조치를 빨리 취한다.

④ 인화 및 폭발위험이 있는 물질은 착화원을 멀리 하고, 폭발성 혼합기체가 생성되지 않도록 한다.

⑤ 물에 대한 용해도가 큰 물질(HF, HCl, H_2SO_4, NH_3, 페놀)은 수세가 효과적이고, 용해 시 발열이 큰 물질(HF, HCl, H_2SO_4)은 대량의 물을 사용하되 배수에 의한 수질오염도 고려하여야 한다.

⑥ HF, HCl, H_2SO_4, Cl_2, HSO_3Cl(삼산화황산, 클로로황산) 등은 소석회나 소다회로 중화 또는 흡수처리한다. 또한 HCl, HCN은 $NaOH$로 중화시킨다.

⑦ 특정 물질이 누출되거나 비산의 염려가 있는 사업장에는 후드를 설치하여 배출하고, 작업 시 보호구를 반드시 착용한다.

⑧ 물에 대한 용해도가 큰 물질은 수세법(水洗法)으로 처리하고, 산성 물질은 석회유 또는 가성소다 용액에 의한 흡수방법으로 처리한다.

[사진 14-1]은 독일 아우슈비츠 수용소(폴란드 소재)에서 사용한 독가스 '사이클론 B'의 모습이다. 이는 2차 세계대전 당시 사용된 약품으로, 6~7kg 정도로 약 1,500명 정도 인명 살상이 가능한 독극성 물질로 잘 알려져 있다(사이클론 B 가스통 하나로 400명 살상).

(a) 독일 아우슈비츠 수용소 입구   (b) 독가스 '사이클론 B'

【 사진 14-1. 독일 아우슈비츠 수용소(폴란드)에서 사용한 독가스 '사이클론 B' 】

※ 자료 : Photo by Prof. S.B.Park, 2015년 6월

2 분진의 폭발현상 및 대책

❶ 분진 폭발의 개요

분진 폭발은 가연성 고체의 미분이 공기 중에 부유되어 있을 때, 어떤 착화원으로부터 에너지가 주어지면 폭발하는 현상으로 탄갱에서 발생하는 틴진 폭발이 그 전형이다. 개방된 공간에서 이러한 분산(粉散)계가 될 가능성은 적으나 소맥분, 전분, 사료분, 유기화학약품, 목분, 콜크분, 지분(紙紛) 등과 섬유류를 비롯하여, 정전기 착화가 일어나기 쉬운 플라스틱 분말, 산화반응열이 큰 금속, 예를 들면 알루미늄, 마그네슘 등의 분말을 취급하는 건물 및 배관 내에서 발생한다.

　분진 폭발이 일단 발생하게 되면 단위부피당의 발열량이 크므로 역학적 파괴효과는 가스 폭발 그 이상이며, 분진 폭발은 연소가 완전하여 일산화탄소에 의한 유독물의 발생량이 상당히 많게 된다. 공기 중에 분산 현탁하여 있는 부유분진(분진 운(雲)이라고도 함) 중 어떤 장소에서는 바닥면에 쌓여 있는 것이 보통인데, 이것을 퇴적분진 혹은 층상분진이라고도 한다. 퇴적분진은 장기간 그대로 방치하면 종종 자연발열에 의해 훈소상태(燻燒狀態)로 되기 쉽다. 이 상태의 퇴적분진이 어떠한 원인으로서 그것의 일부가 공기 중에 떠돌다 일부가 착화하여 분진 운이 형성되면 여기에서 분진 폭발이 발생한다. 이때에 폭발에 의하여 방출된 에너지는 대단히 크기 때문에 상상을 초월한 큰 피해를 주는 것이 보통이다.

　분진 폭발의 특징은 통상적으로 연소에 앞서서 미세한 가연성 고체로부터 가연성 가스의 발생이 불가피한 요소이고, 그것에 미분체(微分體)의 커다란 형상, 표면상태, 수분 함유량, 열분해, 건류에 의하여 발생하는 가연성 가스의 종류, 양, 빛 발생상태 등 많은 인자(因子)가 관여하게 된다. 기타 분진운의 일부에서 발생한 가연성 가스의 연소에 의해서 발생한 화염에서 열복사가 분진 폭발에 중요한 역할을 한다는 것을 잊어서는 안 된다. 분진 폭발의 해석과 그의 발생을 미연에 방지하는 방법은 복잡하며, 또한 공업적으로 유효하게 실시하는 데는 어려움이 있을 수 있는데, 이는 분진의 부유상태가 항상 비정상적이고 불균일하기 때문이다.

　심화학습

폭발성 분체의 종류

(1) **입자상** : 알루미늄(Al), 마그네슘(Mg), 티탄(Ti), 철(Fe) 등의 금속입자, 플라스틱류(Plastics), 설탕(Sugar), 황(Sulfur) 등
(2) **가스상** : 일산화탄소(CO), 수소(H_2), 암모니아(NH_3), 시안화수소(HCN), 탄화수소(HC) 등

❷ 분진의 폭발 방지 및 방호

(1) 폭발 방지

　폭발은 가연성 물질과 산화제의 혼합과 충분한 점화에너지가 존재해야 한다. 이 중에 가연물이 산화제와 혼합하여 폭발범위 내에 있는 조건을 물질조건이라 하며, 점화에너지 또는 발화온도를 에너지조건이라 한다. 폭발 방지는 폭발사고의 발생을 미리 방지하는 사전대책으로서 물질조건과 에너지조건을 제어해야 한다. 분진의 폭발 방지대책으로는 분진의 퇴적 및 분진운의 생성 방지, 점화원의 제거, 불활성 물질의 첨가 등이 대표적이다.

이들 중에서 분진을 취급하는 공정에서는 분진운의 생성 방지는 거의 불가능하며, 불활성 물질의 첨가에 있어서도 불활성 가스나 분진의 첨가는 조업 중의 작업자나 제품의 품질때문에 불가능한 경우가 많아 점화원(點火源)을 제거하거나 제어하는 쪽이 가장 유리한 방법이 된다.

(2) 폭발 방호

앞에서 설명한 분진의 폭발 방지를 위한 완벽한 대책을 세우는 것은 거의 불가능하므로 폭발요소에 의해 사고가 발생할 가능성을 인정하고, 폭발 피해를 최소화하기 위한 방호대책이 필요하다. 즉 1차 폭발을 인정하고, 1차 폭발을 감지하여 2차 폭발로 발전하지 못하도록 방지하거나 특별한 방법을 통하여 1차 폭발을 배출하거나 봉쇄함으로서 피해를 최소화하기 위한 사후조치를 강구하는 방법이다.

① **폭발 봉쇄**

분진 폭발에 의해 발생하는 압력에 충분히 견딜 수 있는 구조로 만들어 용기 내에서 폭발이 끝나도록 분진 최대 폭발압력의 1.5배 이상의 강도를 갖도록 설계해야 한다. 경제적으로 불리하여 잘 사용하지 않으나 독성이 큰 물질로 폭발압력이 그다지 크지 않은 경우에 사용한다.

② **분진 폭발의 억제**

가스 폭발과 다른 분진 폭발의 특징은 1차 폭발의 폭풍에 의해 비산된 분진의 2차, 3차 폭발로서 이 사이에 존재하는 짧은 시간에 폭발을 감지하여 폭발억제제를 살포함으로써 2차 폭발을 방지할 수 있다.

③ **폭발압력 방산구조**

분진 폭발이 발생되었을 때 폭발압력을 적당한 장치나 방법을 통해서 외부로 방출하여 내부의 압력을 완화시켜 재해의 확대를 방지, 감소시키는 방법이다.

④ **공정 및 장치**

공정은 가능한 단위별로 분리 설치한다. 습식 공정을 사용하고, 분진의 퇴적을 막고 분진 취급 장치류는 밀폐하여 외부로 분진의 누출을 방지하도록 한다. 대기 중으로 방출하는 경우는 집진기를 사용하고, 공기수송방식의 경우 공기의 흡입은 안전한 장소로부터 하여 역화(逆火) 시에도 피해가 없도록 해야 한다.

⑤ **건물의 위치 및 구조**

가연성 분진을 취급하는 공장은 가연성 가스나 액체류를 사용하는 공상과 마찬가지로 가능한 건물을 개방식으로 하고, 위험성이 적은 건물과 격리시키도록 하는 것이 좋다. 건물의 구조는 분진이 쌓이기 어려운 구조로 하고, 건물의 내용적은 소형으로 하며, 문짝은 밖으로 열릴 수 있는 구조 등으로 한다.

3   주요 집진시설의 화재 및 폭발 대책

❶ 여과집진시설(Bag House)

여과집진시설은 함진가스를 여과포(Filter Bag)로 통과시켜 입자를 포집하여 분리하는 장치를 말한다. 여과방법은 여과포 안쪽에서 먼지를 걸러내는 '내면여과방법'과 비교적 얇은 여과재를 이용하여 표면에 초기 부착된 입자층을 여과층으로 하여 입자를 포집하는 '외면여과방법'으로 각각 구분한다.

여과집진시설 내부에서의 화재는 주로 피연물이 연소되는 과정에서 발생하는 불씨나 미연소된 오염물의 이동과정 중 여과집진시설 내부에 부착된 여과포에 옮겨 붙어 일어나는 원인이 대부분이다. 특히 폭발현상은 내부에 축적된 일산화탄소(CO, Carbon Monoxide) 등 불완전 연소물질이 여과집진시설 내부에 축적되어 산소가 부족한 환원성 분위기에서 발생할 수 있다.

따라서 이 현상을 방지하기 위해서는 여과집진시설 전단에서 오염물질을 완전연소시켜야 함은 물론이고, 여과집진시설 내부에 충분한 통기성을 부여해야 한다. 동시에 불씨가 배기가스와 함께 여과집진시설 내부로 유입되지 않도록 전단에 전처리기(Pre-Duster)나 스파크 박스(Spark Box)를 설치하고, 가스상 및 입자상 오염물이 여과집진시설 내부에 장기적으로 축적되지 않도록 해야 한다.

개보수 공사를 할 때에는 작업자가 안전수칙을 철저히 준수할 수 있도록 교육시켜야 하고, 여과집진시설 외부에서의 용접과정 중 불티가 열려 있는 맨홀(Manhole)로 들어가 여과포에 옮겨 붙지 않도록 주의하여야 한다.

❷ 전기집진시설(Electrostatic Precipitator)

전기집진시설은 장치 내부 불완전 연소가스의 환원성 분위기로 인해 화재 및 폭발이 발생할 수 있다. 여과집진시설과의 차이점은 내부 장치가 대부분 스틸(Steel) 계통이라는 점과 전기집진기 내부의 방전극(Discharge Electrode)에서의 코로나 방전으로 인해 스파크(Spark)가 상존하고 있다는 점이다.

따라서 스파크로 인해 화재 및 폭발이 발생하지 않도록 인입가스의 특성을 철저히 파악하여야 함은 물론 전기집진시설 내부에 불완전 연소된 가스가 축적되지 않도록 주의하여야 한다. 특히 소각로 및 저비중 재비산 분진을 처리하는 습식 전기집진시설에서 본체의 재질이 C-FRP인 경우는 내부 처리가스 온도를 FRP 재질의 내열온도 이하가 되도록 항상 모니터링(Monitoring)하여 화재의 경우에 철저히 대비하여야 한다.

경험상 큐폴라(Cupola)에서 배출되는 오염물질은 배기가스 내에 일산화탄소 등의 환원성 가스를 함유하는 경우가 많으므로 전기집진시설 구조 특성상 화재 및 폭발에 신중을 기하여 운전할 필요가 있다.

> **큐폴라(Cupola)**
>
> 주철(鑄鐵)을 용해하는 노(爐)의 일종으로 용선로(鎔銑爐)라고도 하며, 널리 사용되고 있는 노(爐)이다. 입식(立式) 원기둥 모양의 노체(爐體) 하부에 출탕구(出湯口), 출재구(出滓口)가 있고, 그 상부에 공기를 불어넣는 바람구멍, 최상부에 원재료와 코크스를 넣는 장입구가 있다. 개략적으로 큐폴라 배기가스 속에 포함된 주요 가스와 함유율은 일산화탄소(CO) 12%, 유황산화물(SO$_2$로서) 0.001%, 탄산가스(CO$_2$) 2.65%, 산소(O$_2$) 15.3% 등이다(CO 12%＝120,000ppm, 1%＝10^{4}ppm).

❸ 세정집진시설(Wet Scrubber)

세정집진시설 본체 재질은 대부분 FRP인 경우가 많아 내열온도 및 특성 등을 감안하여 인입 가스의 온도를 낮추어 설계해야 하는데, 통상 권장 설계온도 범위는 50~80℃ 미만이다.

> **FRP(Fiber Reinforced Plastics)**
>
> FRP는 합성수지 속에 섬유기재를 혼입시켜 기계적 강도를 향상시킨 수지를 총칭한다. 수명이 길고, 가볍고, 강하며 부패하지 않는 등의 특징을 살려 욕조, 요트, 골프클럽, 공업용 절연자재, 환경오염방지시설 등 폭넓은 용도에 사용되고 있다. 화학적으로는 유리섬유를 혼입하는 G-FRP와 탄소섬유를 혼입하는 C-FRP로 구별되며, 기초가 되는 수지에 따라서는 실리콘계, 페놀계 등으로 나눠진다.

운전 중에는 인입가스의 온도를 항상 감시할 수 있는 시스템을 구비해야 함은 물론, 불씨가 인입가스에 함께 딸려오지 않도록 유의하여야 한다. 특히 운전 중 세정집진장치 내부에 부착되어 있는 분사노즐이 막히지 않도록 점검을 철저히 해야 하고, 세정집진시설 전단의 설비 유지관리에도 만전을 기하여야 한다.

❹ 활성탄 흡착시설(Activated Carbon Adsorption Tower)

기체분자는 원자가 고체 표면에 부착하는 성질을 이용하여 오염된 기체를 고체 흡착제가 들어있는 흡착탑을 통과시켜 유해가스뿐 아니라 악취도 함께 제거하는 방법이다. 활성탄 흡착시설의 화재 발생원인과 대책을 살펴보면, 주로 용제를 다량으로 취급하는 업체, 특히 케톤(Ketone)류의 용제를 취급하는 흡착시설에서 화재가 빈번히 발생하고 있다. 예를 들면, 용제

회수장치나 라미네이팅 공정, 건조로 및 페인트 부스나 작업장 내 용제증기를 직접 흡착탑으로 연결하여 냄새를 흡착 제거하는 시설 등이다.

화재 요인은 크게 두 가지, '활성탄에 의한 원인'과 '장치 및 운전조건에 의한 원인'이다. 케톤용제가 분해되면서 생겨난 흡착열이 축적되어 불씨가 형성됨과 동시에 활성탄 입자끼리 서로 부딪혀 정전기가 발생하고 이로 인해 불씨가 형성된다. 케톤류의 용제를 취급하는 경우에는 어떠한 활성탄이나 장치라 하더라도 화재가 발생할 가능성은 잠재해 있음을 유의해야 하고, 원인을 알고 있다면 얼마든지 화재를 사전에 예방할 수 있다. 일반적인 흡착탑 화재방지법에 관하여 간략히 요약하면 다음과 같다.

① 발화온도 측면에서 산화물인 K 함량이 높은 야자각 활성탄은 약 300℃, 석탄계 활성탄은 약 350℃이므로 석탄계 활성탄이 다소 유리하다.

② 축열(畜熱)에 의한 발열(發熱)을 피할 수 있도록 형상이 균일한 조립 활성탄을 사용하는데, 이는 조립 활성탄(ϕ5mm)의 열방출성이 입상 활성탄(4~8Mesh)에 비해 훨씬 우수하기 때문이다.

> ✒ **Mesh**
>
> 체(篩)의 구멍이나 입자의 크기를 나타내는 단위로, 타일러 표준체(Tyler Standard Sieve)에서는 1인치(Inch) 길이 안에 들어있는 눈금의 수를 나타낸다. 한국에서는 KS A 5101(표준체에 의한 입도를 나타내는 단위)에 입도가 규정되어 있다. 일반적으로 메시(Mesh) 수(數)가 많을수록 눈은 가늘게 된다. 예를 들어, 10×20Mesh라고 하면 1인치(Inch) 안에 세로 10개, 가로 20개의 망눈이 있는 것을 의미하며, 같은 메시(Mesh)라 하더라도 망의 선경(線經)에 따라 공간율은 달라지므로 메시(Mesh)를 표기할 때는 선경(線經)도 같이 표시하기도 한다.

③ 활성탄의 원료로는 야자(Coconut)보다 유연탄(Coal)이 좋은데, 이는 흡착된 용제의 탈착성능 면에서 야자보다 유연탄이 훨씬 우수하기 때문이다.

④ 사영역(Dead zone)이 있으면 축열이 일어날 수 있으므로 활성탄층의 구조를 수직 또는 경사지게 하거나 활성탄층의 두께(높이)를 0.5m 이하로 설치한다.

⑤ 접촉시간을 2초 이하로 설계한다(선속도 0.2~0.4m/sec). 선속도가 0.2m/sec 미만이면 유속이 낮아 축열 가능성이 있다.

⑥ 흡착시설 전단에 습식 세정시설이나 열교환기 설치, 혹은 공기와 희석하여 온도를 70℃ 이하로 내려가게 한다. 물론 질소와 같은 불활성 기체를 주입하는 방법이 가장 간단하지만 대용량에서는 현실적으로 불합리하다.

⑦ 운전 초기에 흡착열이 발생하여 15~30분 후에는 점차 낮아지므로 물을 충분히 뿌려 주어 30분 정도 공기를 공회전시킨 후에 정상가동한다. 활성탄은 소수성(消水性)이고, 유기용매의 분자량은 물 분자량보다 크기 때문에 초기에 첨가된 물은 가동 중 자연히 탈착되므로 활성탄의 흡착능력을 감소시키지 않는다.

⑧ 흡착시설에 열전대(Thermocouple) 및 온도감지경보시스템(상한선 100℃ 또는 사업장의 환경에 따라 조정)을 설치하여 온도 상승 시 물이 자동분사되도록 안전장치를 설치해야 한다.

⑨ 가스 배출구에 일산화탄소(CO) 또는 이산화탄소(CO_2) 검지미터를 설치하여 발화 초기에 물이 분사되도록 안전장치를 설치할 수 있다.

⑩ 운전정지 시 유입가스를 온도가 낮은 공기로 전환시키고, 송풍기를 30분 정도 공회전하여 흡착탑 내부 온도를 50℃ 이하로 낮춘 다음 운전을 종료한다.

4 주요 집진시설의 화재 및 폭발 사례

❶ 집진설비의 정전기에 의한 화재폭발

P사업장에서는 당일 집진시설이 정상적으로 가동되고 있었으며, 운전조건이나 배합처방의 변경은 없었다. 집진된 분진은 약 10일마다 분진함(Dust Box)을 빼내어 처리하고 있었고, 분진함에는 집진된 분진이 조금 있었으며, 집진덕트 내에는 국소적으로 분진이 퇴적되어 있었다. 또한 집진설비는 분진이 발생하기 쉬운 장소에 국소배기 형태로 설치되어 있었으며, 특별한 발화원이 없었으므로 당초 집진기 내에는 화재경보설비가 별도로 없었다.

2번의 폭발음이 들렸고, 당일 작업자 중 일부는 덕트에서의 화재를 목격하고 진화작업을 하기 시작하였다. 작업자 중 1명은 1층에서 천장에 붙은 불을 발견하고 소화(消火)작업을 하였으며, 나머지 작업자는 폭발음을 듣고 달려와 제품 호퍼실의 화재를 소화하였다. 2층과 3층의 화재를 진압하고 옥상에 올라갔을 때 일부에서 또 화재가 발생하였고 도착한 소방차와 함께 옥상의 화재를 소화하기 시작하였다. 인적 및 물적 피해를 추산한 결과, 인적 피해는 없었고, 물적 피해로는 집진기 2대가 소손되고 변형되었으며, 배관, 계기, 전기기계기구가 일부 소손되고, 보관 중인 원재료도 다소 소손되었음을 확인할 수 있었다. 사고원인을 분석한 결과, 대전 접지불량때문에 발생한 정전기에 의한 착화였음이 최종 확인되었다.

❷ 여과집진장치(Bag House) 내 여과포 교체작업 중 화재

S사업장에서는 설비효율 향상 및 안전운전을 위해 여과포(Filter bag) 교체 및 세정을 목적으로 반제품 저장 사일로(Silo)에 설치되어 있는 여과집진시설을 분리하여 인근 작업장소로 이동하였다. 이때 작업을 용이하게 하기 위하여 여과집진장치를 눕혀야 하나 크레인 와이어 로프(Wire rope) 결착 고리가 없어 고리 부착의 필요성이 대두되었다.

크레인 와이어 로프 결착용 고리 설치를 위해 볼트 고정 용접작업을 하던 중 불티가 여과포에 인화되어 화재가 발생하였다. 화재가 발생되자마자 작업 중이던 작업자는 소화기 및 소화전을 이용하여 화재를 초기 진압할 수 있었다. 다행히 인적 피해는 없었으며, 물적 피해로는 초기진압 덕분에 솔레노이드 밸브 3개가 훼손되었으나 재사용 가능한 것으로 판명되었고, 화재진압을 위해 사용한 소화기 3대가 소모되었다.

당시 화재 발생 시 사업장 여과집진장치의 여과포 성분은 합성수지였고, 여과포에는 반제품 가연성 물질인 테레프탈산(CTA) 분말이 다량 존재하고 있었다. 당시 여과집진시설의 여과포 교체 및 세정작업의 목적은 설비효율 향상 및 안전운전이었다. 이후 S사업장 화재사고 원인을 분석한 결과를 소개하면 다음과 같다.

① 여과집진장치의 여과포 재질이 합성수지였으며, 여과포에 가연성 물질인 테레프탈산(CTA) 분말이 다량 존재하고 있음에도 불구하고 화기작업 유의절차 및 대응에 미숙하였다.
② 안전작업허가서 발행 시 화기작업사항을 기재하지 않았으며, 촉박한 작업일정을 이유로 안전상 준수절차가 간과되었다.
③ 작업현장에 작업감독자가 상주하지 않아 화기 통제작업이 제대로 이루어지지 않았다.

❸ 불완전연소가스에 의한 폭발화재

K사업장에서는 1호기 보일러의 시운전을 위해 보일러유로 점화를 한 후 온도를 높이기 위해 벙커-C유로 교체하여 운전하던 도중에 벙커-C유로부터 불완전연소가스(오일 또는 하이드로카본 미스트)가 전기집진시설 내로 흡입되어 폭발 가능한 분위기가 조성되었고, 얼마후 정전기 스파크(코로나 방전)에 의해 폭발하였다. 다행히 인적 피해는 없었고, 물적 피해로서 집진판 파손, 손잡이 등 구축물 변형, 보일러 연돌 내부 내화벽돌의 심한 균열과 함께 맨홀 뚜껑 등이 파손되었다.

사고를 분석한 결과, 보일러 내부에서 발생한 불완전연소가스와 스파크(Spark)에 의한 전기집진시설 폭발이 주원인인 것으로 밝혀졌다. 이후 개선조치 사항으로서 시운전 방법의 재검토와 함께 보일러 가동 전 위험요소를 충분히 점검하고, 전기집진기 맨홀은 방폭용 도어(Explosion Door)로 교체함과 더불어 운전요원에 대한 철저한 안전교육을 실시하였다.

본 사고가 주는 교훈은 사업장 운전 및 유지관리 매뉴얼(O&M Manual for Start-up)을 사전에 충분히 숙지한 후에 시운전 및 상업운전에 임해야 한다는 것이다.

❹ 유기용제에 의한 활성탄 흡착시설 화재

B사업장에서는 케톤(Ketone)류의 유기용제를 주로 사용하고 있었고, 대기오염방지시설로서 활성탄 흡착시설을 가동하고 있었다. 늦은 오후에 활성탄 흡착시설에서 화재가 발생하였으나

다행히 운전자가 통제실에 설치된 감시카메라(CCTV)를 통해 발견하여 신속히 대응함에 따라 큰 피해는 없었다. 원인은 사업장에서 사용하고 있는 케톤이 활성탄상에서 화학반응(산화 및 중합반응)을 일으키고, 이 반응열이 활성탄을 이상가열시켜서 활성탄이 착화되어 화재가 발생하게 된 것으로 추정되었다. 다행히 초기 화재진압으로 인해 인적 및 물적 피해는 거의 없었으며, 화재 발생 후 활성탄은 소손된 일부만 교체하여 재사용할 수 있었다.

통상 활성탄 중의 케톤 농도(흡착량)가 높아지면 활성탄 착화온도는 낮아지게 되는데, 이는 활성탄이 케톤을 많이 흡착할수록 착화하기 쉬워지며 이 상태로 공기 중에서 가열되면 화재가 일어날 가능성이 높아진다는 것이다. 활성탄의 사용상태도 활성탄의 화재에 영향을 줄 수 있는데, 특히 활성탄에 수분이 흡착된 경우에는 냉각효과에 의해 화재가 발생하기 어렵다. 또한 마이크로(Micro) 세공이 발달된 활성탄의 경우, 케톤 흡착 시 축열(畜熱)된 열의 발산이 쉽지 않기 때문에 케톤류 처리 시에는 중간 세공(Meso-Pore)이 잘 발달된 활성탄을 사용하는 것이 유리하다.

또한 탈착성이 불량한 활성탄을 사용하는 장치에는 주의가 필요하다. 탈착 중 활성탄층 내에서 부분적으로 탈착 부족이 생기는 경우, 즉 활성탄층에 사점(Dead spot)이 있는 경우나 활성탄층 내에서 편류가 생기기 쉬운 구조, 그리고 편류가 생기기 쉬운 활성탄을 사용하는 장치 등은 활성탄 착화에 따른 위험이 높아지므로 주의가 요구된다. 활성탄 착화를 막기 위해서는 활성탄을 충분히 냉각한 후에 흡착장치를 정지할 필요가 있으며, 특히 열방출성이 나쁜 활성탄을 사용하고 있는 경우는 정지 전 활성탄의 냉각에 주의가 필요하다. 이와 함께 촉매성이 높은 활성탄을 사용한 장치도 활성탄의 착화 위험성이 높아지므로 운전 시 주의가 요구된다.

NCS 실무 Q & A

Q 연소를 위한 필수 3가지 요소에 대하여 설명해 주시기 바랍니다.

A 어떤 물질이 연소하기 위해서는 다음 세 가지 요소가 꼭 필요한데, 이 세 가지 조건 중 어느 하나라도 충족되지 못하면 연소반응이 일어나지 않으며, 비록 연소반응이 일어나고 있다고 하더라도 타고 있는 물질의 불은 결국 꺼지게 됩니다.

① 연료(타는 물질)

불에 탈 수 있는 재료를 말하며, 고체연료(연탄, 나무, 종이, 숯, 초 등), 액체연료(석유, 휘발유, 알코올, 벙커-C유 등), 기체연료(천연가스, 뷰테인가스, 프로페인가스 등)가 있으며, 일반적으로 고체보다는 액체가, 그리고 액체보다는 기체가 연소성이 강합니다.

② 발화점 이상의 온도

불꽃이 직접 닿지 않고 열에 의해 자연점화되는 온도를 말하며, 연소를 위해서는 발화점(發火點) 이상의 온도가 가능한 열이 필요합니다.

③ 산소

일정량 이상의 산소가 있어야만 연소가 가능합니다.

환경기초시설 시공안전관리

1 환경기초시설의 시공안전관리 일반

환경기초시설의 시공안전관리란 사업시행 전반에 걸쳐 기상조건, 지반조건, 수리수문조건, 교통현황, 시공현장 주변 여건 및 민원 발생 등을 충분히 고려하여 환경기초시설 현장에서의 재해 최소화를 위한 방재계획과 환경안전관리계획을 전체적으로 수립하는 일련의 행위를 말한다.

환경기초시설 시공단계에서의 안전관리를 위해 공사수행을 위한 조직구성과 함께 정기적으로 안전교육을 실시함으로써 현장 구성원들로 하여금 안전에 대한 인식을 철저히 고취시켜야 한다. 이를 위해서 우선적으로 전체 공사비에 적정 환경안전관리비를 계상하여 이를 요율에 맞게 집행하여야 하고, 작업장 내 안전시설의 보강작업을 실시해야 한다. 실적 공사비 적산제도 등에 기인한 합리적인 공사비와 공사기간이 확보되어야 하며, 원청(발주사)과 하도급 등 건설공사 전반에 걸쳐 공정과 공기의 최적화를 위한 건전한 시공환경이 조성되어야 한다.

다시 말해, 환경기초시설의 시공안전관리를 위해서는 안전사고 예방을 위한 조직과 교육, 적정한 환경안전관리비의 계상 및 집행, 필요한 안전시설의 보강, 적절한 품질관리(Quality Control) 및 품질보증(Quality Assurance), 시설물의 Life Cycle 전 과정에 걸친 환경안전 개념 정립 등이 요구된다. 참고로 [그림 15-1]은 폐기물자원화(소각) 시설 관련 설비공사의 예이다.

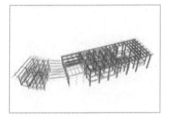
(a) 철골공사

(b) 환경기초시설동 공사

(c) 경비동 공사

(d) 소각로

(e) 폐열보일러(WHB)

(f) 대기오염방지시설

【 그림 15-1. 폐기물 소각시설 관련 설비공사(예) 】

※ 자료 : 박성복, 최신폐기물처리공학, 성안당

2 시공과정에서의 안전재해 요소 및 절차

❶ 안전재해 요소

일반적으로 시공현장 내 안전재해(安全災害)의 특징은 그 발생형태가 매우 다양하게 일어날 수 있는데, 사소한 재해가 대형재해로 발전한다거나 동시 다발적으로 복합재해로 이어질 수 있다는 점에 특히 유의해야 한다. 재해(災害)의 기본 요인 4가지를 소개하면 다음과 같다.

(1) 인적 요인(Man Factor)

인적 재해요인은 심리적 요인과 생리적 요인, 그리고 직장적 요인 등으로 구분할 수 있다.

(2) 설비적 요인(Machine Factor)

설비적 재해요인은 설비 및 공기구의 설계상 결함(안전개념 미흡), 표준화 미흡, 방호장치의 불량(인간공학적 배려 부족), 그리고 정비와 점검 미흡 등이다.

(3) 작업적 요인(Media Factor)

작업적 재해요인은 작업정보의 부적절, 작업공간 부족 및 작업환경 부적합, 그리고 작업자세, 작업동작의 결함, 작업방법의 부적절 등이다.

(4) 관리적 요인(Management Factor)

관리적 재해요인은 관리조직의 결함, 교육훈련의 부족, 규정과 매뉴얼 불비(不備), 부하에 대한 지도, 감독 결여, 적성배치 불충분, 건강관리의 불량 등이다.

❷ 안전시공 절차

안전시공을 위해서는 관련 절차 및 방법 등이 중요하므로 환경기초시설 현장에서는 초기계획 시 수립된 시공절차 및 방법을 충분히 숙지하는 노력이 필요하다. 안전시공을 위한 조사·계획단계부터 시공까지 필요한 개략적 절차를 소개하면 다음과 같다.

① **조사 및 계획** : 사업계획의 결정을 위한 전(前) 단계
② **설계** : 설계도, 설계서, 일반 및 기술시방서
③ **시공** : 시공계획, 시공관리, 검사(Inspection)
④ **공용** : 시설물의 인도

환경기초시설의 철저한 시공을 위해서는 시공을 위한 생산수단을 합리적으로 결합하여 신속하고 값이 싸면서도 품질을 좋게, 그리고 안전하게 계획하는 것이 중요하다. 따라서 시공관리에서는 공정관리, 원가관리, 품질관리, 안전관리를 크게 4대 기본원칙이라고 하며, 이들은 항상 독자적이 아닌 상호 연관성을 갖고 있는 것이 그 특징이라고 하겠다([그림 15-2] 참조).

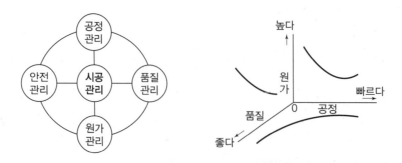

【 그림 15-2. 시공계획의 4대 기본원칙 】

※ 자료 : 박성복, 최신폐기물처리공학, 성안당

환경기초시설 시공관리에 있어 제1단계는 계획수립, 제2단계는 계획에 입각한 실시, 그리고 제3단계는 계획과 실적을 비교하여 계획보다 지연 시 수정 조치사항을 수립하는 것이다. 시공현장에서 총 책임을 지는 현장소장(Construction Manager)은 일종의 소사장(小社長)으로서의 최고경영자(CEO) 역할을 하게 되며, 한시적으로나마 그 현장은 독립채산제 회사로 인정받기도 한다.

소사장인 현장소장(CM)은 공사 완료 시까지 주어진 책임을 성실히 수행해야 함은 물론, 당초 실행예산 준수 및 절감에도 신경을 써야 한다. 권한과 책임이 막강한 현장소장은 공기 준수를 목표로 시공 전반을 관리하는 역할 외에 경영, 심리학, 회계, 재무는 물론 철학까지도 어느 정도 감각을 겸비해야 하는 직책이다. 또한 현장의 모든 작업자들이 시공에 필요한 기술, 공법, 관리에 대하여 제도적인 보완과 교육을 통하여 현장용 조직기능을 탄력성 있게 구성해야 한다.

심화학습

중장비 안전관리 절차

중장비는 지게차, 크레인, 고소작업차(High Place Operation Car, 高所作業車, 일명 '스카이'라고도 함) 등 현장에 출장되는 모든 장비를 말하는 것으로서, 정해진 절차에 의해 장비 사용계획을 수립하게 된다. 중장비 작업계획서에는 작업계획서, 산재보험가입증명서, 등록증, 보험증, 면허증 등이 첨부되어야 한다. 이렇게 제출된 작업계획서는 장비 점검기록지(Check List)에 근거하여 현장여건에 맞게 장비 점검을 실시한다. 허가를 얻은 계획서는 장비 작업구간(또는 장비 내)에 비치한 후에 작업을 실시하게 되는데, 만약 부적격하다고 판단될 경우는 계획을 수정 보완하여 다시 승인절차를 밟아야 한다. 이후 승인된 계획서를 바탕으로 장비기사 안전교육을 실시한 후 현장에 투입한다.

3 환경기초시설 시공단계에서의 안전관리대책

❶ 시공현장 안전사고 유형

(1) 폭발(暴發)·붕괴(崩壞)

시공현장의 굴착 혹은 대형 물질의 파쇄를 위해 화약류를 사용하거나 불완전연소가스 물질로 인한 환원성 분위기에 의해 폭발·붕괴되는 사고 유형이다.

(2) 낙석(落石)

폐기물처리시설 시공현장 내에서 비탈면이나 대절토 깎기작업 시 발생할 수 있는 바위덩어리나 석재 등이 갑자기 흘러내리는 현상이다.

(3) 감전(感電)

시공현장에서 사용된 전선의 피복이 벗겨지거나 작업자의 안전장구(장갑, 안전화 등) 미착용, 전기 관련 안전교육 미흡 등에 따른 신체에의 불완전 통전현상이 주원인이다.

(4) 화재(火災)

용접작업 시 비산되는 불꽃에 의하거나 전기합선, 낙뢰, 건설현장 내 폐기물 보관장 등에서 가연성 물질의 자연연소 등에 의해 주로 발생할 수 있다.

(5) 추락(墜落)

시공현장에서의 고소작업, 작업발판 설치 불량, 안전보호구 미착용(안전모, 안전벨트 등), 검정미필 자재 사용, 비정기적인 현장점검, 안전교육 미흡 등에 의한 사고 유형이 여기에 해당한다.

(6) 낙하(落下)

시공현장 보관자재의 불량적재, 현장 작업자의 부주의, 과부하 등의 원인에 의해 물체가 아래로 떨어져 발생하는 안전사고 유형이다.

(7) 낙뢰(落雷)

기상적인 요소에 의해 발생하며, 낙뢰경보기 미설치, 낙뢰 발생 경보 시 발파작업 중지 및 안전한 장소로의 대피 등이 지켜지지 않았을 경우 발생하는 안전사고 유형이다.

(8) 전도ㆍ압착

자재적재 시 받침목의 불안정, 장비후진 시 부주의 및 미경보음, 각종 장비 및 기구 사용 시 안전작업 절차를 준수하지 않으므로 인해 주로 발생하는 사고 유형이다.

❷ 환경안전관리계획 수립

(1) 시공을 위한 환경안전관리계획

시공을 위한 환경안전관리계획으로는 환경안전계획 수립, 환경안전계획의 운영, 대상 현장의 환경안전관리 활동, 환경안전관리조직 및 업무분장, 국내 법령상 환경안전관리계획(사전 안정성 평가), 환경안전관리비 등과 관련된 실행계획(Action Plan)을 수립하는 것 등이다.

그리고 사업장 및 시공현장 등에서의 안전관리 사이클은 계획(Plan), 실시(Do), 평가(Check), 조치(Action)와 같이 4단계로 구분하며, 단계별 안전방침 및 절차는 다음과 같다.

① 안전관리를 위한 계획(Plan) 단계

이 단계에서는 위험요인과 법규 및 기타 요건 등을 파악하며, 목표 수립과 안전보건경영 세부 추진계획을 수립한다.

② 안전관리를 위한 실행 및 운영(Do) 단계

시스템의 구조 및 책임, 안전훈련 인식과 적격성, 안전관리 문서화 및 문서관리, 안전관리를 위한 운영관리, 비상사태 및 대응 등이다.

③ 안전관리 절차에 대한 시정 및 예방조치(Check) 단계

안전관리 절차에 대한 모니터링 및 측정, 부적합과 시정 및 예방조치, 안전관리 절차 기록, 안전감사를 실시한다.

④ 조치 혹은 경영검토(Action) 단계

이러한 계획, 실행 및 운영, 시공 및 예방조치 단계를 통한 지속적인 개선단계를 반복하여 더 좋은 사업장이나 건설현장을 조성해 안전성이 확보될 수 있도록 한다.

[그림 15-3]은 상기 설명을 바탕으로 작성한 사업장 안전관리 절차와 방법에 대한 모식도이다.

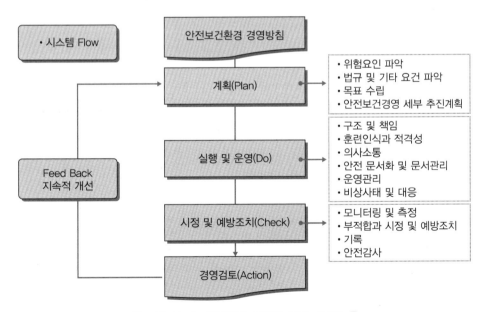

【 그림 15-3. 안전관리 절차와 방법 모식도 】

폐기물처리시설 시공과정 중 발생할 수 있는 환경안전사고 사례를 몇 가지 소개하면 다음과
같다.

(2) 사례 연구

① 사례 1 : 폐기물처리시설 시공 중 중량물에 협착

폐기물처리시설 시공현장 내 철구조물의 수평을 맞추기 위해 중량물을 들어올리는 전동
자키를 이용, 받침대를 들어올리다가 받침대가 넘어지면서 지면과 받침대 사이에 협착
(狹窄)된 사례로서, 이는 중량물의 받침대 한쪽을 전동 파렛트 트럭(일명 '전동 자키')으
로 과도하게 들어올리다가 받침대가 전도되는 경우이다. 이와 같은 사고를 방지하기 위
해서는 중량물 하부작업 시에는 보조 안전블록을 설치하여 불의의 전도에 따른 2차 예방
조치를 해야 하며, 중량물을 조금이라도 이동 또는 인양하는 경우에는 수동장비(手動裝
備)를 사용하지 못하도록 해야 한다.

② 사례 2 : 폐기물처리시설물 보수 중 협착

회전시설의 지하 피트(Pit)에서 정비작업을 하다가 정비요원이 작업하는 것을 모르던 시
설운전요원이 시설물을 가동하여 회전하는 프레임에 협착되는 사례로서, 이는 설비의 지
하 출입문이 열려 있는데도 내부의 이상 여부를 확인하지 않은 채 설비를 가동시키는 경
우와 정비작업자가 설비의 전원을 차단하지 않은 채 작업을 하는 경우 등에 발생한다.
본 사고는 설비 보수작업이나 점검 시에는 사전에 운전자 등에게 통보하고, 관련 부서간
의 사전협의를 통해 안전조치를 철저히 해야 한다는 교훈을 준다. 또한 시설물의 정비용
출입문 등에는 리밋스위치(Limit Switch)를 설치하여 작업자가 무단출입하는 경우 자동
적으로 정지되도록 하여야 한다.

③ 사례 3 : 폐기물소각시설 건설부지에서 공사용 포크레인이 후진하면서 충돌

포크레인이 후진하다가 후방의 작업자를 확인하지 못하고 치는 사례로서, 포크레인의 접근
위험반경 내에서 작업을 하는 경우와 신호수를 배치하지 않는 경우에 발생할 수 있다.
대책으로는 중장비 작업 시 반드시 안전거리를 확보하여 작업자의 접근을 방지하도록 하며,
현장 감독자 및 신호수를 배치하여야 한다.

④ 사례 4 : 질소(N_2)가스에 의한 질식

질소가스가 들어있는 호퍼 내부에서 질식하는 사례로서, 이는 안전교육을 형식적으로 시
행하는 경우와 생산량 증가에 따른 인력 부족으로 인해 정확한 안전교육 없이 연수생을
현장에 투입하는 경우 등에서 빌생한다. 본 사고가 주는 교훈은 안전작업표준서를 공
정 특성에 맞게 재정비하고, 신규 인력에 대해서 안전교육을 철저히 실시하도록 해야 하
며, 생산부서와 안전부서 간의 상호 점검을 통해 공정안전에 대한 관리감독체계를 확립
하도록 해야 한다는 것이다.

⑤ 사례 5 : 폐기물처리시설 용접작업 중 질식

제작 중인 철구조물 장비의 기둥부분 내부 칸막이 용접작업 중 사고자가 방진마스크를 착용한 채 질식하는 사례로서, 이는 밀폐공간에서 용접작업 중 질식하는 경우와 개인 질병으로 인해 발생하는 사고 유형에 해당한다. 이를 방지하기 위해서는 실내 용접작업 시 환기를 철저히 해야 하며, 협력업체 인력을 신규 채용하는 경우에는 건강진단 결과표를 함께 확인하는 습관이 필요하다.

⑥ 사례 6 : 폐기물처리시설 내 세차(洗車)용 폐수 무단 유출

사업장 내 세차장에서 발생된 세차 폐수가 Overflow되어 인근 우수관로로 유출되는 사례로서, 세차장의 배수로 및 여과필터를 정기적으로 청소하지 않아 폐수가 주변 우수관로로 유출되는 경우와 최종 배출구에 유수분리시설이 설치되지 않은 경우, 그리고 세차장 관리책임자의 허가 없이 시설을 임의로 사용하거나 이용 수칙을 위반하는 경우 등이 주원인이다. 이와 같이 세차물 무단 유출을 방지하기 위해서는 폐수가 외부로 유출되지 않도록 배수로에 대한 점검을 강화하고, 우수로의 최종 방류구에는 유수분리기(油水分離機)를 설치하여 기름성분의 하천 유출을 방지하여야 한다. 또한 모든 환경안전시설에 대하여 책임자를 선임하고, 우발적인 환경안전사고에 대비한 긴급대응체계를 구축하여 정기적인 방재훈련을 실시하도록 한다.

⑦ 사례 7 : 세정흡수장치에서 염화수소 농도 초과

대기오염방지를 목적으로 설치된 세정흡수장치 배출가스 중 염화수소 농도가 높거나, 법적 배출허용기준을 초과하는 사례이다. 이는 세정흡수장치를 설치한 후 장기간 가동을 하지 않다가 자체 측정기준으로 재가동 신고를 하는 경우이거나, 세정흡수장치 내부에 설치된 분무노즐의 막힘현상으로 내부 차압이 올라가는 경우, 그리고 환경법규가 강화되었음에도 불구하고 재가동 신고 시의 배출허용기준을 최초 설치 시 배출기준으로 적용하는 것으로 착각하는 경우 등에 기인한다. 이를 방지하기 위해서는 장기간 가동정지 후 재가동하는 환경시설에 대해서는 처리효율과 설비의 이상 유무를 정확히 확인하여 정상상태에서 오염도 검사를 받도록 해야 한다. 아울러 환경시설에 대해서는 책임자를 선임하고, 시설의 이상 유무를 직접 확인할 수 있는 점검기록지(Check List)에 의해 일상점검 및 정기점검을 실시한다.

4 적정 환경안전관리비 계상

❶ 환경안전관리비 대상

환경안전관리비에 있어 '환경보전비'란 공사를 진행하며 발생하는 환경유해요인들을 방지하기 위해 사용하는 비용을 말한다. 예전에는 비산먼지 발생 전담 노무자(환경요원)를 많이 사용하였으나, 현재는 빗자루, 살수차, 부직포 등의 먼지 발생 및 소음 발생 방지의 용도 등으로 많이 사용되고 있다. 환경보전비 적용 대상 여부와 관련하여 최근 국토해양부 질의회신 자료를 소개하면 다음과 같다.

(1) 적용 대상 (※ 환경오염방지시설은 환경 관련 법령에 규정된 시설)

① 환경보전시설 설치 및 운영 비용
  ㉠ 살수용 차량이나 물탱크 구입비 및 임대료
  ㉡ 비산먼지 방지를 위한 분진막 설치비 및 임대료
  ㉢ 이동식 간이화장실 설치비 및 임대료
  ㉣ 집진시설 설치비 및 임대료
  ㉤ 가설 방음벽 설치비 및 임대료
  ㉥ 세륜(洗輪)시설 설치비 및 임대료
  ㉦ 고압 분무기 및 고압살수시설 구입비 및 설치비
  ㉧ 가설 사무소용 오수정화시설 설치비
  ㉨ 부직포(방진덮개용) 구입비
② 환경계측 비용
  ㉠ 환경기술개발 및 지원에 관한 법률에 의한 위탁측정비용
  ㉡ 환경자료 및 홍보물 구입비
③ 환경자료 및 홍보물 구입비용
  ㉠ 환경법규 및 홍보자료 구입비
  ㉡ 환경 홍보용 게시물 및 플랜카드 설치비
④ 환경 관련 인건비용 : 살수용 차량 등 환경보전시설 설치 및 운용에 관한 인건비
⑤ 환경교육에 필요한 비용 : 환경기술인 교육 및 현장 직원들을 대상으로 한 환경교육 관련 비용

(2) 비적용 대상 (※ 폐기물처리비 및 환경보전비가 엄격히 구분되어 있음)

① 청소도구(빗자루, 쓰레받기, 삽 등) 구입비

② 집게 구입비

③ 쓰레기 봉투 구입비

④ 마대(단순 쓰레기 처리용) 구입비

⑤ 진공청소기(단순 청소용) 구입비

⑥ 현장청소 인건비

⑦ 순환골재 구입비

⑧ 폐기물 처리비

⑨ EGI 펜스(추락방지용) 구입비

⑩ 부직포(일반용) 구입비

⑪ 가설사무실 청소 인건비

⑫ 마스크, 장갑(단순 청소용) 구입비

환경보전비 정산을 위한 제출 증빙서류에 있어 각 지출금액의 세금계산서 사본, 무통장 입금증 사본, 영수증 사본, 인건비의 경우 지급명세서 사본, 신분증 사본, 교육의 경우 교육사진, 교육훈련비의 경우 교육수료증 사본 등을 첨부해야 한다.

❷ 환경보전비 계상

환경기초시설에 소요되는 공사비는 산출내역서에 일위대가 형태로 작성되거나(직접 공사비), 공사원가계획서에 환경보전비 항목으로 비율 계상(공사 종류별) 중에서 선택적으로 적용한다. 보통은 내역서에 일위대가 형태로 넣지 않고, 원가계산서상 비율로 계상하기 때문에 내역에 일위대가(표준품셈에 의한 산출방식)를 작성해서 별도로 넣지 않는다.

여기서 일위대가(Breakdown Cost)란 해당 공사의 공종별 단위당 소요되는 재료비(材料費)와 노무비(勞務費)를 산출하기 위하여 품셈기준에 정해진 재료 수량 및 품 수량에 각각의 단가를 곱하여 산출한 단위당 공사비, 즉 단가(單價)를 말하고, 품셈은 공사를 하는 데 있어 기본이 되는 단위(m, m^2, m^3 등)에 소요되는 재료, 인력 및 기계력을 수량으로 표시한 것을 말한다. 실무 이해를 돕기 위하여 표준품셈, 예정가격 산정절차, 비목별 세부내용 등으로 구분하여 소개한다.

(1) 표준품셈

표준품셈은 1970년부터 시행되었으며 표준품셈이 시설공사 예정가격을 산정하기 위한 기초자료로 본격적으로 활용되기 시작한 것은 40여 년 전으로 거슬러 올라간다. 지난 1970년 1월 20일, 당시 경제정책을 총괄하던 경제기획원에서 표준품셈을 제정·시행한 것이 본격적인 출발점이 되었으며, 특히 국가계약법 및 지방계약법, 관련 회계예규에서 상세히 규정한 '공사원가계산' 방식에 의해 표준품셈은 시설공사 예정가격 작성의 기초자료로 널리 쓰이게 되었다. 이후 표준품셈에 관한 업무는 지난 1976년 경제기획원에서 각 부문별 소관 부처로 이관되어 오늘에 이르고 있다. 이에 따라 현재는 각 부문별로 표준품셈의 소관 부처와 관리기관이 나뉘어 있다.

우선 정보통신 부문의 경우 방송통신위원회를 소관 부처로 한국정보통신공사협회에서 관리업무를 위탁 · 수행하고 있고, 토목 · 건축 · 기계설비 부문은 국토교통부(前 국토해양부)를 소관 부처로 한국건설기술연구원이 관리업무를 맡고 있다. 또 전기 부문은 산업통상자원부(前 지식경제부)를 주무부처로 대한전기협회에서 관리업무를 수행하고 있다.

(2) 예정가격 산정절차

일반적으로 '공사원가계산' 방식에 의한 예정가격 작성은 설계도면을 근거로 이루어지는데, 그 세부절차를 보면 우선 공법 및 작업방법 등을 고려해 시공계획을 수립하고 이에 따라 필요한 작업공종을 도출하게 된다.

다음은 작업공종별로 수량을 산출하고 시공에 필요한 노무 · 자재 · 기계의 소요량과 각각의 단위당 가격을 산출하는 단계이다. 여기서는 보통 일위대가를 작성하게 된다. 이 단계에서는 표준품셈과 물가정보지(견적 포함), 시중 노임 등을 활용하게 된다.

특히 일위대가와 작업공종별로 산출된 수량과 단가 등을 계산해 재료비와 노무비, 기계경비 등을 산정하게 된다. 아울러 각종 경비와 일반관리비, 이윤 및 부가가치세(VAT : Value Added Tax) 등을 합산하는 등 여러 과정을 거쳐 총 공사원가를 산출해 예정가격을 결정하게 된다.

심화학습

부가가치세(VAT)

부가가치세(附加價値稅, Value Added Tax 혹은 Goods and Services Tax)란 제품이나 용역이 생산 · 유통되는 모든 단계에서 기업이 새로 만들어내는 가치인 '부가가치'에 대해 부과하는 세금으로서, 국내는 1977년부터 실시하였다.

부가가치세(소비세)는 프랑스 재무부 관리인 모리스 로레가 고안한 간접세의 한 종류이다. 재화와 서비스의 거래에서 발생하는 부가가치에 주목하여 과세하는 구조이기 때문에, 서양에서는 VAT(Value Added Tax) 또는 GST(Goods and Services Tax, 소비세)로 불린다. 1954년 프랑스에서 처음으로 도입되었고, 1971년 벨기에가 이어서 도입을 하였으며, 1973년에는 영국에서 도입을 하였다. 영국은 식료품과 어린이 용품은 과세를 하지 않았다. 대한민국은 1977년 7월 1일부터 시행되었고, 일본은 1989년 3%의 소비세를 도입하였다.

회계예규 '예정가격 작성기준'에 명시되어 있는 공사원가계산 방식의 비목은 공사 목적물을 시공하는 데 소요되는 재료비와 노무비, 경비 등의 순공사 원가와 일반 관리비, 이윤, 부가가치세 등의 비목으로 구성된다. 여기서 표준품셈은 순공사 원가의 노무비 중 직접 노무비의 산정에 활용되고 있다.

(3) 비목별 세부내용

국내 회계예규에서 규정하고 있는 '공사원가계산' 방식의 비목별 세부내용을 살펴보기로 한다.

① 재료비(材料費) : 직접 재료비와 간접 재료비로 구성된다. 직접 재료비는 공사 목적물의 실체를 이루는 물품의 가치를 의미하며, 간접 재료비는 공사 목적물의 실체를 형성하지는 않으나 공사에 보조적으로 소비되는 물품의 가치를 말한다.

② 노무비(勞務費) : 직접 노무비와 간접 노무비로 구성된다. 직접 노무비는 계약 목적물을 완성하기 위해 직접 작업에 종사하는 노무자에 의해 제공되는 노동력의 대가로서 기본급과 제수당, 상여금, 퇴직급여충당금의 합계액을 의미하며, 간접 노무비는 작업현장에서 보조작업에 종사하는 노무자, 현장 감독자 등의 기본급과 제수당, 상여금, 퇴직급여충당금의 합계액으로 직접 노무비율에 간접 노무비율(간접 노무비/직접 노무비)을 곱해 계산한다.

③ 경비(經費) : 재료비와 노무비를 제외한 공사원가를 의미하는데, 전력비와 수도광열비, 운반비, 기계경비, 각종 보험료, 기타 법정경비 등 24개의 세목으로 구성된다.

④ 일반 관리비(一般管理費) : 기업의 유지를 위한 관리활동 부문에서 발생하는 제비용이다.

⑤ 이윤(利潤) : 기업의 영업이익으로서 노무비, 경비와 일반 관리비의 합계액에 일정한 비율을 적용해 산정하게 된다.

Q 시공현장에서의 안전조회(TBM) 목적과 크레인(Crane) 인양작업 수행 시 관리사항에는 어떤 것이 있는지 알려주시기 바랍니다.

A 먼저 안전조회(TBM)란 작업자들에게 작업계획을 철저하게 주지시키는 자리로서, 작업계획을 추진할 때 관계 작업자가 이해하기 쉽도록 흑판, 괘도, 도면 등을 사용해 설명하게 됩니다. 안전조회는 작업자에게 지시사항을 철저하게 전달하고, 사전위험예지를 행하며, 현장 감독자와 관계 작업자 간에 충분한 의사소통을 유도하는 자리이기도 합니다.

그리고 크레인(Crane)을 이용한 인양작업 시에는 사전에 작업 여건을 확인해야 합니다. 크레인이 놓일 위치의 지질상태와 다른 작업차량들과의 간섭사항, 고압전선이 주변에 있는지, 크레인의 붐대가 운반하는 물질의 무게를 견딜 수 있는지 등을 충분히 고려하여 작업에 임해야 합니다.

열유체 유동 시뮬레이션 및 대기확산모델링

1 열유체 유동 시뮬레이션 일반

❶ 열유체 유동 시뮬레이션의 정의

열유체 유동 시뮬레이션은 전산유체역학(CFD : Computational Fluid Dynamics)을 이용하여 컴퓨터에 의해 각종 반응기나 연소실 등과 같이 일정한 형상을 갖는 장치 내부의 유체에 대한 여러 가지 물리 · 화학적 특성값을 예측하는 방법을 말한다. 전산유체역학을 이용한 시뮬레이션의 기본 원리는 자연법칙에 의해 지배되는 열유체 유동현상을 미분방정식 형태의 지배방정식으로 표현하고, 이를 수치해석에 적합한 형태로 변환시켜 고성능의 컴퓨터를 이용하여 해를 구하게 된다.

❷ 주요 특징 및 향후 해결과제 전망

(1) 주요 특징

① 실제적인 조건에 대해 다양하게 모사하는 능력

② 실험으로 곤란한 이상적인 조건에 대한 예측능력

③ 아주 상세하고 광범위한 정보를 제공

④ 실험에 비해 비용이 저렴하고, 소요시간을 고려할 때 효율적임.

⑤ 설계와 개발에 소요되는 시간을 현저하게 감소시켜 줌.

(2) 향후 해결과제 전망

① 전산비용의 저렴성과 계산속도 → 전산기의 성능 및 연산속도

② 전산해의 정확성 향상 → 적절한 해법의 선정, 적절한 물리모델의 개발 및 적용, 격자망 구성의 적합성

③ 프로그램의 일반성 → 다양한 문제를 정확하고 편리하게 해석하고, 사용자가 사용하기 편리하도록 구성

❸ 전산유체역학 소프트웨어(S/W)의 종류 및 적용 분야

(1) 전산유체역학 소프트웨어의 종류

현재 상용화되어 사용되고 있는 열유체 유동 해석용 응용소프트웨어로는 FLUENT, FIDAP, FLOW3D, PHOENICS, ADINA 등이 있으며, 이들 소프트웨어는 전처리 프로그램인 Pre-Processor와 계산용 프로그램인 Solver, 그리고 후처리용 프로그램인 Post-Processor가 하나의 패키지로 구성되어 있다. 아울러 전처리 작업을 보다 효율적으로 할 수 있는 PRE 전용 프로그램이 개발되어 있는데, ICEM, IDEAS, PATRAN 등이 비교적 널리 사용되고 있다.

〈표 16-1〉은 열유체 유동 해석용 응용소프트웨어 현황을 요약한 것이다.

〈표 16-1〉 열유체 유동 해석용 응용소프트웨어(S/W) 현황

용 도	CODE 명칭	주요 이용 분야	제작사
열유체 해석 범용 S/W	FLUENT	유동해석(압축성) 전반	美 FLUENT
	FIDAP	유동해석(비압축성)	美 FDI
	FLOW-3D	유동해석 전반	英 AEA / ADI
	PHOENICS	유동해석 전반	英 CHAM
	ADINA	유동해석 전반	美 ADINA R&D Inc.
열유체 해석 단품 S/W	FLOVENT	HVAC 등 공조해석	英 FLOMERICS
	FLAIR	건축 및 공조해석	英 CHAM
	GENTRA	Particle Tracker	英 CHAM
	FLOWTHERM	주로 전자제품 내 유동성	英 FLOMERICS
	MODFLOW	지하수 유동예측	–

※ ADINA : Automatic Dynamic Incremental Nonlinear Analysis의 약자

자료 : 한국환경기술단(KETEG), 환경에너지 설계 자료집(개정), 2018년

(2) 전산유체역학 소프트웨어의 적용 분야

컴퓨터 시뮬레이션을 통한 열유체 유동해석은 전 세계적으로 이미 보편화되어 있는 기술로 여러 분야에 널리 적용되고 있다. 국내에도 산업체를 비롯한 연구소, 관련 기관 등에서 여러 종류의 상용 소프트웨어를 도입하거나 자체 개발하여 설계에 활용하고 있으며, 컴퓨터의 발달과 함께 이용도가 점차적으로 증가되고 있는 추세에 있다.

상기 Fluent 코드를 기준으로 한 전산유체역학 소프트웨어의 주요 적용 분야에는 환경, 화학 공정 및 장치, 발전, 공조, 자동차 등이 있으며, 분야별 상세 적용 범위는 다음과 같다.

① 환경 분야(Environmental)

　　㉠ Dispersion of Contaminants and Effluents, Fume Abatement

　　㉡ Flow Arounding Building, NO_x Prediction, Fire Research

　　㉢ Design of Manifold/Flow Distribution Systems

　　㉣ Flow Gas Clean-up Equipments

② 화학공정 및 장치 분야(Chemical Process & Equipments)

　　㉠ Chemical Reactor Modeling, Liquid/Gas Cleaning

　　㉡ Mixing of Components, Heat Exchangers

　　㉢ Flow in Stirred Tank Reactors

③ 발전 분야(Power Generation)

　　㉠ Burner & Furnace Design, Coal/Oil/Gas Combustion

　　㉡ Super Heater & De-super Heater

　　㉢ Cooling Tower Design

④ 공조 분야(HVAC : Heating Ventilating and Air Conditioning)

　　㉠ Flow in Ducts and Manifolds, Spray Cooling and Humidification

　　㉡ Air to Air & Air to Liquid Heat Exchangers

⑤ 자동차 분야(Automotive)

　　㉠ Vehicle Body External Aerodynamics

　　㉡ Intake and Exhaust Ducts and Manifolds

　　㉢ Engine Cooling System, Air and Oil Filter Flows

⑥ 기타 분야(Others)

　Aerospace, Electronic/Computer, Material Processing etc.

Mixing Tank

Flow around the Building

Low NO$_x$ Burner Simulation

SCR Reactor Design

Room Air Flows

Airflow Around Buildings

FGD Duct Design

HVAC Ductwork

Incinerator Design

Industrial Ventilation

【 그림 16-1. 전산유체역학(CFD)의 적용 사례 】

※ 자료 : 한국환경기술단(KETEG), 환경에너지 설계 자료집(개정), 2017년

2 전산유체역학 소프트웨어(S/W) 활용 및 실무 적용사례

❶ 전산유체역학 소프트웨어(S/W) 활용

전산유체역학 소프트웨어는 선진국은 물론 국내에서도 여러 종류의 범용 소프트웨어가 개발 시판되어 실무에 적극 활용되고 있다. 적용에 있어 복잡한 형상과 특성을 갖는 일부 대상물의 경우는 해석의 제한성을 갖는 문제점이 있으나, 전산유체역학 분야의 발전 추세를 볼 때 향후 적용 폭은 더욱 넓어지게 되고, 해석의 제한성 또한 충분히 극복될 것으로 예측된다.

❷ 실무 적용사례

앞서 설명한 바와 같이 전산유체역학 소프트웨어는 다양한 분야에 적용되고 있으며, 적용 폭 또한 상당히 커지고 있는 추세이다. 전기집진장치 입구 내 배기가스 유동현상 예측이라든지 폐기물 소각로 연소실 유동해석 및 온도 예측, 그리고 바이오 필터(Bio-Filter) 설계 기술 개발 등 각 분야에 다양하게 적용되고 있다.

(1) 전기집진장치 입구 내 배기가스 유동현상 예측

① 적용 목적 : 전기집진장치 효율 증대를 위한 유동해석 및 적용 기법 개발
② 결과물
　　㉠ 디퓨저(Diffuser) & 덕트 배열설계 최소화(설비를 위한 소요부지 최소화)
　　㉡ 설비 내 유동 균일화를 위한 유동장 예측(다공판 유동 균일화에 적용)

(2) 폐기물 소각로 연소실 유동해석 및 온도 예측

① 적용 목적 : 산업폐기물 소각로 성능 개선 및 핵심요소 기술개발
② 결과물
　　㉠ 연소실 형상 최적 설계
　　㉡ 연소가스 체류시간 예측 및 유동현상 파악
　　㉢ 연소실 내 온도분포 예측(최적 제어지점 선정)

(3) 바이오 필터 설계 기술개발에 적용

① 적용 목적 : 반응기 내 유동예측을 통한 형상설계 최적화
② 결과물
　　㉠ 균일한 흐름 유도, 미생물용 담체(Media)의 적절한 배치
　　㉡ 설비의 콤팩트와 반응효율 증대(설비를 위한 소요부지 최소화)

지금부터는 실제 적용사례로서 생활폐기물 소각로(Stoker Type) 연소실 내부 전산유체역학 적용 시뮬레이션 결과를 소개하고자 한다.

본 시뮬레이션은 열유체 유동해석 소프트웨어인 Fluent/UNS 4.2 및 슈퍼컴퓨터(HP Exemplar)를 사용하였으며, 고형 쓰레기를 발열량(기준 : 1,600kcal/kg) 및 연료성분이 유사한 가스상 연료($C_xH_yO_z$)로 가정하여 연소현상을 분석하였다.

먼저 노(爐) 내 유동특성을 살펴보면, 1차 연소실 노즈(Nose) 부위에 의한 건조가스의 순환 영역에서 연소영역으로의 혼합현상이 활발히 이루어지고 있고, 2차 연소실 입구 노즈 입구 후반부에서는 격렬한 교반이 이루어져 완전연소에 필요한 충분한 체류시간이 유지되고 있다. 또한 노 내 온도분포의 경우는 연소단위에서의 연소가 활발하여 최고 연소온도는 1,700K(1,427℃) 정도이고, 2차 연소실 온도는 1,250K(977℃) 범위의 균일한 분포를 유지하고 있음을 알수 있다(※ 단위 환산 : K = ℃ + 273).

[그림 16-2]는 CFD를 활용한 생활폐기물 소각로 내부 열유체 유동 시뮬레이션 수행 결과물이다.

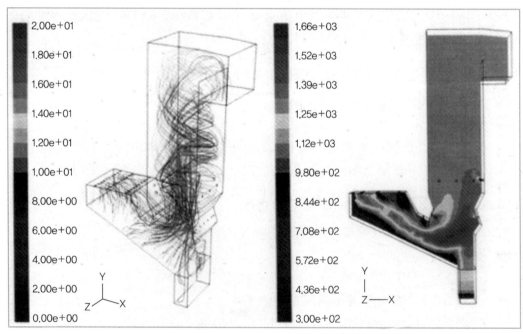

Velocity Vectors Colored by Velocity Magnitude(m/s)　　Contours of Static Temperature(K)

(a) 노 내 유동특성(냉간유동 해석)　　(b) 노 내 온도분포($\kappa-\varepsilon$ 난류모델 적용)

[그림 16-2. 생활폐기물 소각로(Stoker Type) 내부 열유체 유동 시뮬레이션 결과]

※ 자료 : 한국환경기술단(KETEG), 환경에너지 설계 자료집(개정), 2018년

3   대기확산모델링 일반

❶ 대기확산모델링의 정의

대기확산모델링이란 컴퓨터를 사용하여 모델링 수행에 필요한 자료를 입력하고, 확산방정식을 반복적으로 풀어서 결과를 도출하는 것을 말한다. 대기확산모델링을 수행하기 위해서는 배출원(Emissions) 자료, 기상(Meteorology) 자료, 수용체(Receptors) 정보 등의 자료를 입력하여 대기화학 및 물리학적 시뮬레이션을 거친 후 각 수용체에서 시간별 오염물의 농도를 계산할 수 있다. [그림 16-3]에 이러한 일반적인 일련의 과정을 도식화하였다.

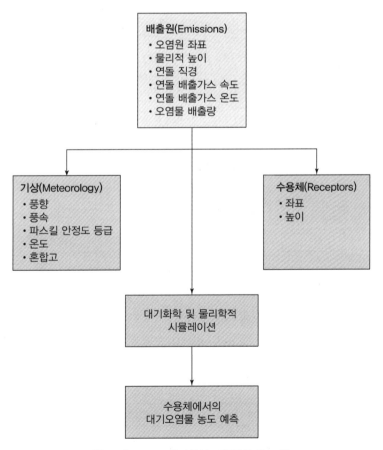

[그림 16-3. 대기확산모델링의 구조]

❷ 대기확산모델의 용도 및 종류

(1) 대기확산모델의 용도

대기확산모델은 1920년대부터 영국 및 미국을 중심으로 다양한 확산이론이 제시되고, 추적자 실험에 의한 일련의 모델 신뢰도 검증과정을 통해서 많은 대기확산모델이 개발되었다. 현재 대기환경영향평가 및 대기질 정책수립에 매우 유용하게 사용되고 있으며, 그 방법과 정확도가 매우 다양하게 구성되어 있기 때문에 사용 목적에 따라서 적절한 모델을 선정해야 하고, 그 모델의 한계성과 적용 범위에 대해서도 정확히 이해하고 사용해야 한다. [그림 16-4]는 대기확산 및 모델링 과정을 도식화한 것이다.

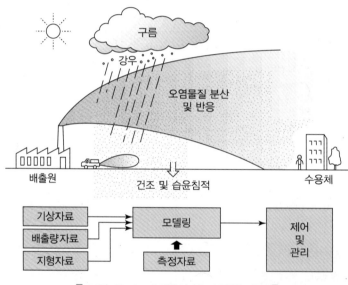

【 그림 16-4. 대기확산 및 모델링 과정 】

대기확산모델을 사용하는 분야는 매우 광범위하며 그 사용 목적에 따라 요구되는 기능 또한 다양하다. 대기확산모델이 사용되는 사회 분야와 요구되는 기능을 요약하면 〈표 16-2〉와 같다.

〈표 16-2〉 대기확산모델이 사용되는 사회 분야

적용 사업	요구 기능	사업(예)	목 적
국토개발계획	• 1차 오염물의 　장기 평균농도 • 광화학오염물질의 　단기 농도	• 신도시 • 공업단지 • 발전소 • 도로	• 토지 이용방향 설정

적용 사업	요구 기능	사업(예)	목 적
도시 및 공단지역 대기질 개선계획	• 1차 오염물의 　장기 평균농도 • 광화학오염물질의 　단기 농도	• 연료정책 • 배출원별 기여도 • 교통에 의한 오염 • 대기측정망 계획	• 도시 대기질 개선 • 공단주변 대기질 개선
대기오염에 의한 영향 및 피해 파악	• 장기 평균농도	• 대기오염 분쟁조정 　근거 자료	• 대기오염 분쟁조정
배출허용기준의 설정	• 장기 평균농도	• 최대 배출량 산정 • 배출량 할당 • 환경용량 산정 • 오염영향권 설정	• 특정지역 환경기준 　달성
환경영향평가	• 장기 평균농도 • 단기 평균농도	• 공업단지 • 각종 건설사업 • 매립장 • 소각장 건설	• 영향파악으로 대안 　제시
대기오염경보제	• 광화학오염물질의 　단기 농도 산출	• 대도시	• 대기오염 피해 최소
유해물질 누출 사고대책	• 실시간 오염물의 　농도 분포 산출	• 핵발전소 • 유해화학물질 관련	• 유해물질의 단기 피해 　축소
지역간, 국가간 오염물의 이동	• 산성비, 건성 침강량의 　산출(황사현상)	• 국가간 대기오염물의 　수송	• 국제적 분쟁해결

※ 자료 : 이종범(강원대) 외

(2) 대기오염 예측 모형

대기오염 예측 모형은 오염원에서 발생하는 대기오염물이 대기의 기상에 따라 이동과 확산을 통해 오염원 주변이나 오염원에서 장거리 지역에서 형성하는 대상 화학종의 농도를 평가하는 모형이다. 대기오염 문제의 스케일과 관련한 대기오염 예측 모델의 종류는 〈표 16-3〉에서보는 바와 같이 국지확산모델, 지역대기질모델, 지역간이동모델로 대별할 수 있다.

〈표 16-3〉 대기오염 문제 스케일과 대기오염 예측 모델

모형 종류	수평거리(km)	대상 규모	비 고
국지확산모델	100	도시의 일부 도시 전체	광화학오염물 1차 오염물
지역대기질모델	100 ~ 1,000	수도권지역, 호남지역, 영남지역	장기 평균농도
지역간이동모델	1,000 이상	산성비, 오존층, 지구온난화	장기 평균농도

4 대기확산모델의 선정 및 발전방향

❶ 대기확산모델의 선정

환경영향평가 등에 사용하는 대기확산모델의 선정은 사업특성, 사업규모, 오염물질배출특성, 기상특성, 주변지역특성 등에 의하여 구분된다. 여기서 '환경영향평가 등'이란 최근 개정된 환경영향평가법에 의하여 전략 환경영향평가, 환경영향평가 및 소규모 환경영향평가를 총칭한다 (※ 자료 : 환경영향평가법, 법제처, 법률 제13879호, 2016. 1. 27., 타법 개정).

> ✒ **환경영향평가 등**
>
> **1. 전략 환경영향평가**
>
> 전략 환경영향평가란 환경에 영향을 미치는 상위 계획을 수립할 때에 환경보전계획과의 부합 여부 확인 및 대안의 설정·분석 등을 통하여 환경적 측면에서 해당 계획의 적정성 및 입지의 타당성 등을 검토하여 국토의 지속 가능한 발전을 도모하는 것을 말한다.
>
> **2. 환경영향평가**
>
> 환경영향평가란 환경에 영향을 미치는 실시계획·시행계획 등의 허가·인가·승인·면허 또는 결정 등을 할 때에 해당 사업이 환경에 미치는 영향을 미리 조사·예측·평가하여 해로운 환경영향을 피하거나 제거 또는 감소시킬 수 있는 방안을 마련하는 것을 말한다.
>
> **3. 소규모 환경영향평가**
>
> 소규모 환경영향평가란 환경보전이 필요한 지역이나 난개발(亂開發)이 우려되어 계획적 개발이 필요한 지역에서 개발사업을 시행할 때에 입지의 타당성과 환경에 미치는 영향을 미리 조사·예측·평가하여 환경보전방안을 마련하는 것을 말한다.

일반적으로 대기질 예측에 사용되는 모델은 종류도 다양하고 각각의 특징을 가지고 있어 모든 사업 및 지역에서 일률적으로 적용하기 어려우므로 우리나라 환경영향평가에 적용 가능한 모델을 선정하기 위하여 미환경보호국(EPA)에서 배포하고 있는 우선·추천모델과 국내 환경영향평가에 많이 사용하고 있는 모델을 중심으로 스크리닝모델, 권장모델, 대안모델, 정밀모델로 선정한다. 이들 모델을 세부 적용 수준별로 구분하여 설명하면 다음과 같다.

(1) 스크리닝모델

① 평가 초기단계에서 환경기준 초과 여부를 우선 판단한다.
② 주변에 대기민감지역이 많이 분포하지 않을 경우에 주로 적용한다.

(2) 권장모델

① 스크리닝모델 결과, 환경기준 초과 시 적용한다.

② 주변에 대기민감지역이 다수 분포하고 있을 경우에 주로 적용한다.

(3) 대안모델

① 권장모델이 사업의 특성(오염물질 배출특성, 지형조건 등)과 적합하지 않을 경우에 적용 한다.

② 현황모델 보정 등을 권장모델보다 결과치가 우수할 경우에 사용한다.

③ 특히 주어진 상황에 대해 권장모델이 없을 경우, 이론적인 기초하에 적합성이 판명될 때 사용한다.

(4) 정밀모델

① 권장/대안모델 수행결과, 환경기준 초과 시 적용한다.

② 2차 오염물질에 대한 대기질 영향 예측 시 적용한다.

[사진 16-1]은 대형 폐기물소각시설과 열병합발전시설로서 적정규모 이상일 경우 환경영향 평가 대상 사업에 해당한다.

(a) 대형 폐기물소각시설   (b) 열병합발전시설

【 사진 16-1. 환경영향평가 대상 사업(예) 】

※ 자료 : Photo by Prof. S.B.Park

단, EPA에서 선정한 우선·권장모델 중 알루미늄 공장의 대기질 예측 시 사용하는 BLP 모델 이나, 복합지형에서 사용하는 CTDMPLUS 모델의 경우 사업 대상지역의 특성과 사업 특성을 감 안하여 사용할 수 있으며, 그 외 EPA 대안모델 중 현황모델 보정 등을 통해 그 사용의 타당성이 입증되면 사용이 가능하다(※ 자료 : 환경부, 환경영향예측모델 사용 안내서, 2009년 12월).

〈표 16-4〉는 대기확산모델의 분류 및 특성에 대한 설명을, 그리고 〈표 16-5〉는 오염물질 별 적용 모델의 분류이다.

〈표 16-4〉 대기확산모델의 분류 및 특성

모델 구분	모델명	모델 특성	적용 대상지역
스크리닝 모델	SCREEN3 KSCREEN	• ISC3 모델의 스크리닝모델 버전임 • 공동구역, 역전층 파괴와 해안선에서의 연기 침강을 고려한 대기질 예측은 물론, 점오염원, 면오염원, 섬광, 부피오염원에 대한 지상농도들을 예측할 수 있는 단일 오염원 가우시안 플룸 모델임 • 대기질 예측 시 소규모 개발사업 등에 적용 가능	• 평탄/복잡 • 해안가
권장모델	AERMOD	• ISC3 모델의 단점을 보완하고, 복잡지역에서의 지형을 고려할 수 있는 알고리즘의 추가로 CTDM 예측결과와 유사 • 기존 ISC 모델의 사용방법과 유사	• 평탄/복잡지형
권장모델	CALINE-3 CAL3QHC CAL3QHCR	• 도로건설사업 시 단기, 교차로, 장기 대기질 예측에 적용	• 평탄 • 복잡지역의 경우 별도 방안 강구
권장모델	CALPUFF	• 대규모 점오염원인 발전소/소각장 대기질 예측 시 적용 • 특히 해안가 대규모 점오염원에 적용	• 해안가 • 평탄/복잡지형
권장모델	OCD	• 해안가에 입지하는 사업에 적용	• 해안가
대안모델	분류/등가 배출강도모델	• 터널에 의한 토출 오염물질이 주변 지역에 미치는 영향 예측 시 적용	• 터널출구지역
대안모델	ISC3-PRIME	• 기존의 ISC3를 개량한 것으로 평탄/구릉성 지형에 적용	• 구릉/평탄
대안모델	CALINE4	• 도로건설사업 시 단기 대기질 예측에 적용	• 평탄 • 교차로/주차장 등
정밀모델	CAMx	• 대기 중에 일어날 수 있는 오염물의 농도를 결정하는 모든 과정을 고려하는 3차원 정밀모델	• 광역지역 • 구릉/평탄/해안
정밀모델	CMAQ		

〈표 16-5〉 오염물질별 적용 모델의 분류

구 분	비반응성 오염물질	반응성 오염물질
스크리닝모델	SCREEN3, KSCREEN	
권장모델	AERMOD, CALINE-3 CAL3QHC, CAL3QHCR, OCD	CALPUFF
대안모델	ISC-PRIME, CALINE4 분류/등가배출강도모델	CALINE-4 분류/등가배출강도모델
정밀모델	CAMx, CMAQ	CAMx, CMAQ

※ 비반응성 모델에서 반응성 오염물질 예측 시 NO_2/NO_x 전환방법 활용

심화학습

분산모델과 수용모델

(1) 분산모델

분산모델은 오염원의 정량적, 정성적 자료와 기상자료, 화학반응속도, 지표면의 거칠기 및 지형조건 등을 수학적으로 모사해 가정하여 예측하는 모델을 말한다.

① 배출자료(오염원의 활동도, 기상자료, 지형적 특색) + 분산모델 → 수용체에서의 영향

② 특정한 오염원의 배출속도와 바람(기상자료)에 의한 분산요인을 입력자료로 하여 수용체 위치에서의 영향을 계산

※ 수용체(Receptor) : 오염물질을 감지할 수 있는 장소를 말함.

분산모델의 적용 대상은 다음과 같다.

• 건물의 공간, 지하상가 등 규모가 작고 대류현상이 활발한 지역에 응용 : Box모델, 대기확산모델

• 평탄지역에서 장기간 대기오염물질의 농도 예측 : 가우시안모델

• 대기오염물질의 농도와 강우량에 따른 강우산도 예측 : 산성비모델

(2) 수용모델

수용모델은 질량수지식(Mass Balance)과 질량보존법칙(Law of Mass Conservation)에 이론적 기초를 두고 있으며, 수용체에서 오염물질의 크기, 모양, 색, 입경분포, 유기·무기화학성분 및 성질, 시공간 변수 등 오염물질의 고유 특성을 분석한 후 특정 오염원의 정량적 기여도를 각종 응용통계를 이용하여 추정하는 방법을 말한다.

수용모델은 수용체에서 공기 중의 시료를 채집한 후 각종 물리·화학적 실험을 통하여 정보를 얻고 이들 정보를 입력자료화하여 모델링을 수행하며, 지형, 기상의 조건 없이도 가능하므로 분산모델에 비해 다양하게 적용 가능하다.

① 도시단위의 소규모(Local Scale)나 국가단위의 중규모(Regional Scale)

② 대기오염물질(가스상, 입자상)의 오염원 기여도

③ 가시도에 영향을 미치는 오염원의 정량적 파악

(3) 장·단점 분석

구 분	분산모델	수용모델
장점	• 미래의 대기질 예측 가능 • 대기오염제어정책 입안에 도움 • 2차 오염원의 확인 가능 • 오염원의 확인 가능 • 오염발생원의 운영 및 설계요인의 효과를 예측평가 • 점·선·면오염원의 영향을 평가	• 새로운 오염원, 불확실한 오염원과 불법 배출 오염원을 정량적으로 확인평가 가능 • 지형, 기상학적 정보 없이도 사용 가능 • 오염원의 조업 및 운영상태에 대한 정보 없이도 사용 가능 • 수용체의 입장에서 영향평가가 현실적으로 이루어 질 수 있음 • 입자상, 가스상 물질, 가시도 문제 등 환경과학 전반에 응용

구 분	분산모델	수용모델
단점	• 분진의 영향평가는 기상의 불확실성과 오염원이 미확인인 경우 많은 문제점이 있음 • 오염물의 단기간 분석이 문제가 됨 • 지형 및 오염원의 조업조건에 영향을 받음 • 새로운 오염원이 지역 내에 생길 경우 매번 재평가	• 현재나 과거에 일어났던 일을 추정, 미래를 위한 전략을 세울 수 있으나 미래 예측이 어려움 • 측정자료를 입력자료로 사용하므로 시나리오 작성이 곤란함

※ 자료 : 박성복, 대기관리기술사, 한솔아카데미, 2011년 1월 초판, 2013년 1월 개정판

최근 국내에서는 실시간으로 대기오염 및 확산을 감시하고 관리할 수 있는 '실시간 대기확산모델링 시스템'을 개발하여 현장에 적용하고 있다. [그림 16-5]는 실시간 대기확산모델링 시스템 및 기여농도 분석 결과이다.

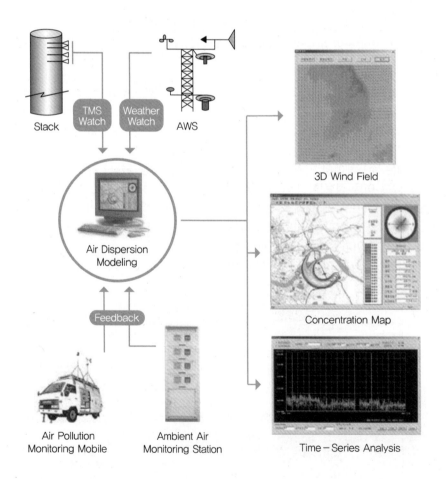

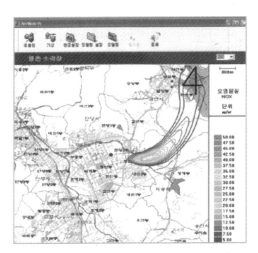 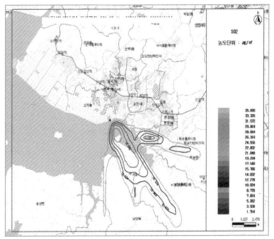

【 그림 16-5. 실시간 대기확산모델링 시스템 및 기여농도 분석 결과 】

※ 자료 : 에니텍 홈페이지(http://www.enitech.com), 2018년(검색기준)

❷ 대기확산모델의 발전방향

대기확산모델은 예측치와 실측치의 정합도 평가에 의해 보정을 할 수 있는데, 장기모델의 경우 장기적인 기상자료, 실측자료가 있다면 이러한 보정작업을 통하여 좀 더 실측치에 가까운 예측을 할 수 있다.

그러나 여러 가지 불확실성이 높은 단기모델의 경우 현실적으로 모델에 대한 정합도 평가나 보정이 어렵고, 대부분 환경영향평가의 작성기간이 짧으며 실측으로 얻어지는 자료가 며칠 정도로 제한되어 있어서 예측 모형의 보정작업은 현실적으로 어려운 실정이다. 충분하지 못한 실측자료를 갖고 무리하게 시행하는 보정작업은 오히려 예측치를 인위적으로 과소평가하거나 과대평가하는 결과를 초래할 수 있으므로 유의해야 한다. 결론적으로 대기확산모델의 건전한 발전을 목표로 지금 이 순간에도 끊임없이 보정되거나 개발되고 있는 대기확산모델의 활용도 배가를 위해 그 결과물에 대한 신뢰도 검증을 지속적으로 해야 할 필요가 있다(※ 자료 : 박성복, 코네틱 리포트(Konetic Report), 2014년 12월).

NCS 실무 Q & A

Q 대기확산모델 중 CALPUFF모델의 특징을 AERMOD모델과 비교하여 간단히 설명해 주시기 바랍니다.

A CALPUFF는 시간 및 공간에 따른 바람장의 변화를 퍼프의 이동에 고려할 수 있기 때문에 비정상 상태(Unsteady State) 모델입니다. 따라서 시간에 따른 오염물질의 농도 및 기상장 변화에 민감하지 못한 정상상태 모델인 AERMOD보다 정확히 시간에 따른 풍향 및 풍속의 변화를 확산에 반영할 수 있습니다.
참고로 AERMOD는 미국기상학회와 미환경보호국(EPA)이 공동으로 단순지형에서의 ISC3 모델의 단점과 복잡지형의 CTDMPLUS의 복잡성을 보완하기 위해 개발한 대기확산모델입니다.

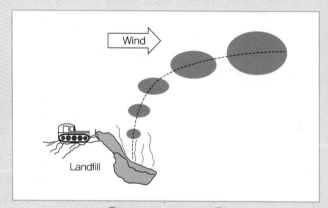

[PUFF 모델의 개요]

CALPUFF모델은 복잡지형에서 산곡풍이나 해륙풍 순환과 같은 급격한 바람장 변화를 나타내는 지역에 유용한 모델이며, 기존에 알려진 MESOPUFF에서 고려하지 못했던 해안가에서 연기침강 현상 등을 고려할 수 있는 장점이 있습니다. 따라서 CALPUFF모델은 우리나라와 같이 삼면이 바다로 되어 있고, 도시나 공단 등이 해안지역에 위치한 경우 해륙풍 순환의 영향을 받는 풍하 측에서의 농도 예측에 적합한 모델입니다. CALPUFF모델의 대상영역은 소규모에서 대규모까지 다양하며, CALPUFF모델을 성공적으로 수행하기 위해서는 정밀한 3차원 바람장 자료가 요구되는데 바람장 자료를 작성하기 위해서 바람장모델인 MM5 등의 전처리 프로그램이 추가로 요구되기도 합니다.

※ 자료 : 박성복, 대기관리기술사, 한솔아카데미

대기오염방지시설 점검 및 운전기록지

양식 1. 원심력집진시설 Check List

년   월   일   요일   점검자 :   사업팀 :   성명 :

구 분	점검부위	점검내용	결 과	비 고
가동중	전기	• 패널(Panel)의 표면은 이상이 없는가?		
		• "ON", "OFF" 스위치의 램프는 점등되어 있는가?		
	송풍기	• V-Belt의 상태는 양호한가?		
		• 구동부위의 소음은 없는가?		
		• 베어링 부분의 소음은 없는가?		
		• 베어링 부분의 과열현상은 없는가?		
		• 샤프트(Shaft)의 비틀림 및 흔들림은 없는가?		
	덕트	• 덕트의 변형은 이루어지지 않았는가?		
		• 개스킷(Gasket) 부분의 누출현상은 없는가?		
		• 댐퍼 조절용 핸들은 고정되어 있는가?		
		• 덕트에서 소음은 없는가?		
		• 플랜지(Flange) 및 이음부분의 누출은 없는가?		
		• 캔버스(Canvas)의 상태는 양호한가?		
	몸체	• 상부의 비산되는 분진은 없는가?		
		• 원심력집진시설 내부의 이상소음은 없는가?		
		• 몸체의 변형이 이루어진 부분은 없는가?		
가동후	전 부분	• 원심력집진시설 주변에 정리정돈은 되어 있는가?		
		• 송풍기(Fan)는 가동을 멈추었는가?		
		• 전원은 차단되었고 패널(Panel)은 닫혀 있는가?		
		• 베어링 주유기의 오일(Oil)은 충분한가?		
		• 생산라인의 작업은 완료되었는가?		

양식 2. 원심력집진시설 운전기록지

<table>
<tr><td rowspan="2" colspan="2">점 검 자 명</td><td colspan="3">결 재 인</td></tr>
<tr><td>담 당</td><td>팀 장</td><td>공 장 장</td></tr>
<tr><td colspan="2"></td><td></td><td></td><td></td></tr>
</table>

1. 장치명 : 원심력집진시설

2. 설치팀명 :

3. 특기사항 :

    (1) 있음 □   (2) 없음 □

점검일시 :

기　　상 : 맑음□ 흐림□ 눈□ 비□

기온	습도	기압	풍향	속도
℃	%	mb	풍	m/sec

내용 :

4. 연료 사용량(전년 최대 사용량　　　　　　　　kL/일)

    전일　　　　　kL/일　　　　　금일예정　　　　　kL/일

5. 증기 사용량(전년 최대 사용량　　　　　　　　ton/일)

    전일　　　　　ton/일　　　　　금일예정　　　　　ton/일

6. 원심력집진시설 측정현황

항 목	입구측	출구측
온도(℃) 단면적(m^2) 유속(m/sec) 유량(m^3/min) 먼지농도(mg/Sm^3)		
집진효율(%)		

7. 원심력집진시설의 압력손실(시설설치 시　　　　　mmH_2O)

    전일　　　　mmH_2O　　　금일　　　mmH_2O

8. 먼지 포집량

    전일　　　　　kg　　　금일　　　　kg

9. 주유상태 : 댐퍼 회전부위　　　　　　했음□ 아니오□

        원동기 회전부위　　　　　했음□ 아니오□

        송풍기 회전부위　　　　　했음□ 아니오□

양식 3. 여과집진시설 점검기록지

여과집진시설(BH-)		설치위치	
년 월 일		점검자 :	팀장 확인 :
점검내용		**결 과**	
차압계의 지시치는 적정한가? (한계치 :)			
탈진주기는 적정한가?			
여과포(Filter Bag)의 상태는 양호한가?			
본체의 공기가 새는 곳은 없는가?			
덕트에 공기가 새거나 유입되는 곳은 없는가?			
로터리 밸브(Rotary Valve)의 가동상태는 양호한가?			
에어 펄스(Air Pulse) 상태는 양호한가?			
압축공기의 압력상태 및 기밀상태는?			
솔레노이드 밸브(Solenoid V/V) 상태 및 기밀상태는?			
나사의 풀림이나 조임상태는?			
부식(페인팅), 마모, 훼손된 곳은 없는가?			
먼지 퇴적함(Dust Box)의 청소상태는?			
각 부위의 윤활유 주입상태는?			
조작 패널(Panel)의 전선 및 안전성은?			
전원 공급상태 : 정격(V A)		지시치(V A)	
벨트(Belt)의 장력, 마모, 교체 여부는?			
이상소음 발생 여부는?			
유량 조절용 댐퍼의 적정 개폐는?			
송풍기의 가동상태는?		A B	
덕트 내 먼지 퇴적 여부는?			
의 견			

양식 4. 여과집진시설 정기점검표

내 용	점검항목
진동체(S)	베어링(닳은 것, 풀어진 것) 교환 : 했다☐ 안했다☐ 회전축의 주유 : 했다☐ 안했다☐
여과포(Filter Bag)	여과포의 파손 : 됐다☐ 안됐다☐ 응축된 여과포 : 없다☐ 있다☐ 장력에 걸린 여과포(S)(SF) : 없다☐ 있다☐ 여과포의 연결 결함점 : 없다☐ 있다☐
차압계(Manometer)	압력손실 : ☐☐☐mmH$_2$O
탈진장치	베어링 교환 : 했다☐ 안했다☐ 회전부품 교환 : 했다☐ 안했다☐ 회전주축 주유 : 했다☐ 안했다☐
시설구조	볼트의 조임 : 조였다☐ 안했다☐ 용접부위의 구열 : 됐다☐ 안됐다☐ 도색 : 벗겨졌다☐ 안벗겨졌다☐ 부식 : 됐다☐ 안됐다☐
배관	부식 : 됐다☐ 안됐다☐ 외부손상 : 됐다☐ 안됐다☐ 구멍뚫림 : 뚫렸다☐ 안됐다☐ 볼트의 풀림 : 풀렸다☐ 안됐다☐ 용접부위 구열 : 됐다☐ 안됐다☐
솔레노이드 밸브(PR)	압축공기의 폭발음 : 들린다☐ 안들린다☐
압축공기시설(RP, PP)	회전부 주유 : 했다☐ 안했다☐
송풍기(Fan)	고정대 : 양호☐ 불량☐ 주유 : 했다☐ 안했다☐
댐퍼 밸브(S, PP, PF)	원통의 누출 : 됐다☐ 안됐다☐ 주유 : 했다☐ 안했다☐ 댐퍼의 고장 : 났다☐ 안났다☐
맨홀(Manhole)	부식·마모 : 됐다☐ 안됐다☐ 고장 : 났다☐ 안났다☐ 주유 : 했다☐ 안했다☐

RP : Reverse Pulse(역진동), PP : Plenum Pulse(공간충격)

S : Shaker(진동체), RF : Reverse Flow(역기류)

양식 5. 여과집진시설 Check Sheet 및 운전기록지

• 시운전 / 정상운전 / 정기점검 시의 Check List

장 비	Check Point	점검시기		
		시운전 시	정상운전 시	정기점검 시
펄싱 시스템	펄싱(Pulsing) 강도의 이상 유무	○	○	
	솔레노이드 밸브의 이상음 발생 유무	○	○	
	펄싱(Pulsing) 주기는 세팅값 기준으로 정확히 작동되고 있는지 여부	○	○	
	ΔP(High → High) 상승시간	○	○	
본체	본체의 공기누설 개소	○	○	○
	맨홀 측 공기누설 및 닫힘상태	○	○	○
	본체 보온상태		○	○
	본체 내면 부식상태			○
	압축공기 라인의 상태		○	○
	에어 유닛(Air Unit)의 상태(압력 세팅값 포함)		○	○
	호퍼 내부의 먼지 고착상태			○
	손잡이 및 계단상태		○	○
여과포 및 백 케이지	설치상태	○		○
	여과포 조립부의 누설(Leak)현상	○		○
	여과포의 파손 여부	○		○
	백 케이지(Bag Cage)의 변형 및 부식 여부	○		○
	여과포와 백 케이지의 들러붙음 여부			○
	여과포에 먼지의 고착 여부			○

(계속)

장 비	Check Point	점검시기		
		시운전 시	정상운전 시	정기점검 시
덕트	마모상태			○
	외기누설 여부	○	○	○
	보온상태		○	○
	분진 퇴적현상			○
	이상소음	○	○	
	부식 여부			○
슬라이드 게이트	Open/Close 시의 조작이 원활한지 여부	○		○
	윤활 및 보온상태	○	○	○
로터리 밸브 및 체인 컨베이어	이상음 유무	○	○	
	보온상태		○	○
	윤활상태	○	○	○
	부식 여부			○
	분진배출의 정상 유무	○	○	
	체인, 레일 및 로터(Rotor)의 마모 여부			○
	플랜지(Flange)부위의 외기누출 유무	○	○	
	로터(Rotor)의 분진 고착 유무	○		○
댐퍼	실린더(Cylinder)의 작동상태	○	○	○
	솔레노이드 밸브(Solenoid V/V) 작동상태	○	○	○
	기밀상태	○	○	○
	공기누설	○	○	
	샤프트(Shaft) 베어링의 윤활상태	○	○	○
	이상소음 유무	○	○	
	보온상태		○	○
	정확한 개도(열림/닫힘)의 유지 유무	○	○	○
	분진 고착 및 부식 유무			○

(계속)

장 비	Check Point	점검시기		
		시운전 시	정상운전 시	정기점검 시
에어 노커	노킹(Knocking) 강도 이상 유무	○	○	
	솔레노이드 밸브(Solenoid V/V) 이상 유무	○	○	
	공기의 세팅값 압력 유지 여부 (3.5~5kg/m^2)	○	○	
	베이스 플레이트(Base Plate)와 노커(Knocker)의 이완 여부	○	○	
가열설비	세팅 온도값의 범위에 의거하여 정확히 조정되고 있는지 여부	○	○	
	가열선의 절연저항 테스트	○		○
전기 및 계장	각종 계기류의 세팅값의 이상 유무		○	○
	계기류 설치상태		○	○
	패널(Panel) 내부로 빗물 유입 여부		○	
	패널(Panel)의 각종 선택스위치는 운전모드에 맞게 세팅되어 있는지 여부		○	
에어 유닛	·세팅 압력값이 정상적으로 유지되고 있는지 유무 ·응축된 물의 배수 여부 ·공기누설 유무		○	
기타	주위 청소상태		○	
	보온재 내부로 빗물 유입 여부	○	○	

양식 6. 전기집진시설 점검기록지

전기집진시설(ESP-)	설치위치	
년 월 일 점검자 :		팀장 확인 :

점검내용	결 과
• 배출구의 냄새 및 배출상태	
• 이온화 램프의 "ON"상태	
• 전원 공급상태 : 정격 (V A)	지시치 (V A)
• 본체에서 공기가 새는 곳은 없는가?	
• 덕트에 공기가 새거나 유입되는 곳은 없는가?	
• 나사의 풀림이나 조임상태	
• 조작 패널(Panel)의 전선 및 안전성	
• 부식, 마모, 훼손된 곳은 없는가?	
• 각 부위의 윤활유 주입상태	
• 전기적인 안전성 및 접지상태	
• 애자표면이 오염되지 않았는가?	
• 전동기(Motor)의 동력전달 상태	
• 벨트 장력, 마모, 교체 여부	
• 이상소음 발생 여부	
• 송풍기(Fan)의 가동상태	
• 유량 조절용 댐퍼의 적정 개폐	
• 덕트 내 먼지 퇴적 여부	
• 스위치의 정상작동 상태	
• 고압발생장치(T/R)의 정상 여부	
• 과전류 통전 여부	
의 견	

양식 7. 전기집진시설 Check List

년   월   일   요일   점검자 :   사업팀 :   성명 :

구 분	점검부위	점검내용	결 과	비 고
가 동 중	전기	• 패널(Panel)의 표면은 이상이 없는가?		
		• "ON", "OFF" 스위치의 램프는 점등되어 있는가?		
	송풍기	• V−Belt의 상태는 양호한가?		
		• 구동부위의 소음은 없는가?		
		• 베어링 부분의 소음은 없는가?		
		• 베어링 부분의 과열현상은 없는가?		
		• 샤프트(Shaft)의 비틀림 및 흔들림은 없는가?		
	덕트	• 덕트의 변형은 이루어지지 않았는가?		
		• 개스킷(Gasket) 부분의 누출현상은 없는가?		
		• 댐퍼 조절용 핸들은 고정되어 있는가?		
		• 덕트에서 소음은 없는가?		
		• 플랜지(Flange) 및 이음부분의 누출은 없는가?		
		• 캔버스(Canvas) 상태는 양호한가?		
	몸체	• 상부 커버(Cover) 부분의 소음은 없는가?		
		• 전기집진시설 내부의 마찰소음은 없는가?		
		• 전기집진시설 내부의 이온화는 이상이 없는가?		
		• 전기집진시설 내부의 셀(Cell)은 이상이 없는가?		
		• 몸체의 변형이 이루어진 부분은 없는가?		
		• 파워 팩(Power Pack) 램프는 정상가동 중인가?		
가 동 후	전 부분	• 전기집진시설 주변에 정리정돈은 되어 있는가?		
		• 송풍기(Fan)는 가동을 멈추었는가?		
		• 전원은 차단되었고, 패널(Panel)은 닫혀 있는가?		
		• 베어링 주유기의 오일(Oil)은 충분한가?		
		• 생산라인 작업은 완료되었는가?		

양식 8. 세정집진시설 점검기록지

세정집진시설(WS-)	설치위치	
년 월 일	점검자 :	팀장 확인 :
점검내용	**결 과**	
배출구의 냄새 및 배출상태		
세정집진시설 내부의 세정수 혼탁상태		
전원 공급상태 : 정격(V A)	지시치(V A)	
본체, 덕트의 공기가 새는 곳은 없는가?		
pH Meter의 적정 여부(범위 : 6.5~7.5)	pH :	
각 펌프의 정상가동 및 압력상태	mmAq mmAq	
충전물의 청결 여부 및 교체 여부		
세정수 노즐의 막힘 여부 및 이상 여부		
각 부위의 윤활유 주입상태		
약품탱크 내의 약품보관, 공급 여부	pH :	
각 배관의 누수는 없는가?		
동파에 대비한 보온대책은 적정한가?		
벨트 장력, 마모, 교체 여부		
이상소음 발생 여부		
송풍기(Fan)의 가동상태	A B	
유량 조절댐퍼의 적정 개폐		
각 밸브의 적정 개폐 여부		
자동 세정수 공급장치(볼탑)의 정상 여부		
전원공급장치 및 조작 패널(Panel)의 정상 여부		
경보장치의 정상상태		
의 견		

양식 9. 세정집진시설 운전기록지

세정집진시설 운전기록지

제작회사명 :

형 식 번 호 :

가동 연월일 :   년   월   일

설 계 효 율 :   %

세정집진시설 형식 :

      Venturi Scrubber   Variable Throat   Fixed Throat

      Turbulent Bed   Plate   Spray

      기 타

운전조건	설정치	실측치
압력손실(mmH$_2$O)		
처리배기량(m^3/min)		
처리 전 배기온도(℃)		
처리 후 배기온도(℃)		
송풍기(Fan) 모터		
세정수량(L/min)		
재순환 세정수(L/min)		
세정액 종류		
먼지 포집량(kg/day)		
전처리 공기희석량(m^3/min)		

조사 년 월 일 :   년 월 일

조사인 : 환경기술인   성명 :   (인)

입회인 : 열관리책임자   성명 :   (인)

양식 10. 세정집진시설 Check List

년   월   일   요일   점검자 :   사업팀 :   성명 :

구 분	점검부위	점검내용	결 과	비 고
가 동 중	전기	• 패널(Panel)의 표면은 이상이 없는가?		
		• "ON", "OFF" 스위치의 램프는 점등되어 있는가?		
	송풍기	• V-Belt 상태는 양호한가?		
		• 구동부위의 소음은 없는가?		
		• 베어링 부분의 소음은 없는가?		
		• 베어링 부분의 과열현상은 없는가?		
		• 샤프트(Shaft)의 비틀림 및 흔들림은 없는가?		
	덕트	• 덕트의 변형은 이루어지지 않았는가?		
		• 개스킷(Gasket) 부분의 누출현상은 없는가?		
		• 댐퍼용 조절핸들은 고정되어 있는가?		
		• 덕트에서 소음은 없는가?		
		• 플랜지(Flange) 및 이음부분의 누출은 없는가?		
		• 캔버스(Canvas)의 상태는 양호한가?		
	몸체	• 상부의 비산되는 수분은 없는가?		
		• 세정집진시설 내부의 노즐은 양호한가?		
		• 세정집진시설 내부의 충진물 상태는 양호한가?		
		• 세정집진시설 감시창(Sight Glass)은 청결한가?		
		• 몸체의 변형이 이루어진 부분은 없는가?		
		• 노즐 스프레이는 정상적으로 이루어지는가?		
		• 노즐 스프레이 펌프는 정상작동 하는가?		
		• 약품펌프는 정상작동 하고 있는가?		
		• 약품저장조는 적정량을 유지하고 있는가?		
		• pH는 정상적(6.5~7.5)인가?		
가 동 후	전 부분	• 세정집진시설 주변 정리정돈은 잘 되어 있는가?		
		• 송풍기(Fan)는 가동을 멈추었는가?		
		• 전원은 차단되었고, 패널(Panel)은 닫혀 있는가?		
		• 베어링 주유기의 오일(Oil)은 충분한가?		
		• 생산라인의 작업은 완료되었는가?		

양식 11. 흡착시설 점검기록지

흡착시설(AT-)	설치위치	
년 월 일 점검자 :		팀장 확인 :
점검내용	**결 과**	
배출구의 냄새 및 배출상태		
압력계 및 차압계의 지시치	( ) mmAq	
전원 공급상태 : 정격 (V A)	지시치 (V A)	
본체에서 공기가 새는 곳은 없는가?		
덕트에 공기가 새거나 유입되는 곳은 없는가?		
나사의 풀림이나 조임상태		
조작 패널(Panel)의 전선 및 안전성		
부식, 마모, 훼손된 곳은 없는가?		
각 부위의 윤활유 주입상태		
활성탄 교체 여부 교체일( ) 차기 교체일( )		
활성탄에서의 발화 여부		
전동기(Motor) 동력전달 상태		
벨트의 장력, 마모, 교체 여부		
이상소음 발생 여부		
송풍기의 가동상태		
유량 조절댐퍼의 적정 개폐		
덕트 내 먼지 퇴적 여부		
스위치의 정상작동 상태		
배출가스 온도		
과전류 통전 여부		
의 견		

양식 12. 흡착시설 Check List

년   월   일   요일   점검자 :   사업팀 :   성명 :

구 분	점검부위	점검내용	결 과	비 고
가동중	전기	• 패널(Panel)의 표면은 이상이 없는가?		
		• "ON", "OFF" 스위치의 램프는 점등되어 있는가?		
	송풍기	• V-벨트의 상태는 양호한가?		
		• 배기구 외부에 활성탄이 날린 흔적은 없는가?		
		• 구동부위의 소음은 없는가?		
		• 베어링 부분의 소음은 없는가?		
		• 베어링 부분의 과열현상은 없는가?		
		• 샤프트(Shaft)의 비틀림 및 흔들림은 없는가?		
	덕트	• 덕트의 변형은 이루어지지 않았는가?		
		• 개스킷(Gasket) 부분의 누출은 없는가?		
		• 댐퍼용 조절핸들은 고정되어 있는가?		
		• 덕트에서 소음은 없는가?		
		• 플랜지 및 이음부분의 누출은 없는가?		
		• 캔버스(Canvas)의 상태는 양호한가?		
	몸체	• 상부 커버 부분의 소음은 없는가?		
		• 흡착시설 내부의 마찰소음은 없는가?		
		• 몸체의 변형이 이루어진 부분은 없는가?		
		• 차압계는 정상(10~20mmAq 이하)인가?		
가동후	전 부분	• 흡착탑 주변에 정리정돈은 되어 있는가?		
		• 송풍기(Fan)는 가동을 멈추었는가?		
		• 전원은 차단되었고, 패널(Panel)은 닫혀 있는가?		
		• 베어링 주유기의 오일(Oil)은 충분한가?		
		• 흡착탑 주변의 활성탄은 날리지 않았는가?		
		• 생산라인의 작업은 완료되었는가?		

양식 13. 환경안전점검 Check List

결재	담당	팀장	공장장

점검장소 :　　　　　　　　　점검일자 :　　　　　　　　점검자 :

구 분		점검 Point	확인내역	문제대책
대기부문	본체	• 탑(Tower) 내 세정수의 Spray 상태 확인 • 충전물의 상태 확인 • 측정구 사다리의 안전상태 확인(사다리의 노후화, 부식 등)		
	덕트 및 배관	• 세정수 공급라인 확인 • 각종 배관누수 확인 • 덕트와 장비의 이음쇠 부위 확인(누수, 파손 등) • 배기덕트의 누수 확인 • 배기덕트 연결부위의 누수 확인		
	전기계통	• 송풍기 부하량 AMP Meter 확인(규정 AMP 유지) • 적산전력계 확인 • 작동 패널(Panel)의 정상가동 확인		
	부대시설	• 송풍기 팬 벨트 상태 확인 • 송풍기 가동상태 확인 • 댐퍼가 잘 열리는지 확인(커버, 보호철망 등) • 각종 이음쇠 부분의 결속 확인(나사풀림, 빠짐 등) • 중화약품 탱크의 상태 확인(pH 및 양) • 세정수 공급펌프의 가동상태 확인		
	기타	• 최종 배출구의 배출상태 확인(색도, 냄새 등) • 배출가스량과 송풍량(허가량)과 일치 여부 • 기계류 고장 대비한 부품 확인 • 비상전원 공급 가능 여부 확인 • 대기오염방지시설 운영일지 확인		

부록 2 대기환경 핵심용어 해설

가스화(Gasification)

가스화용 매체(공기, 산소, 증기 등)와 고체연료를 반응시켜 연료가스를 제조하는 공정이다.

가스화 복합발전(IGCC : Intergrated Gasification Combined Cycle)

석탄, 중질잔사유 등의 저급원료를 고온 및 고압 하에서 가스화시켜 일산화탄소(CO)와 수소(H_2)가 주성분인 가스를 제조하여 정제한 후 가스 및 증기 터빈을 구동하는 발전기술이다.

가채년수

확인매장량(R : Reserve)을 그 해의 생산량(P : Production)으로 나눈 수치로, 통상 R/P로 나타낸다. 현 상태로 향후 몇 년 생산이 가능한가를 나타낸다.

겉보기 비중(Apparent Specific Gravity)

입자의 집합체나 다공질 물질 등에 있어서 내부의 공극까지 포함시킨 체적당의 비중을 말한다. 따라서 그 값은 공극률이 클수록 참비중보다 작다. 예를 들어, 고체 시료의 무게를 W_1, 수중에서의 무게를 W_2라고 하면 겉보기 비중은 $W_1/(W_1 - W_2)$로 표시된다.

고발열량(HHV : Higher Heating Value)

연소할 때 연료에 수소와 수분이 포함되어 있으면 공중의 산소와 결합해 연소가스에도 물이 생긴다. 이것을 증발시키기 위한 증발열은 열량으로는 이용할 수 없지만, 이 물의 증발열을 포함해서 생각한 발열량을 말한다. 총발열량이라고도 한다.

고온 부식(High Temperature Corrosion)

고온 부식은 고온의 배기가스에 함유된 황산화물(SO_x), 염화수소(HCl) 등의 산성 가스가 금속 성분과 화학적으로 반응하여 금속산화물 또는 스케일(Scale)을 형성하는 현상을 말한다. 금속벽의 온도가 약 300~600℃의 범위 내에서 금속 표면상에 점착성 비산화 퇴적층이 있는 경우, 염화수소 등의 산성 가스와 관계 없이 부식이 일어나며, 만약 염화수소 등이 있을 경우에는 부식은 더욱 심화된다.

염소는 보일러관의 철과 반응하여 염화철을 생성하고, 생성된 염화철은 다시 연소가스 중의 산소와 반응하여 산화철이 된다. 산화철은 흔히 녹이라 하며, 보일러관의 부식으로 열전달 효율이 저하되어 수증기의 생성이 감소될 뿐만 아니라 이로 인하여 보일러의 수명을 크게 단축시킨다.

공극률(Void Fraction)

충전물과 분립체의 전체 용적에 대한 공간 용적의 백분율을 말한다. 점토는 45%, 모래는 35% 정도이지만 유체가 통과할 때는 점토 등 공극률이 비교적 큰 것이라도 입자간의 유지력의 영향으로 유효하게 작용하는 공극률은 점토 3%, 모래 25% 정도이다.

교토메커니즘(Kyoto Mechanism)

국제 배출권거래제, 청정개발체제, 공동이행체제를 포함하는 교토의정서 하의 메커니즘, 유연성 체제(Flexible Mechanism)라고도 불리며, 의정서 4조의 선진국 국가 내의 교역을 통한 의무분담(Bubble) 등을 수행하기 위한 핵심적인 시스템이다.

교토의정서(Kyoto Protocol)

온실가스 배출을 줄이기 위한 구체적인 계획과 의무들을 명기한 기후변화협약 의정서로 1997년 일본의 교토에서 채택되었다. 법적 구속력을 갖는 국제적 합의서로, 총 27조와 부속서로 구성되어 있다.

국소배기(Local Ventilation)

유해물질을 배출하는 가까운 곳에 포집시설인 후드를 적절하게 설치한 덕트를 통해 기계적인 힘을 이용하여 대기로 배출함으로써 작업장 내의 유해환경을 개선하는 방안을 취하는 환기법이다.

국제환경협약(International Environmental Agreement)

환경을 보호하기 위해 체결되는 양자간·다자간 국제협약으로서 주로 지구적 차원의 환경을 보전하기 위한 국가별 의무 또는 노력을 규정하고 있음. 현재 170여 개의 국제환경협약이 체결되어 있으며 주요한 협약으로는 기후변화협약, 멸종위기에 처한 동식물보호협약(CITES), 바젤협약, 몬트리올의정서, 생물다양성협약 등이 있다.

궁극가채매장량

석유와 가스가 지하 저유암층에 존재하는 양을 매장량이라 하지만, 실제로 유전을 개발한 경우 지표로 추출해 낼 수 있는 가채매장량은 실존하는 석유 총매장량의 일부에 지나지 않는다. 이 중에서 채취의 경제적·기술적 조건을 무시하고 물리적으로 추출이 가능한 매장량을 궁극가채매장량이라 부르고 있다.

기기분석(Instrumental Analysis)

비교적 정밀도가 높은 기구를 내장한 기기를 사용하여 물질의 물리적, 화학적 특성을 검출하여 정성분석, 정량분석을 신속 정확하게 실행하는 방법이다. 장치는 비싸지만 고감도로 소량 성분의 분석이 가능하다. 전자기술의 이용으로 자동기록, 연속측정도 가능하므로 공장관리, 환경분석 등에 위력을 발휘하고 있다. 대표적인 것에는 전기화학적 분석법으로 전위차 적정, 전도율 적정, 전해분석, 폴라로그래피법, 고주파 적정, 광분석법으로 흡광광도분석법, 발광분광분석, 적외선흡수분석법, 방사화학분석법으로 방사화 분석, 트레이서법, 그 외 방법으로 크로마토그래피법, 질량분석법 등이 있다.

기후변화(Climate Change)

기후변화협약상 기후변화의 개념은 비교 가능한 기간 동안 관측된 자연적 기후 가변성에 추가하여 직·간접적인 인간활동으로 지구대기 구성이 변화되어 발생하는 기후변화를 의미한다.

난류확산화염

확산연소 버너는 연료를 버너 노즐로부터 분출시켜 외부공기와 혼합해서 연소를 행한다. 가스의 유속이 적으면 불꽃이 층류화염이 되고, 유속이 커지면 화염의 길이가 점차 커진다. 그러나 유속이 더욱 커져서 난류상태가 되면 난류혼합이 생기고 가스와 공기의 혼합이 커져서 화염이 흐트러지면 짧아지지만 난류화염의 화염길이는 가스의 유속이 증가해도 별로 변하지 않는다. 이것은 연료가스와 주위 공기의 혼합속도가 분출속도에 거의 비례해서 커지는데 비하여 분출가스량도 비례적으로 커지기 때문이다. 난류확산화염의 형상은 연료가 일정할 경우 상사형이 되고 화염길이와 노즐의 비는 거의 일정하다. 즉 그 비율은 일산화탄소가 80, 수소가 140, 도시가스가 130, 아세틸렌이 175, 프로판이 300 정도이다.

납사분해시설(NCC : Naphtha Cracking Center)

납사를 스팀과 혼합하여 800℃ 정도의 고온에서 열분해함으로써 석유화학의 기초 원료인 에틸렌(Ethylene, 폴리에틸렌의 원료), 프로필렌(Propylene, 폴리프로필렌의 원료), 부틸렌(Butylene, 합성고무의 원료)을 생산하는 시설로, 부산물로는 BTX도 생산된다. Naphtha Cracker 또는 Steam Cracker라 불리기도 하며, 규모를 말할 때 보통 에틸렌 생산기준으로 말한다.

납사, 나프타(Naphtha)

넓은 의미로는 휘발성 석유류를 총칭하며, 좁은 의미로는 원유에서 직접 생산되는 유분으로 증류범위 30~210℃에 있는 유분으로서, 이 중 끓는점이 100℃ 이하인 것을 경질납사(Light Straight Run Naphtha, HSR)라 한다. 경질납사는 주로 용제 및 석유화학의 원료(NCC의 원료)로 사용되며, 중질납사는 개질시설(Reformer)을 통해 휘발유 제조나 BTX 생산에 사용된다.

냄새 단위(Odor Unit)

아무리 강한 냄새라도 무취 공기로 희석해 나가면 언젠가는 무취가 된다. 그 냄새를 몇 배로 희석하면 무취가 되는가를 나타내는 것이 냄새의 단위이다. 가령 냄새 단위 1만의 배기가스가 $200\text{m}^3/\text{min}$의 속도로 배출되고 있다고 하면, 이것을 희석해서 무취화하는 데 필요한 공기량은 1만×$200\text{m}^3/\text{min}$=200만 m^3/min으로 된다. 물고기 내장과 뼈를 가공하는 공장의 드라이어 배기가스의 냄새 단위는 1만 ~ 10만 단위이고, 계분(鷄糞) 건조장의 배기가스의 냄새 단위는 4만 정도이다. 그리고 물의 냄새에 대하여는 따로 냄새의 희석배수값이 있다.

녹색경영(Green Management)

기업이 경영활동에서 자원과 에너지를 절약하고 효율적으로 이용하며 온실가스 배출 및 환경오염의 발생을 최소화하면서 사회적, 윤리적 책임을 다하는 경영을 말한다.

녹색기술(Green Technology)

온실가스감축기술, 에너지 이용 효율화 기술, 청정생산기술, 청정에너지기술, 자원순환 및 친환경기술(관련 융합기술을 포함) 등 사회·경제활동의 전 과정에 걸친 에너지와 자원을 절약하고 효율적으로 사용하여 온실가스 및 오염물질의 배출을 최소화하는 기술을 말한다.

녹색산업(Green Industry)

경제 · 금융 · 건설 · 교통물류 · 농림수산 · 관광 등 경제활동 전반에 걸쳐 에너지와 자원의 효율을 높이고 환경을 개선할 수 있는 재화의 생산 및 서비스의 제공 등을 통하여 저탄소 녹색성장을 이루기 위한 모든 산업을 말한다.

녹색성장(Green Growth)

에너지와 자원을 절약하고 효율적으로 사용하여 기후변화와 환경 훼손을 줄이고 청정에너지와 녹색기술의 연구개발을 통하여 새로운 성장동력을 확보하며, 새로운 일자리를 창출해 나가는 등 경제와 환경이 조화를 이루는 성장을 말한다.

녹색인증제(Green Certification)

녹색인증제는 녹색산업 성장에 대한 민간 투자 활성화를 위해 2010년 4월 14일부터 시행된 제도로서, 최초 산업통상자원부(前 지식경제부)를 비롯해 농림축산식품부(前 농림수산식품부), 기획재정부, 교육부(前 교육과학기술부), 문화체육관광부, 환경부, 국토교통부(前 국토해양부), 방송통신위원회 등 정부 8개 부처 및 기관이 합동으로 2010년 5월 지원방안을 확정하였으며, 녹색기술 인증을 비롯해 녹색사업 인증, 녹색전문기업 확인과 혜택이 주요 골자이다.

녹색제품(Green Product)

에너지 · 자원의 투입과 온실가스 및 오염물질의 발생을 최소화하는 제품을 말한다.

다이옥신(Dioxin)

염소를 포함하고 있는 벤젠계 유기화합물이고 벤젠링 2개에 염소원자가 여러 개 결합되어 존재한다. 또한 발암물질로 알려져 있으며, 플라스틱, 비닐계통, PCB, PVC 등의 소각 시 오염물질로 발생된다.

소각로에서 유기물이 배출되는 것은 이상적인 연소상태를 도달하지 못한 불완전연소의 산물이다. 도시 폐기물 소각로에서의 유기물의 배출은 다음 네 가지 경로가 있다.

① 투입 쓰레기에 존재하던 PCDD/PCDF가 연소 시 파괴되지 않고 배기가스 중으로 배출
② PCDD/PCDF의 전구물질이 전환되어 생성되고, CP와 PCB 등이 반응을 통하여 PCDD/PCDFs로 전환
③ 여러 가지 유기물과 염소공여체로부터 형성
④ 저온에서 촉매화 반응에 의해 분진과 결합하여 형성

당량(Equivalent)

어떤 물질량에 대해 상당하는 다른 양을 말하며, 화학당량, 전기화학당량, 열의 일당량 등이 있다. 보통은 화학당량을 나타낸다.

당사국 총회(COP : Conference of the Parties)

교토의정서를 발효시킨 국가들간에 당사국 회의를 의미하며, 협약 관련 최종 의사결정기구로서의 대체로 협약의 진행을 전반적으로 검토하기 위해 1년에 한 번 모임을 개최한다.

대기대순환모델(GCM : General Circulation Model)

전 지구적인 기후를 3차원 컴퓨터 시뮬레이션을 통해 구현하는 시스템이며, 이를 인간의 활동이 기후에 어떤 영향을 미치는지 알아보는 데 활용하고 있다. GCMs은 수증기나 온실가스, 구름, 태양복사에너지, 해양온도, 빙권 등 기후에 영향을 주는 다양한 요소들을 반영하는 복잡한 시스템이다.

대기오염물질 배출계수

대상지역 내에 산재하여 있는 모든 대기오염물 배출원에서의 실측자료가 없을 경우 이를 간접적으로 추정하여 각 배출원에서의 배출량을 예측하는 일은 매우 중요한 일이며, 이를 위하여 대기오염물 배출계수가 널리 이용되고 있다.

산업활동의 결과로 대기 중에 배출되는 오염물질의 양적인 평가라 한다. 따라서 오염원에서 발생되는 오염물질의 양은 그 대상 업소에서의 제품 생산량과 원료 및 연료 사용량을 근거로 하여 오염물질 배출계수에 의하여 추정할 수 있다.

〈무연탄 연소 시의 오염물질 배출계수〉

Type of Furnace	SO₂	CO	NO₂	Particulate	Hydrocarbon
Pulverized Coal	19S	0.5	9	8.5A	
Traveling grate	19S	0.5	5	0.5A	
Hard-fred	19S	4.5	1.5	5A	1.25

* 배출계수 : kg/MT of Coal Burned, S : 연료 중 유황의 Wt%, A : 연료 중 Ash의 Wt%

대기오염 퍼텐셜(Air Pollution Potential)

대기오염이 일어나기 쉬운지 어려운지 기상조건에서 판단하는 경우에 사용한다.

대류(Convection)

액체와 기체는 온도가 높아지면 팽창해서 상승하고, 온도가 낮아지면 하강해서 순환운동을 한다. 이 운동을 대류라고 하며, 열의 이동도 함께 발생한다.

대류권(Troposphere)

지상으로부터 중위도에서 고도 약 100km까지 대기의 가장 낮은 부분(평균적으로 고위도 상에서의 고도 9km부터 적도 상에서의 고도 16km까지 분포)으로서 구름과 '날씨' 현상이 일어나는 곳이다. 대류권에서는 일반적으로 고도에 따라 온도가 감소한다.

동압(Dynamic Pressure)

관이나 덕트 내의 유체는 정압 외에 흐름의 방향에 직각인 면에 작용하며 유속에 의하여 생기는 압력을 갖는다. 이것을 동압 또는 속도압이라고 한다.

라디칼(Radical)

화학반응에서 다른 화합물로 변화할 때 분해되지 않고 마치 한 원자처럼 작용하는 원자의 집단을 말한다.

레이놀즈수(Reynolds Number)

유체역학에서 레이놀즈수(Reynolds Number)는 '관성에 의한 힘'과 '점성에 의한 힘(Viscouse Force)'의 비(比)로서, 주어진 유동조건에서 이 두 종류의 힘의 상대적인 중요도를 정량적으로 나타낸다. 레이놀즈수는 유체 동역학에서 가장 중요한 무차원수 중 하나이며, 다른 무차원수들과 함께 사용되어 동적 상사성(Dynamic Similitude)을 판별하는 기준이 된다. 레이놀즈수는 또한 유동이 층류인지 난류인지를 예측하는 데에도 사용된다. 층류는 점성력이 지배적인 유동으로서 레이놀즈수가 낮고, 평탄하면서도 일정한 유동이 특징이다. 반면 난류는 관성력이 지배적인 유동으로서 레이놀즈수가 높고, 임의적인 에디(Eddy)나 와류(渦流), 기타 유동의 변동(Perturbation)이 특징이다. 레이놀즈수는 1883년에 이를 제안한 영국의 대학교수 Osborne Reynolds(1842~1912)의 이름을 따서 명명되었다.

$$N_{Re} = \frac{관성력}{점성력} = \rho V \frac{D}{\mu} = \frac{VD}{v}$$

$$v = \frac{\mu}{\rho}$$

여기서, D : 관의 지름, V : 유속
ρ : 유체의 밀도, μ : 유체의 점성계수
v : 유체의 동점성계수

매립지 가스(LFG : Land – Fill Gas)

쓰레기 매립지에 매립된 폐기물 중 유기물질이 혐기성 분해과정에 의해 분해되어 발생되는 가스를 말하며, 그 성분은 주로 메탄(CH_4 : 40~60%)과 이산화탄소(CO_2 : 30~50%)로 구성되어 있다.

몬트리올의정서(Montreal Protocol)

오존층 파괴물질에 관한 몬트리올의정서는 1987년에 몬트리올에서 채택되었고, 이후로 런던(1990), 코펜하겐(1992), 비엔나(1995), 몬트리올(1997), 베이징(1999)에서 조정되고 수정되었다. 몬트리올의정서는 성층권 오존을 파괴하는 염소계 화학물질과 브롬계 화학물질, 이를테면 CFC, 염화메틸, 사염화탄소 등의 소비와 생산을 통제한다.

바이오가스(Biogas)

혐기성 소화로 바이오매스에서 생성되는 메탄과 이산화탄소의 혼합형태인 기체를 말하며, 이러한 혼합기체로부터 분리된 메탄을 바이오 메탄가스라고 한다. 그 외 바이오가스의 형태는 퇴비가스, 습지가스, 폐기물 등으로부터 자연적으로 생성되는 것과 제조된 가스도 있다.

바이오에너지(Bioenergy)

동·식물 또는 파생자원(바이오매스)을 직접 또는 생·화학적, 물리적 변화과정을 통해 액체·기체·고체 연료나 전기·열 에너지 형태로 이용하는 것을 말한다. 연료용 알코올, 메탄가스, 매립지 가스(LFG), 바이오디젤 등을 생산하여 에너지원으로 활용하는 기술로서 차량용·난방용 연료 및 발전분야 등에 이용이 가능하다.

바이오디젤(Bio – Diesel)

자연에 존재하는 각종 기름(Fat, Lipid)성분을 물리적·화학적 처리과정(에스테르 공정)을 거쳐 석유계 액체연료로 변환시킨 것을 말한다. 특히 Bio-Diesel이란 용어는 오스트리아 "BIOENERGIE 회사"에서 개발한 등록상표로서, 일반적으로 각종 동식물류부터 전환된 디젤을 자칭하는 일반 용어로 사용되고 있으나 상표명에 대한 법적 권리는 등록회사에 귀속하고 있다.

바이오에탄올(Bioethanol)

에탄올은 화학적 합성도 가능하지만 생물공정으로도 생산되고 있다. 술을 제조하는 공정에서와 마찬가지로 당을 생성하는 작물로부터 추출된 당을 효모나 박테리아로 발효를 통하여 생산되는 것이다. 옥수수와 같은 전분을 원료로 하는 경우에는 산이나 아밀라아제로 불리는 효소로 먼저 전분을 포도당으로 전환하여 발효하게 된다.

바이오매스(Biomass)

원래 바이오매스의 뜻은 생물량 또는 생물 현존량을 나타내는 말이지만 생물체 및 그의 활동에 수반되어 생기는 유기물의 총체를 말한다. 그러나 최근에는 에너지, 화학공업 원료 등에 사용될 수 있는 것을 망라해서 동식물의 자원을 지칭하며 또한 이것으로 생기는 폐기물도 포함된다. 바이오에너지는 유가리, 아오산코 등의 연료용 식물의 재배 등을 행하면 대량의 에너지를 얻을 수가 있다. 농산물의 폐기물로는 설탕수수대와 부스러기 외 우돈 등의 가축분뇨도 포함된다.

반 데르 발스 힘(Van der Waals force)

분자간에는 어떤 종류의 힘이 작용하고 있다(분자간력). 이 힘은 분자간 거리를 r로 하면 대략 r^7에 반비례하며, 거리가 멀어짐에 따라서 급격히 감소한다. 분자간 힘이 인력인 경우를 반 데르 발스 힘이라 하고, 이론적으로 계산된다.

발열량(Calorific Value)

연료를 완전연소하였을 때 발생하는 열량을 말한다.
① 고발열량 : 연료가 연소한 후 연소가스를 처음의 온도까지 내었을 때 방출하는 열량이다.
② 저발열량 : 고발열량에서 수증기의 증발열을 뺀 값이다.

- Dulong 식

$$Hh = 8,100C + 34,200\left(H - \frac{O}{8}\right) + 2,500S \text{ (kcal/kg)}$$

$$Hl = Hh - 600(9H + W) \text{ (kcal/kg)}$$

방전(Discharge)

방전이란 절연체가 강한 전기장 하에서 절연성을 상실하고 전류가 그 속을 흐르는 현상을 말한다. 방전은 전리를 시키는 외부작용이 없어지면 전극 사이의 전류가 '0'이 되는 비지속방전과 그렇지 않은 지속방전으로 나눠지며, 지속방전은 부분파괴로 양코로나와 음코로나가 얻어지는 코로나 방전과 스파크가 일어나는 불꽃방전, 그리고 전로파괴가 일어나는 글로(Glow)방전과 아크(Arc) 방전으로 구분된다.

방전극(Discharge Electrode)

전기집진장치 주요부의 하나로, 코로나 방전에 의하여 집진장치 내의 분진이나 미스트에 전하를 주는 전극을 말한다.

방폭형(防爆型) 모터

밀폐함 내부로 스며드는 폭발성 가스로 인해 폭발이 일어날 우려가 있을 경우, 밀폐함이 폭발에 충분히 견딜 수 있게 하고 외부의 폭발성 분위기로 불꽃의 전파를 방지하도록 제작한 모터를 말한다. 즉, 방폭형 모터는 내부폭발 시 압력을 견뎌야 하고 폭발화염이 외부에 전달되지 않도록 하며, 폭발 시 외함(外函)의 표면온도가 주변의 가연성 가스에 점화되지 않도록 설계하여야 한다.

방향족탄화수소(Aromatic Hydrocarbon)

방향족화합물 중 탄소와 수소만으로 되어 있는 화합물을 말한다. 벤젠 외에 나프탈렌, 크실렌, 안트라센 등이 있는데 어느 것이나 다 콜타르에서 얻어지며, 합성공업의 원료가 된다. 마취성이나 유독성이 있어서 일반적인 방법으로 처리하기 어렵고 생물처리 또는 열화학적 분해가 잘 되지 않으며 수중에 잔류하여 어패류에 축적되는 경향이 있다.

방향족화합물(Aromatic Compound)

벤젠환(벤젠의 골격을 이루는 탄소원자의 환상결합) 또는 벤젠환이 축합한 유기화합물의 총칭으로서 방향이 있는 것이 많기 때문에 생긴 명칭이다.

벤젠과 나프탈렌이 가장 대표적이고 일반적으로 열화학적으로 안정하며 반응은 치환반응이 일어나기 쉬운 성질을 가지고 있다. 페놀, 다이옥신, PCB, 환경상 유해가 큰 많은 화합물들이 방향족화합물에 속한다.

배기가스 재순환(EGR : Exhaust Gas Recirculation)

질소산화물(NO_x) 발생 억제법의 일종으로 배기가스의 일부를 연소용 공기에 혼합시켜 산소농도를 감소시키고 급격한 화염온도의 상승을 방지하여 NO_x의 생성을 억제한다. 30% 정도까지의 재순환이 효과적이고 재순환 가스량이 과다하면 연소가 불안정해지며 그 한계조절이 문제가 된다.

배출감소 단위(ERU : Emission Reduction Unit)

공동이행(JI)계획에서 부속서 I의 투자국가들은 각각의 프로젝트가 줄이는 온실가스 감축량에 비례해 ERUs를 받게 된다. 투자국가들은 교토의정서 하에서 할당된 양에 이 ERUs를 더할 수 있고, 반면에 투자를 유치하게 되는 나라는 이 ERUs만큼 할당량에서 빼게 된다.

베르누이의 정리(Bernoulli's theorem)

유체운동에 있어서 에너지 보존의 법칙을 나타낸 것으로서, 일반적으로 유체가 정상류로 흐르는 경우 통로의 각 단면에 있어서 압력수두, 위치수두, 속도수두의 합은 일정하다.

벤투리관(Venturi Tube)

직관의 일부에 스로틀링과 완만한 팽창부를 설치한 관을 말하며, 관로에 유체를 통하면 스로틀링부에서 압력은 최소가 되고, 속도는 최고가 되어 팽창부에서 점차로 압력을 회복한다. 대구경과 소구경의 유체의 압력차에 의하여 유량을 측정할 수 있다. 비교적 압력손실이 적고 내구성이 있기 때문에 벤투리계와 이젝터, 스크러버 등에 이용되고 있다.

복사(Radiation)

방사(放射)라고도 하며, ① 중앙의 1점에서 수레의 바퀴살과 같이 방사선 모양으로 쏘아내는 것, ② 물체로부터 열선이나 광선, X-선 등의 전자파가 방출되는 현상, 또는 그 전자파의 형태를 취하여 전달되는 에너지를 말한다.

복사열(Radiant Heat)

고온 물체에서 열원이 복사되어 공간을 통과하여 다른 저온 물체에 흡수되어 일어나는 열을 말하며, 특히 열선에서 현저하다.

부생가스

석탄에 열을 가했을 때 부산물로 생성되는 가스로, 주로 제철공장의 공정 등에서 많이 생성된다.

부유물질(SS : Suspended Solid)

물속에 있는 입자지름 2mm 이하의 유기물이나 무기물을 포함한 고형물의 총칭으로서, 현탁물질이라고도 하며 일반적으로 ppm으로 나타낸다. 물을 흐리게 하는 원인이 되는 것으로 용해성 물질에 대해 일컬어지는 말이다.

분리한계 입자경(Critical Particle Diameter)

집진장치는 입경이 큰 것은 포집하기 쉽고 입경이 작은 것은 포집하기 어려운데, 포집되지 않고 집진장치에서 유출되는 최대 입경을 분리한계 입자경이라 한다.

불포화공기(Non-saturated Air)

포화공기에 대한 말로서 수증기를 포함할 수 있는 상태의 공기를 말한다. 대기는 보통 불포화공기이다.

브라운 운동(Brownian Motion)

유체 중에 부유하는 유기물이나 무기물의 콜로이드 입자가 끊임없이 모든 방향으로 불규칙 운동을 하는 현상을 말하며, 1827년 스코틀랜드의 식물학자 로버트 브라운(Robert Brown)이 화분

가루에서 처음으로 발견했기 때문에 그의 이름을 따서 명명되었다. 물질이 밀도가 높은 곳에서 낮은 곳으로 퍼져나가는 것을 확산이라고 하는데, 확산은 브라운 운동을 거시적으로 보는 것이다. 브라운 운동을 하는 수많은 실례 중에는 오염물질의 대기 내 확산, 반도체 내에서 양공의 확산, 생체기관의 뼈 내부에서 칼슘의 확산 등이 있다.

블로바이 가스(Blow – by Gas)

가솔린 엔진의 연소실에서 연소된 가스가 크랭크 케이스측으로 새는 것을 말한다. 새는 것은 피스톤 링에 의한 공기의 압력이 느슨해지기 때문이다. 블로바이 가스는 크랭크 케이스 이미션(Emission)이라고도 하며, 가스의 25%는 탄화수소로 되어 있고 일산화탄소의 함유량은 소량이다. 블로바이 가스는 대기의 오염원이 된다.

비산분진(Fugitive Dust)

물질의 분쇄, 선별, 혼합, 기타 기계적 처리 또는 분체상 물질의 상적하차, 수송, 저장, 기타 공사장 등에서 일정한 배출구를 거치지 않고 대기 중으로 배출되는 분진을 말한다.

비준(Ratification)

협약 혹은 의정서의 채택사항을 확인하는 절차에 불과한 서명(Signature)과는 달리 협약 혹은 의정서에 따른 법적 의무를 부담하겠다는 선언을 의미한다.

비티유(BTU : British Thermal Unit)

열량을 나타내는 단위의 하나로 1BTU＝252cal이다.

비티엑스(BTX : Benzene Toluene Xylene)

납사의 접촉재질 등을 통하여 생산된 방향족화합물로 벤젠, 톨루엔, 자일렌을 말한다.

사막화(Desertification)

건조, 반건조 및 건조한 저습지역에서 기후변동과 인간활동을 포함한 여러 인자로 인해 토지가 황폐화된 것을 말한다. UNCCD(United Nations Convention to Combat Desertification ; 사막화 방지 UN 협약)가 정의한 토지 황폐화는 건조, 반건조 및 건조한 저습지역에서 생물학적 혹은 경제적 생산성과 천수답 경작지, 관개수 경작지, 방목지, 목초지, 산림의 복잡성이 감소되거나 소실되는 것으로서, 토지 사용으로 인해 또는 인간활동 및 서식지 패턴에서 기인한 과정들을 비롯해 하나 또는 복합적 과정으로 인해 ① 바람이나 물에 의해 야기된 토양침식, ② 토양을 물리적, 화학적, 생물학적 혹은 경제적 퇴화, ③ 자연식생의 장기적 소실이 일어난 것을 말한다.

산노점

여과집진장치에서는 함진가스의 응축으로 여포가 막히거나, 여기에 산성물질(NO_x, SO_x 등)이 녹아 산을 형성하면 여과포에 피해를 준다. 이런 피해를 방지하기 위해 가스온도는 통상 산노점 +20℃ 이상에서 운전한다.

상대습도(RH : Relative Humidity)

습한 공기 속에 함유되어 있는 수증기량과 같은 온도에서의 포화수증기량과의 비를 백분율로 나타낸 것을 말한다.

이 값은 습한 공기의 수증기압 e와 같은 온도에서의 포화공기의 수증기압 E와의 비 백분율과 같다. 즉 $R = e/E \times 100\%$이다. 단순히 습도라고 할 때는 상대습도를 가리키는 경우가 많다.

상승작용(Synergism)

대기오염을 예로 들면, 아황산가스와 황산미스트를 각각 단독으로 흡입한 경우보다 동시에 또는 번갈아 흡입한 경우가 독성이 강하게 나타나는데, 이 현상을 상승작용이라 한다. 보통의 대기오염은 유해가스가 단독으로 존재하고 있는 경우는 드물고, 2종류 이상의 유해가스가 혼합해서 존재하는 경우가 많으므로 그때의 유해도는 상승작용이 되어 나타난다.

석유환산톤(TOE : Ton of Oil Equivalent)

열량 비교를 위한 것으로, 타 연료의 열량을 원유기준으로 환산한 양으로 원유 1kg=10,000kcal로 환산하여 기준한 것이고, 1toe는 107kcal이다. 동 단위는 무게가 환산기준이므로 통상 부피로 계량되는 석유제품, 도시가스 등은 부피를 무게로 환산하는 과정이 선행되어야 한다. 예 휘발유 1bbl의 석유환산톤으로의 전화과정 1bbl=158.988L(liter), 1L=8,300kcal이므로 휘발유 1L는 원유 0.83kg에 해당된다. 따라서 1bbl=0.83kg/L, 158.988L/bbl=132kg(석유환산) 즉, 1bbl=0.132toe이다. 석유제품 중 프로판과 부탄은 무게와 부피의 관계가 다음과 같다. 프로판 1t(톤)=12.38bbl, 부탄 1t=10.88bbl이다.

석회석(Limestone)

탄산칼슘($CaCO_3$)을 주성분으로 하는 수성암의 일종으로, 해수 속의 화학침전이나 탄산 석회질의 껍데기가 있는 생물의 화석 등에 의해 만들어진 것이다. 품질의 규격은 용도에 따라 다르지만 CaO가 45% 이상인 것이 채굴되고 있다. 불순물로는 이산화규소, 알루미나, 마그네시아 등을 함유한다. 중화제로 사용할 수 있지만 탄산가스가 발생하기 때문에 장시간 교반해서 폭기를 실행할 필요가 있다. 그 외에 석탄, 시멘트, 유리, 카바이드의 원료, 제철, 화학공업 등 용도가 다양하다.

성층권(Stratosphere)

대류권 위의 층으로 오존층에 의해 고도에 따라 온도가 증가한다. 고도상으로 약 10km(평균적으로 고위도상에서의 고도 9km부터 적도상에서의 고도 16km까지 분포)부터 약 50km까지 뻗어있다.

소결(Sintering)

분말의 집합체 또는 그 가압 성형체가 녹는점 이하의 온도에서 서로 밀착해 고결하는 현상을 말한다. 이 현상에 의해 분밀입자는 일정한 강도를 갖고, 미세한 구멍이 있는 덩어리 상태가 된다. 절삭공구, 함유축수(含油軸受), 서미스트 등에 이용되며, 오니에 유해금속이 함유되어 있을 때는 이것을 소결해 성형한 뒤 고형화해서 처분한다.

소석회(Slaked lime : Ca(OH)$_2$)

수산화칼슘을 말하며, 산화칼슘에 물을 첨가하여 반응시키면 발열해서 생긴다. 백색의 분말로 물에 약간 녹으며, 그 수용액을 석회수라고 하는데 강한 알칼리성을 띤다. 이산화탄소와 쉽게 화합하여 물에 녹지 않는 탄산칼슘을 생성하며, 암모니아염에 작용해서 암모니아를 분리한다. 또 산에 녹아 칼슘염을 만들고 염소를 작용시키면 표백분을 생성한다.

소수력발전

통상 설비용량이 10,000kW 이하의 수력발전을 말한다. 여타 신재생에너지원에 비해 에너지 밀도가 높고 경제성이 우수한 에너지원이며, 소수력발전 시스템은 수차, 발전기 및 전력변환장치 등으로 구성되어 있다.

수소화 분해공정(Hydrocracking)

나프타에서 잔사유에 이르는 각종 탄화수소에 촉매를 첨가하여 고온, 고압하에 수소기류 속에서 분해하여 수소화하고, 보다 경질인 탄화수소로 전환시키는 것을 말한다. LPG, 휘발유, 등유, 제트연료, 경유 등의 제품을 얻을 수 있으며, 그 품질도 좋아 후처리 등이 불필요하다.

스모그(Smog)

스모그(Smog)는 연기(Smoke)와 안개(Fog)의 합성어(Smog＝Smoke＋Fog)로서, 대기 속의 오염물질이 안개와 뒤섞인 것을 말한다. 대기가 안정할 때 도시나 공업지역에서 잘 생기며, 시야를 흐리게 하고, 눈과 호흡기, 피부 등을 자극한다.

스펙트럼(Spectrum)

빛 또는 소리의 주파수를 분석하여 얻는 성분을 말한다. 1666년 뉴턴이 프리즘을 사용하여 일광을 분해하고 빨강→보라빛의 색대를 관측한 것이 스펙트럼 분석의 시작이다.

슬러리(Slurry)

물속의 작은 고체입자가 현탁질이 되어 부유하여 진흙상태가 된 것이다. 슬러리 농도가 높아져서 침전한 것을 오니(汚泥, Sludge)라고 한다.

습식 전기집진장치(Wet Electrostatic Precipitator)

전기집진장치의 집진극 표면에 물을 연속 공급해 수막을 형성하고 이것에 의해 전극면에 부착한 진애를 씻어 떨어지도록 한 장치이다. 전극면을 항상 세정하므로 강한 전계를 얻을 수 있고, 역전리와 재비산을 방지할 수 있으므로 가스 처리량은 건식보다 2배 정도 높지만 대량의 용수와 배수처리시설이 필요하다.

신재생에너지

우리나라에서 신재생에너지는 『신에너지 및 재생에너지 개발·이용·보급 촉진법 제2조』에 의해 기존의 화석연료를 변환시켜 이용하거나(신에너지) 햇빛·물·지열·강수·생물유기체 등을 포함하는 재생 가능한 에너지를 변환시켜 이용하는 에너지(재생에너지)로서, 태양, 바이오, 풍력, 수력, 연료전지, 석탄 액화·가스화 및 중질잔사유 가스화, 해양, 폐기물, 지열, 수소 등 11개 분야를 말한다.

신재생에너지 발전의무할당제(RPS : Renewable Portfolio Standards)

발전사업자의 총 발전량, 판매사업자의 총 판매량의 일정 비율을 신재생에너지원으로 공급 또는 판매하도록 의무화하는 제도를 말하며, 현재 미국, 영국, 일본, 호주, 덴마크 등이 도입하여 운영 중이다.

아이들링(Idling)

자동차가 엔진을 시동시킨 채 정지하고 있는 것을 말한다. 이 상태에서 자동차의 배기가스는 자동차가 가속, 정속, 감속 등인 상태로 주행하고 있을 때보다 일산화탄소의 양, 질소산화물의 양이 많아 대기를 오염시키는 비율이 크다. 통계에 의하면 아이들링의 시간은 총 주행시간의 약 35%를 차지한다.

〈아이들링 시의 배기가스 성분의 예〉

배기가스 종류	아이들링 시의 배기가스량
일산화탄소	4~6%
질소산화물	10~50ppm
탄화수소	300~1,000ppm
알데히드	15ppm
탄산가스	10.2%
산소	1.8%

아크방전(Arc Discharge)

가스 및 전극물질의 증기 속에 전압을 가하면 전류가 흘러 아크가 발생한다. 이때 전극물질의 증기 속에 전압을 가하면 전류가 흘러 아크가 발생한다. 음극에서 방출된 열전자는 증기분자와 충돌하고 이것을 전하고 생긴 양이온이 음극면에 충돌해서 열전자의 방출을 재촉한다. 이 때문에 전류는 증대하고 양극면은 전자의 충돌에 의해 고온이 되어 강하게 발광한다. 이 방전 현상을 아크방전이라고 한다. 방전 외에 전기 아크로나 아크용접 등에 이용된다.

안식각(Angle of Repose)

침착각, 휴지각이라고도 한다. 평면상에 분립자를 낙하시켜 원추상의 산으로 퇴적되게 만들어 산이 안정을 유지했을 때, 그 원추 모선과 수평면이 이루는 각을 말한다. 입자간 상호 마찰에 의해 발생하는 현상으로 입경과 입체 간의 부착력에 영향을 받는다. 호퍼와 분체 수송용 장치의 설계자료로 이용된다.

안전조회(TBM)

안전조회(TBM : Tool Box Meeting)란 근로자들이 당해 작업내용에 잠재된 위험요소를 스스로 도출하고, 인지하도록 하여 위험요인에 대한 주의력을 향상시켜 재해를 예방하기 위한 활동을 말한다.

알베도(Albedo)

표면이나 물체에 반사된 태양복사(Solar Radiation) 분율이며, %로 표현한다. 눈에 덮인 표면은 알베도가 높고, 토양의 표면 알베도는 높은 것부터 낮은 것까지 다양하다. 식생으로 덮인 표면과 해양은 알베도가 낮다. 지구의 알베도는 다양한 운량, 눈, 얼음, 활엽지역, 토지 피복에 일어난 변화에 따라 달라진다.

압축천연가스(CNG : Compressed Natural Gas)

천연가스를 냉동, 압축하여 액화한 LNG(액화천연가스)와는 달리 고압으로 압축하여 압력용기에 저장한 형태를 말한다.

액가스비(Liquid−to−Gas Ratio)

세정집진장치, 흡수장치, 냉각탑 등의 기·액 접촉장치의 내부를 흐르는 액체와 가스와의 유량비를 말한다. R를 액·가스비(L/m^3), L을 사용액량(L/h), G를 처리가스량으로 하면 $R = L/G$의 식으로 나타낸다. 집진율이 일정하면 R이 적은 만큼 경제적으로 효율적인 높은 집진을 할 수 있다.

액화천연가스(LNG : Liquefied Natural Gas)

지하 또는 해저의 가스전(석유광상)에서 뽑아내는 가스 중 상온에서 액화하지 않는 성분이 많은 건성가스(Dry Gas)를 수송 및 저장의 용이성을 위해 액화한 것으로 보통 '천연가스'라 불린다. 주성분은 메탄(CH_4)으로 −162℃로 액화하면 체적은 원래의 1/600로 되어, 그 상태로 전용탱크에 수송되어 반지하 또는 지상의 대형 단열탱크에 저장된다. 우리나라의 경우 해외 천연가스 산지의 LNG 공장에서 액화하는 것을 LNG선으로 도입하여 이를 국내 LNG 공장에서 기체화한 후 파이프를 통해 발전소나 수용가에 공급하고 있다.

양수발전

고지대에 저수지를 만들고 전력의 비수요기인 밤에 잉여전력을 이용하여 여기에 물을 모터펌프로 퍼 올려놓았다가 수요기에 저수지물을 낙하시켜 발전하는 방식을 말한다. 우리나라의 양수발전은 팔당 등 몇 군데 있다.

에너지원 단위

단위량의 제품과 액수를 생산하는 데 필요한 전력·열(연료) 등 에너지 소비량의 총량, 일반적으로 에너지 생산성의 향상, 즉 에너지 절약의 진척상황을 나타내는 지표로서 사용한다.

엔탈피(Enthalpy)

엔탈피(Enthalpy, kcal/kg)는 어떤 압력, 온도에서 물질이 가진 에너지(H)로 나타낸다. 모든 물질은 온도의 변화 혹은 상태의 변화에 의해서 열의 출입이 있고 어느 조건이 정해졌을 때, 그 물질이 갖는 일정한 열량, 내부 에너지와 외부에 일을 하는 압력의 에너지의 합으로 나타낸다 ($H = E + PV$).

반응엔탈피는 화학반응이 일어날 때의 엔탈피 변화(생성물 총 엔탈피−반응물 총 엔탈피)로 나타낸다. 발열반응은 엔탈피가 감소(−)하고, 흡열반응은 엔탈피가 증가(+)한다. 반응열과 반응엔탈피는 크기가 같고 부호가 반대이다.

엔트로피(Entropy)

열역학(熱力學)에서 물질의 상태를 나타내는 양의 한 가지로, 물질을 구성하는 입자의 배열이나 질서의 정도를 나타낸다. 우주의 모든 것은 더운 것부터 찬 것으로 변해간다는 것이다. 엔트로피를 다른 표현을 써서 설명하면, 우주의 모든 것은 질서로부터 무질서로 향하여 간다는 뜻이다. 시간에는 방향성이 있으며, 이 방향을 거슬러 가는 길은 없다는 뜻이다(예 집이 노화되어 파괴되는 것, 사람이 늙어 사망하는 것, 자연현상 등).

엠.에스.디.에스(MSDS)

Material Safety Data Sheets의 약자로서 물질안전보건자료라고 한다. 화학물질의 유해 위험성, 응급조치요령, 취급방법 등을 설명해 주는 자료로서, 현장에서 각종 화학물질의 취급방법, 사용 시 주의사항에 대한 설명서를 말한다.

엘니뇨(El Nino)

엘니뇨는 불규칙하게 나타나는 기후현상으로서, 대개 3~5년이 주기가 된다. 엘니뇨는 보통 그 징후가 크리스마스 기간에 페루 연안 바닷물 온도가 올라가는 것으로 나타나면서 이 지역 주민들이 '아기 예수'란 뜻의 El Nino로 불렀다. 이 현상은 열대 태평양의 무역풍이 주기적 변화에 따라 약해지면서 비정상적으로 동태평양 바닷물의 표면온도를 높이는 것을 말한다. 이러한 변화는 전 지구적인 기후 시스템에 영향을 미쳐 세계 곳곳에서 이상기상 현상으로 인한 피해를 증가시킨다.

일리미네이터(Eliminator)

공기세정기, 냉각탑, 분무탑 등에 설치하는 것으로 지그재그로 접어 굽힌 아연철판을 좁은 간격으로 병치하고, 그 틈으로 공기나 가스가 통과하면 배플 플레이트(Baffle Plate)가 되어 물방울을 제거한다.

엠 · 티 · 비 · 이(MTBE : Methyl Tertialry Butyl Ether)

아이소부틸렌(iso-Butylene) 형태의 올레핀과 메탄올을 반응시켜 생산되는 화합물로 분자에 산소원자를 함유하고 있어 질소산화물, 일산화탄소 등의 발생을 줄일 목적으로 휘발유 혼합(Blending)에 사용된다. 옥탄가가 약 118로 매우 높아 휘발유의 옥탄가 향상에도 기여한다.

역전리(Back Corona)

집진극 표면에 부착된 분진의 비저항이 $10^{12}\Omega-cm$ 이상으로 극도로 높은 경우, 먼지층에 흐르는 전류에 의해 집진극 전계가 강화되고 방전극 전계가 약화되어 분진층 내에서 절연파괴점으로부터 분진의 얇은 틈을 통한 대량의 이온이 발생하여 음이온을 중화시켜 집진효율을 저하시키는 현상을 말한다.

연료전지(Fuel Cell)

연료(주로 수소)와 산화제(주로 산소)를 전기화학적으로 반응시켜 그 반응에너지를 전기로 직접 빼내는 직류발전장치이다. 연료의 연소에너지를 열이 아닌 전기에너지로 이용하는 것으로, 전기자동차용 연료전지나 연료전지발전소 등에 쓰이며 성능이 좋고 경제성이 뛰어난 연료전지의 개발이 추진되고 있다.

열병합발전(Co – Gen : Cogeneration)

발전을 통하여 전력을 생산함과 동시에 고압 스팀 및 온수를 생산하는 시설을 말한다. 단순히 전력만을 생산하는 것과 비교해 보면 2배 가까운 열효율(약 60~70%)을 얻을 수 있다.

열분해(Pyrolysis)

혐기상태와 고온상태(200℃ 이상)에서 바이오매스를 열로 분해하는 것을 말한다. 이 분해에 의한 생성물로는 일반적으로 산, 알코올, 알데하이드, 페놀 등의 복잡한 혼합액체가 얻어지는데, 이 혼합액체는 적절한 공정에 의해 분리되어진다. 고체형태의 생성물질은 목탄 등을 얻을 수 있는데 이는 제철공정에서 코크스 대용으로 사용되기도 하며, 기체형태의 생성물질은 열량이 약 $15MJ/m^3$ 정도의 CO, 수소, 메탄, 그리고 그 외 기체의 혼합상태로 얻어진다.

열분해 공정(Thermal Cracking)

고옥탄 가솔린 제조공정이다. 비등점 315~560℃의 가스 오일을 원료로 사용하여 제올라이트 촉매상에서 반응시켜 가솔린을 얻는다. 최근에는 금속성분에 강인한 촉매들이 개발되어 산사유를 원료로 사용하는 공정이 상업화되었다. 이 공정에서 사용되는 반응기는 유동상(Fluidized Bed) 반응기로서 고체 촉매를 사용하는 기체반응에 사용되는 특수한 형태의 반응기이다. 따라서 접촉분해 공정을 유동접촉분해(FCC : Fluidized Catalytic Cracking)라고 부른다.

오존(Ozone)

3원자 형태의 산소(O_3)로서, 가스상 대기성분이다. 대류권에서 자연적으로도 생성되고 인간활동에서 생긴 가스의 광화학반응(스모그)에 의해서도 생성되며, 대류권 오존은 온실가스로서 작용한다. 성층권에서는 태양 자외복사와 산소분자(O_2)의 상호작용에 의해 생성되며, 성층권 오존은 성층권 복사균형에서 주도적인 역할을 한다.

오존층(Ozone Layer)

성층권에는 오존농도가 가장 높은 층 소위 오존층이라 불리는 층이 있다. 오존층은 지표 위 12km부터 40km까지 이어지는데 이 층이 인간에 의해 배출된 염소 및 브롬화합물에 의해 파괴되는 중이다. 해마다 남반구의 봄철에 남극지역에서는 인위적 염소화합물과 브롬화합물이 그 지역의 특정 기상조건과 결합하여 일으키는 매우 심한 오존층 고갈현상이 발생한다. 이 현상을 오존구멍(Ozone Hole)이라고 부른다.

온도차 발전

해양 표면층의 온수(예 25~30℃)와 심해 500~1,000m 정도의 냉수(예 5~7℃)의 온도차를 이용하여 열에너지를 기계적 에너지로 변환시켜 발전하는 기술이다.

온실효과(Greenhouse Effect)

온실가스는 지표, 대기, 구름에 의해 배출된 열적외 복사를 효과적으로 흡수하며, 대기복사는 지표방향을 포함해 사방으로 배출된다. 따라서 온실가스는 지표-대류권 시스템 안에 있는 열을 가두게 되는데 이것을 온실효과라고 부른다. 대류권의 열적외 복사는 그 열적외 복사가 배출된 고도의 대기온도와 강하게 연관되어 있다. 대류권에서는 일반적으로 고도가 높아질수록 기온이 감소한다. 우주로 배출되는 적외복사는 평균온도가 −19℃인 고도에서 기원하여 태양복사의 순입사량과 균형을 이루는 반면에, 지표는 그보다 훨씬 높은 온도, 평균적으로 +14℃의 온도를 유지한다. 온실가스 농도 증가는 대기의 적외선 불투명도를 증가시키게 되고 그리하여 온도가 더 낮은 고도에서 유효복사가 우주로 배출되게 한다. 이것은 온실효과를 강화시키는, 소위 강화된 온실효과(Enhanced Greenhouse Effect)를 일으키는 복사강제력을 야기한다.

위험성 관리(Risk Management)

사업장의 완전한 Risk Free의 환경은 있을 수 없다는 인식에서 출발하여 위험(Risk)의 크기를 평가하고 정책적 배려도 고려하면서 위험을 제거하거나 감소시키는 일련의 과정을 말한다. 위험성 관리의 기초는 위험성 평가(Risk Assessment)이며, 위험성 평가의 결과를 실행해 가는 것이 위험성 관리이다.

UV

UV(Ultra Violet, 자외선)는 전자기파 중 가시광선보다 파장이 짧은 것으로 보라색 스펙트럼 옆에 있는 것을 말한다. 자외선(UV)은 파장이 긴 순서대로 UV-A, UV-B, UV-C 등으로 구분된다. 태양에서 올 때 유해한 UV-C 자외선은 대부분 대기권에서 오존층에 흡수되며, 대기권을 통과한 6%의 자외선인 UV-A와 UV-B는 피부 건조와 기미, 노화 등을 일으킨다. 자외선은 살균과 소독작용이 있지만 피부에 닿으면 피부암, 화상 등을 일으키므로 강렬한 태양빛에 피부를 장시간 노출하면 안 된다.

응결(Coagulation, Condensation)

응석이라고도 하며, 액체 또는 기체 속에 분산되어 있는 콜로이드 입자가 집합해서 커다란 입자가 되어 침전하는 현상을 말한다.

응집(Flocculation, Aggregation, Coagulation)

액체 또는 기체 속에 분산되어 있는 미립자가 집합해서 커다란 입자 또는 플록(Floc)을 만드는 현상을 말한다.

의정서(Protocol)

법률과 시행령의 관계와 마찬가지로 협약을 구체적으로 이행하기 위한 내용을 담은 문서로, 이미 존재하는 협약 내에 포함된다. 협약에 의해 지켜져야 할 세부적인 조항들을 첨가하며, 일반적으로 의정서에 각국이 비준하고 발효시키는 과정을 거치면서 협약의 힘을 강화시켜 나간다.

이동오염원(Mobile Sources)

이동하면서 오염물질을 배출하는 것을 말한다. 예를 들어, 자동차는 이동하면서 내뿜는 배기가스에 의하여 대기를 오염시키고 소음을 내어 소음공해를 일으키고 있으며, 항공기도 마찬가지다. 또 선박은 이동하면서 기름이나 폐기물을 배출하여 해양오염을 일으키고 있다. 이에 비해 공장이나 사업장은 고정된 위치에서 오염물질을 배출하고 있다.

이산화탄소 환산(CDE : Carbon Dioxide Equivalent)

다양한 온실가스 배출을 지구온난화지수(GWP)에 기준하여 비교 가능하도록 만든 측정수단으로 이산화탄소 배출량으로 환산하여 나타낸다.

이슬점 온도(DPT : Dew Point Temperature)

일정량의 수증기를 함유한 공기가 차츰 냉각하여 포화상태가 되고, 수증기가 응축하여 물방울이 되기 시작하는 온도를 말하며, 함유한 수분이 많을수록 높은 온도가 된다.

이차연소(Secondary Combustion)

불완전연소에 의한 미연가스가 연소실에서 나온 연도 내에서 적당한 양의 공기를 혼입하여 재연소하는 것을 말한다. 2차 연소를 일으키면 공기예열기나 케이싱 등을 손상시키고, 수관식 보일러에서는 물순환을 교란한다. 이것을 방지하기 위해서는 노 내에서 완전연소를 하고, 연도에서 공기가 새어 들어오는 것을 차단할 필요가 있다.

일차에너지(Primary Energy)

가공되지 않은 상태에서 공급되는 에너지, 즉 석유, 석탄, 원자력, 천연가스, 수력, 지열, 태양열 등을 말한다. 이에 반해 일차에너지를 전환 가공해 얻을 수 있는 전력, 도시가스, 석유제품 등을 이차에너지(Secondary Energy)라 부른다.

임펠러(Impeller, Runner)

액의 교반에 사용되는 젓는 날개를 말하며, 종류에는 조개형, 프로펠러형, 터빈형 등이 있다. 빠른 교반에는 터빈형이, 저점도 대용량액의 교반에는 프로펠러형이, 천천히 하는 교반에는 조개형이 적합하다. 폐수처리장치의 부속기구로서 많이 사용되고 있으며, 송풍기나 압축기, 원심펌프, 터빈, 수차, 기계류 등에도 널리 쓰인다.

입자의 유효경(Effective Diameter)

여과재의 유효경이란 여과재를 체로 분리해서 총 중량의 10%가 통과하는 체눈의 크기(메시, μm)에 해당하는 입경을 말하고, 부유입자의 유효경이란 그 입자와 동등한 침강속도를 갖는 동일 비중 구형입자의 지름(Stokes Diameter)을 말한다.

입자종말속도

운동하는 입자에서 항력과 합성력이 같아지면 입자에 작용한 모든 균형상태가 된 것이며, 이때 입자의 속도를 종말속도라 한다.

자발적 협약(VA : Voluntary Agreement)

에너지를 생산, 공급, 소비하는 기업과 정부가 상호 신뢰를 바탕으로 에너지 절약 및 온실가스 배출 감축목표를 달성하기 위한 협약으로서, 기업은 실정에 맞는 목표를 설정하여 이를 이행하고 정부는 기업의 목표 이행을 위하여 자금, 세제지원 등 인센티브를 제공하여 기업의 노력을 적극 지원하는 비규제적 제도이다.

잔류탄소(Residual Carbon)

중유를 공기가 불충분한 상태에서 고온으로 가열하면 건조되어 탄소가 응착하는데, 이를 잔류탄소라 한다.

재비산(Re – entrainment)

재비산이란 분진의 전기 비저항이 $10^4 \Omega-cm$ 이하로 너무 낮으면 집진판에 전기적인 힘에 의해 포집되더라도 쉽게 음이온 전자가 방전되어 입자와 집진판 사이에 결합력이 소실되어 분진입자가 극 공간으로 회귀하는 재비산 현상이 발생하여 집진효율을 저하시키는 현상을 말한다.

저온부식(Low Temperature Corrosion)

저온부식이란 저온이나 이슬점 온도 이하에서 산성 가스가 응축되어 생성된 황산, 염산 등이 금속 등의 표면에 부착되어 부식을 일으키는 현상을 말하며, 보통 15~40℃에서 부식이 최대가 된다. 반응 메커니즘은 소각물질의 소각(염소, 황 성분 함유) ⇒ 연소가스 발생(유리염소, 염화수소, 아황산 등 부식성 가스) ⇒ 응축, 냉각(149℃) ⇒ 염산, 황산 생성 ⇒ 금속 표면에의 부착, 부식 발생이다.

전과정평가(LCA : Life Cycle Assessment)

물품의 생산에서 폐기에 이르기까지의 자원소비량, 환경오염량 등을 조사, 분석해 평가하는 방법이다.

전리(Ionization)

원자핵으로부터 멀리 있는 전자는 외부에서 열, 빛 등의 에너지를 받아 에너지가 증가(여기)하며, 곧 원자핵으로부터 탈출할 수 있다. 이렇게 전자가 원자핵으로부터 이탈된 것을 전리(이온화)라 하며 자유전자로서 전도전자의 역할을 하게 된다. 전도전자는 금속 내부에서 자유롭게 원자 사이를 이동한다.

전자선 조사법

배기가스에 전자선을 조사하고 NO_x와 SO_x를 초산암모늄 및 황산암모늄의 미세한 고체입자로 하여 전기집진장치로 제거하는 방법을 말한다. 반응기구는 구체적으로 밝혀지지 않았으나 실험 장치에서 높은 탈황, 탈질 효율을 얻었다.

정량분석(Quantitative Analysis)

화학분석의 일종으로 물질을 구성하는 성분의 양 또는 비율을 알아낼 목적으로 수행하는 분석의 총칭이다. 일반적으로는 정성분석에 의해 성분의 종류를 결정한 후에 이루어진다. 조작법에 따라 중량분석과 용량분석으로 나누어진다.

정류판(Distributing Plate, Distributor)

유체의 유동 도중에 설치해서 유체의 흐름을 일정하게 하고 튀어나감을 방지함으로써 안정화시킨 것으로, 날개판, 다공판, 금망, 다공질판 등이 이용되고 있다. 공기세정기의 공기 입구와 침전지의 원수 입구 등에 설치된다. 분포판, 저류판, 우류판이라고도 한다.

정상류(Steady Flow)

속도가 항상 일정하게 운동하며 시간과 더불어 변화하지 않는 물의 흐름을 말한다. 또 유선(流線)도 변하지 않기 때문에 유선과 유체입자가 지나가는 길은 일치한다. 정상류는 베르누이 정리의 가정조건이다.

정상상태(Steady State)

유동체, 온도, 전류, 음파 등의 물리적 변화가 시간에 대해 항상 일정 불변한 상태에 있는 것을 말한다.

정성분석(Qualitative Analysis)

화학분석의 일종으로서 물질의 성분을 검출할 목적으로 실행하는 분석을 말하며, 보통은 정량분석에 앞서서 한다. 미지의 것에 무엇이 포함되어 있는지를 조사하는 경우와 어떤 특정한 물질이 들어있는지의 여부를 조사하는 경우가 있다.

정압(Static Pressure)

유동하는 유체의 전압에서 동압을 뺀 압력이다. 흐름의 방향에 대해 수직방향으로 작용하는 단위면적당 힘을 말한다. kg/m^2 또는 mmAq(mm수주)로 나타낸다.

정압비열(Specific Heat under Constant Pressure)

기체압력을 일정하게 유지하면서 열을 가할 때의 비열을 말하며, 실용단위는 $kcal/kg \cdot °C$이고, 기호는 C_p로 표시된다.

정적비열(Specific Heat under Constant Volume)

기체의 체적을 일정하게 유지하면서 열을 가했을 때의 비열을 말하며, 실용단위는 $kcal/kg \cdot °C$이고, 기호는 C_r로 표시된다.

정전용량(Electrostatic Capacity)

절연된 도체가 전하(전기량)를 축적하는 능력의 정도를 나타내는 양, 또는 콘덴서 양극의 전위차를 단위량만큼 높이는 데에 필요한 전기량을 말한다.

조력발전

조석을 동력원으로 하여 해수면의 상승하강운동을 이용하여 전기를 생산하는 발전기술이다.

종말침강속도(Final Settling Velocity)

수중의 단일입자가 중력하에서 침강하는 경우 처음에는 점차 속력이 늘어나지만 반대방향으로 침강속도의 제곱에 비례하는 저항력이 작용하므로 중력과 저항력이 같게 된 시점에서 일정한 침강속도로 된다. 이것을 종말침강속도라 하는데, 입자의 침강속도는 이 종말침강속도를 가리킨다.

중력침강법(Settling Method)

함진가스에서 더스트를 분리 포집하는 조작의 하나로, 중력 침강실, 다단 침강실의 방법이 있다. 공기 중에 함진가스를 유도하고 더스트 자체가 갖는 중력에 의하여 자연침강시켜 분리한다.

중수(Heavy Water)

D_2O 또는 수소의 동위원소인 중수소로 이루어진 물로, 보통 물에는 1/60,000 정도의 비율로 존재하며 어떤 원자로에서는 순수 중수를 감속재로 사용한다.

중유의 직접탈황(Direct Desulfurization of Fuel Oil)

아이소맥스, H오일, 걸프 HD 등의 방법이 있다. RCD 아이소맥스법은 고온 고압하에서 중유에 수소를 반응시켜 중유 중의 황분을 황과 황화수소로 분리하는 방법으로 탈황장치 본체 이외에 수소를 공급하는 수소제조장치, 황화수소를 분해하여 해가 없는 황으로 만드는 황회수장치, 암모니아가 발생하므로 이것을 황산암모니아로 하여 회수하는 황산암모니아 제조장치를 병설하고 있다.

중질잔사유

원유를 정제하고 남은 최종 잔재물로서, 감압증류 과정에서 나오는 감압잔사유 및 아스팔트와 열분해 공정에서 나오는 코크, 타르, 피치 등을 말한다.

지구온난화지수(GWP : Global Warming Potential)

지구온난화지수는 각각의 기체들을 기준이 되는 기체들과 비교했을 때 대기하층에서 성층권까지의 상대적 가열정도의 척도로 나타낸 것이다. 이산화탄소 1kg과 비교하였을 때 어떤 온실기체가 대기로 방출된 후 특정기간 동안 그 기체 1kg의 가열효과가 어느 정도인가를 평가하는 척도이다. 1995년 발간한 IPCC 2차 보고서에 의하면 100년을 기준으로 CO_2를 1로 볼 때 CH_4가 21, N_2O가 310, HFCs가 1,300, PFCs가 7,000, SF_6가 23,900이다.

지방족화합물(Aliphatic Compounds)

탄소, 산소, 질소, 수소 등의 원소가 사슬상태로 연결된 구조를 갖는 유기화합물의 총칭으로, 사슬식 화합물이라고도 한다. 일반적으로 사슬이 긴 것일수록 균이나 열에 의한 분해가 쉽게 일어나고, 폐수 중에 포함된 경우도 방향족화합물보다 처리하기가 쉽다. 그러나 중금속과 결합하고, 유기금속 화합물이 된 경우는 맹독성을 나타내기 때문에 충분한 처리가 필요하다. 천연에 존재하는 지방족화합물에는 천연가스, 석유, 동식물 지방, 동식물 유지, 고무 등이 있고, 알코올, 아크롤레인, 알킬수은, 사에틸염 등이 여기에 속한다.

지열에너지

지열은 지하의 물체가 갖는 열을 말한다. 지열은 지구가 생성될 때 있던 열로 아직 방열되지 않은 상태이거나 우라늄이나 토륨 같은 방사선 원소의 붕괴에 의하여 생기는 것이라고 생각할 수가 있다. 일본과 같이 화산이 많은 고온지열지대는 지하에 용융암석의 활동에 의한 것으로 여기에 물을 주입하여 증기를 생산하고 이것으로 증기터빈을 돌려서 발전에 이용할 수 있는데 이런 시스템을 지열발전소라고 한다. 보통 화산이 없는 지대에서는 약 3,000m 지하로 들어가면 약 100℃가 되는데 지역에 따라서는 이보다 온도가 높을 수도 있다. 파리 같은 곳에서는 약 1,500m 정도에서 약 70℃ 전후의 열을 퍼올려 지역난방에 이용한다.

질소산화물(Nitrogen Oxides)

약호는 NO_x로, 질소와 산소의 화합물로서 일산화질소, 이산화질소 외에 N_2O, N_2O_3, N_2O_4, NO_3 등이 있지만 대기오염 관계에서는 NO와 NO_2의 총칭이다. 물질이 고온에서 연소할 때 연료 속의 질소화합물이나 공기 속의 N_2와 O_2의 화합에 의해 최초의 NO가 생성되고, 대기 속에서 산화되어 NO_2가 되며, 광화학반응에 크게 작용하여 대기오염에 영향을 주고 있다.

질소화합물(Nitrogen Compound)

질소를 함유한 화합물의 총칭으로, 형태별로 분류하면 유기성 질소와 무기성 질소로 나누어진다. 전자에는 단백질, 요산, 아미노산 등이 있고, 후자에는 암모니아성 질소, 아질산성 질소, 질산성 질소 등이 있다. 자연계에는 생물을 매개로 유기성 질소에서 무기성 질소로, 또는 그와 역으로의 변화가 반복되어 질소순환이 이루어진다. 하수 속의 질소화합물은 죽은 동식물이나 동물의 배설물 등이 부패하고 분해되어 알부미노이드 질소를 거쳐 암모니아성 질소가 되고, 다시 산화되어 아질산성 질소에서 안정된 질산성 질소로 된다. 생성된 아질산 질산은 수중의 용존산소가 부족한 상태에서는 탈질작용이 이루어지고 질소가스로 되어 공중으로 방출된다.

착화온도(Firing Temperature)

가연물이 공기 속에서 가열되어 열이 축적됨으로써 외부로부터 점화되지 않아도 스스로 연소를 개시하는 온도이다. 가연물의 발열량, 공기의 산소 농도 및 압력이 높을수록, 분자구조가 간단할수록 낮아진다.

초층성능

미세한 입자를 포집하기 위해서는 여포의 올과 올 사이의 공극을 작게 해 줄 필요가 있다. 이 공극을 처리된 분진이 막아주어 공극이 작게 된다. 이때 처음에 초층을 형성하는 것이 중요한데, 초층은 분진의 탈진 시에도 대부분 제진되지 않고 남아있다.

참비중(True Specific Gravity)

겉보기 비중과 구별할 때 사용되는 용어로 물질의 참용적에 대한 비중을 말한다. 공극률의 어떤 분진, 여재, 석탄 등 알갱이 덩어리의 비중을 나타낼 경우, 공극과 세극이 없는 알갱이 덩어리인 고체일 때의 비중을 나타내는 것이다.

최상가용기법(BAT)

최상가용기법(BAT : Best Available Techniques economically achievable)이란 경제성을 담보하면서 환경성이 우수한 환경기술 및 운영기법을 말한다. 다시 말해, 사업장 배출시설에서 발생 및 배출되는 오염물질을 최소화하고 동시에 공정의 운전효율을 최적화하여 경제적으로 환경오염을 최소화할 수 있는 포괄적인 개념의 기술을 의미한다.

캐리어 가스(Carrier Gas)

어떤 물질을 가스를 사용하여 반송하는 경우에 쓰이는 가스를 말한다. 가스 크로마토그래피 분석법에 있어서는 이동상에 쓰이는 기체를 말하며, 수소나 헬륨이 가끔 캐리어 가스로 쓰인다. 또 터빙법에 의한 용존산소계에서는 질소가스가 캐리어 가스로 쓰인다.

캐비테이션(Cavitation)

액체가 유동하고 있을 때 어느 점의 압력이 그때의 액온의 증기압보다 내려가 액 속의 공기와 수증기가 분리되어 기포를 발생시키고 공동을 만드는 현상을 말한다. 캐비테이션으로 유리된 공기와 수증기는 압력이 높은 부분에서 망가지고 국부적으로 고압 · 고온이 되어 진동과 소음이 발생해 부식의 원인이 되며, 또한 재료에 손상을 입힌다. 수차와 펌프의 날개, 또는 유체의 통로에 급격한 변화가 있는 장소 등에서 발생한다.

케이크(Cake)

여재(濾滓), 슬러지 케이크라고도 한다. 여과할 때 여재에 남는 고형물로 함수율 70~80% 정도의 오니를 말하며, 함수율은 사용하는 여과기 종류에 따라 다르다.

콜로이드(Colloid)

교질이라고도 하며, 분산매 내에 분산해 있는 직경 0.001~0.1μm 정도의 미세한 분산질을 말한다. 또한 이 분산질의 입자를 콜로이드 입자라고 하며, 분산상태를 콜로이드 상태라고 한다. 입자가 매우 작기 때문에 체적에 비해 표면적이 커지고, 수중에서는 동종의 대전에 의해 반발력을 가져서 쉽게 침강하지 않고 안정상태를 유지한다.

쿨롱(Coulomb)의 법칙

대전된 두 전하 또는 두 자극 사이에 작용하는 전기력은 두 전하량 또는 두 자극세기의 곱에 비례하고 둘 사이의 제곱에 반비례하는 전기력에 관한 법칙으로서, 1785년에 프랑스 물리학자 쿨롱이 발견하였다.

큐폴라(Cupola)

선철 주물을 만들기 위하여 선철을 용해하는 노를 말하며, 소형인 것은 재퍼니즈 큐폴라라고도 한다. 큐폴라는 각종 공해의 발생원이며, 공해방지대책을 세우지 않으면 안 되는 특정시설이다.

타르(Tar)

석탄 또는 목재 등의 탄소화합물을 건류해서 얻는 흑갈색의 점조한 액을 말하며, 목재에서 얻는 것을 석탄 타르 또는 콜타르라고 한다. 건류하는 온도에 따라 저온 타르와 고온 타르로 구별되고, 콜타르를 더 분리하면 피치, 크레오소트유, 나프탈렌, 크레졸, 석탄산 등을 얻을 수 있다. 포장재, 방수제, 방충제, 목재 방부제, 전극 등에 이용되고 있다.

탄소상쇄기금

탄소상쇄기금이란 2008 람사르 총회에서 처음 시행한 것으로, 일상생활 중에 자신이 만들어낸 온실가스의 양만큼 자발적으로 기금을 내도록 해 지구온난화의 심각성을 깨닫게 하자는 취지에서 시행한 것이다.

탄소 포집 및 저장(CCS : Carbon Capture & Storage)

탄소 포집 및 저장(CCS)은 화석연료 발전공장과 같은 대규모 배출원으로부터 이산화탄소를 포집하고 대기로부터 격리하여 영구적으로 저장하는 방식으로 지구온난화를 완화하는 접근방식이다.

탄소환산(CE : Carbon Equivalent)

다양한 온실가스 배출을 지구온난화지수(GWP)에 기준하여 비교 가능하도록 이산화탄소 배출량을 기준으로 할 때 이를 탄소의 무게만으로 다시 환산하여 비교하도록 만든 측정수단으로서 탄소환산톤(TC : Ton of Carbon Equivalent)이라고도 한다. 이산화탄소는 탄소원자 1개와 산소원자 2개가 결합하여 생기므로 이 중 탄소만의 무게를 구하기 위해 이산화탄소 환산치에 44/12를 곱하면 된다(온실가스 배출량 × 지구온난화지수(GWP) × 44/12).

탄화, 건류(Carbonization, Drying)

공기가 없는 상태에서 유기원료를 가열하여 코크스와 조 석탄가스 및 조 타르를 얻는 것이다.

탄화수소(Hydrocarbon)

탄소와 수소의 화합물로 유기화합물의 모체를 이루고 있다. 성상에 따라 지방족과 방향족으로 나누어지는데, 지방족은 파라핀계, 올레핀계(에틸렌, 프로필렌 등), 아세틸렌계 등으로 분류된다. 석유화학공업에서 많은 화학제품의 원료가 되고 있으며, 이들 배출물은 다른 물질과 혼합해서 대기오염과 수질오염에 영향을 주고 있다. 특히 올레핀계는 질소산화물과 혼합해서 광화학 옥시던트의 원인을 만든다. 방향족탄화수소에는 벤젠, 톨루엔, 크실렌 등이 있는데 인체에 유독하고 끓는점이 높은 것에는 발암성 물질도 함유되어 있다.

태양복사(Solar Radiation)

태양에 방출되는 복사로, 단파복사라고도 부른다. 태양복사는 태양의 온도에 의해 결정되는 특정적인 범위의 파장(스펙트럼)을 가지고 있다. 지구상에 들어오는 태양복사에너지는 식물의 광합성 작용을 통해 지구상 모든 생물들의 삶의 원천을 만들고 기상현상 등의 각종 지구상의 운동들을 유발함으로써 수력, 풍력 등의 에너지의 근원이 되기도 한다. 우리가 많이 쓰고 있는 화석연료들도 이 태양에너지의 집적물이라고 할 수 있다.

태양전지(Solar Photovoltaic Cell)

광전효과(Photovoltaic Effect)를 응용함으로써 태양에너지를 직접 전기에너지로 변환할 수 있는 소자를 의미한다. 여기서 광전효과란 일반적으로 물질이 빛을 흡수하여 자유로이 움직일 수 있는 전자, 즉 광전자를 방출하는 현상이다.

태양광 모듈(Photovoltaic Modules)

태양전지를 실제 사용 시에는 모듈형태로 제조하는데, 태양전지를 직병렬로 연결하여 장기간 자연환경 및 외부 충격에 견딜 수 있는 구조로 만들어진 형태이다. 전면에는 투과율이 좋은 강화유리, 뒷면에는 테들러(Tedlar)를 사용하고, 태양전지와 앞뒷면의 유리, 테들러는 EVA를 사용하여 접합시키는데 이를 라미네이션(Lamination) 공정이라 한다.

태양광 발전(Solar Power)

태양광을 흡수하여 기전력을 발생시키는 광전효과(Photovoltaic Effect)를 이용하여 태양광에너지를 직접 전기에너지로 변환시키는 발전방식을 의미한다.

태양열발전소(Solar Thermal Power Station)

태양열을 열매체에 전달하여 수집된 열에너지를 전기에너지로 바꾸도록 설계된 발전시설을 말한다. 즉 태양열 탑 발전소(Solar Tower Power Station)란 태양열을 집열하기 위한 탑을 세우고 다수의 거울로 태양광을 탑에 반사시켜 집열된 고온의 에너지를 전기에너지로 바꾸는 태양열발전소의 일종이다.

태양열에너지(Solar Energy)

태양으로부터 방사되는 복사에너지를 흡수, 저장 및 열변환 등을 통해 얻어지는 무공해, 무한정의 청정에너지원을 말하며, 태양열 이용 시스템은 집열부, 축열부 및 이용부로 구성되어 있다.

태양열집열기(Solar Collector)

태양으로부터 오는 에너지를 흡수하여 열에너지로 전환하여 열전달 매체에 전달될 수 있도록 고안된 장치이다.

통기(Vent)

일반적으로 공기를 통하게 하는 것을 말하며, 다음과 같은 뜻으로 사용된다.
① 배수 배관에서 트랩의 봉수(封水)를 보호하기 위해서 관 속의 배수에 의한 기압변화를 대기로 내보내는 것
② 통풍과 같은 뜻
③ 증기난방의 배관이나 방열기에 증기를 보내기 위해서 공기를 배제하는 것

파력발전(Wave Power)

입사하는 파랑에너지를 터빈 같은 원동기의 구동력으로 변환하여 발전하는 기술이다.

폐열보일러(Waste Heat Boiler)

폐열을 열원으로 하여 증기를 발생시키는 보일러를 말하며, 발생하는 증기는 연소용 공기의 예열, 난방, 급탕, 자가발전용 등에 이용된다. 연소장치나 회로를 갖지 않는 것이 특징이지만 폐가스에 다량의 재가 들어 있어서 부식성, 독성, 폭발성이 있는 것은 전열면을 더럽히고 손상시키며 위험성이 많기 때문에 주의할 필요가 있다.

포화증기(Saturated Vapor)

일정한 온도나 압력의 조건에 있어서 증발이나 응축이 정지되고 액체와 평형상태에 있는 증기를 말한다. 일정한 체적공간에 함유할 수 있는 증기량에는 한도가 있는데, 이 한도는 습도가 저하하면 압력과 더불어 급격히 감소된다.

풍력발전(Wind Power)

바람의 힘을 회전력으로 전환시켜 발생되는 전력을 전력계통이나 수요자에 직접 공급하는 기술로서, 시스템은 풍차, 동력전달장치, 발전기, 축전지 및 전력변환장치로 구성되어 있다.

프레온가스(CFCs)

냉매, 발포제, 분사제, 세정제 등으로 산업계에 폭넓게 사용되는 가스로, 화학명이 클로로플로르카본(鹽化弗化炭素)인 CFCs는 1928년 미국의 토머스 미즐리(Thomas Midgley)에 의해 발견됐으며, 인체에 독성이 없고 불연성을 가진 이상적인 화합물이어서 한때 '꿈의 물질'이라고 불렸다. 그러나 CFCs는 태양의 자외선에 의해 염소원자로 분해돼 오존층을 뚫는 주범으로 밝혀져 몬트리올의정서에서 이의 사용을 규제하고 있다.

플라스마(Plasma)

기체상태의 물질에 열을 가하면 기체원자의 최외각 전자는 불안정하여 궤도를 이탈하고 이와 같이 전자와 양성자가 공존하는 상태를 플라스마 상태라고 한다. 전기에너지를 이용하여 증기(H_2O)를 플라스마화하고 증기가 갖고 있는 산소 및 수소를 이용하여 폐기물 중에 함유되어 있는 중금속을 산화 용융하여 유리 내 고용화하며 염화물은 수소가스와 반응시켜 중화시킨다.

플렉시블 조인트(Flexible Joint)

구형, 통형, 벨로스형을 한 합성고무제의 짧은 관과 플렉시블 튜브 등의 양단에 플랜지를 설치한 이음매를 말한다. 배관 설치와 열팽창 등의 외력에 의한 변형을 흡수하고 방진, 방음 등의 작용도 한다.

피시비(PCB : PolyChloroBiphenyl)

$C_{12}H_{10-n}Cl_n$의 화학식으로 표시되는 물질의 총칭으로 폴리염화비페닐이라고도 한다. 무색투명한 유상으로 산, 알칼리에 젖지 않고 절연성이 좋다. 절연체나 열매체 같은 제조공정에 널리 이용되었으나, 식용유에 대한 누설사고를 일으키는 등 오염문제가 표면화되고 있다. 생체 내에 들어가면 분해되지 않고 지방 속에 축적되어 시력장애, 간장장애 등의 중독증상을 일으킨다.

피엠텐(PM$_{10}$)

공기역학적 직경 기준으로 $10\mu m$ 이하 크기의 먼지를 말한다. 미국과 일본 등 선진국에서는 주로 PM_{10}으로 규제하고 있으며, 우리나라에서도 PM_{10}을 대기환경보전법에서 규제하고 있다. 일명 미세먼지라고도 한다.

피치(Pitch)

원유나 콜타르를 증류하여 잔류하는 흑색의 고형 물질을 말하며, 탄화수소의 혼합물이다. 콜타르 피치는 특히 50~60%의 피치를 포함하며, 방수제, 전극, 충전제, 연탄 등에 사용된다.

피토관(Pitot Tube)

유체의 흐름방향에 대한 구멍과 흐름에 직각으로 대하는 구멍을 가진 관을 말한다. U자관으로 인도하여 압력차를 측정하는 것인데, 정상류에 있어서의 유체의 유속이나 유량을 측정하는 데 사용된다.

피피비(PPB : Parts Per Billion)

10억 분율의 약호로서 ppm의 1/1,000을 의미하며, 미소농도의 단위로 쓰인다. 즉 1ppm＝100pphm＝1,000ppb이다.

할로겐(Halogen)

불소나 염소, 브롬, 요오드, 아스탄틴 등의 비금속 원소를 말한다.

함수율(Moisture Content)

오니의 전체 중량에서 물의 중량이 차지하는 비율을 말한다.

화석연료

석탄, 석유, 천연가스, 아탄, 이탄 등을 화석연료라 하며, 석탄기에 쓰러진 큰 나무나 그 밖의 것이 화석이 된 것이다. 화석연료의 사용은 대기오염의 원인이 된다.

화학당량(Chemical Equivalent)

간단히 당량이라고도 한다.

① 원소의 당량 : 수소 1원자량과 화합 또는 치환하는 다른 원소량을 말한다. 일반적으로 원자량을 원자가로 나눈 값이다.

② 산·염기의 당량 : 산으로 작용하는 수소의 1당량을 포함하는 산의 양 및 이것을 중화하는 염기량을 말한다.

③ 산화제, 환원제의 당량 : 수소의 1당량을 빼앗을 수 있는 산화제의 양 및 수소의 1당량을 줄수 있는 환원제의 양을 말한다.

확산연소(Diffused Combustion)

기체연료와 공기를 따로따로 연소실로 보내 연소하는 것으로, 연소는 화염의 외부에서 확산해오는 공기에 의해 계속된다. 연료 표면의 얇은 층에 화염이 생기므로 연소속도는 공기의 확산에 큰 영향을 받는다. 화염은 확산염이 되어야 안정하기 때문에 역화의 염려가 없고, 복사율이 크므로 넓은 장소에서의 균일한 가열에 적당하다. 또 공기를 고온으로 예열할 수 있으므로 유효한 연소가 가능하다는 이점도 있다. 그러나 확산이 불충분하면 미연소 가스의 일부 탄소입자가 응집해 매연을 발생하기 쉽다. 복사열을 필요로 하는 보일러 연소 등에 유리하다.

환경기술(Environmental Technology)

① 청정기술

경제적으로 제품을 생산하고 동시에 오염물질도 적게 배출하는 기술, 즉 '보다 효율적인 생산과 동시에 오염물질을 적게 배출하는 기술'이다. 사후처리기술의 상대적 개념으로 발생된 오염물질을 처리하는 기존의 사후처리기술로서는 오염물질 배출을 더 이상 저감할 수 없다는 측면에서 원칙적으로 공정을 개선하여 제조과정에서 오염물질 발생 자체를 줄이든가, 발생된 오염물질을 재처리 후 재사용하는 기술을 말한다.

② 사후처리기술

청정기술의 상대적 개념으로 사용되며 기존의 대기, 수질 오염물질의 처리기술이 여기에 속한다. 예를 들면, 활성탄법에 의한 폐수처리기술, 전기집진장치에 의한 대기오염정화기술 등이 여기에 속한다.

③ 환경기술

사후처리기술 (End of Pipe Technology)	청정기술 (Clean Technology)
• 문제가 발생된 후 발생된 오염물질을 처리하는 것 • 대기, 수질 오염물질의 처리기술	• 오염 자체를 줄이거나 없애는 사전처리기술 • 저오염공정기술, 저오염 상품생산 및 재이용 기술

해양에너지(Sea Energy)

조석, 조류, 파랑, 해수, 수온, 밀도차 등 여러 가지 형태로 해양에 부존하는 에너지원이다.

핵연료 사이클(Nuclear Fuel Cycle)

천연우라늄의 채광에서 제련, 농축, 성형가공, 원자로 내의 연소, 전환, 사용된 연료의 재처리 (감손우라늄이나 플루토늄 등을 떼어내서 다시 핵연료로서 재이용함)까지의 일련의 순환을 말한다. 핵연료 사이클의 확립은 핵연료의 안전공급과 효율적 이용면으로 보아 극히 중요한 일이다.

핵연료(Nuclear Fuel)

우라늄이나 플루토늄 등 중성자에 의한 핵분열을 일으켜 에너지를 발생하는 물질을 함유하는 것을 말한다. 이들을 원자로 안에 넣어서 핵분열 연쇄반응에 의하여 에너지를 발생시킨다.

핵융합(Nuclear Fusion)

수소, 중수소, 삼중수소 등 질량이 가벼운 원자핵 2개가 융합해 무거운 원자핵이 생기는 반응을 말하며, 이때 방출되는 에너지를 이용해 발전 등을 하는 것을 핵융합로라고 한다. 핵분열과 달리 방사선 폐기물이 발생하지 않는 특징이 있지만, 종래의 열핵융합형의 노에서는 고온 고밀도의 플라스마(원자핵과 전자가 혼재되어 있는 상태)를 만드는 것이 기술적으로 어려워 실현은 21세기 후반에 이루어질 전망이다.

흙막이벽(Retaining Wall)

토목공사 등에서 땅을 돋우거나 굴삭 등을 할 때 흙이 무너지지 않게 하기 위해서 구축하는 구조물을 말한다. 돌쌓기, 콘크리트 블록쌓기, 콘크리트 중력실, 철근콘크리트 등 여러 가지가 있다.

흡수원(Sink)

대기 중 온실가스를 흡수하여 지구온난화 현상을 줄이는 행동으로, 교토의정서에서는 신규 조림, 수종 갱신 등으로 흡수원을 규정하고 있다.

히트펌프(Heat Pump)

냉동기의 응축기로부터 방열되는 열을 난방용으로 사용하도록 한 장치를 히트펌프라고 한다. 히트펌프는 증발기 측에서 프레온이 증발하면서 저온으로부터 열을 빨아들이고 증발된 압축기에 의하여 압축되면서 고온부인 응축기에서 응축한다. 이때 발생되는 열을 이용하며 열을 빨아들이는 저온부로는 자연에너지인 대기가 될 수도 있고 폐열원, 태양에너지가 될 수도 있으며, 저온부를 땅에 묻으면 지열을 이용할 수도 있다.

아름답고 알기 쉽게 바꾼 환경용어집

※ 바꿈 대상 환경용어(※ 자료 : 환경부 환경정책실)

1. 일반 환경용어

바꿈 대상 용어	바꿈 용어	비 고
강열감량	완전연소 가능량	바꿈
포기(조)	공기공급(조)	바꿈
비산먼지	날림먼지	권장
자연취락지구	자연마을지구	바꿈
빈부수성수역	청정수역	바꿈
중부수성수역	보통수역, 일반수역	바꿈
오니, 슬러지	찌꺼기	권장
슬러리	현탁액	권장
경구독성/경피독성	섭취에 의한 독성/피부를 통한 독성	권장
음식물류 폐기물	음식쓰레기, 버린 음식물	권장
어독성	어류독성	바꿈
중수도	재사용수도	병행
집진시설	먼지제거시설	권장
가연성/불연성 폐기물	타는/안 타는 폐기물	권장
혐기성, 호기성	피산소성, 친산소성	권장
999천분위수, 99백분위수	전체 측정수를 1,000(100)개로 환산하여 그 999(99)번째의 수	바꿈

2. 환경 관련 단위 : 국제표준단위계(SI)로 통일

바꿈 대상 단위	바꿈 단위	근 거
ml, mℓ, mℓ (mg/ℓ, mg/L, mg/l)	**mL** **(mg/L)**	**《바꿈》** 국제표준단위계(SI)에 따라 대문자로 표기 ※ 컴퓨터에서 문자표로 구성된 단위(2바이트)를 사용하면 호환되지 않는 프로그램에서는 ☒로 나타남. 따라서 1+1바이트로 사용하는 것이 좋음. 📌 mg/L는 mg/L로 사용하고, m²는 m²로 사용
ppm	10^{-6}	**《권장》** 국제표준단위계(SI)에 따라 특정 언어에서 온 약어인 ppm, ppb, ppt 대신에 10^{-6}, 10^{-9} 등을 사용하여야 하나, 이미 널리 사용되어지고 있어 권장으로 분류 ※ 345ppm ⇒ 345ppm(345×10^{-6})
ppb	10^{-9}	
ppt	10^{-12}	
Kg	**kg**	**《바꿈》** 국제표준단위계(SI)에 따라 통일

3. 환경 관련 화학용어 : 대한화학회 명명법으로 통일

수질오염물질 (특정*)	먹는샘물 및 수돗물 수질기준	지하수 수질기준	대기오염물질 (특정*)	휘발성 유기화합물 (고시)	지정 폐기물	IUPAC명	대한화학회 명명법
구리[동]*	동		구리		구리	Copper	구리
납[연]*	납	납	납*		납	Lead	납
망간	망간		망간			Manganese	망가니즈
플루오르[불소]	불소					Fluorine	플루오린
			불소화물*				플루오린화합물
	보론[붕소]		붕소			Boron	붕소
			브롬			Bromine	브로민
브롬화합물							브로민화합물
			바나듐			Vanadium	바나듐
바륨			바륨			Barium	바륨
			베릴륨*			Berylium	베릴륨
			석면*		석면	Asbestos	석면
셀레늄*	세레늄		셀렌			Selenium	셀레늄
	시안	시안			시안	Cyanide	사이아나이드
시안화물*							사이아나이드 화합물
			시안화수소*				사이안화수소
아연	아연		아연			Zinc	아연
			안티몬			Antimony	안티모니
	알루미늄		알루미늄			Aluminium	알루미늄
염소	염소이온	염소이온	염소*			Chlorine	염소
			(염화수소*)				염화수소
인			인			Phosphorus	인
(유기인*)		유기인			유기인		유기인
주석			주석			Tin	주석
철	철		철			Iron	철
카드뮴*	카드뮴	카드뮴	카드뮴*		카드뮴	Cadmium	카드뮴
크롬			크롬*			Chromium	크로뮴
(6가크롬*)	6가크롬	6가크롬			6가크롬		크로뮴(6+)
			텔루륨			Tellurium	텔루륨
				니트로벤젠		Nitrobenzene	나이트로벤젠
				디메틸아민		Dimethylamine	다이메틸아민

수질오염물질 (특정*)	먹는샘물 및 수돗물 수질기준	지하수 수질기준	대기오염물질 (특정*)	휘발성 유기화합물 (고시)	지정 폐기물	IUPAC명	대한화학회 명명법
				디에틸아민		Diethylamine	다이에틸아민
			디옥신*				다이옥신
	디브로모 아세토니트릴					Dibromoacetonitrile	다이브로모 아세토나이트릴
					디클로로 디플루오로 메탄	Dichlorodifluoro methane	다이클로로 다이플루오로메테인
	디클로로 아세토니트릴					Dichloroaceto nitrile	다이클로로 아세토나이트릴
디클로로 메탄*	디클로로 메탄			메틸렌 클로라이드	디클로로 메탄	Dichloro methane	염화메틸렌
					디클로로 벤젠	Dichloro benzene	다이클로로벤젠
					디클로로 에탄	Dichloro ethane	다이클로로에테인
				1,2-디클로로 에탄		1,2-Dichloro ethane	1,2-다이클로로 에테인
					디클로로 페놀	Dichloro phenol	다이클로로페놀
1,1-디클로로 에틸렌*	1,1-디클로로 에틸렌				1,1-디클로로 에틸렌	1,1-Dichloro ethylene	1,1-다이클로로 에틸렌
					1,3-디클로로 프로펜	1,3-Dichloro propene	1,3-다이클로로 프로펜
				메탄올		Methanol	메탄올
				메틸에틸 케톤		2-Butanone (Ethyl methyl ketone)	에틸메틸케톤
			염화비닐*			(Chloroethylene/ Vinyl chloride)	클로로에틸렌
				이소프로필 알코올		2-Propanol (Isopropyl alcohol)	아이소프로필 알코올
			이황화메틸*			Dimethyl disulfide	다이메틸 다이설파이드
			이황화탄소			Carbon disulfide	이황화탄소
			일산화탄소			Carbon monoxide	일산화탄소
	크실렌	크실렌		자일렌		Xylene	자일렌

수질오염물질 (특정*)	먹는샘물 및 수돗물 수질기준	지하수 수질기준	대기오염물질 (특정*)	휘발성 유기화합물 (고시)	지정 폐기물	IUPAC명	대한화학회 명명법
				클로로벤젠		Chlorobenzene	클로로벤젠
	클로로포름		클로로포름*	클로로포름	트리클로로 메탄	Chloroform	클로로폼
	트리클로로 아세토니트릴					Trichloro acetonitrile	트라이클로로 아세토나이트릴
					트리클로로 에탄	Trichloroethane	트라이클로로 에테인
	1,1,1-트리 클로로에탄	1,1,1-트리클로로 에탄		1,1,1-트리클로로 에탄		1,1,1-Trichloro ethane	1,1,1-트라이클로로 에테인
트리클로로 에틸렌*	트리클로로 에틸렌	트리클로로 에틸렌		트리클로로 에틸렌	트리클로로 에틸렌	Trichloro ethylene	트라이클로로 에틸렌
				트리클로로 트리플루오로 에탄		Trichloro trifluoroethane	트라이클로로 트라이 플루오로에테인
				1,1,2-트리클로로 -1,2,2-트리 플로로에탄	1,1,2-Trichloro- 1,2,2-trifluoro- ethane	1,1,2-트라이클로로- 1,2,2-트라이플루오로 에테인
				엠티비이 [MTBE]		tert-Butyl methyl ether	메틸 t-뷰틸 에테르
벤젠*	벤젠	벤젠	벤젠*	벤젠		Benzene	벤젠
			벤지딘*			Benzidine	벤지딘
			1,3-부타디엔*	1,3-부타디엔		1,3-Butadiene	1,3-뷰타다이엔
				부탄		Butane	뷰테인
				1-부텐		1-Butene	1-뷰텐
				2-부텐		2-Butene	2-뷰텐
사염화탄소*	사염화탄소		사염화탄소*	사염화탄소	테트라클로로 메탄	Carbon tetrachloride	사염화탄소
				사이클로헥산		Cyclohexane	사이클로헥세인
			스티렌	스티렌		Styrene	스타이렌
			아닐린*			Aniline	아닐린
				아세틸렌		Acetylene	아세틸렌
				아세트산 [초산]		Acetic acid	아세트산
			아세트 알데히드*	아세트 알데히드		Acetaldehyde	아세트알데하이드

수질오염물질 (특정*)	먹는샘물 및 수돗물 수질기준	지하수 수질기준	대기오염물질 (특정*)	휘발성 유기화합물 (고시)	지정 폐기물	IUPAC명	대한화학회 명명법
				아세틸렌 디클로라이드		1,2-Dichloro ethylene	1,2-다이클로로 에틸렌
			아크롤레인	아크롤레인		Acrolein	아크롤레인
				아크릴로 니트릴		Acrylonitrile	아크릴로나이트릴
			암모니아			Ammonia	암모니아
				에틸렌		Ethylene	에틸렌
	에틸벤젠	에틸벤젠		에틸벤젠		Ethylbenzene	에틸벤젠
					트리클로로 플루오로 메탄	Trichloro fluoromethane	트라이클로로 플루오로메테인
테트라클로로 에틸렌*	테트라클로로 에틸렌	테트라클로로 에틸렌		테트라클로로 에틸렌	테트라클로로 에틸렌	Tetrachloro ethylene	테트라클로로 에틸렌
	톨루엔	톨루엔		톨루엔		Toluene	톨루엔
페놀*	페놀	페놀	페놀*			Phenol	페놀
			포름알데히드*	포름알데히드		Formaldehye	폼알데하이드
폴리클로리 네이티드 비페닐*			폴리클로리 네이티드 비페닐*		폴리클로리 네이티드 비페닐	PCB	폴리염화바이페닐
				프로필렌		Propylene	프로필렌
			프로필렌 옥사이드*	프로필렌 옥사이드		Propylene oxide	프로필렌옥사이드
			황화메틸			Dimethyl sulfide	다이메틸설파이드
			황화수소			Hydrogen sulfide	황화수소
				n-헥산		n-Hexane	노말-헥세인
	1,2-디브로모 -3-클로로 프로판					1,2-Dibromo- 3-chloropropane	1,2-다이브로모- 3-클로로프로페인

※ IUPAC(International Union of Pure and Applied Chemical) : 국제 순수 및 응용화학 연합
※ 대한화학회 '화합물 명명법 편수자료'에 따라 적용

4. 환경오염시험방법 관련 용어

기존 용어	바꿈 용어	쓰임새
가스	기체	가스압력 → 기체압력 가스 크로마토그래피 → 기체 크로마토그래피 (예외 : 도시가스)
가스메타	가스미터	건식 가스메타 → 건식 가스미터
검수, 검액	시료	
검액량	시료량	
고형물질	고형물	
공시험	바탕시험	바탕시험용 튜브
구배	기울기	이온 전위 구배 → 이온 전위 기울기
그리이스	그리스	진공용 그리이스 → 진공용 그리스
납사	나프타	Naphtha
내경	안지름	
노르말농도	노말농도	
단색장치	단색화 장치	
담체	지지체	정지상 담체 → 정지상 지지체
데시케이터	건조용기	
도입부, 인젝터	주입부	시료 도입 → 시료 주입, 인젝터 온도 → 주입부 온도
디	다이~(Di)	디글리세롤 → 다이글리세롤
램버어트–비어법칙	베르법칙	
마그네틱스티러	자석교반기	
마이크로실린지	미량주사기	
메스실린더	눈금실린더	
메칠렌	메틸렌 (Methylene)	메칠렌블루 → 메틸렌블루
메틸 머캅탄	메테인 싸이올	
멤브레인 필터	막거르개	
면적	넓이	면적비 → 넓이비
물리적화학적	물리화학적	물리적화학적 성질 → 물리화학적 성질
바이패스유로	우회관로	
반고상	반고체	반고상 폐기물 → 반고체 폐기물
배가스	배출가스	
버어너	버너	기체 버어너 → 기체 버너

기존 용어	바꿈 용어	쓰임새
벤진	벤젠(Benzen)	
불휘발성	비휘발성	
브롬	브로모~	브롬티몰블루 → 브로모티몰블루
비스무스	비스무트(Bi)	비스무스아황산염 → 비스무트아황산염
비이커	비커	
세정병	씻기병	
수소염	수소불꽃	수소염이온화법 → 수소불꽃이온화법
수욕, 수욕조	물중탕	
스윗치	스위치(Switch)	
스타렌	스타이렌 (Styrene)	스타렌다이비닐벤젠 → 스타이렌다이비닐벤젠
슬리트	슬릿(Slit)	
시~	사이~(Cy)	시클로로헥산다이아민초산용액 → 사이클로로헥세인다이아민초산용액
실린지	주사기	
써프렛서 (Suppressor)	억압기	
쓰롤린~	트롤린~	페난쓰롤린 용액 → 페난트롤린 용액
아세칠렌	아세틸렌 (Acethylene)	
알카리	알칼리(Alkali)	알카리성 용액 → 알칼리성 용액
암소	어두운 곳	
에스테르	에스터(Ester)	폴리에스테르계 → 폴리에스터계
에어컴프레서	공기압축기	
에칠	에틸(Ethtyl~)	에칠알콜 → 에틸알코올
여과제	여과재	
여기(Excite)	들뜸	여기법 → 들뜸법
여액	여과용액	추출 여과여액 → 추출 여과용액
역가	농도계수	
연도	굴뚝	연도배출구 → 굴뚝배출구
열전도형검출기	열전도도검출기	
염광광도검출기	불꽃광도검출기	
염화물	염소화물	

기존 용어	바꿈 용어	쓰임새
예혼합	예비혼합	예혼합 버너 → 예비혼합 버너
완충액	완충용액	초산염완충액 → 초산염완충용액
용량, 용적	부피	부피 플라스크 (용량이라는 단위만 사용할 때는 부피로 표현하고, 플라스크에서는 용량 플라스크라고 함)
원자흡광분석법	원자흡수분광광도법	
위해기체	유해기체	
유리봉	유리막대	
유리섬유제	유리섬유	유리섬유제 거름종이 → 유리섬유 거름종이
이성체	이성질체	치환이성질체
이소	아이소(iso)	이소뷰탄 → 아이소뷰테인
인티그레이터 (Integrator)	적분기	
입자	입자상	입자 아연 → 입자상 아연
잔재물	잔류물	
정도	정밀도(Precision)	
정량용 표준물질	정량표준물질	
정수	상수	패러데이 정수 → 패러데이 상수
정온	등온	정온 기체크로마토그래피 → 등온 기체크로마토그래피
지시액	지시약	
질량 크로마토그래피법	질량분석법	Mass Spectroscopy
질소봄베	질소통	
천칭	저울	자동미량천칭 → 자동미량저울
초자	유리기구	경질초자 → 경질유리기구
충진, 팩킹	충전	
취기	냄새	
~치(Value)	~값	분석치 → 분석값, 비례치 → 비례값
치몰	티몰	브로모치몰블루 → 브로모티몰블루
치오	싸이오	치오황산나트륨 → 싸이오황산나트륨
칭량	평량	
캐리어 가스	운반기체	
캐피러리	모세관	캐피러리 칼럼(Column) → 모세관 칼럼

기존 용어	바꿈 용어	쓰임새
칼럼(Column)	분리관	
크로마토그래프법	크로마토그래피	시험법을 의미함.
크실렌	자일렌(Xylene)	m-자일렌
탈기	기체제거 (Degassing)	
테프론제 비커	테플론 비커	
토오치	토치	
트리	트라이(Tri~)	트리메틸아민 → 트라이메틸아민
퍼어지	퍼지(Purge)	기체퍼어지분광기 → 기체퍼지분광기
펀넬(Funnel)	깔때기	Separatory Funnel → 분액깔때기
포집	채취	감압 포집병 → 감압 채취병
표준액	표준용액	구리 표준용액
표준용 시약	표준시약	
플루오르, 플로로	플루오로~	플로로벤젠 → 플루오로벤젠
피크~, 피이크~	피크~	
하한	한계	하한값 → 한계값
핫플레이트 (Hot Plate)	가열판	
혼액	혼합액	
홀더	지지대	
환저플라스크	둥근바닥플라스크	

대기오염물질 배출시설 해설

제 1 장 제조시설 해설

제1절 금속제품제조·가공시설

가. 금속의 용융제련·열처리 시설

　용광로, 전기로, 반사로, 용선로, 가열로 등 각종 용해로를 이용, 철광석, 철, 재생용 고철 및 부스러기 등을 용해·제련·정련하여 신철, 주철, 철강, 합금철 등을 생산하는 제철 및 제강 시설과 제철, 제강을 하지 않고 구입한 강괴, 형강 등의 1차 강재를 가열, 냉각, 압연 등의 열처리 공정을 거쳐 열연 및 압연 강재의 재료, 철강연신 및 강관 등을 제조하는 시설을 말한다.

　구입한 선재, 봉, 바 등의 압연제품을 연신하여 철강선 등을 제조하는 철강연신시설과 주철관을 포함한 주괴주형 기계장비용 주물, 주철솥, 맨홀뚜껑 등 거친 상태의 철강주물을 생산하는 주조시설도 포함된다.

나. 금속의 표면처리시설

　각종 기계, 기구, 장치 등에 사용되는 금속물이 주어진 정도(精度)를 유지하고, 수명을 길게 하기 위하여 행하는 각종 마무리 작업에 사용되는 시설을 말한다. 금속의 부식 방지, 미관(美觀) 유지, 표면의 경화(硬化) 등을 목적으로 행하는 각종 도금, 도장, 화성처리 등의 시설과 기계, 기구 속에서 조합(組合)된 상대(相對)와 접촉, 끼워맞추기를 수월하게 하기 위해 절삭(切削), 연삭(研削)하는 시설도 포함된다.

다. 조립금속제품(組立金屬製品)·기계(機械) 및 장비 제조(裝備製造)시설

　철(鐵) 및 비철금속(非鐵金屬), 조립제품(組立製品)을 제조하는 시설로서 수공구(手工具), 날붙이, 일반철물, 금속용기 등의 금속제품, 비전기식(比電氣式) 난방 또는 가열장비 및 장치, 금속가구 및 장치물, 구조금속제품, 금속압판제품, 조립금속포장용기, 금속선 및 관 가공품, 기타 조립금속제품 등을 제조하는 시설과 동력식(動力式) 수공구를 포함한 일반산업 기계 및 장비, 전기산업용 기계장비 및 전기·전자용품, 운수장비 및 정비, 의료사진, 광학, 전문과학(專門科學) 및 정밀측정기기 등의 제작과 각종 기계장비의 조립용으로 사용되는 주요한 특정부분품(特定部分品)을 제조하는 시설을 말한다. 법랑제품의 제조도 여기에 포함되며, 금속분말(金屬粉末)을 혼합, 주입, 압착, 소결 등으로 기계부품을 포함한 각종 금속분말 야금제품을 제조하는 시설과 분말야금(粉末冶金)에 의한 자성재부품을 제조하는 비철금속 주조 및 단조시설을 포함한다.

　자성재부품(磁性材部品) 및 영구자석재를 제조하는 시설, 전기산업기계 및 장치제조와 라디오, 텔레비전 및 통신장비, 가정용 전기기구, 전자부품 등 전자 및 전기기계제조시설도 포함된다.

라. 비철금속(非鐵金屬) 제조·가공 시설

제련 및 정련, 용해, 합금(合金), 압연, 압출, 주단조, 인발 등에 의하여 분괴, 바(Bar), 빌릿 (Billet), 슬래브(Slab), 판, 대, 봉, 관, 선 등의 형재(型材)와 거친 상태의 주단조물 및 압출물 등의 1차 비철금속(1次非鐵金屬)제품을 제조하는 시설과 구입한 비철금속, 비철금속 부스러기 등을 처리하여 비철금속을 생산 재생(再生)하는 시설을 말한다.

금, 은, 백금 등의 귀금속 광석(鑛石)과 니켈, 안티모니, 수은, 망간, 크롬, 몰리브덴, 마그네사이트, 지르코늄 등의 비철금속광석을 처리하여 제련 및 정련하는 시설과 동, 알루미늄, 납, 아연을 제외한 기타 비철금속의 부스러기 및 찌꺼기(드로스) 등을 처리하여 제2차 제련 및 정련 비철금속을 생산 및 재생하는 시설도 포함된다.

대표적인 것으로 동, 알루미늄, 납, 아연 등의 비철금속 제1차 제련 및 정련 시설, 제2차 제련 및 정련 시설과 제련 및 정련한 1차 비철금속재 또는 비철금속합금재를 압연, 압출, 인발하는 비철금속 압연 및 압출 시설, 그리고 동 알루미늄 기타 비철금속과 비철금속합금으로 거칠은 상태의 주물 및 단조물 제품을 제조하는 비철금속 주조 및 단조 시설을 포함한다.

마. 기타(其他) 금속제품(金屬製品)제조·가공 시설

구입한 철강재를 분쇄하여 철강분(鐵鋼粉) 제조와 고철 등을 잘게 분쇄하는 시설, 구입한 일차 또는 반성(半成) 비철금속재료로 비철금속분말 제조 분쇄처리, 표면처리 등을 하는 철 및 비철금속 제조시설과 철선제품 이외의 코일스프링, 평스프링, 체인(동력전달용 제외) 및 쇠사슬, 금속박판가공품, 용접봉, 벨, 조명 부착물 및 비전기식 조명장치(가구 제외) 등을 제조하는 기타 조립금속제품 제조시설, 산업용 분무기, 금속용해 또는 처리용 노(爐)와 식품조리용 노(爐)를 제외한 기타 산업용 노, 노 연소기(爐 燃燒機), 급탄기, 가스발생기, 재방출기, 소화기, 소화장비 및 소화용 스프링클러, 카브레터, 피스톤, 피스톤링 및 내연기관용 밸브 등의 기타 기계 및 장비 제조시설, 전기도관, 조인트 및 부착물, 절연체 및 절연부착물(도기, 유리, 성형고무 및 플라스틱제품 제외), 전기벨, 부자, 차임벨, 전기용 탄소제품 등 기타 전기 및 전자 기기제조시설, 화물 및 여객차량, 손수레 등과 같은 운수장비 및 그 전용부품(專用部品)을 제조하는 기타 운수장비제조시설, 항해용 기구, 나침반, 항공기 기구, 의료품 이외의 전시용 또는 교육용 모형 및 기구 등을 제조하는 기타 전문(專門), 과학, 측정 및 제외 장비제조시설 등 각종 철 및 비철금속을 제조가공하는 시설을 포함하여 말한다.

제2절 화합물 및 화학제품 제조시설

가. 염산, 황산, 인산, 불산, 질산, 초산 및 그 화합물 제조시설

염산 및 이와 관련하여 표백분, 표백액염소, 차아염소산나트륨, 아염소산나트륨, 염소산나트륨, 과염소산나트륨 등의 염소화합물과 황산, 발연(發煙)황산이나 황산염화합물 그리고 인산, 불산, 질산 및 이와 관련된 무기화학제품을 제조하는 시설을 말한다. 초산 및 이와 관련하여 아세트아미드, 아세트니트릴, 염화아세틸, 아세트산무수물을 아세트산에스테르, 클로로아세트산, 글리코올산, 아미노아세트산 등의 초산화합물을 제조하는 시설을 말한다.

나. 화학비료(化學肥料)제조시설

단일(單一), 혼합 및 복합된 질소질(窒素質), 인산질(燐酸質) 및 칼리질 비료 등 농업용으로 직접 사용할 수 있는 화학비료(化學肥料)를 생산하는 시설을 말하며, 비료공장에 설치되는

황산, 질산, 인산 제조시설은 화학비료제조시설과는 별도로 황산, 질산, 인산 제조시설로 허가를 득하여야 한다.

- 질소질비료제조시설 : 질소질광물 및 질소비료 제조용 기초화합물을 화학처리하여 질소질을 함유한 화학비료를 제조하는 시설을 말한다. 또한 질소질비료물질을 제조하는 사업체에서 구입한 다른 성분의 비료물질을 혼합하여 배합비료를 생산하는 시설도 포함된다.
- 인산제조비료제조시설 : 인산질광물 또는 인산질비료 제조용 기초화합물을 화학처리하여 인산질을 함유한 화학비료를 제조하는 시설을 말한다. 직접 인산질비료를 제조하는 사업체에서 다른 성분의 비료를 구입하여 인산질을 함유한 화학비료를 제조하는 시설을 말한다. 또한 직접 인산질비료를 제조하는 사업체에서 다른 성분의 비료를 구입하여 인산질을 함유한 복합비료를 제조하는 시설도 포함된다.
- 칼리질비료제조시설 : 칼리질광물 또는 칼리질비료 제조용 기초화합물을 화학처리하여 칼리질을 함유한 화학비료를 제조하는 시설을 말한다. 또한 직접 칼리질 비료를 제조하는 사업체에서 다른 성분의 비료를 구입하여 칼리질을 함유한 복합비료를 제조하는 시설도 포함된다.
- 복합비료제조시설 : 두 가지 이상의 비료성분을 함유하는 비료를 직접 생산하거나 서로 다른 비료성분을 구입, 이를 배합하여 복합비료를 생산하는 시설을 말한다.

다. 염료(染料) 및 안료(顔料) 제조시설

합성유기염료(合成有機染料), 유기 및 무기안료, 염색 및 유연제와 합성유연제를 제조하는 시설을 말한다. 크게 나누어 염료제조시설, 안료 및 착색제 제조시설, 염색 및 유연제와 합성유연제 제조시설 등이 있다.

- 염료제조시설 : 천연인디고 및 컬러레이트를 포함해서 니트로조 및 니트로 염료, 모노 및 폴리아조 염료, 스티렌염료, 디아졸염료, 카바롤염료, 퀴논아민염료 등 천연 및 합성 염료를 제조하는 시설을 말한다.
- 안료 및 착색제(着色劑) 제조시설 : 컬러레이트를 제외하고, 주로 색소(色素) 페인트 등을 만드는 데 사용되는 무기 및 유기 색소, 조제안료, 색상 광택제 등을 생산하는 시설을 말한다.
- 염색 및 유연제와 합성유연제 제조시설 : 염료엑스, 합성무두재료, 식물성 무두질엑스, 탄닌산 및 그 유도체를 제조하는 시설을 말한다.

라. 석유화학제품제조시설

석유 또는 석유부생(石油復生) 가스 중에 함유된 탄화수소를 분해, 분리 또는 기타 화학적 처리에 의하여 석유화학 기존 제품인 에틸렌, 프로필렌, 부타디엔 등을 제조하는 시설과 에틸렌, 프로필렌 등 올레핀 유도품을 이용하여 합성에틸알코올, 부탄올, 옥탄올, 합성세제용 고급 알코올 등 알코올류, 아세트알데히드 등 알데히드류, 아세톤, 메틸에틸케톤 등 케톤류, 산화에틸렌 및 에틸렌글리콜, 디에틸렌글리콜 등 산화에틸렌유도품, 산화프로필렌 및 프로필글리콜, 폴리프로필렌글리콜 등의 산화프로필렌유도품, 이염화에틸렌, 트리클로로에틸렌 등의 할로겐화합물, 염화비질모노머(VCM), 메타크릴산메틸, 염화비닐리덴모노머, 아크릴노니트릴 등의 지방족계(脂肪族係) 석유화학유도품제조시설을 말한다. 합성섬유, 플라스틱 등의 원료로 이용되는 테레프탈산, 디메틸테레프탈산, 스티렌모노머, 메타키실렌디아민, 톨루엔디이소시아네이트, 카프로락탐, 사이클로헥산, 사이클로헥사놀 등과 합성석탄산, 아닐린, 클로로벤젠 등의 벤젠계 유도품, 무수프탈산, 안트라퀴논 등 나프탈린계 및 안트라센계 유도품, 합성파라핀, 후루후랄 등 복소환식 화합물(复素環式化合物) 및 그 유도체를 생산하는 방향족계 석유화학유도제품 제조시설을 포함한다.

마. 수지(樹脂) 및 플라스틱물질 제조시설

분말(粉末), 입상(粒狀), 액상(液狀) 및 기타 1차 형태의 수지 및 플라스틱물질을 제조하는 시설을 말한다. 대표적인 것으로 페놀수지, 우레아수지, 멜라민수지, 알키드수지 등의 열경화성(熱硬化性)수지, 폴리에틸렌, 염화비닐수지, 폴리스티렌, 폴리프로필렌 등의 열가소성(熱可塑性)수지(공중합(共重合)수지 포함), 셀룰로오스계 플라스틱 등의 반합성수지 등이 있다.

바. 화학섬유(化學纖維)제조시설

액상(液狀), 입자상(粒子狀), 분말(粉末), 블록, 덩어리, 모노필, 판, 피, 필름 등 기초 형태의 질산섬유소, 초산섬유소, 섬유소에스텔 등의 재생섬유소(再生纖維素)와 섬유소 유도체를 제조하는 시설 그리고 비스코스레이온, 큐프람모니아레이온 및 아세테이트섬유 등의 셀룰로오스 섬유, 카세인 섬유 및 기타 단백질 섬유, 알킨산 섬유 등 천연유기폴리머(중합체 : 重合體)를 화학적으로 변형하여 유기폴리머 섬유를 제조하는 시설과 나일론, 비닐론, 폴리염화비닐리덴, 아크릴, 폴리프로필렌 등의 합성섬유(合成纖維)를 제조하는 시설을 말한다.

사. 농약제조시설

병원균, 곤충, 곰팡이, 잡초, 설치류 등을 구제하기 위한 농업용 약제인 살충제, 살균제, 소독제, 제초제, 발아촉진제, 발아억제제 및 유사조제품을 생산하는 시설을 말한다.

아. 기타 유·무기(有·無機)화학제품제조시설

스티렌부타디엔고무(SBR), 아크릴로니트릴부타디엔고무(NBR), 부타디엔고무(BR), 클로로필렌고무(CR), 이소프렌고무(IR), 에틸렌프로필렌고무(EPDM), 이소프렌이소부티렌고무(IR) 등 합성고무(합성고무 라텍스를 포함) 제조시설과 석탄건류 시 부생되는 콜타르 및 조경유 등을 원료로 벤젠, 톨루엔, 크실렌 등의 경유제품(輕油製品), 분류 석탄산, 정제 콜타르, 피치 등을 제조하는 시설을 말한다.

유연제엑스를 제외한 천연수지, 식물성 피치 등을 증류(蒸溜)하여 목탄오일, 아황산펄프폐액 농축물, 피안유, 테르펜틴용액 및 기타 테르펜틴제품, 로진, 수지산 및 유도체, 로진정 및 로진오일, 나무타르 및 그 오일, 식물성 피치 및 그 가공품 등을 제조하는 검(GUM) 및 나무화학제조시설과 호박산, 주석산 등의 따로 분류되지 아니하는 유기산 및 유기산의 금속염(金屬鹽), 천연물을 원료로 하는 옥탄올, 라우릴 알코올 등의 고급 알코올, 과초산 등의 유기과산화물(有機過酸化物) 등을 제조하는 시설, 기타 화학원소, 비금속 및 금속의 산소화합물, 비금속의 할로겐화합물 및 유황화합물, 인조흑연, 화학적 합성귀석(合成貴石) 등의 무기화합물 제조시설 등이 포함된다.

자. 도료(塗料)제조시설

페인트, 바니시, 래커, 에나멜 및 옻칠 등의 도료를 제조하는 시설로서 도장용(塗裝用) 방록도금(防錄鍍金), 선저용(船底用) 도료, 전기절연도료, 도전성 도료 등 특수도료와 도료 관련 제품인 페인트 희석제, 페인트 제거제, 페인트 세척제, 접합제, 박질 및 충전물 등을 제조하는 시설도 포함된다.

크게 나누어 유성 및 수지 도료제조시설, 수성도료제조시설, 섬유소유도체도료제조시설, 옻칠제조시설, 도료 관련 제품제조시설 등이 있다.

- 유성 및 수지 도료제조시설 : 합성수지(合成樹脂)를 주 도막(主 塗膜) 효소로 한 합성수지 도료 및 유성도료를 제조하는 시설로서 오일페인트, 바니시, 에나멜 제조시설 등이 있다.
- 수성(水性)도료제조시설 : 수성 유화제와 디스템프를 포함해서 수성도료를 제조하는 시설로서 가죽가공용 수성안료제조시설을 포함한다.
- 섬유소유도체 도료시설 : 질산섬유소 및 기타 섬유소 유도체를 기저로 한 페인트, 래커 등 섬유소유도체 도료를 제조하는 시설을 말한다.
- 도료 관련 제품제조시설 : 보조제 · 건조 · 용제(溶劑) · 희석제 · 확장제 등과 같은 도료제조 및 도료를 바르기 이전에 사용되는 도료 관련 제품을 제조하는 시설로서 퍼티, 박직물 및 옻칠 제조시설도 포함된다. 아마인유나 기타 매체(媒體)에 넣은 안료, 스탬핑 오일 등을 제조하는 시설도 여기에 포함된다.

차. 의약품제조시설

인간 또는 동물의 각종 질병의 진단 · 치료 · 예방을 위하여 사용되는 의약품을 제조하는 시설로서 혈액, 미생물 및 그 배양액 등으로 만들어지는 백신, 항독제 등의 생물학적 제제, 합성품, 천연약물 유효성분인 의료화학적 제제, 식물 및 동물의 약용이 되는 부분이나 분비물 등을 조제 가공한 생약제제, 단일 또는 몇 가지 종류의 의약제제를 배합 · 조제하여 산제, 정제, 캡슐제, 시럽제, 주사제, 연고 등의 일정한 형태의 의약제제품 등을 생산하는 시설을 말한다. 페니실린, 스트렙토마이신, 클로로테트라크린, 엑티노마이신 등의 원료상태의 항생의 약물질을 제조하는 시설도 포함된다.

카. 비누 · 세정제제조시설

비누, 합성세제, 샴푸 및 면도용 제품, 세척제 및 유사제품, 동식물성 유지에서 추출한 글리세린 등 모든 형태의 지방산(脂肪酸) 내용의 비누를 제조하는 시설과 바, 케이크, 액상(液狀), 분말(粉末) 또는 페이스트상 등의 합성 세척제 및 세정제를 생산하는 시설을 말한다.

타. 계면활성제(界面活性劑) 및 화장품제조시설

계면활성제, 천연 및 합성향수, 크림, 로션, 머릿기름 및 염색약 등 섬유, 종이, 펄프, 화장품 및 세척제, 농약 등의 제조가공에 사용되는 음이온, 양이온, 양성이온, 바이온 등의 계면활성제와 콜드크림, 스킨로션, 매니큐어, 모발크림, 향수, 면도크림 등 인체에 향을 주고 어떤 특성이나 색상을 내주는 화장품제조시설을 말한다.

파. 아교 · 접착제제조시설

기타 화학적 처리를 주로 하는 시설과 화학적 처리과정에서 생성된 제품을 혼합 및 기타 최종 처리를 단일, 혼합, 화합 및 복합 화합물을 제조하는 시설을 말한다. 대표적인 것으로 폭약 및 불꽃제품 제조시설, 성냥제조시설, 카본블랙제조시설, 광택제 및 특수세척제 제조시설, 사진용 화학물제조시설, 잉크제조시설, 방향유 및 관련 제품 제조시설 등이 있다.

- 폭약 및 불꽃제품 제조시설 : 추진화약, 조제폭약, 광업용 퓨즈, 뇌관, 정화기, 불꽃제품 등을 생산하는 시설을 말한다.
- 성냥제조시설 : 여러 가지 형태의 성냥을 제조하는 시설을 말한다.
- 카본블랙제조시설 : 탄소질(炭素質)의 유기물질을 불완전연소 또는 증류하여 카본블랙을 제조하는 시설을 말한다.

- 광택제 및 특수세척제 제조시설 : 가구, 금속, 신발 등의 광택용 왁스, 광택제 및 특수용 도의 크리너 등을 제조하는 시설을 말한다.
- 사진용 화학물제조업 : 사진, 녹음 및 영화용판, 필름, 종이, 판지, 포, 테이프 및 감광재 료와 섬광재료, 현상제, 고착제, 확장제, 축소제, 조명제, 세척제, 유화제 등 사진, 녹음 및 영화용 화학물을 생산하는 시설을 말한다.
- 잉크제조업 : 인쇄용 잉크, 필기용 잉크, 제도용 잉크, 볼펜용 잉크, 인디아 잉크 등을 생 산하는 시설과 등사용 잉크, 스탬프용 잉크 제조시설을 말한다.
- 방향유 및 관련 제품 제조시설 : 식물성의 방향유, 향수, 식품, 음료 등의 향료로 사용되 는 레시노이드, 터르펜(Terpene)부산물, 혼합물, 수성증류 및 용액 등을 생산하는 시설을 말한다. 이외에도 방사 · 직물 · 종이 · 가죽용 조제 광택제, 드레싱 및 매염제, 금속표면용 희박산수, 조제 고무 가속제, 용접용 융제 및 기타 보조제, 황청제, 이온교환제, 부동제, 소화용제, 고체 및 반고체 연료, 안티녹제 및 산화방지제, 시멘트용 향산첨가제, 잉크제 거제 스텐실교정액, 방청제, 실링왁스 등의 화학물을 제조하는 시설도 포함된다.

제3절 고무 및 플라스틱 제품 제조시설

가. 타이어 및 튜브 제조시설

각종 차량, 항공기, 트랙터 및 기타 장비용 공기쿠션 또는 솔리드 고무 타이어 자전거, 모터 사이클용 타이어 및 튜브를 생산하는 시설을 말한다. 낡은 타이어를 재생하는 시설도 여기에 포함된다.

나. 기타 고무제품 제조시설

타이어 및 튜브를 제외하고 천연 및 합성 고무, 폐고무로 신발, 1차 고무제품 및 기계용 · 위 생용 고무제품, 고무공, 고무보트, 비가황(非加黃) 고무제품, 장갑, 매트, 스펀지, 경화(硬 化)고무제품, 고무 조립 가공품 등을 제조하는 시설을 말한다. 천연고무의 절단, 혼합, 압연, 세절 및 관련 가공시설도 여기에 포함된다. 대표적인 것으로 고무신 제조시설, 산업용 고무 제품 제조시설, 위생용 고무제품 제조시설, 경화고무 및 경화고무제품 제조시설 등이 있다.

- 고무신 제조시설 : 고무를 성형(成形)하여 창이 고무로 된 신발 또는 순고무신 및 신발 부속 고무제품을 제조하는 시설을 말한다.
- 산업용 고무제품 제조시설 : 경화고무 이외의 고무를 성형하여 판, 봉, 관, 튜브, 호스 등 의 1차 고무제품을 포함한 조립용 고무제품, 기계용 부품 및 부속품 등 산업용 고무제품 을 제조하는 시설을 말한다. 폐고무로 재생고무를 생산하는 시설도 여기에 포함된다.
- 위생용 고무제품 제조시설 : 경화고무 이외에 고무를 압출(壓出) · 성형하여 관장기 및 관 장기용 밸브, 피임용 기구, 점적기, 젖꼭지 및 젖꼭지받침대, 얼음주머니, 보온물주머니, 산소주머니, 간호용 특수 공기쿠션, 에이프런, 장갑(수술용 및 가정용), 다이빙슈트, 캡, 벨트, 모자 등 위생, 예방 및 의료 고무제품을 제조하는 시설을 말한다. 이외에도 압출, 성형, 단순가공 등을 하여 고무밴드, 마개, 공기매트릭스, 베개쿠션, 고무장난감, 인형, 풍선, 고무공, 고무보트 등을 제조하는 시설도 포함된다.

다. 플라스틱제품 제조·가공 시설

구입한 플라스틱 재료를 성형·압출 및 조립하여 적층판(積層板), 필름, 봉, 관, 절연용 구성품, 신발, 가구, 식기, 식탁 및 주방용품, 포장용기 등 개인, 가정 및 산업용 플라스틱제품을 만드는 시설을 말한다.

크게 나누어 제1차 플라스틱 제조시설, 플라스틱 발포성형제품 제조시설, 강화플라스틱 성형제품 제조시설, 산업용 플라스틱 성형제품 제조시설, 가정용 플라스틱 성형제품 제조시설, 플라스틱 성형 포장용기 제조시설, 플라스틱 성형 신발 제조시설, 1차 플라스틱 가공 제조시설 등이 있다.

- 제1차 플라스틱 제조시설 : 원료상태의 플라스틱 기초재료를 압출·사출·성형하여 필름, 시트, 판, 봉, 관 등 1차 형태의 플라스틱제품을 제조하는 시설로서 직물, 종이 및 기타 보강재료에 플라스틱 물질을 완전 도포(塗布)하여 플라스틱레더, 적층판, 벨트, 호스, 관 등 연성 일차도포 및 침적(沈積)제품 제조와 플라스틱 재생재료로 재생원료 및 기타 1차 제품을 제조하는 경우도 포함한다.

- 플라스틱 발포성형제품 제조시설 : 구입한 플라스틱 물질을 발포성형하여 판, 관, 용기 등 각종 용도 또는 각종 형태의 발포성형제품을 제조하는 시설을 말한다.

- 강화플라스틱 발포성형제품 제조시설 : 유리섬유, 탄소섬유 등 특수보강재(補強材)를 침적 및 적층하거나 강화촉매, 충전재 및 기타 강화재를 첨가 또는 기타 특수방법으로 판, 봉, 관, 기계 및 장비용 부분품, 전지용품, 교량 부품, 운동용구 부품 등 각종 강화플라스틱 성형제품을 제조하는 시설을 말한다.

- 산업용 플라스틱 발포성형제품 제조시설 : 플라스틱 재료를 성형하여 개인, 가정, 식탁 및 주방용품을 제조하는 시설로서 접시, 주발, 컵, 바가지, 칼, 포크, 수저 등의 식탁 및 주방용품, 세면기, 목욕탕, 물동이, 요강, 타올걸이, 비누갑, 쓰레기통과 같은 위생 및 화장용품, 장식용품, 조상 및 등갓, 재떨이, 구두주걱, 옷걸이, 머리핀, 핀, 단추 등을 생산하는 시설을 말한다.

- 플라스틱 발포성형 포장용기 제조시설 : 플라스틱 재료를 성형하여 병, 통, 상자 등 플라스틱 포장 및 선적 용기를 제조하는 시설을 말한다.

- 플라스틱 성형 신발 제조시설 : 플라스틱 기초재료를 성형하여 슬리퍼, 방수신발 등 성형 플라스틱 신발과 신발 부속품을 제조하는 시설을 말한다.

- 1차 플라스틱 가공품 제조시설 : 발포성형 1차 재료 및 강화플라스틱 제품을 포함한 포일, 필름, 판, 봉, 관 등 구입한 플라스틱 1차 성형재료를 절단, 압단, 접합, 조합 등의 방법으로 가공하여 각종 형태의 플라스틱 가공품을 제조하는 시설을 말한다. 이외에는 플라스틱 성형 의복, 플라스틱 성형 인형, 장난감 및 유사 소형품 등을 생산하는 시설을 포함한다.

제4절 석유정제품 및 석탄제품 제조시설

가. 석유정제시설

원유의 일관된 정유(精油) 또는 원유의 분리제품 및 미가공된 석유분리제품을 재정유, 분류 및 기타 처리하여 가솔린, 원료유, 조명유, 윤활유, 그리스 및 기타 석유제품을 생산하는 시설을 말한다.

나. 폐유재생시설

구입한 폐유를 혼합 및 조합, 재증류하여 윤활유 및 그리스를 제조하거나 폐윤활유를 재생하는 시설을 말한다.

다. 코크스제조시설

석탄, 갈탄 또는 토탄을 건류시켜 코크스 및 반성 코크스, 광물타르 등을 만드는 시설을 말한다.

라. 연탄제조시설

구입한 무연탄을 응집하여 연탄을 제조하는 시설을 말한다.

마. 아스콘제조시설

석유, 아스팔트, 타르 등 역청물질(歷靑物質) 혼합물과 벽돌 및 블록 등 포장용 재료를 도포, 침착, 혼합 및 조합하여 건설용 아스콘을 제조하는 시설을 말한다.

바. 기타 석유제품 제조 관련 시설

구입한 석탄 및 갈탄으로 연탄을 제외한 기타 가공연료 등을 생산하는 시설을 말한다.

석탄, 갈탄 또는 토탄을 건류시켜 암모니아성 가스액, 인조섬유, 라이터용 기름과 석유 및 역청물질을 혼합한 고체연료 등을 제조하는 시설을 말한다.

무연탄, 유연탄, 역청탄, 갈탄 등의 석탄을 채굴하는 시설과 채굴된 석탄을 현지에서 파쇄, 분쇄, 체질 및 선별을 주로 하는 시설, 현지에서 직접 연탄 및 기타 석탄 포장연료를 응집하여 생산하는 시설도 포함된다.

제5절 비금속광물제품 제조시설(재생(再生)용 원료가공시설을 포함)

가. 도기 · 자기 및 토기 제조시설

투명, 반투명, 도기 및 자기와 유약을 바르지 않은 불투명 또는 조잡한 적색토기 등을 고온에 구워서 각종 도기, 자기, 토기, 석기 제품을 제조하는 시설을 말하며, 식품 및 음료의 조리, 접대 또는 저장용품, 식탁 및 주방용품, 연관 부착물 및 비품, 전기산업용품, 산업 및 이화학용품, 화분 등을 제조하는 시설을 말한다. 대표적인 것으로 토기제조시설, 가정용 도기제품제조시설, 위생도기제조시설, 전기전자용 도기제품제조시설, 이화학 및 산업용 도기제품제조시설, 장식용 도기제품제조시설 등이 있다. 이외에도 일반용의 상자 및 케이스, 잉크스탠드, 램프갓 및 램프부품, 문손잡이, 간판, 숫자, 문자 등을 제조하는 시설과 도기 제조용 조제원료를 생산하는 시설이 포함된다.

나. 유리 및 유리제품 제조시설

유리, 유리섬유 및 기타 유리제품을 제조하는 시설을 말한다.

크게 나누어 제1차 유리제조시설, 제1차 유리가공품제조시설, 이화학 및 기타 산업용 유리제품제조시설, 포장용 유리용기제조시설, 광학유리제조시설, 가정용 유리제품제조시설, 유리섬유 및 유리섬유제품 제조시설 등이 있다.

- 제1차 유리제조시설 : 광학유리를 제외한 판, 구, 봉, 관, 슬래브, 괴, 분 등 각종 형태의 1차 유리제품을 성형하는 시설을 말한다.

- 제1차 유리가공품제조시설 : 구입한 1차 유리제품을 용해하지 않고 절단, 조립, 가열 및 냉각, 변형, 식각, 강화, 표면처리 및 표면장식 등에 의하여 거울, 곡상유리제품, 유리병

등을 생산하는 시설을 말한다. 구입한 판유리를 재가열 및 냉각처리 또는 물리화학적 방법으로 복합처리하거나 수지물질을 적층(積層)하여 안전유리를 제조하는 시설도 포함된다.

- 이화학 기타 산업용 유리제품제조시설 : 압출, 사출 및 기타 성형하여 전구용 유리관 및 구, 유리애자 및 절연 부착물, 조명기구용 유리제품, 시계유리, 신호등, 보온속병 등의 유리제품 등 산업용 성형유리제품을 제조하는 시설을 말한다.
- 포장용 유리용기제조시설 : 압출, 사출 및 기타 성형하여 음·식료품용, 화장품용, 화공약품용 및 의약품 등 각종 포장용 유리용기를 제조하는 시설을 말한다.
- 광학유리제조시설 : 광학기구 제조에 사용되거나 교정렌즈 제조용 특수광학유리 생지를 성형제조하는 시설을 말한다.
- 가정용 유리제품제조시설 : 식탁 및 주방용 유리제품, 문구유리제품 등 가정용 유리제품을 생산하는 시설을 말한다.
- 유리섬유 및 유리섬유제품 제조업 : 유리섬유 직물 및 유리섬유, 유리사 및 유리섬유제품(내열 및 방음재 등)을 생산하는 시설을 말한다. 이외에 유리제의 모조진주, 모조귀석 및 준귀석, 유사 장식용품, 장난감용 인조눈 등을 제조하는 시설도 포함된다.

다. 구조점토제품제조시설

점토를 성형하고 구워서 벽돌, 타일, 파이프, 건축용 테라코타, 스토브리이닝, 굴뚝 등의 구조점토제품을 생산하는 시설을 말한다.

대표적인 것으로 벽돌제조시설, 기와제조시설, 벽타일제조시설 등이 있으며, 흙을 구워서 굴뚝, 굴뚝라이너, 건축물의 장식물, 파이프도관, 연탄난로라이너 등을 생산하는 시설도 포함된다.

라. 시멘트, 석회 및 플라스터 제조시설

포틀랜드, 천연메이스너리, 포촐라나, 로만 및 킨스 시멘트 등 각종 형태의 시멘트, 수경성 석회, 생석회, 돌로마이트 석회와 하소석고를 포함해서 황산칼슘 기저의 플라스터를 제조하는 시설을 말한다.

마. 레미콘제조시설(이동식은 제외한다)

시멘트, 모래, 자갈 등을 혼합하여 굳지 않은 상태로 구매자에게 공급되는 콘크리트용 혼합물을 생산하는 시설을 말한다.

바. 내화물(耐火物)제조시설

점토질, 고알루미나, 탄소질 등 각종 내화물용 원료로 단열 및 흑연도가니, 탄소도가니, 기타 내화용 도가니를 제조하는 시설, 고령질 샤모트, 점토질 샤모트, 마그네시아 크링커, 운모 마이트 크링커, 멀라이트, 다이나스톤 등 정형(定刑) 및 부정형(不定形) 내화물용 원료를 제조하는 내화용 원료제조시설, 내화용 시멘트, 모르타르 등 부정형 내화물을 제조하는 시설이 있다.

사. 석탄 및 암면제품 제조시설

석면혼합제품, 석면사 및 직물, 판 및 펠트(종이 제외), 석면 및 유사물질 기저의 마찰재, 필터부록, 타일, 충전재, 헬멧 및 장갑, 특수 보호용 의복 등 각종 석면제품을 제조하는 시설과 석면을 제외한 광물면을 제조하는 시설로서 슬래그 및 유사 광물면을 이용하여 단열, 방음재와 블록, 타일, 튜브, 코드 등 저밀도(低密度)의 광물면 제품을 제조하는 시설을 말한다.

아. 기타 비금속 및 광물제품 제조 관련 시설

암면 및 석면 제품, 판석, 흑연제품, 인공경량골재, 인조보석, 연마재, 채취·채굴 활동과 연관되지 않은 토사석 분쇄처리, 석제품 등을 제조하는 시설을 말한다.

자. 재생(再生)용 원료가공시설

수집된 재생재료(폐기물 제외)가 특정제품 제조공정에 직접 투입하기에는 부적합한 상태(불순물의 혼합 등)인 금속 또는 비금속 웨이스트, 스크랩 또는 제품 등의 재생용 물질을 기계적 또는 화학적으로 처리하여 특정제품 제조공정에 직접 투입하기에 적합한 일정 형태의 새로운 원료상태로 전환하는 시설

제6절 가죽·모피 가공 및 모피제품 제조시설

가. 가죽 및 가죽제품 제조시설

소, 말, 양, 염소, 파충류, 아가미동물 등의 원피를 무두질, 다듬질, 끝손질, 돋음새김질 및 윤내기, 염색 등을 하여 각종 천연가죽을 생산하는 시설과 천연가죽 조각 및 부스러기를 접착제 등으로 응집, 집합시켜 재생가죽을 생산하거나 모조모피, 에나멜가죽, 금속가죽 등 직물 및 플라스틱 가죽 이외의 인조가죽을 제조하는 시설을 말한다.

나. 모피 및 모피제품 제조·가공 시설

각종 동물의 털 및 원모피를 다듬질, 무두질, 표백 및 염색 처리하여 가공한 털, 가공천연모피 및 펠트를 생산하는 시설과 각종 가죽 등에 인조모 또는 천연모를 결합시켜 모조모피를 제조하는 시설 그리고 모피를 조합시켜 깔개, 덮개, 모피이불, 기타 가정용품 등 의복, 신발 및 가방 이외의 모피제품을 제조하는 시설을 말한다.

제7절 제재 및 목재 가공시설

가. 제재 및 목재 가공시설

제재목, 건축용 목재제품, 조립용 목재부품 및 구성품, 단판 및 합판, 하드보드, 재생목재, 화장목재, 목재용기 및 통의 구성재료, 기타 목재품 재료, 목분, 대팻밥 등을 생산하는 시설을 말하며, 나무방부처리를 위한 시설도 포함된다.

제8절 펄프·종이 및 종이제품 제조시설

가. 펄프제조시설

나무 등 각종 식물성 재료, 폐섬유, 넝마, 고지 등으로 각종 형태의 셀룰로오스성 펄프를 제조하는 시설을 말한다.

나. 건축용지제조시설

제조 및 구입된 나무펄프 및 기타 식물성 펄프, 식물성 물질, 광물성 섬유 등을 완전히 정련하여 낮은 열전도성, 방습성, 내화성, 방충성 및 기타 유사특성을 갖는 절연 및 단열재, 천장, 지붕 등에 사용되는 건축용 종이, 종이펠트 및 판지 등을 제조하는 시설을 말하며 나무펠트, 목질섬유 및 기타 식물성 물질을 압축하여 섬유판(파이버보드) 등 건축용에 적합한 두께의 판지를 제조하는 시설도 포함된다.

제9절 담배제조시설

가. 담배제품 제조 · 가공 시설

구입한 잎담배를 재건조하여 각종 필터담배, 각연, 양절, 판상연, 여송연 등 각종 담배제품을 제조하는 시설을 말한다.

제10절 음 · 식료품 제조시설, 단백질 및 배합사료 제조시설

가. 동 · 식물유지 제조시설

육지 및 수산동물, 물고기, 식물의 기름을 생산하고 정화 및 경화 등을 하는 시설을 말하며, 생산 또는 구입한 동 · 식물성 기름을 가공, 정제 및 경화하여 쇼트닝, 정화유, 마가린, 샐러드 오일 및 기타 가공 식용 기름을 생산하는 식용유 정제시설을 포함한다.

나. 음료품 제조시설(비알코올성 음료제조시설을 제외한다)

탄산음료를 제조하거나 천연광천수 및 천연수를 병에 포장하거나 향미 또는 가당한 광천수, 오렌지, 레몬 등의 과실향 음료 등을 제조하는 비알코올성 음료제조시설을 제외하고 곡식, 과실 및 채소 등을 발효하고, 이를 증류 또는 정류하거나 합성하여 주정, 소주, 인삼주, 곡식증류주, 과실증류주, 발효주, 탁주 및 약주, 청주, 과실발효주 등 알코올성 음료를 제조하는 시설을 말한다.

다. 육지동물고기 가공 · 저장 시설

각종 짐승 및 가금의 도축과 도축한 고기를 염장, 훈제, 통조림, 기타 제품을 제조하는 시설로서 햄, 소시지, 베이컨, 고기스프, 고기푸딩 및 파이의 제조활동과 라아드 및 기타 식용 동물지방을 생산하는 시설을 포함한다. 구입한 고기를 가공하지 않고 냉장 또는 분할 및 포장하여 판매하거나 수수료 또는 계약에 의한 고기 등의 냉동만을 하는 시설은 제외한다.

라. 당류제조시설

자당을 제외한 당류인 포도당, 맥아당, 물엿, 과당 등을 제조하는 시설과 벌꿀 가공품, 인조꿀 등 인공 감미료를 제조하는 시설을 말한다.

마. 수산물 처리 · 가공 시설(수산물 냉동식품 제조시설을 제외한다)

물고기, 갑각류, 연체동물, 해조류 및 기타 수산물을 가공 · 처리하여 진공상태의 통조림 또는 병조림 수산식품을 제조하는 시설, 수산식물을 가공 · 처리하여 한천식품을 제조하는 시설, 수산동물의 껍질, 뼈, 내장, 지느러미 등의 불순물을 완전히 제거하여 물고기의 저민살 고기, 생어단을 생산하는 시설과 수산물 소시지, 어묵 등을 제조하는 시설, 수산 · 동식물의 소건품, 자건품, 염건품, 동건품을 제조하는 시설 그리고 통조림 이외의 수산물 수프, 추출물 및 소스 제조, 건어물의 세정 등을 제조하는 시설을 말한다.

구입한 수산물을 가공하지 않은 상태로 냉동하여 냉동수산물을 제조하는 시설과 동 · 식물의 염장품 빛 젓갈류를 제조하는 시설은 제외한다.

바. 도정 및 제분 시설(임 · 가공시설을 포함한다)

구입한 벼, 보리, 밀 등 곡식을 도정하여 쌀, 보리쌀, 밀쌀 등을 생산하거나 곡물을 압착, 분쇄하여 압맥, 곡분 등을 생산하는 시설을 말한다. 수수료 또는 계약에 의한 도정 및 제분활동을 하는 시설도 포함된다.

사. 설탕제조시설

사탕무, 사탕수수 등에서 원당을 제조하는 시설과 원당을 정제하여 정제당을 생산하는 시설 그리고 설탕시럽, 권화당을 생산하는 시설을 말한다.

아. 조미료 및 식품첨가물 제조시설

메주, 된장, 간장, 고추장, 식용 아미노산, 글루타민산소다, 식초, 정제식염, 혼합소스, 혼합양념, 조제스프, 마요네즈, 케찹, 빵속, 김칫속, 식품용 색소, 캐러멜, 향미추출물, 고기유연제 등 장류, 조미류, 조제조미료, 천연조미료 등 각종 식품보조재료 및 식품첨가물을 제조하는 시설을 말한다.

자. 커피 및 차 제조시설

사탕무, 율무, 치커리, 유자, 곡물 등으로 각종 차를 제조하는 시설과 커피를 가공하는 시설을 말한다.

차. 단백질 및 배합사료 제조시설(유기질비료 제조시설을 포함한다)

개, 고양이, 금붕어 및 기타 애완동물의 사료를 포함해서 가축 및 가급의 배합사료를 제조하는 시설과 특정산업활동과 연관되어 부수적으로 생산하는 천연 동·식물성 물질을 화학적으로 처리하여 유기질비료, 유기질비료와 무기질비료의 배합물, 화분용 배합토 등의 생산과 구아노 화학처리활동, 농업용 광물 슬래그 가공품, 토질 개량용 조세 토사석, 미량 요소성분을 함유한 광물을 화학처리하거나 또는 성분의 조정, 배합 등을 하여 비료용으로 특별히 제조하는 시설도 포함한다.

제11절 섬유제품 제조시설

가. 섬유제품 제조 관련 시설

섬유를 가공하여 생사 및 각종 섬유사, 연사, 끈, 조프, 망, 광물직물, 세포직물, 편조직물, 카펫 및 자리 등의 직조 및 편조물 제조, 식물제품의 염색·표백 및 가공, 도포, 삼투, 경포, 방수처리, 펠트, 부직포, 제면 및 기타 섬유제품을 제조하는 시설을 말한다.

제12절 공통시설

가. 발전시설

석탄, 유류, 가스류 등을 연소시켜 물을 끓여 증기 또는 온수를 발생시키는 시설을 말한다.

나. 보일러

석탄, 유류, 가스류 등을 연소시켜 물을 끓여 증기 또는 온수를 발생시키는 시설을 말한다.

다. 소각시설

석탄, 유류, 목재 등 정상적인 연료 이외의 물질을 소각하는 시설을 말한다.

제 2 장 배출시설 해설

제1절 금속제품 제조·가공시설

1. 전기아크로(유도로(誘導爐)를 포함한다)

   전기로는 크게 나누어 아크로(Arc Furnace)와 유도로(Induction Furnace)가 있으며, 아크로는 주로 대용량의 연강(Mild Steel) 및 고합금강의 제조에 사용되고, 유도로는 주로 고급 특수강이나 주물을 주조하는 데 사용된다.

   아크로는 전기양도체인 전극(탄소봉)에 전류를 통하여 고철과 전극 사이에 발생하는 Arc열을 이용하여 고철 등 내용물을 산화·정련하며, 산화·정련 후 환원성의 광재로 환원·정련함으로써 탈산·탈황 작업을 하게 된다.

   원료로는 선철이나 고철이 사용되며, 보통 1회에 2~3번의 원료 투입(장입)이 이루어지는데 원료 투입 시에는 노(爐) 상부의 선회식(旋回式) 뚜껑이 열리고 드롭보텀식 버킷(Drop bottom bucket)에 담겨진 고철 등을 기중기를 이용하여 노(爐) 상부에서 투입한다. 노의 형태에 따라 고정식과 경동식(傾動式)이 있으며, 고정식은 출강구를 통하여, 경동식은 노 자체를 일정한 기울기만큼 기울여 출강한다. 유도로는 노(爐) 주위를 감고 있는 전류 코일에 전류를 주어 발생되는 유도전류에 의한 정항열로 정련하는 시설이며, 고주파 유도로와 저주파 유도로가 있다. 노의 용량은 10톤 미만의 소규모가 많고 내열강, 고속도강(高速度鋼) 등의 고급 특수강이나 주물을 주조하는 데 사용된다.

2. 반사로

   주로 비철제련에 있어서 건식 정련을 목적으로 장입물의 용융이나 최종 용융물의 정제, 가열 등에 사용되며 화염이 천장을 따라 용해실로 직접 들어가 노 내의 천장, 벽 등으로부터 생긴 복사열과 용탕의 반응열에 의해 장입물이나 용탕을 용해하는 시설을 말한다. 용탕 속에 포함된 불순물의 휘발성 금속을 휘발시키기도 한다. 비교적 규모가 작고 생산성이 떨어지는 단점이 있다. 연료로는 중유, 미분탄(微粉炭), 가스 등을 사용하며 특수작업이 요구되기도 하기 때문에 그 종류와 디자인이 다양하고, 대표적으로 개방형, 실린더형, 회전경동형(Rotary tilting) 등이 있다.

3. 전(轉)로(순산소 상취전로(純酸素 上吹轉爐)를 포함한다)

   용광로에서 제조된 선철(용선)을 정련하여 용강으로 만드는 데 사용되며, 주로 탈탄(脫炭) 또는 탈인(脫燐) 반응에 이용된다. 그 방법에는 산성(酸性) 전로법과 염기성(鹽基性) 전로법이 있으며, 원료로 용선과 소량의 고철을 사용한다. 산화제로는 순산소가스(순도 99.9% 이상)를 이용하고 용제(Flux)로는 석회석과 형석이 사용되며, 초음속의 순산소제트를 용선에 불어넣어 약 40분 이내에 급속히 정련시키므로 비교적 제강시간이 짧고 고철의 사용비가 적다. 또한 생산비가 낮으며, 품질은 양호한 편으로 순산소 상취전로(LD로)가 전 세계 조강생산의 약 60% 이상을 점유하고 있다. 최근에는 BBM(Bottom Blowing Method) 또는 Q-BOP(Quicker refining Basic Oxygen Process)라고 하는 저취전로(低吹轉爐)가 가동되고 있기도 하다.

4. 용선로(鎔銑爐)

   회주철을 대량생산하기 위해 사용되며, 가장 오래되고 광범위하게 사용되는 회주철 용해시설이다. 일명 큐폴라(Cupola)라고도 한다. 보통 직립로(直立爐)이며, 외장은 주로 강판을 이용하고 내면은 내화연와가 부착되어 있다. 상부의 장입구에서 연료, 용제(Flux), 선철을 주입하여 용융시킨 후 아랫부분에서 유출시키며, 하부의 송풍구에서 고온 송풍기를 이용하여 상부에서 투입된 석회석, 코크스 등의 연료를 연소시키며 상부는 좁게 하여 연통에 연결시킴으로써 열의 방출을 최대한 억제시키고 있다. 원료로는 주철이나 선철이 주로 쓰이며, 원료 속에 포함된 구리, 황동, 청동, 납 등을 제거시키거나 이러한 물질을 용융시키는 데도 쓰인다. 제조공법에 따라 산성법과 염기성법이 있으며, 공급공기의 형태에 따라 열풍식, 냉풍식이 있다.

5. 도가니로

약 1,400℃ 이하의 용융점을 가진 물질 등을 용융하거나, 세게 가열하여 용해시키는 노를 말한다. 내부는 용도에 따라 연철제, 흑연, 백금, 석영, 실리콘, 진흙, 기타 내화물 위에 용접된 철로 Lining되어 있으며, 외부는 철로 둘러싸여져 있다. 뚜껑도 내부와 비슷한 물질로 제조되며, 내부연소물질을 배출시키기 위해 도가니 상부에 작은 구멍이 나와 있다. 일반적으로 경동식, Pit식, 고정식으로 분류되며 그 모양과 규모가 다양하다. 연료로서 유류나 가스류를 사용하며 노 바닥 근처에 연소장치(버너)가 설치되어 있다. 화염은 노 외부를 직접적으로 가열하게 되며, 도가니는 복사열과 열풍의 접촉에 의하여 데워진다.

6. 용융 · 용해로(鎔融 · 鎔解爐)

금속을 용융 · 용해시키는 데 사용되는 각종 노(爐)를 총칭하는 것으로서, 용융로는 고상인 물질이 가열되어 액상의 상태로 되는데 사용되는 노를 말하며, 용해로는 액체 또는 고체 물질이 다른 액체 또는 고체 물질과 혼합하여 균일한 상의 혼합물, 즉 용체(鎔體)를 만드는 데 사용되는 노를 말한다. 용융로로서 대표적인 것이 용광로, 단지(Pot)로 등이 있으며, 용해로로서는 도가니로, 반사로, 전로, 평로, 전기로, 용선로 등이 있다. 여기서는 배출시설(해당 시설)에 규정되지 아니한 용융로, 정련로, 단지로 등 각종 용융 · 용해로를 말한다.

7. 제선로(製銑爐)

철광석을 용해하여 선철을 생산하는 노로서 일반적으로 고로 또는 용광로라고 한다. 본체는 원탑형으로 되어 있으며, 외체는 두꺼운 철판으로 되어 있고, 내부는 내화벽돌로 두껍게 쌓여져 있다. 원료로는 철광석, 코크스, 석회석 등이 사용된다. 이들 원료는 운송장치에 의하여 자동으로 노 상부에 운반되어 장입(裝入)된다. 노 내의 온도는 상부 200~300℃이고, 하부로 내려갈수록 고온이 되어 송풍구 부분에서는 1,500~2,000℃에 달한다. 철광석은 하부에서 올라오는 고온의 코크스 연소가스에 의하여 가열되며, 가스 중의 CO에 의해 간접환원되면서 하강한다. 그 후에는 코크스의 탄소에 의하여 직접 환원되어 선철로 용해되면서 최하부의 탕류(湯溜)부분에 모이게 된다. 한편 장입원료 중 맥석(脈石) 등 불순물은 대부분 용해되어 석회석과 화합하여 광재(鑛滓)가 되고, 이것은 비중이 가벼우므로 탕류부분 용선의 상층으로 부상하게 된다.

8. 용광로(鎔鑛爐)

일반적으로 철광석을 용해하여 선철을 생산하는 노로서 고로(高爐)라고도 말하며, 여기서는 철광석 외의 다른 광석, 즉 연광석, 황철광 등을 용융시키는 노를 포함하여 말한다. 대표적인 것으로 연용광로가 있으며, 원료로는 연광소결제, 철, 코크스를 사용한다. 이들 원료는 상부 노정(爐頂)에서 장입되고, 용융온도는 650~730℃ 정도이며, 일반적으로 일일 약 20~80톤의 처리용량을 가진다. 주철용선로와 비슷한 구조를 가지며 외부는 수직 강판으로 되어 있고, 내부는 내화벽돌로 이루어져 있다. 공기는 노 하단의 풍구(Tuyere)를 통해 주입되며, 코크스의 일부는 연광석을 용해시키는 데 사용되며, 나머지 코크스는 산화납을 납으로 환원시키는 데 사용된다.

9. 평로(平爐)

제선로(용광로)에서 만들어진 선철(용선) 중의 불순물 제거, 탈탄(脫炭)처리, 합금원소 첨가 등 정련작업을 하여 소정(所定) 품질의 강재를 생산하는 데 사용되는 노를 말한다. 얇은 직사각형의 구조를 가지는 것이 보통이며, 원료로는 중유, 미분탄, 발생로 가스 등을 사용한다. 제강용로 중 비교적 규모가 큰 편으로 대규모 생산에 유리하나 단위 생산성이 비교적 낮은 관계로 전 세계적으로 감소 추세에 있다. 노 바닥에는 백운석으로 채워져 있으며, 원료로는 선철 60% 그리고 편철류(Scrap) 약 40%로 구성된다. 원료 투입 시에는 먼저 석회석과 편철류를 투입하여 편철류를 완전히 용융시킨 다음 선철을 투입한다. 노 내부의 온도가 증가하면 석회석의 분해가 이루어지면서 CO_2가 발생되고 이 CO_2는 노 내부의 물질들을 서로 교반시키는 역할을 하게 된다. 강재의 성분 조성 또는 탈탄작업을 위하여 산소를 주입하기도 한다. 한 공정이 끝나기까지는 대략 8~10시간 소요된다.

10. 배소로(焙燒爐)

광석이 용해(融解)되지 않을 정도의 온도에서 광석과 산소, 수증기, 탄소, 염화물 또는 염소 등을 상호작용시켜서 다음 제련 조작에서 처리하기 쉬운 화합물로 변화시키거나 어떤 성분을 기화시켜 제거하는 데 사용되는 노를 말한다. 목적물이 각각 산화물, 황산염, 염화물인 경우 각각 산화배소, 황산화배소, 염화배소라고 부르며 산화물 광석을 환원하는 환원배소, 물에 가용인 나트륨염으로 하는 소다배소 등이 있다. 종류에는 다단배소로, Rotary Kiln, 유동배소로 등이 있다.

11. 소결로(燒結爐)

분체(粉體)를 융점 이하 또는 그 일부에서 액상이 생길 정도로 가열하여 구우면서 단단하게 해 어느 정도의 강도를 가진 고체로 만드는 노를 말한다. 금속정련 특히 분말야금 서멧(Cermet)이나 각종 요업제품 제조에 널리 응용되고 있다. 여기서는 주로 금속정련 특히 용광로에서 널리 사용되는 분광 괴성법(粉鑛塊成法)으로서 미세한 분(粉) 철광석을 부분 용융에 의하여 괴성광으로 만드는 데 사용되는 노를 말한다. 세계적으로 연속식인 DL이 많이 사용되고 있다. 그 과정은 철광석, 석회석, 코크스 등 각종 원료를 일정한 비율로 혼합기에서 혼합시켜 조립한 다음 이것을 노 내에 장입하고 점화로에서 그 표면에 착화(着火)시키면 원료 중의 코크스가 연소되면서 1,300~1,480℃의 온도에서 소결이 진행되고 다시 냉각, 파쇄, 체질을 하여 용광로에 투입하기에 적당한 소결광으로 만들어 용광로에 보내진다. 연소용 공기는 공기 속에 포함된 각종 먼지 등 이물질을 제거시킨 후에 소결로 옆에 붙어있는 Wind Box를 통해 공급된다.

12. 소려로(燒戾爐)

열처리 시설의 일종이다. 강재의 조직 및 특정한 성질을 부여하기 위하여 강(鋼)의 변태점(變態點) 또는 용해도선 이상의 적당한 온도로 가열한 후 적당한 방법에 의하여 급히 냉각시키는 소입(Quenching)작업을 하게 되는데, 이 과정에서 생긴 불안정한 조직에 대하여 변태

(變態) 또는 석출(析出)을 진행시켜 안정한 조직에 가깝게 하거나, 강재의 성질 및 상태를 주기 위하여 ACl(가열 중에 오오스테나이트가 나타나기 시작하는 온도) 또는 용해도선 이하의 적당한 온도로 적당한 시간 동안 가열한 후에 적당한 속도로 냉각 조작하는 데 사용되는 노를 말한다. 일반적으로 유욕로(Oil Bath) 또는 염욕로(Salt Bath)가 있으며 납을 용융해서 제품을 가열하는 연욕로(Lead Bath)가 있다. 주로 Ni강, Cr-V강, Mn강, Cr-Mn강, Ni-Mn강 등 소려태성(燒戾胎性)이 잘 일어나는 특수강을 열처리하기 위하여 사용되며, 탄소강에서도 일부 사용되기도 하나 그리 흔하지는 않다.

13. 소둔로(燒鈍爐)

열처리 시설의 일종이다. 강재의 기계적 성질 또는 물리적 성질을 변화시켜서 강재의 경정조직을 조정하여 내부응력을 제거하거나 가스를 제거할 목적으로 가열냉각 등의 조작을 하는 노(爐)를 말하며, 보통 내부응력의 제거와 연화(軟化)를 목적으로 사용한다. 내부응력의 제거 또는 연화를 목적으로 할 경우에는 적당한 온도로 가열 후 서랭(徐冷)하며, 결정조직의 조정을 목적으로 할 경우에는 AC3 변태점(가열 중에 페라이트 또는 페라이트와 시멘타이트에서 오오스테나이트 형태로 변태가 완료하는 온도)보다 약 50℃ 정도 높은 온도로 가열한 후 노랭(爐冷) 또는 탄랭(炭冷)한다.

14. 전해로(電解爐)

전해질 용액이나 용융 전해질 등의 이온전도체(傳導體)에 전류를 통해서 화학변화를 일으키는 노를 말한다. 주로 비철금속 계통의 물질을 용융시키는 데 이용되며 대표적인 것으로 알루미늄 전해로가 있다. 알루미늄 전해로의 경우 빙정석(氷晶石)이 사용되며 이는 원료인 알루미나에 대한 전해질의 역할과 노의 내면은 탄소로 입혀져 있으며 보통 직사각형의 구조를 가진 Shell 또는 Pot형으로 되어 있고, 그 내부에 탄소전극봉이 꽂혀 있다. 탄소전극봉에서는 양극을 제공하며 노의 내변에 코팅된 탄소는 음극을 제공함으로써 양극 사이에 전류가 형성된다. 이때 용융된 빙정석은 전해질 역할을 하게 되고 두 극 사이의 전류의 흐름으로 인해 발생되는 저항열때문에 노 내의 온도가 유지된다. 보통 노 내 온도는 950~1,000℃ 정도이며, 알루미늄은 음극 쪽으로 모이게 되어 욕조의 표면 바로 밑에 용융된 상태로 존재한다. 탄소전극봉은 반응기간 동안에 형성된 산소와 반응하여 지속적으로 소모되며 CO와 CO_2를 생성하게 된다. 알루미늄 전환 Cell은 사용되는 양극의 형태와 배열상태에 따라 구분되며, Pot는 일반적으로 Prebakde(PB), Horizontal Stud Soderberg(HSS), Vertical Stud Soderberg(VSS)로 구분된다.

15. 열풍로(熱風爐)

철강공장의 용광로, 소결로 등에 공급되는 1,200~1,300℃의 열풍을 제조하는 노를 말하며, 보통 소결로에서 생성된 폐가스를 이용하여 공기를 가열한다. 일정시간 노 내에서 폐가스를 연소시킨 후 이를 차단하고 다음에 공기를 흡입, 가열하는 방식으로 되어 있다. 3~4개가 1조가 되고 교대로 작업하여 연속적으로 고온의 열풍을 배출한다. 노 내의 압력은 보통 760~1,500mmHg로 유지되며, 배출가스에는 $ZnCl_2$ 그리고 알칼리염 등과 같은 휘발점이 낮은 화합물이 포함되기도 한다.

16. 균질로(均質爐)

균열로(均熱爐)라고도 한다. 강괴(鋼塊)의 내·외부 온도를 균일화하기 위해 쓰이는 노이며,

강괴는 항상 수직으로 유지되고 있다. 노의 온도는 1,300℃ 가량이고, 노 내에서 완전연소, 변형교정, 용체화 처리를 한다. 균질로에는 가열방식에 따라 가열식과 자연식이 있고, 강괴의 수용형식에 따라 단좌식과 복좌식이 있으며, 연소용 공기가열방식에 따라 축열식과 환열식 등 여러 종류가 있다.

17. 가열로(加熱爐)

금속재료를 가열하여 재료의 조직 및 결정상태를 가공에 적당한 상태로 유도하기 위해 사용되는 노를 총칭하여 말하나, 여기서는 상기에 명시되지 않은 각종 열처리 시설을 말한다. 대표적인 것으로 회분로와 연속주조로가 있다.

- 회분로는 노의 가열실 전부가 균일한 온도분포가 되도록 유지되며 소정의 온도 사이클로 가열, 유지, 냉각이 반복되는 풀림로이다. 노의 내화물이 장입물과 대략 동일한 사이클로 가열냉각되기 때문에 열적 손실이 크지만 소용량의 풀림에는 유리하다. 강재의 재질 크기에 제약이 없고 스크드 마크(Skid Mark)의 마찰에 의한 상처 등이 적으며, 사면가열(四面加熱)도 가능하다는 장점과 설비면적당 가열능력이 적고 작업효율이 나쁜 편이며 단위능력당 설비비가 높다는 단점이 있다.
- 연속주조로는 터널 모양의 연속풀림 혹은 열처리로이다. 한쪽으로부터 컨베이어 또는 대차 위에 실려서 넣어진 소재는 일정한 속도 또는 피치로 노 내를 이동하며, 다른 쪽의 출구에서 꺼내진다. 노 내는 항상 일정한 온도곡선을 유지하도록 가열되며, 형식에 따라 회전형, 푸셔(Pusher)형, 왈링 빔(Waling Beam)형이 있다.

18. 환형로(環形爐)

철분을 함유하고 있는 더스트, 슬러지를 고온(1,100~1,300℃)에서 환원시켜 직접 환원철(DRI-Direct Reduced Iron)을 생산하는 설비로, 생산된 제품(DRI)은 고로(용광로) 또는 전기로의 원료로 활용한다.

19. 기타 노

상기 노로 규정되지 아니한 시설로서 금속의 용융제련이나 열처리에 사용되는 노를 말한다.

20. 표면경화(表面硬化)시설

금속의 표면에 흠집, 균열, 갈라짐 등이 생기거나 마찰에 의해 표면손상 또는 마멸되는 것을 방지하기 위해 표면층을 바꾸는 데 사용되는 시설과 금속의 표면을 다른 물질로 피복하는 데 사용되는 시설을 말한다.

일반적으로 표면경화법에는 표면층 변성법(變成法)과 표면피복법(被覆法)이 있으며, 전자는 금속체의 표면에서 원소를 침투확산시켜 표면층의 화학 조성을 바꾸거나 또는 금속체의 화학 조성을 바꾸지 않고 표면층의 조직을 바꾸는 것을 말한다. 따라서 광의의 표면경화시설에는 담금질시설, 도금시설 등이 포함되나, 여기서는 별도의 배출시설로 규정된 이러한 시설을 제외한 고체침탄(浸炭), 가스침탄, 질화(窒化) 및 염욕(鹽浴)에 의한 표면경화에 사용되는 각종 침탄조, 변성조, 처리조 등을 말한다.

21. 산화·환원(酸化·還元)시설

주로 알루미늄 등 비철금속의 표면에 인공적으로 두꺼운 두께의 산화물층을 만드는 데 쓰이는 시설을 말한다. 대표적인 것으로 알루미늄 양극산화시설이 있다. 이것은 알루미늄 표면에 강한 전장(電場)을 주어 그 힘에 의하여 알루미늄 이온을 끌어내어 산소와 화합시켜 표면을 산화알미늄으로 전환시키는 시설을 말한다. 양극산화법에는 황산, 수산, 크롬산, 혼산(混酸) 등 전해액의 종류에 의한 방법, 직류법, 교류법, 직류 펄스 등 전원파형(電源波形)에 의한 방법, 처리속도에 따라 보통법, 고속도법, 초고속도법 그리고 응용 목적에 따라 경질법, 광휘법 등 매우 다양한 방법이 있다.

22. 도장(塗裝)시설

페인트, 니스 등 도료를 사용하여 물질을 공기, 물, 약품 등으로부터 보호하기 위해 차단하거나 또는 전지절연·장식 등을 위해 캘린더·압출·침지·분무 등의 가공법을 이용하여 물체 표면을 피막으로 쌓는 시설을 말하며, 금속 또는 비금속 물질의 표면에 페인트 등을 도포하는 시설도 이에 포함된다. 사용되는 도료에는 특수합성수지도료, 무용제도료, 에멀션 페인트, 전착도료, 수용성 합성수지도료, 분체도료 등 그 종류가 다양하며 도장시설에도 도장하는 방법에 따라 여러 가지 종류가 있다. 도장시설(도장 Room)의 규모가 용적 $5m^3$ 이상이거나 도장시설의 동력이 3HP 이상인 경우에만 해당되며 동력이 없거나 도장 Room이 없는 경우의 시설은 해당되지 아니한다.

- 공기분사도장시설 : 도료를 압축공기의 분사에너지를 이용하여 분무형태의 부채꼴로 만들어 연속적으로 도장을 확대해가는 시설로서 내부 혼합식, 외부 혼합식으로 구별된다.
- 에어리스분무도장시설 : 건축구조물, 선박, 교량 등 고점도의 두꺼운 막을 형성하는 데 사용하는 도장시설이며, $60kg/cm^2$ 이상의 초고압을 사용하여 0.2mm 이상의 유출공을 가진 노즐칩에서 도료를 분무시켜 도장하는 시설을 말한다.
- 횟분무도장시설 : 도료를 가온(加溫)하여 도료의 점도를 저하시켜 분무도장하는 시설을 말한다. 보통 플랜저 펌프, 전열히터, 도료탱크, 도료호스, 훗용에어리스총 등으로 구성되어 있다.
- 정전도장시설 : 접지한 피도물을 양극(+)으로 하고, 도장시설을 음극(−)으로 해서 이것을 (−)의 직류 고전압을 하전(荷電)하여 두 극간에 정전계(靜電界)를 만들어 도장하는 시설을 말한다. 다른 시설에 비해 비교적 공해가 적고 도료 손실이 적다. 정전분무화식, 공기분무화식, 수직이동식, 자동정전도장시설 등이 있다.
- 전착(電着)도장시설 : 금속전기도금 원리와 비슷하며 수성도료 속에 피도물을 침적시켜 피도물에 양극을 접속하며, 도료탱크는 음극이 되도록 직류 고전압을 하전하여 도장하는 시설을 말한다. 전하(電荷)방법에 따라 피도물 전하와 도료탱크 전하방식이 있다.
- 분체도장시설 : 합성수지의 열용융간성을 이용해서 피막 형성을 도모하는 시설을 말한다. 피도물을 예비 가열한 후에 분체도료를 부착시켜 가열용융하는 방식과 정전기를 사용해서 피도물에 흡인 도착시킨 후에 가열용융하는 방법이 있다. 분체도료에는 폴리에스테르, 염화비닐, 셀룰로오스, 에폭시, 폴리에틸렌, 나일론, 아크릴 등 많은 수지가 사용되며 종래의 액체도장으로서는 활용하지 못했던 고분자(高分子) 수지의 도료화가 가능하다.
- 자동도장시설 : 상기에서 설명된 각종 도장시설을 기계화해서 도포가 고르지 않은 곳이 없이 균일한 도장이 되도록 하는 시설을 말한다. 일반적으로 평면형과 회전형 그리고 수직형이 있다.

23. 건조시설

전기나 연료, 기타 열풍 등을 이용하여 제품을 말리는 시설을 말한다. 특히 도장시설에서 페인트 등을 도포시킨 후 피도체를 건조시키기 위해 많이 사용되기도 하나, 여기서는 주로 기타 화학제품 등의 액체상 또는 고체상 조립자(組粒子) 등을 건조하기 위해 사용되는 시설을 포함하여 말한다. 일반적으로 습윤상태에 있는 물질은 수송이나 저장이 불편하고, 제품의 응집(凝集)이나 고형화가 쉽게 일어날 수 있다. 이러한 상태를 예방하고 제품이 요구하는 수준의 수분을 함유하게 하기 위해 건조작업이 행하여진다. 건조시설은 건조에 필요한 열을 전하는 방식에 따라 열풍수열식(熱風收熱式)과 전도수열식(傳導收熱式)으로 대별(大別)되며, 열풍수열식은 열풍과 피건조재료가 직접 접촉함으로써 열의 전달이 이루어지며, 열풍이 재료 이동 방향과 같은 경우에는 병류식(竝流式), 역방향인 경우는 향류식(向流式)이라 한다. 전도수열식은 일반적으로 금속벽을 통해 열원(熱源)으로부터 피건조재료에 간접적으로 열의 전달이 이루어지며, 열손실이 적고 건조의 효율이 높으나 금속벽의 열용량이 크므로 효과적으로 건조하는 데는 약간의 문제점이 있다. 그 외의 분류법으로 재료의 이동방법에 의한 본체회전식, 교반기식, 공기수송식, 유동층식, 벨트이동식 등이 있으며, 또 이들 이동방식을 2가지 이상 조합하여 하나의 건조시설로 하는 방식도 있다.

24. 산·알칼리 처리시설

산이나 알칼리 용액에 어떤 제품을 표면처리하기 위하여 담구거나 원료 및 제품을 중화시키는 시설을 말한다. 대표적인 것으로서 도금공정의 전처리 시설로 이용되는 산세척시설이 있으며, 최근 전자공업에서의 화학약품을 사용하여 금속 표면을 부분적 또는 전면적으로 용해제거하는 부식(식각)시설과 공작기계로 하는 물리적인 절삭을 대신하여 화학약품 용액 속에서 금속의 화학적인 용해작용을 이용하여 절삭가공하는 케미컬 밀링 등도 이에 포함된다.

25. 탈지(脫脂)시설

피도금물의 표면에 부착되어 있는 유지, 산화물, 금속염, 또는 기타 오물을 유기용제나 알칼리로 용해하여 제거하는 시설을 말한다.

탈지방법에 따라 용액탈지, 전해탈지, 초음파탈지 등으로 나누어지며, 용액탈지는 용제탈지, 유화탈지, 알칼리탈지로 구분된다. 전해탈지에는 음극전해탈지, 양극전해탈지, PR 전해탈지의 3종류가 있다. 초음파탈지에는 16kHz 이상의 주파수를 가진 초음파를 사용하며, 탈지작용은 전기에너지가 진동자에 의하여 음향에너지로 변환되어 일어난다. 탈지에 사용되는 주요 약품은 가성소다, 규산소다, 청화소다, 케로신 등이 있으며, 최근에는 반도체 공업에서 트리클로로에틸렌, 트리클로로에탄, EDTA가 사용되기도 한다.

26. 도금(鍍金)시설

금속장식의 산화방지를 위해서 표면에 금, 은, 크롬, 주석 등의 얇은 막을 입히는 시설을 말한다. 도금물질에 따라 금도금, 동도금, 니켈도금, 크롬도금, 아연도금, 기타 합금도금 등이 있으며, 도금하는 방법에 따라 전기도금, 용융도금, 무전해도금, 진공도금, 기상(氣相)도금 등 다양하게 분류된다. 또 근래에는 ABB 수지 등 플라스틱 물질을 도금시키기 위한 플라스틱 도금법이 개발되었으나, 여기서는 주로 금속제품과 관련된 도금시설을 말한다.

도금방법에 따른 분류 중 가장 대표적인 것은 용융도금 또는 전기도금이다.

- 용융도금 : 용융금속 속에 피처리물을 침적(沈積)시킨 후 이를 끄집어 올려 용융금속을 피처리물의 표면에서 응고시켜 금속 피막을 형성하게 하는 방법으로 비교적 두꺼운 도금층을 얻을 수 있으며, 부식을 방지하거나 고온에서 내산화(耐酸化)를 목적으로 하는 경우가

많다. 대표적인 것으로 알미늄도금, 아연도금, 주석도금, 납도금 등이 있다.
- 전기도금 : 금속이온을 함유한 수용액 속에 처리하려는 제품을 침적시켜 음극으로 하고 적당한 가용성 또는 불용성 양극 사이에 직류 전류를 통해 제품 표면에 금속막을 전해석출(電解析出)하게 하는 방법을 말하며 사용 목적에 따라 장식용, 방식용(防蝕用), 공업용 등으로 구별된다.

27. 화성처리(化成處理)시설

금속 표면에 화학적으로 비금속의 화성피막(Conversion Coating)을 형성시키는 것을 화성처리라 부른다. 통상 200℃ 정도 이하에서 처리하는 인산염 피막, 크롬산염 피막, 산화피막, 수산염 피막, 기타 각종 화학착색법을 일컫는 경우가 많다. 그러나 500℃ 이상의 온도로서 처리하는 질화처리(窒化處理) 혹은 황화처리(黃化處理)까지도 포함한다. 화성피막 중 현재 가장 많이 이용되고 있는 것은 철강의 인산염 피막이다. 이는 철강과 처리액이 접촉하여 화성되는 것이며, 접촉시키는 방법에 따라 Vertak법, 슬리퍼디이트법, 스티임호우스페이팅법, 송풍본디라이트법 등이 있다.

28. 담금질시설

금속재료를 고온으로 가열한 후 급랭시켜 도중의 전이(轉移)를 막아 고온에서 안전한 상태 또는 중간 상태를 실온(室溫)으로 유지시키는 조작을 반복하는 시설을 말한다. 냉각제로는 거의 다 액체를 사용하나 자체적으로 경화(硬化)되는 성질을 가지는 금속의 경우에는 압축공기 또는 수소 등을 사용하는 경우도 있다. 대표적인 냉각수로서 냉수, 식염수, 경유(鯨油), 종유(種油), 유화유(乳化油), 용염(鎔鹽), 용해연(鎔解鉛) 등이 있으며, 유지류(油脂類)를 원료로 하여 열처리 목적에 따라 정제한 시판냉각제(市販冷却制) 등도 있다. 여기서는 유제류(油製類)를 사용하는 경우에만 배출시설에 해당된다.

29. 연마시설

연삭숫돌을 고속회전시키면서 재료를 절삭(切削) 혹은 가공하는 시설과 연마재(研磨材)의 절삭능력이 작은 재료를 사용하거나 연마재(研磨材)를 사용하지 않고 표면청정만을 목적으로 사용하는 시설을 말한다. 일반적으로 연마시설에는 절삭·연삭(研削) 시설을 포함한다. 여기서는 이른바 연마재를 사용해서 그 절삭작용으로서 표면층을 절삭해내는 시설을 말한다. 기계적 연마와 습식 연마로 대별되며, 기계적 연마에는 건식분사 연마방법, 습식분사 연마방법, 공구회전 연마방법, 배럴 연마방법, 아브레시브벨트 연마방법, 고압매체 연마방법, 점성유체(黏性流體)의 가공연마방법 등이 있고, 습식 연마에는 전해연마와 화학연마, 전해가공 등의 방법이 있다. 습식 분사나 기타 수용액에서 이루어지는 연마시설과 수분 함량이 15% 이상인 원료를 사용하며 연마하는 경우에는 배출시설에서 제외된다.

30. 탈사(脫砂)시설

유체의 분사나 원심력을 이용하여 금속품에 붙어 있는 모래를 제거하여 표면을 깨끗하게 하는 시설을 말한다. 쇼트블라스트, 샌드블라스트, 텀블러 등이 있다.
- 쇼트블라스트 : 고속으로 회전하는 임펠러로 철환(鐵丸)입자를 투사하여 주물 표면에 맞추어 금속의 표면을 청소하는 시설
- 샌드블라스트 : 모래를 $2 \sim 5kg/cm^2$의 공기로 분사시켜 금속의 표면을 깨끗이 하는 시설

– 텀블러 : 주물통 속에 처리할 작은 주물을 채우고 철환을 넣어 매분 40~60회로 회전시켜 금속의 표면을 깨끗이 하는 시설

31. 주물사(鑄物砂)처리시설(코어제조시설을 포함한다)

주조공정에 있어서 각종 용융금속을 주입해서 응고시켜 일정한 형상을 취하는 데 사용하는 형틀을 주형(鑄型)이라 하고, 그 구성재료가 되는 모래를 주물사(鑄物砂)라고 하며, 사용하고 난 주형을 다시 분쇄·선별하여 주물사로 재사용할 수 있게끔 처리하는 시설을 주물사처리시설이라 한다. 일반적으로 주물사처리시설은 분쇄기, 스크린, 컨베이어, 연마기, 혼합기, 모래저장통 등 일련의 시스템으로 구성된다. 따라서 주물사처리시설로 허가를 득한 경우에는 동시설의 분쇄, 선별, 연마 시설은 별도 허가를 득하지 않아도 무방하다. 주물사는 적당한 점결성과 성형성(成形性), 강도, 통기성, 내화학성(耐化學性) 등의 성질이 갖추어져야 한다. 코어(Core)는 주조물 내에 원하는 크기의 공극을 만들려고 할 경우 그 공간을 형성할 수 있게 하거나 그 주위에 용융금속이 흘러들어갈 수 있게 하기 위해 사용되는 것으로서 주로 모래와 점결재(粘結材)를 섞어서 만든다. 제조된 코어는 일정한 강도에도 깨지지 않고 용융금속이 주입될 때 수축되거나 뒤틀리지 않게 하기 위하여 일정한 온도의 Oven 속에서 가열하게 되는데 이 시설을 코어제조시설이라 한다. 코어제조시설에는 연속식과 회분식(Batch)이 있으며 작업시간은 사용하는 점결재의 종류에 따라 다른데 보통 1~5시간이 소요된다.

32. 선별(選別)시설(습식을 제외한다)

체, 유체, 비중 등을 이용하여 원료나 제품을 일정한 크기나 형상별로 분류하는 시설을 말한다. 고정식과 운동식 그리고 기타 형식으로 대별(大別)되며 고정식에는 평면선별기, 회전식별기 등이 있고, 운동식에는 수평설치식과 진동선별기가 있는데 현재 공업용으로 대부분 진동선별기가 사용되고 있다. 습식 선별기는 선별기에 수세효과를 갖도록 하는 경우에 사용되며 선별기 상부에서 직접 물을 뿌리거나 흐르게 하여 처리물에 부착된 불순물을 제거할 수 있는 구조로 된 것을 말한다. 여기서는 이러한 것들과 함께 선별제품이나 원료 속의 수분 함량이 15% 이상인 원료만으로 사용하는 시설을 배출시설에서 제외한다.

33. 분쇄(粉碎)시설

원료인 고체를 쉽게 가공처리 할 수 있게 하기 위하여 고체분자간의 결합력을 끊어주는 조작을 하는 시설을 말한다.

분쇄시설은 크게 분류하여 파쇄기(Crusher), 분말기(Grinder), 초미분말기(Ultrafinegrinder) 등으로 분류되며, 분쇄물의 요구되는 입경(粒經)에 따라 파쇄기는 다시 조쇄기, 미쇄기로 구분되며, 분말기는 중간 분쇄기, 미분말기 등으로 분류된다. 또 분쇄기는 분쇄물의 경도(硬度)에 따라 고경도물 분쇄, 중간 경도물 분쇄, 연성 분쇄로 나누어질 수도 있다. 고경도물 분쇄는 시멘트 크링커, 화산암, 슬래그의 분쇄에 사용되며, 연성 분쇄는 갈반, 암염, 곡물 등 미세한 분쇄에 사용된다. 분쇄물에 함유된 수분은 분쇄에 중요한 영향을 미치게 되는데, 특히 분쇄물의 압축강도에만 영향을 주는 것 뿐만 아니라 분쇄물의 점결성(粘結性)과 유동성(流動性)에도 영향을 주므로 수분 함량에 따라 습식 분쇄 또는 건식 분쇄 방법이 선택된다. 여기서 습식 분쇄시설이라 함은 분쇄물의 수분 함량이 15% 이상인 경우와 당해 작업을 수용액 중에서 행하는 경우의 시설을 포함하여 말한다.

34. 납땜시설

납땜인두를 약 300℃로 달군 다음 염화아연이나 염산 등의 용제에 담궈 끝을 깨끗이 한 후 땜납을 녹여 접합부를 문지르거나 결합시키는 데 사용되는 시설을 말한다. 땜납은 주석과 납의 합금으로서 연질땜납과 경질땜납이 있으나 보통 연질땜납을 말하며, 융점이 낮고 작업하기에도 용이하므로 연관류의 접합, 식기류, 기타 판금가공에 널리 쓰인다. 납땜시설에는 자동식과 수동식이 있으며, 최근에는 납용해조를 사용하지 않고 납크림을 사용하여 이를 인쇄하는 새로운 납땜시설이 사용되기도 한다.

35. 정제(精製), 충전(充塡), 충진(充塡) 시설(수은 사용에 한한다)

온도계, 체온계, 형광등 등에 수은을 주입하기 전에 수은 속에 함유된 녹 또는 습기 등을 제거하기 위하여 수은을 증류하는 시설과 일정한 체적을 가진 용기 내에 온도계, 체온계 등을 넣고 밀폐시킨 후 진공(眞空)상태로 만들어 수은을 주입하는 수은주입시설을 말한다.

36. 반도체 및 기타 전자부품 제조시설 중 식각(蝕刻)시설

반도체 제조공정 중의 하나로 에칭(Etching)시설이라 하기도 하며, 작업공정은 습식이나 건식으로 나누어진다. 습식은 용액으로 에칭하며, 건식은 가스를 이용한 방식으로 에칭하고자 하는 곳 이외의 부분에 감광제(Photo resist)를 바르고 용액 또는 가스에 노출시키면 감광제에 의해 가려진 부분을 제외한 증착막이 제거된다.

37. 반도체 및 기타 전자부품 제조시설 중 증착(蒸着)시설

진공상태에서 금속이나 화합물 따위를 가열·증발시켜 그 증기를 물체 표면에 얇은 막으로 입히는 시설로서 렌즈의 코팅, 전자부품이나 반도체 따위의 피막 형성에 이용한다.

제2절 화합물 및 화학제품 제조시설

1. 연소(燃燒)시설(화학제품의 연소에 한한다)

황, 인 등 무기화학제품을 산소와 결합시켜 빛과 열을 발생시키는 시설을 말한다. 산소 이외에도 플루오르, 염소, 질산성 화합물 등이 사용되기도 하며, 이들을 산화제(酸化劑) 또는 지연성 물질이라고도 한다. 일반적으로 연소의 주반응은 기체상태 중에서 일어나나 고체의 표면이 촉매작용을 갖는 경우에는 주반응이 고체의 표면에서 일어나기도 한다. 이를 표면연소라 한다. 화학제품의 연소시설 중 대표적인 것으로 황연소시설이 있다. 이것은 황을 연소시켜 이산화황(二酸化黃)을 만드는 시설이며, 대부분 원통형 구조를 가진다. 고체상태의 황을 가열하여 녹인 후에 버너를 이용 건조공기로 연소시켜서 8~11mol 농도의 이산화황을 만든다. 버너에서 생성된 뜨거운 연소가스는 폐열보일러를 지나면서 냉각되고 흡수탑과 전화기(Converter)를 거쳐 황산으로 만들어진다.

2. 용융·용해(鎔融·鎔解) 시설

고체상태의 물질을 가열하여 액체상태로 만드는 시설을 용융시설이라 하며, 기체, 액체 또는 고체물질을 다른 기체, 액체 또는 고체물질과 혼합시켜 균일한 상태의 혼합물, 즉 용체(容體)를 만드는 시설을 용해시설이라 한다. 이때 용체라 함은 균일한 상(相)을 만들고 있는 혼합물로서 액체상태인 경우에는 용액, 고체상태인 경우에는 고용체, 기체상태일 때는 혼합기체라 한다. 여기서는 동일 상태의 서로 다른 물질을 혼합시켜 원래 상태의 물질이 물리·화학적

성질 변화를 일으키는 경우의 시설에 적용되며, 그렇지 아니하고 원래 상태의 물질이 물질화학적 성질의 변화가 없이 단순히 혼재(混在)되어 있는 경우의 시설은 혼합시설로 구분한다.

3. 소성(燒成)시설

물체를 높은 온도에서 구워내는 시설을 말하며 일종의 열처리 시설에 해당된다. 소성의 목적은 소성물질의 종류에 따라 다소 다르나 보통 고온에서 안정된 조직 및 광물상(鑛物相)으로 변화시키거나 충분한 강도(强度)를 부여함으로써 물체의 형상을 정확하게 유지시키기 위한 목적으로 이용되는 경우가 많다. 소성시설의 종류는 크게 불연속 소성시설과 연속 소성시설로 구별되며, 불연속 소성시설에는 원형, 각형, 통형 등의 시설이 있고, 연속 소성시설에는 수직형, 회전형, 링형, 터널형 등 그 종류가 다양하다. 도기·자기·구조검토용 제품 등 특수용도에 사용되는 것 이외에는 대부분이 회전형 시설(Rotary Kiln)을 사용하며, 회전형 시설에도 그 길이에 따라 Short Kiln, Long Kiln 등이 있고, 그 형태에 따라 Lepol Kiln, Suspension Preheater Kiln, Shaft Kiln 등 다양하게 분류된다. 대표적인 것으로 화학비료 제조 시에 사용되는 인광석(燐鑛石) 소성시설이 있는데 이것은 채광 후 선별된 인광석 농축물을 인산, 규산, 가성소다 또는 소금 등과 섞어 빽빽한 슬러리(Slurry) 상태로 만든 후 건조시키면서 10~20mesh의 알갱이로 뭉친 다음 소성시설에서 약 1,400~1,540℃ 정도로 구워 인광석 속의 불소를 제거하는 시설이다.

4. 가열(加熱)시설(열매체(熱媒體) 가열을 포함한다)

어떤 방법으로 물체의 온도를 상승시키는 데 사용되는 시설을 말한다. 보일러도 일종의 가열시설로 볼 수 있으나, 여기서는 석유화학 및 유기화학 공업 등의 각종 공정에 쓰이는 관식(管式) 가열로(Tubular Heater) 등을 말한다. 이는 Pipe Still Heater라고도 불리며, 피가열물체가 기체 또는 액체 등의 유체(流體)에 한정되며 거의 연속운전인 점 그리고 열원(熱源)으로서 가스 또는 액체 연료를 사용하며, 가열방법이 모두 직화(直火)방식인 특징이 있다. 외관형상(外觀形象)으로는 직립 원통형, 캐빈형, 상자형으로 구분되며, 직립 원통형은 전복사(全輻射)형(헬리킬코일 및 수직관식) 복사·대류 일체형(輻射·對類 一體型), 복사·대류 분리형(輻射·對流 分離型)(수직관식, 대류부 수평관식) 등이 있으며, 상자형에는 수평관식－수직연소식, 수직관식－수평연소식, 수직관식－특수연소식, 수평관식－특수연소식 등으로 구별된다. 이들은 다시 스트레이트업형, 업드레프트 또는 캐빈형, 멀티체임버형, 후두트형, 비켓형, 각주형, 다운컴백션형, 테라스형, 다운파이어드형, 레이디언트월형 등 다양하게 분류된다. 한편, 열매체(熱媒體)라 함은 장치를 일정한 온도로 조작온도로 유지하기 위하여 가열 또는 냉각에 사용되는 각종 유체(流體)를 말한다. 열매체는 조작온도 내에서는 유체로서 취급될 수가 있어야 하며, 열적(熱的)으로 안정하고, 단위체적당 열용량이 크며, 사용압력 범위도 적당하고, 전달계수(轉達係收)가 높아야 할 필요성이 있으며, 또한 장치에 대한 부식이 적고, 불연성이며, 값싸고 무독(無毒)인 특성을 가져야 한다. 대표적으로 이용되는 열매체에는 유기열매체(디페닐에트드, 디페닐 등의 화합물), 수은, 열유(熱油), 온수유기열매체, HTS(NaOH＋NaNO₃＋KNO₃) 등의 액상(液相) 열매체와 과열수증기, 굴뚝가스, 공기 등의 기체성 열매체가 있다.

5. 건조(乾燥)시설

전기나 연료, 기타 열풍 등을 이용하여 제품을 말리는 시설을 말하며, 여기서는 주로 액체상 또는 고체상 조립자(組粒子) 등을 건조하기 위해 사용되는 시설을 포함하여 말한다. 일반적으로 습윤상태에 있는 물질은 수송이나 저장이 불편하고, 제품의 응집(凝集)이나 고형화가 쉽게 일어날 수 있다. 이러한 상태를 예방하고 제품이 요구하는 수준의 수분을 함유하게 하기 위해 건조작업이 행해진다. 건조시설은 건조에 필요한 열을 전하는 방식에 따라 열풍수열식(熱風收熱式)과 전도수열식(傳導收熱式)으로 대별(大別)되며, 열풍수열식은 열풍과 피건조 재료가 직접 접촉함으로써 열의 전달이 이루어지며, 열풍이 재료이동 방향과 같은 경우에는 병류식(並流式), 역방향인 경우는 향류식(向流式)이라 한다. 전도수열식은 일반적으로 금속벽을 통해 열원(熱源)으로부터 피건조 재료에 간접적으로 열의 전달이 이루어지며, 열손실이 적고 건조의 효율이 높으나 금속벽의 열용량이 크므로 효과적으로 건조하는 데는 약간의 문제점이 있다. 그 외의 분류법으로 재료의 이동방법에 의한 본체회전식, 교반기식, 공기수송식, 유동층식, 벨트이동식 등이 있다. 또 이들 이동방식을 2가지 이상 조합하여 하나의 건조시설로 하는 방식도 있다.

6. 반응(反應)시설(분해(分解), 중합(重合), 축합(縮合), 산화(酸化), 환원(還元), 중화(中和), 합성(合成) 시설을 포함한다)

한 종류 또는 두 종류 이상의 물질이 그 자신 혹은 상호간에 있어서 원자(原字)의 조환(組煥)을 시행하여 그 조성이나 구조, 성분 등 물리화학적 성질이 본래와는 다른 물질을 만드는 시설을 말한다. 연속반응시설, 균일계(均一系) 반응시설, 불균일계(不均一系) 반응시설, 촉매(觸媒)반응시설로 대별되며, 연속반응시설은 어떤 화학반응의 생성물이 다시 다른 반응을 일으켜서 다른 생성물을 만드는 경우의 시설로서 연속반응시설이라고도 한다. 연쇄반응시설도 연속반응시설의 일종이다. 균일계 반응시설은 균질(均質)인 물질계(物質系), 즉 단일상(相 : 액체상, 기체상, 고체상)으로 이루어진 계(系)에서 화학반응을 일으키는 시설을 말하며, 회분(回分)반응시설, 관형반응시설, 연속교반조반응시설, 반회분반응시설 등이 있다. 불균일계 반응시설은 두 종류 이상의 상이 공존하는 다상계(多相系)에서 화학반응을 일으키는 시설을 말하며, 액-액계 반응시설, 기-액계 반응시설, 기-고계 반응시설 등이 있다. 촉매반응시설은 촉매의 영향에 의하여 화학반응을 일으키는 시설을 말한다. 촉매란 화학반응 속도를 변화시키거나, 반응을 시작하게 만들거나 또는 일어날 수 있는 여러 가지 화학반응 중에서 하나를 선택적으로 진행시켜서 생성물의 종류를 바꾸는 역할을 하는 물질을 말하며, 자신은 결과적으로 전혀 변화하지 않거나 변화하였다 하더라도 화학양론적(化學量論的)인 관계, 즉 화학반응에 영향을 미치지 아니하는 관계를 지속하는 물질을 말한다.

- 분해 : 한 종류의 화합물(化合物)을 두 종류 이상의 보다 간단한 물질로 변화시키는 것을 말한다.
- 중합 : 한 종류의 단위 화합물의 분자가 두 개 이상 결합하여 단위 화합물의 정수(整數)의 배(培)가 되는 분자량을 갖는 화합물을 생성하게 하는 것. 개환(開環)중합, 환화(環化)중합, 이성화(異性化)중합 등이 있다.
- 축합 : 두 개 이상의 분자 또는 동일 분자 내의 두 개 이상의 부분이 새로운 결합을 만드는 반응으로서 에스테르화, 피티히 반응, 파킨 반응 등이 있으며, 반응보조제(反應補助劑)로서 축합제가 가해진다.

- 산화 : 본래는 순(純)물질이 산소와 화합하는 것을 말하나, 일반적으로는 광범위하게 전자를 빼앗기는 변화 또는 이것에 수반되는 화학반응을 말한다.
- 환원 : 본디 산화된 물질을 원래 물질로 되돌리는 것을 말하나, 일반적으로 산화의 반대과정, 즉 전자를 첨가하는 변화 또는 이에 따른 화학반응을 말한다.
- 중화 : 좁은 뜻으로는 산과 염기가 반응하여 염과 물이 생기는 것을 말하나, 산과 염기의 정의에 의해서는 보다 넓은 뜻으로 사용된다.
- 합성 : 단일물질에서 출발하여 화합물질을 만들거나 비교적 간단한 화합물에서 복잡한 화합물을 만드는 시설을 말한다. 대표적인 것으로 합성가스, 합성고무, 합성섬유, 합성세제, 합성수지, 합성피혁 등을 제조하는 시설이 있으나, 여기서는 산업용 화학제품을 합성하는 시설을 말한다.

7. 혼합(混合)시설

2개 이상의 불균질한 성분으로 되어 있는 재료를 균질화하는 시설이다. 균질(均質)이란 임의로 채취한 샘플 중의 각 성분의 비율(농도)이 재료 전체의 평균값과 상등(相等)한 상태를 말한다. 이와 같은 상태에서는 각 성분 상호간의 접촉면적이 최대로 되어 있다. 따라서 혼합시설이란 불균질한 성분으로 되어 있는 재료에 적당한 조작을 가함으로써 성분농도 분포를 균일화하는 시설 또는 각 성분 상호간에 접촉면적을 증대시키는 시설을 말한다. 일반적으로 용융·용해 시설도 큰 분류(分類)의 혼합시설에 포함되나, 여기서는 원래 상태의 물질이 물리·화학적 변화 없이 단순히 혼재(混在)되어 있는 경우로서 교반시설이나 교반조도 포함하여 말한다.

8. 흡수(吸收)시설

흡수란 물질 또는 에너지 등의 물리량(物理量)이 다른 물질에 빼앗겨 그 계(系) 안으로 이끌려 들어가는 과정 또는 그에 따라 입자수나 강도를 감쇄하는 현상으로서 화학적으로는 빛의 흡수, 양자화된 상태 사이의 에너지차(差)에 해당하는 빛의 흡수, 저에너지 상태에서 고에너지 상태로 옮기는 것을 말한다. 이러한 현상을 일으키게 하는 시설을 흡수시설이라 한다. 대표적인 것으로 충전탑(充塡塔), 단탑, 스프레이탑, 스크러버, 젖은 벽탑, 기포탑(氣泡塔) 등이 있다.

9. 정제(精製)시설(분리, 증유, 추출, 여과 시설을 포함한다)

조제품을 다시 가공하여 더 정밀하게 만드는 시설을 말한다.

- 분리 : 상(相)이 다른 2개 이상의 화합물로 구성된 물체를 각각의 화합물로 물리화학적 성분이나 조성·구조 등의 변화가 없이 서로 나누는 것을 말한다. 대표적인 것으로 기액(氣液)분리, 고액(固液)분리 등이 있으며, 같은 상(相)의 물질이라도 서로의 비중차(比重差)를 이용해 분리하는 방법도 있다. 중력·압력, 진공·원심력과 같은 기계적인 힘을 이용하여 분리하는 것을 기계적 분리라고 한다.
- 증류 : 용액을 부분(部分) 증발시켜 증기를 회수해서 잔유액(殘溜液)과 나눔으로써 분리하는 것을 말한다. 휘발성의 성분은 용액보다 증기 중에 증가하며, 비휘발성의 성분은 용액 중에서 증가한다. 증류는 조작압력에 따라 고압증류, 저압증류, 수증기증류, 공비(共沸)증류, 추출증류로 분류되고, 조작방법에 따라서는 연속증류 또는 회분식 증류로 구분된다.

- 추출 : 용매(溶媒)추출이라고도 한다. 용매를 이용하여 고체 또는 액체시료 중에서 성분물질(때로는 2종(種) 이상)을 용해시켜 분리하는 것을 말하며, 특정한 물질을 특이적으로 추출하기 위해 용매의 종류를 선택하고 시료가 액체인 경우에는 그 조성을 조절한다. 단순히 목적물질을 용해시켜 추출하는 외에 적당한 화학반응을 일으켜 추출하기 쉬운 물질로 바꾼 후 추출하는 경우도 있다. 사용하는 용매는 물, 알코올, 에테르, 벤젠, 아세트산에틸, 클로로포름 등 비등점(沸騰點)이 별로 높지 않은 것을 주로 사용한다.

- 여과 : 다공성(多孔性) 물질의 막(膜)이나 층(層)을 사용하여 유동체의 상(相 : 기체 또는 액체)만을 투과시켜 반고상(半固相) 또는 고체를 유동체의 상(相)에서 분리하는 것을 말한다. 공업적 목적으로 사용되는 경우에는 여과에 쓰이는 다공체(多孔體)를 여과제, 다공체 위에 퇴적하는 고형분을 Cake, 다공체를 통과하는 액을 여과액이라 한다. 여과방법은 고체농도(固體濃度)에 의한 방법, 여과압력에 의한 방법, 조작에 의한 방법 등이 있으며, 고체농도에 의한 방법에는 Cake여과, 청등(淸燈)여과 등이 있고, 여과압력에 의한 방법에는 중력여과, 가압(加壓)여과, 진공여과, 원심력여과 방법 등이 있다. 조작에 의한 방법은 항압(恒壓)여과, 항률(恒率)여과 등이 있다.

10. 농축(濃縮)시설

특정물질의 순도(純度)를 높이거나 용매를 증발시켜 용질(溶質)의 농도를 포화(飽和)농도 이상으로 하거나 진하게 엉기게 하기 위하여 바짝 줄게 하는 시설을 말한다. 화학공업에서 주로 쓰이는 정석(晶析)장치도 여기에 포함된다. 이것은 액상(液相) 또는 기상(氣相)에서 결정물질을 형성하게 하는 시설로서 고액(固液)간에서의 조작이 주대상으로 되어 있다. 결정물질의 생성은 액상 내에서의 결정핵의 발생과 그 발생한 결정핵의 성정으로 생성되며, 과포화(過飽和) 상태의 존재하에서 일어나는 것이 보통이다. 주로 비료, 제염(製鹽), 정당(精糖)공업, 그 밖에 많은 고체 무기·유기 물질의 분리법으로 적용되고 있다.

11. 전해·전리(電解·電離) 시설

전해질 용액이나 용해 전해질 등의 이온전도체(傳導體)에 전류를 통해 화학변화를 일으키는 것을 전해 또는 전기분해라 하며, 원자 또는 분자가 전자를 잃고 양이온이 되거나 전자를 부가시켜서 음이온이 되는 현상을 전리라고 부른다. 여기서 해리라 함은 한 분자가 그 성분원자, 원자단 또는 다른 것보다 작은 분자로 분해하고 그 변화가 가역적(可逆的)일 때를 말한다. 전해를 이용한 시설로서 전해야금(電解冶金)이나 염소, 수산화나트륨 등의 제조, 전해투석, 전기도금, 전주(電鑄), 전해연마 등이 있다.

12. 표백(漂白)시설

어떤 물질 속에 포함된 유색물질(有色物質)을 화학적으로 제조하여 그 물체를 상하게 하지 않고 될 수 있는대로 순백(純白)으로 만드는 시설을 말한다. 산화반응과 환원반응이 이용되며, 산화반응에는 과산화수소, 표백분, 하이포, 아염소산나트륨 등이 쓰이고, 환원반응에는 아황산, 하이드로설파이드 등이 쓰인다.

13. 산·알칼리 처리시설

산이나 알칼리 용액에 어떤 제품을 담구어 원료 및 제품을 산성이나 알칼리성의 변화를 유도하거나 또는 가수분해(加水分解)시키는 시설을 말한다. 대표적인 것으로 유지 제조의 검화시설이 있다.

14. 방사(紡絲)시설

합성섬유나 화학섬유를 제조할 때 방사액(紡絲液)을 다수의 가는 구멍이 있는 방사베이스에서 압력을 가하여 밀어내어 실을 제조하는 시설을 말한다. 크게 나누어 습식 방사기, 건식 방사기, 용융 방사기가 있다. 습식 방사기는 방사할 때 비스코스레이온과 같이 방사액을 베이스에서 응고욕(산욕) 중에 토출시켜 고체의 고분자(高分子) 섬유를 제조하는 방식의 기계로서 비닐론 등도 이 방식으로 제조된다. 건식 방사기는 섬유의 원료가 되는 고분자(高分子) 재료, 예를 들면 펄프 등과 같은 물질을 적당한 용매에 녹여 방사쇠에서 기체 중에 토출(吐出)시키면 이 용매가 증발하여 고분자의 섬유가 제조되는 시설을 말한다. 용융 방사기는 합성섬유의 대부분을 차지하는 방사시설로서 이것은 합성된 원료의 폴리머(Polymer)를 가열·용융하여 노즐에서 밀어내고 이를 냉각하여 고체로 한 다음 그것을 늘여서 목적으로 하는 실을 만드는 기계이다.

15. 권축(捲縮)시설

섬유나 실에 곱슬곱슬하게 파형(波形)을 부여함으로써 부피를 크게 하고, 스트레취성을 주어 신축성이 풍부하게 만드는 시설을 말한다. 권축이라 함은 섬유를 시판할 수 있는 제품으로 변성(變性)시키는 공정 중의 하나이며, 섬유에 벌크와 탄성을 주기 위한 공정이다. 섬유제조 시 중간 단계에 생성되는 스테이플과 얀을 기계적으로 변형시키기 위해 권축(Crimping)되며, 일반적으로 연사공정 중이나 바로 직후에 이루어진다. 권축과정은 기어(Gear)권축, 에지(Edge)권축, 스터퍼-박스(Stuffer-box)권축 등을 포함한다. 기어권축은 얀을 한 쌍의 맞물은 기어 속을 통과시켜 이루어지며, 에지권축은 얀을 무딘 칼끝 위로 통과시킨다. 스터퍼-박스권축은 전기로 가열되거나 항온으로 조절되는 관이나 상자 속으로 얀을 통과시키는 것을 말한다.

16. 분쇄(粉碎)시설(습식을 제외한다)

원료인 고체를 쉽게 가공처리 할 수 있게 하기 위하여 고체 분자간의 결합력을 끊어주는 조작을 하는 시설을 말한다.

분쇄시설은 크게 분류하여 파쇄기(Crusher), 분말기(Grinder), 초미분말기(Ultrafinegrinder) 등으로 분류되며, 분쇄물의 요구되는 입경(粒經)에 따라 파쇄기는 다시 조쇄기, 미쇄기로 구분되며, 분말기는 중간 분쇄기, 미분말기 등으로 분류된다. 또 분쇄기는 분쇄물의 경도(硬度)에 따라 고경도물 분쇄, 중간 경도물 분쇄, 연성분쇄로 나누어질 수도 있다. 분쇄물에 함유된 수분은 분쇄에 중요한 영향을 미치게 되는데, 분쇄물의 압축강도에만 영향을 주는 것뿐만 아니라 분쇄물의 점결성(粘結性)과 유동성(流動性)에도 영향을 주므로 수분 함량에 따라 습식 분쇄 또는 건식 분쇄 방법이 선택된다. 여기서 습식분쇄시설이라 함은 분쇄물의 수분 함량이 15% 이상인 경우와 당해 작업을 수용액 중에서 행하는 경우의 시설을 포함하여 말한다.

17. 선별(選別)시설(습식을 제외한다)

체, 유체, 비중 등을 이용하여 원료나 제품을 일정한 크기나 형상별로 분류하는 시설을 말한다. 고정식과 운동식 그리고 기타 형식으로 대별(大別)되며, 고정식에는 평면 선별기, 회전식 선별기 등이 있고, 운동식에는 수평설치식과 진동선별기가 있다. 현재는 공업용으로 진동선별기를 많이 사용하고 있다. 습식 선별기는 선별기에 수세효과를 갖도록 하는 경우에 사용되며 선별기 상부에서 직접 물을 뿌리거나 흐르게 하여 처리물에 부착된 불순물을 제거할 수 있는 구조로 된 것을 말한다. 여기서는 이러한 것들과 함께 선별제품이나 원료 속의 수분 함량이 15% 이상인 원료만으로 사용하는 시설을 배출시설에서 제외한다.

18. 저장(貯藏)시설

제품 또는 원료, 반제품 상태의 원료, 부원료, 첨가제 등 제품제조에 필요한 각종 물질(반제품을 포함한다)을 저장하는 시설을 말한다. 원료나 제품을 일정 용기, 상자 또는 포대 등에 일차 포장한 후 저장하는 창고(倉庫) 등의 시설과 폐수처리장용으로만 사용되는 각종 약품의 저장시설(염산저장조는 제외한다), 사업장에서 직접 사용하는 각종 연료 및 윤활제(B-C유, 등유, 경유, 윤활유, 그리스 등)의 저장시설 등은 포함되지 아니한다. 대표적인 것으로 기타 화학제품의 원료가 되는 액체 또는 기체상의 유기(有機)화합물질 등을 저장하는 저장탱크(Storage Tank)가 있다. 또 제품의 제조과정에 만들어진 중간 제품을 후속(後續)공정에 일정한 양이나 속도로 지속적으로 투입하기 위해 일시로 저장하는 중계 Tank(Run Tack, Run Drum), Storage Vessel 등이 있다. 저장탱크의 형태는 그 디자인에 따라 보통 고정지붕형(Fixed Roof), 외부유동지붕형(External floating Roof), 내부유동지붕형(Internal floating Roof), 가변(可變)형 Tank(Variable Vaper Space Tank), 압력형 Tank(Pressure Tank) 등이 있다. 또 외형에 따라 원추형(Cone Roof), 원형(Ball Tank) 등으로 구분하기도 한다.

19. 연마(研磨)시설(습식을 제외한다)

연삭숫돌을 고속회전시키면서 재료를 절삭(切削) 혹은 가공하는 시설과 연마재(研磨材)의 절삭능력이 작은 재료를 사용하거나 연마재(研磨材)를 사용하지 않고 표면청정만을 목적으로 사용하는 시설을 말한다. 일반적으로 연마시설에는 절삭·연삭(研削)시설을 포함한다. 여기서는 이른바 연마재를 사용해서 그 절삭작용으로서 표면층을 절삭해내는 시설을 말한다. 기계적 연마와 습식연마로 대별되며 기계적 연마에는 건식 분사 연마방법, 습식 분사 연마방법, 공구회전 연마방법, 배럴 연마방법, 아브레시브벨트 연마방법, 고압매체 연마방법, 점성유체(黏性流體)의 가공연마방법 등이 있고, 습식 연마에는 전해연마와 화학연마, 전해가공 등의 방법이 있다. 습식 분사나 기타 수용액에서 이루어지는 연마시설과 수분 함량이 15% 이상인 원료를 사용하며 연마하는 경우에는 배출시설에서 제외된다.

20. 포장(包裝)시설

조립자(組粒子) 상태 또는 분체(粉體), 분말(粉末)이나 액체 상태의 제품을 일정한 부피나 무게, 양(量)으로 계량(計量)한 후 병, 드럼, 통 등의 용기에 담거나 베, 종이, 비닐 등의 포대(布袋)에 투입하여 봉(封)하는 시설을 말한다. 단순히 겉표지를 싸거나 용기나 포대에 담겨서 봉한 후 운반용 Box 등을 이용하여 2차 포장하는 경우의 시설은 해당되지 아니한다. 대부분이 자동화 설비로 이루어져 있으며, 일반적으로 재료 투입부와 계량부 그리고 토출부(吐出部)의 3단계로 이루어져 있다. 재료 투입은 스크루컨베어벨트나 공기이송장치 등에 의해 이루어진다.

21. 회수(回收)시설(재생(再生)시설을 포함한다)

액체상의 용질 중에서 필요로 하는 물질을 다시 거두어 들이는 시설을 말하며, 사용된 촉매(觸媒)나 용매 중의 불순물을 제거하여 원래 상태로 재생시키는 시설도 포함된다. 대표적인 것으로 스티렌폴리머 등의 용해중합공정(溶解重合工程)에 사용되는 용제회수(溶劑回收)시설과 석유정제과정에서 촉매재생시설, 황회수시설 등이 있다. 용해중합공정이란 용제가 반응화합물에 첨가되고, 이것이 모노머, 폴리머 및 개시제(開始劑)를 녹여 중합시키는 공정을 말하며, 이때 중합과정이 끝난 후에는 용제를 다시 진공건조 등의 플래싱(Flashing) 공정을 거쳐 다시 회수하게 된다. 촉매재생시설은 석유정제과정 등에서 사용되는 각종 유동층(流動層)의 촉매에 부착된 불순물을 연소시키거나 분리시켜 제거하고 다시 사용하기 위하여 조작하는 시설을 말한다. 황회수시설은 석유정제과정 중에 생성된 각종 산성 가스 중 황화수소를 황으로 회수하기 위한 시설을 말하며, 보통 Sulfur Recovery System이라고 한다.

22. 성형(成形)시설(압출(壓出) 및 사출(射出)을 포함한다)

재료를 일정한 크기나 규격, 단면 형상을 가진 금형(金型)이나 형판(型板 : Die)에 넣고 힘이나 압력을 가하여 요구하는 형태의 제품으로 만들어내는 시설을 말한다. 성형방법은 크게 압출과 사출이 있다. 압출(壓出)이라 함은 용기 모양의 공구 속에 소재조각(Pellet)을 삽입하고, 램에 의하여 가압함으로써 형판에 뚫린 구멍으로부터 재료를 압출하여 형판 구멍의 단면 형상(斷面形象)을 가진 제품을 만드는 시설을 말한다. 전방(前方) 압출과 후방(後方) 압출이 있으며, 보통 스크루형 회전식 기계가 대부분이다. 사출(射出)이라 함은 가열한 실린더 속에 열가소성 수지(熱可塑性樹脂)를 가열시켜 유동화(流動化)한 후 이것을 사출램에 의해 금형 속에 넣고 플런저로 압입하여 성형하는 방법이다. 사출성형기는 플런저식과 스크루인라인식이 있다.

23. 용융·용해(鎔融·鎔解)시설

고체상태의 물질을 가열하여 액체상태로 만드는 시설을 용융시설이라 하며, 기체, 액체 또는 고체 물질을 다른 기체, 액체 또는 고체 물질과 혼합시켜 균일한 상태의 혼합물, 즉 용체(容體)를 만드는 시설을 용해시설이라 한다. 이때 용체라 함은 균일한 상(相)을 만들고 있는 혼합물로서 액체상태인 경우에는 용액, 고체상태인 경우에는 고용체, 기체상태일 때는 혼합기체라 한다. 여기서는 동일 상태의 서로 다른 물질을 혼합시켜 원래 상태의 물질이 물리·화학적 성질 변화를 일으키는 경우의 시설에 적용되며, 그렇지 아니하고 원래 상태의 물질이 물질화학적 성질의 변화 없이 단순히 혼재(混在)되어 있는 경우의 시설은 혼합시설로 구분한다.

24. 건조시설

금속제품 제조·가공 시설의 건조시설과 동일

25. 분쇄(粉碎)시설(습식을 제외한다)

금속제품 제조·가공 시설의 분쇄시설과 동일

26. 선별(選別)시설(습식을 제외한다)

금속제품 제조·가공 시설의 선별시설과 동일

27. 연마(研磨)시설(습식을 제외한다)

금속제품 제조·가공 시설의 연마시설과 동일

28. 탄화(炭火)시설

어떤 물질 중에서 탄소 이외의 것을 제거하고, 순수한 탄소만을 남기거나 유기화합물을 열분해 또는 다른 화학적 변화를 일으키게 하여 탄소를 만드는 시설을 말한다. 대표적인 것으로

카본블랙이나 착화탄 제조 시 사용되는 탄화로(炭火爐)가 있다. 이것은 원료인 톱밥을 넓은 탄화조(炭火槽)에 넣고 하부에서 점화(點火)하면 서서히 연소되면서 상부 쪽으로 화염이 옮겨가 톱밥을 태우거나 톱밥을 일정한 규격이나 길이로 압착시킨 후 일정한 용적의 가마에 넣고 톱밥 원료에 점화시키면 톱밥 자체의 연소력에 의하여 서서히 연소되면서 타는 시설을 말한다.

제3절 고무 및 플라스틱 제품 제조시설

1. 용융ㆍ용해(鎔融ㆍ鎔解) 시설
   화합물 및 화학제품 제조시설의 용융ㆍ용해 시설과 동일

2. 혼합(混合)시설(소련(蘇鍊)시설을 포함한다)
   2개 이상의 불균질한 성분으로 되어 있는 재료를 균질화하는 시설이다. 균질(均質)이란 임의로 채취한 샘플 중의 각 성분의 비율(농도)이 재료 전체의 평균값과 상등(相等)한 상태를 말한다. 이와 같은 상태에서는 각 성분 상호간의 접촉면적이 최대로 되어 있다. 따라서 혼합시설이란 불균질한 성분으로 되어 있는 재료에 적당한 조작을 가함으로써 성분농도 분포를 균일화하는 시설 또는 각 성분 상호간에 접촉면적을 증대시키는 시설을 말한다. 일반적으로 용융ㆍ용해 시설도 큰 분류(分類)의 혼합시설에 포함되나, 여기서는 원래 상태의 물질이 물리ㆍ화학적 변화 없이 단순히 혼재(混在)되어 있는 경우의 시설로 한정하며, 교반시설이나 교반조로 포함하여 말한다. 대표적인 것으로 밴버리 믹서(Banbury Mixer)가 있다. 이것은 소련(蘇鍊)된 생고무ㆍ합성고무와 함께 가황제ㆍ가황촉진제ㆍ충전제ㆍ착색제 등 화공약품을 혼합시키는 시설을 말하며, 특히 고도(高度)의 고무 성능을 위하여 카본 블랙(Carbon Black)을 균일하게 배합시키는 역할을 하는 시설을 말한다.
   소련이라 함은 생고무의 가소성(可塑性)을 낮추어 제품의 가공성을 향상시키기 위하여 카본 블랙, 황화합물, 가황촉진제, 노화방지제 및 오일 등과 같은 첨가제를 가하여 섞고 황(黃)의 다리결합(結合)이 일어나지 않을 정도의 낮은 온도(약 100℃ 이하)로 가열하는 것을 말한다. 사용되는 소련 촉진제로 나프틸메르캅탄 등이 있다.

3. 반응(反應)시설(분해(分解), 중합(重合), 축합(縮合), 산화(酸化), 환원(還元), 중화(中和), 합성(合成) 시설을 포함한다)
   화합물 및 화학제품 제조시설의 반응시설과 동일

4. 분리(分離)시설
   상(相)이 다른 2개 이상의 화합물로 구성된 물체를 각각의 화합물로 물리화학적 성분이나 조성ㆍ구조 등의 변화없이 서로 나누는 것을 말한다. 대표적인 것으로 기액(氣液)분리, 고액(固液)분리 등이 있으며, 같은 상(相)의 물질이라도 서로의 비중차(比重差)를 이용해 분리하는 방법도 있다. 중력ㆍ압력ㆍ진공ㆍ원심력과 같은 기계적인 힘을 이용하여 분리하는 것을 기계적 분리라고 한다.

5. 성형(成形)시설(압출(壓出) 및 사출(射出)을 포함한다)
   화합물 및 화학제품 제조시설의 성형시설과 동일

6. 가황(加黃)시설
   가류(加硫)시설이라고도 한다. 생고무에 가황제(加黃劑)를 섞어서 고무분자 사이에 가교구조

(架橋構造)를 생기게 하기 위하여 열과 압력을 가해 배합과정에 투입된 가황제를 반응시켜 고무 내의 황과 고무분자가 완전히 결합하여 안정된 고유 성질과 독특한 디자인을 얻게 하는 시설을 말한다. 가황제로 사용되는 약품은 고무의 종류에 따라 황, 셀레늄(Selenium), 텔레늄(Tellurium), Tetermethyl thriuran disulfide, 퀴니온 디옥심, 아연화, 마그네슘 등이 있다.

7. 분쇄(粉碎)시설(습식을 제외한다)
   금속제품 제조·가공 시설의 분쇄시설과 동일

8. 접착(接着)시설
   같은 종류나 서로 다른 종류의 두 고체(古體)를 접착제 등을 이용하여 서로 붙이는 시설을 말한다. 접착제로서는 자체의 응집력이나 접착면에서의 분자간(分子間) 힘이 강한 것이 요구되며, 따라서 분자 내에 극성기(極性基)를 가지거나 분산력(分散力)의 원인이 되는 공액이중결합(共軛二重結合)을 이루고 있는 것이 좋다. 천연산으로서 젤라틴, 아라비아고무 등이 있으며, 공업적으로 사용되는 것은 대부분 합성수지이거나 합성고무이다. 대표적인 것으로는 페놀수지, 에폭시수지, 비닐수지, 아크릴산수지 등이 있다.

9. 경화·압착(硬化·壓着) 시설
   재료를 단단히 굳게 하거나 레버, 나사, 수압 등을 이용하여 재료를 강압(强壓)시켜 일정한 모양의 형틀로 유지하기 위한 시설을 말한다. 일명 프레스라고도 한다. 특히 고무제품의 경우 열경화성 수지(熱硬化性樹脂)를 접착제로 사용하는 경우에는 반드시 열과 압력을 동시에 갖고 있는 프레스를 통과시켜 접착시킨다. 프레스에는 수동식과 동력식이 있으며, 수동식은 다시 핸드 프레스, 편심 프레스로 나눌 수 있고, 동력식은 유압식, 수압식, 기계 프레스로 나누어진다.

10. 연마(研磨)시설(습식을 제외한다)
    금속제품 제조·가공 시설의 연마시설과 동일

11. 증자(蒸煮)시설
    원료나 제품을 증기로 찌는 시설을 말한다.

12. 가열(加熱)시설(열매체(熱媒體) 가열을 포함한다)
    화합물 및 화학제품 제조시설의 가열시설과 동일

13. 도장(塗裝)시설
    금속제품 제조·가공 시설의 도장시설과 동일

14. 도금(鍍金)시설
    금속제품 제조·가공 시설의 도금시설과 동일

15. 건조시설
    금속제품 제조·가공 시설의 건조시설과 동일

제4절 석유정제품 및 석탄제품 제조시설

1. 가열(加熱)시설(열매체(熱媒體) 가열을 포함한다)
   화합물 및 화학제품 제조시설의 가열시설과 동일

2. 소성(燒成)시설
   화합물 및 화학제품 제조시설의 소성시설과 동일

3. 건조시설

　　화합물 및 화학제품 제조시설의 건조시설과 동일

4. 반응(反應)시설(분해(分解), 중합(重合), 축합(縮合), 산화(酸化), 환원(還元), 중화(中和), 합성(合成) 시설을 포함한다)

　　화합물 및 화학제품 제조시설의 반응시설과 동일

5. 혼합(混合)시설

　　화합물 및 화학제품 제조시설의 혼합시설과 동일

6. 흡수(吸收)시설

　　화합물 및 화학제품 제조시설의 흡수시설과 동일

7. 개질(改質)시설

　　접촉개질(接觸改質)이라고도 하며, 나프타의 옥탄가를 향상시키기 위하여 알루미나를 담체(擔體)로 하고, 백금, 산화몰리브덴, 산화크롬 등을 촉매(觸媒)로 하여 약 $500℃$, $10{\sim}50kg/cm^2$의 수소가압하(水素加壓下)에서 처리하여 탄화수소의 방향족화(芳香族化), 이성화(理性化), 탈황(脫黃) 등을 하게 하는 시설을 말한다. 원유의 상압과정(常壓過程)에서 생성된 나프타는 일차적으로 수소를 첨가시켜 탈황시키며, 탈황된 나프타는 수소와 혼합된 후 열교환기를 통해 반응온도 가까이로 가열되며 고정상(固定相)의 촉매반응기를 거치게 된다. 이들 반응기에서 파라핀과 나프텐은 방향족화합물을 포함한 보다 높은 옥탄가의 화합물을 만들기 위해 탈수소가 진행된다. 반응기 유출액은 열교환기를 통해 냉각되고 분리기·증류탑을 거쳐 옥탄가가 향상된 가솔린, 중질분, 방향족, 농축물 등으로 분리되어 제품화된다.

8. 회수(回收)시설(재생(再生)시설을 포함한다)

　　화합물 및 화학제품 제조시설의 회수시설과 동일

9. 탈황(脫黃)시설

　　석유정제시설에서 제품 또는 반제품 속에 함유된 황성분을 제거하기 위한 시설을 말한다. 원유는 정제과정에서 석유가스, 나프타, 등유, 유분(油分), 잔사유로 분리되며 이들 중간 제품에는 다량의 황성분, 질소분(窒素分)이 함유되어 있다. 이러한 황성분을 제거하기 위한 시설을 탈황시설이라 하며, 주로 수소를 첨가하여 H_2S 상태로 제거시키므로 수첨탈황(水添脫黃)이라고도 한다. 대표적인 것으로 나프타 수첨탈황, 잔사유 수첨탈황 등이 있다.

　　－ 나프타 수첨탈황은 증류과정으로부터 직접 공급되는 나프타에서 황과 질소를 제거하기 위하여 사용되며 황과 질소의 유기화합물들은 유화수소와 암모니아 상태로 제거된다. 운전온도는 $315{\sim}430℃$ 정도이며, 압력은 $2.1{\sim}6.1MPa$ 정도이다.

　　－ 잔사유 수첨탈황은 잔사유 속에 포함된 황과 질소 및 금속의 함량을 감소시키기 위해 사용된다.

10. 저장(貯藏)시설

　　제품 또는 원료, 반제품 상태의 원료, 부원료, 첨가제 등 제품제조에 필요한 각종 물질(반제품을 포함한다)을 저장하는 시설을 말한다. 원료나 제품을 일정 용기, 상자 또는 포대 등에 일차 포장한 후 저장하는 창고(倉庫) 등의 시설과 폐수처리장용으로만 사용되는 각종 약품의 저장시설(염산저장조는 제외한다), 사업장에서 직접 사용하는 각종 연료 및 윤활제(B-C유, 등유, 경유, 윤활유, 그리스 등)의 저장시설 등은 포함되지 아니한다. 대표적인 것으로 기타 화학제품의 원료가 되는 액체 또는 기체상의 유기(有機性)화합물질 등을 저장하는 저장탱크(Storage Tank)가 있다. 또 제품의 제조과정에 만들어진 중간 제품을 후속(後續)공정에 일정한 양이나 속도로 지속적으로 투입하기 위해 일시로 저장하는 중계 Tank(Run Tack, Run Drum), Storage Vessel 등이 있다. 저장탱크의 형태는 그 디자인에 따라 보통 고정지붕형(Fixed Roof), 외부유동지붕형(External floating Roof), 내부유동지붕형(Internal floating Roof), 가변(可變)형 Tank(Variable Vaper Space Tank), 압력형 Tank(Pressure Tank) 등이 있다. 또 외형에 따라 원추형(Cone Roof), 원형(Ball Tank) 등으로 구분하기도 한다.

11. 담금질 시설(코크스 제조시설에 한한다)

재료를 고온으로 가열한 후 급랭시켜 도중의 전이(轉移)를 막고, 고온에서 안전한 상태 또는 중간 상태를 실온으로 유지시키는 조작을 반복하는 시설을 말한다. 여기서는 코크스 제조시설의 퀜칭 타워(Quenching Tower)를 말한다. 석탄을 건류(乾溜)시켜 만든 코크스는 적열(赤熱)상태로 압출기에 의하여 노실(爐室)로부터 냉각차에 압출되어 Quenching Tower로 옮겨지고 여기에서 코크스는 냉각장치에 의해 냉각되어 제품화된다. 코크스의 냉각방법은 건식 냉각법과 습식 냉각법이 있다. 건식 냉각방법은 일산화탄소, 이산화탄소, 수소가 함유된 공기를 이용하여 코크스를 냉각하는 방법이며, 습식 냉각방법은 살수장치를 이용하여 코크스에 물을 뿌려 냉각시키는 방법으로 최근에는 암모니아 수용액(水溶液)이 담긴 스탠드 파이프(Stand Pipe)를 이용하여 건조하는 방법이 개발되고 있다.

12. 분쇄(粉碎)시설(습식을 제외한다)

금속제품 제조·가공 시설의 분쇄시설과 동일

13. 선별(選別)시설(습식을 제외한다)

금속제품 제조·가공 시설의 선별시설과 동일

14. 윤전시설(연탄제조시설에 한한다)

원통형의 판면(版面)과 압통을 서로 접촉회전시켜 제품을 제조하는 시설을 말하나, 여기서는 연탄의 규격과 같은 형태의 실린더 속에 무연석탄을 넣고 기계식 프레스를 이용하여 압착·회전시켜 연탄을 성형(成形)하는 제탄 윤전시설에 한하여 적용한다.

15. 연마(研磨)시설(습식을 제외한다)

금속제품 제조·가공 시설의 연마시설과 동일

16. 건류(乾溜)시설

재료를 공기와의 접촉을 끊은 상태에서 가열하여 목적성분을 가진 물질로 분해시키는 시설을 말한다. 대표적인 것으로 석탄건류시설이 있다. 이것은 석탄을 건류하여 코크스, 콜타르, 석탄가스 등을 얻기 위한 시설로서 건류방식은 가열온도에 따라 저온건류(500~700℃), 중온건류(700~900℃), 고온건류(1,000~1,200℃)로 나누며, 또 가열방식에 따라 석탄층 중에 가열가스를 통과시키는 내열식(內熱式)과 용기의 외부에서 가열하는 외열식(外熱式)으로 나누기도 한다. 내열식은 주로 저온건류와 중온건류에 많이 쓰이는 방식이며, 저온건류는 석탄의 불안정 부분이 열분해(熱分解)를 받아 저온건류가스, 저온타르와 반성(半成) 코크스가 얻어진다. 고온건류에서는 석탄은 탄소분만 남기고 거의 분해되므로 방향족탄화수소(芳香族

炭化水素), 복소환식 화합물(複素環式化合物), 페놀류 등 저온타르보다 안정한 성분이 많다. 고온건류방식은 제철용 코크스 생산을 목적으로 하는 경우에 많이 사용된다.

제5절 비금속광물제품 제조시설

1. 소성(燒性)시설
   화합물 및 화학제품 제조시설의 소성시설과 동일
2. 냉각(冷却)시설
   공기, 물, 기타 냉각제 등을 이용하여 제품에 함유된 열(熱)을 뺏어 차게 하는 시설을 말한다. 대표적인 것으로 유리제품의 서랭로와 시멘트 제품의 쿨러(Cooler) 등이 있다. 서랭로는 유리 속의 기계적 성질을 개선하고 물리적인 제성질(諸性質)을 안정화 또는 균일화하게 하는 것이 목적이며, 유리를 그 성분에 따라 정해진 고온의 일정한 온도범위에 놓고 적당한 시간을 유지시킨 다음 비교적 완만하게 냉각시키는 시설을 말한다. 시멘트 제조공정의 쿨러는 소성로(Rotary Kiln)에서 소성된 크랭커의 더스팅(Dusting)을 방지하고 요구하는 성분의 조성을 액상(液相) 속에 남겨서 순결성(純潔性)을 경감하거나 혹은 결정성(結晶性) 산화마그네슘의 생성을 극력 방지하여 후에 일어날 수 있는 크랭커의 악성 팽창을 미연에 방지하는 등 시멘트 품질을 안정시키거나 크랭커가 지니고 있는 고열(高熱)을 회수하기 위하여 또는 시멘트만의 분쇄효율을 높이기 위하여 사용된다.
3. 혼합(混合)시설
   금속제품 제조·가공 시설의 혼합시설과 동일
4. 분쇄(粉碎)시설(습식을 제외한다)
   금속제품 제조·가공 시설의 분쇄시설과 동일
5. 선별(選別)시설(습식을 제외한다)
   금속제품 제조·가공 시설의 선별시설과 동일
6. 계량(計量)시설(습식을 제외한다)
   제품을 구성하는 각종 원료 또는 부원료를 그 조성 비율(造成比率)에 따라 배합하기 전·후(煎·後)에 평량기 등을 이용하여 그 무게를 다는 시설을 말한다. 계량방식에 따라 개별(個別)계량식, 누계(累計)계량식이 있다.
7. 저장시설(사일로에 한한다)
   원료 또는 제품을 본체(本體) 상태로 저장하기 위한 높은 직립원상(直立圓相) 또는 각통형(角筒形) 저장조로서 콘크리트제 또는 철판제가 있다. 레미콘 공장에는 일반적으로 철판제 사일로가 많고, 대형 시멘트 사일로에는 콘크리트 사일로가 있다. 탑정부(塔頂部)에서 저장품을 넣고 사일로 하부에서 빼내는 구조로 되어 있다.
8. 용융·용해(鎔融·鎔解) 시설
   화합물 및 화학제품 제조시설의 용융·용해 시설과 동일
9. 산처리(酸處理)시설(부식(腐植)시설을 포함한다)
   황산·불산(弗酸) 등 각종 산성물질을 이용하여 유리 등의 비금속광물을 절단하거나 광택을 내게 하는 등 화학적 처리를 하는 시설을 말한다. 대표적인 것으로 유리부식시설이 있다. 이 것은 유리면에 무늬를 넣기 위해 불산 등을 이용하여 부식가공하는 시설이며, 그 가공방법에 따라 깊은 부식과 얕은 부식이 있다. 그 외에 유리의 커트면을 기계로 다듬어 완제품으로 만드는 기계적 연마방법 대신에 불산과 황산의 혼합액에 유리를 담구어 커트면을 가공하는 산닦기(Acid Polishing) 시설이 있다.

10. 포장(包裝)시설

조립자 상태 또는 분체(粉體)·분말(粉末)이나 액체 상태의 제품을 일정한 부피나 무게, 양(量)으로 계량(計量)한 후 병, 드럼, 통 등의 용기에 담거나 베, 종이, 비닐 등의 포대(布袋)에 투입하여 봉(封)하는 시설을 말한다. 단순히 겉표지를 싸거나 포대에 담겨져 봉(封)한 후 운반용 Box 등을 이용하여 2차 포장하는 경우의 시설은 해당되지 아니한다. 대부분이 자동화 설비로 이루어져 있으며, 일반적으로 재료 투입부와 계량부 그리고 토출부(吐出部)의 3단계로 이루어져 있다. 재료 투입은 스크루컨베어벨트나 공기이송장치 등에 의해 이루어진다.

11. 권취시설(석면·암면 제조시설에 한한다)

섬유제조시설의 방적(紡績)공정이나 방사(紡絲)공정에서 실을 제직(製織) 준비공정에 거는 최초의 기계로서 실을 적당한 모양으로 되감는 시설을 말하나, 여기서는 주로 암면 및 석면 제품 제조에 사용되는 시설에 한하여 적용한다.

12. 성형(成形)시설(습식을 제외한다)

재료를 일정한 크기나 규격, 단면 형상(斷面形象)을 가진 금형(金型)이나 형판(型板)에 넣고 힘이나 압력을 가하여 요구하는 형태의 제품으로 만들어내는 시설을 말한다. 성형방법은 고무, 플라스틱 및 산업용 화학 등에서는 크게 사출(射出)과 압출(壓出)로 나누어 다루나 비금속광물의 경우 수공(手空)성형과 기계적 성형으로 나눈다. 또 기계적 성형은 연토(練土)성형, 자동성형, 주입(鑄入)성형, 프레스성형 등으로 구별되며, 대부분의 도자기 공장에서는 분말 프레스, 러버 프레스, 진동 프레스, 충격 프레스, 핫 프레스 등 프레스 성형을 사용하며 일부에서는 교체주입성형, 연토압출성형(練土壓出成形), 수지배합의 사출(射出) 및 압출(壓出) 성형방법 등을 이용하는 곳도 있다. 한편 유리제조공업에서 쓰이는 수공성형방법에는 구취법(口吹法), 압형법(壓型法) 등이 있으며, 구취법은 다시 형취법(Mold-Blowing), 공중취법(Blowing Process) 등으로 구분되나 이들 수공성형방법은 배출시설에 해당되지 아니한다.

13. 연마(研磨)시설(습식을 제외한다)

금속제품 제조·가공 시설의 연마시설과 동일

14. 압착(壓着)시설

레버, 나사, 수압 등을 이용하여 금형(金型) 등에 재료를 강압(强壓)하여 일정한 형태나 모양으로 성형하는 기기를 총칭하여 말하나 여기서는 성형시설을 제외한 일반적인 압착시설, 즉 재료와 원료의 접착성(接着性)을 높이고 잘 굳게 하거나 재료입자간의 밀도(密度)를 높여 재료 속의 공극을 최대한 축소시키는 단순압착시설(Presser)을 말한다. 크게 수동식과 동력식으로 구분되며, 수동식은 핸드 프레스, 편심 프레스 등이 있고, 동력식에는 수압식, 유압식, 기계식 프레스 등이 있다.

15. 탈판(脫板)시설(석면 및 암면제품 제조·가공 시설에 한한다)

금형(金型)이나 형틀에 압착된 재료를 금형이나 형틀로부터 떼어내는 시설을 말한다. 대표적인 것으로 석면 및 암면제품 제조시설의 탈판·분리 시설이 있다.

16. 방사 · 집면(紡絲 · 集綿) 시설

합성섬유나 화학섬유를 제조할 때 방사액(紡絲液)을 다수의 극소 구멍이 있는 방사 베이스에서 압력을 가하여 밀어내어 실을 제조하는 시설을 말하나, 여기서는 주로 석면(石綿) 및 암면(巖綿) 제조 시 제직공정(製織工程)에 사용되는 각종 기계를 총칭하여 말한다. 크게 나누어 습식 방사기, 건식 방사기, 용융 방사기가 있다. 습식 방사기는 방사할 때 비스코스레이온과 같이 방사액을 베이스에서 응고욕(산욕) 중에 토출시켜 고체의 고분자(高分子) 섬유를 제조하는 방식의 기계로서 비닐론 등도 이 방식으로 제조된다. 건식 방사기는 섬유의 원료가 되는 고분자 재료, 예를 들면 펄프 등과 같은 물질을 적당한 용매(溶媒)에 녹여 방사쇠에서 기체 중에 토출(吐出)시키면 이 용매가 증발하여 고분자의 섬유가 제조되는 시설을 말한다. 용융 방사기는 합성섬유의 대부분을 차지하는 방사시설로서 이것은 합성된 원료의 폴리머(Polymer)를 가열 용융하여 노즐에서 밀어내고 이를 냉각하여 고체(古體)로 한 다음 그것을 늘여서 목적으로 하는 실을 만드는 기계이다. 석면(石綿) 및 암면(巖綿) 제조 시 대부분이 용융방사방법을 채택하고 있으며, 이것은 원심력을 이용한 스피너 휠(Spinner Wheel)을 고속으로 회전시키면서 석면 또는 암면의 용융물(원료)을 낙하시키면 용융물은 스피너 휠의 회전에 의해 생기는 공기(空氣)에 의해 대기(大氣) 중으로 부상하게 된다. 이때 스피너 휠의 주위에 설치된 미세한 노즐을 통해 섬유간의 접착을 위한 접착제로서 페놀수지 및 착색제 등을 동시에 분사시키는데 이러한 시설 등을 총칭하여 말한다. 집면시설은 하부에 설치된 팬(Fan)을 사용하여 공기를 흡인(吸引)시키면서 그 흡인력(吸引力)에 의해 대기 중에 부상하고 있는 석면 또는 암면을 하부의 바닥으로 모으는 시설을 말한다.

17. 절단(切斷)시설(석면 및 암면제품 제조 · 가공 시설에 한한다)

석면 및 암면제품을 제품특성에 맞게끔 일정한 형태나 규격으로 자르는 시설을 말한다.

18. 도장(塗裝)시설

금속의 제품 제조 · 가공 시설의 도장시설과 동일

19. 건조(乾燥)시설

금속의 제품 제조 · 가공 시설의 건조시설과 동일

제6절 가죽 · 모피 가공 및 모피제품 제조시설

1. 연마(硏磨)시설(습식을 제외한다)

연삭숫돌을 고속회전시켜 재료를 절삭(切削) 혹은 가공하는 시설과 연마재(硏磨材)의 절삭능력이 작은 재료를 사용하거나 연마재(硏磨材)를 사용하지 않고 표면청정만을 목적으로 사용하는 시설을 말한다. 일반적으로 연마시설에는 절삭 · 연마 시설을 포함한다. 여기서는 이른바 연마재를 사용하여 그 절삭작용으로서 표면층을 절삭해내는 시설을 말하며, 대표적인 것으로 셰이빙(Shaving) 시설이 있다. 이것은 가죽의 육면(肉面) 부위를 연마재를 이용하여 깎은 다음 원하는 두께로 조절하는 시설을 말한다. 연마는 크게 나누어 기계적 연마와 습식 연마로 대별되며, 기계적 연마에는 건식 분사 연마방법, 습식 분사 연마방법, 공구회전 연마방법, 배럴 연마방법, 아브레시브벨트 연마방법, 고압매체 연마방법, 점성유체(黏性流體)의 가공연마방법 등이 있고, 습식 연마에는 전해연마, 화학연마, 전해가공 등의 방법이 있다. 습식 분사나 기타 수용액 속에서 이루어지는 연마시설과 수분 함량이 15% 이상인 원료를 사용하여 연마하는 경우에는 배출시설에서 제외된다.

2. 저장(貯藏)시설

화합물 및 화학제품 제조시설의 저장시설과 동일

3. 도장(塗裝)시설

금속제품 제조·가공 시설의 도장시설과 동일

4. 건조(乾燥)시설

금속제품 제조·가공 시설의 건조시설과 동일

5. 석회석 시설

소석회를 사용하여 탈모(脫毛), 표피, 각질(角質)을 분해하고 단백질 조직을 분리하여 팽윤(澎潤)효과를 얻기 위한 공정이다. 소석회 외에 수황화(水黃化)소다($NaHS$), 황화나트륨(Na_2S)이 주로 사용되며 약간의 계면활성제가 추가로 사용된다.

제7절 제재 및 목재 가공시설

1. 연마(研磨)시설(목재 가공용을 포함한다)

용융알루미나, 탄화규소, 석류석, 에머리, 규석 등의 연마재가 부착된 연마포지(研磨布紙)를 사용하거나 연마재의 절삭작용에 의해 목재의 표면을 깨끗하게 완성시키는 시설을 말한다. 전기대패, 루터기, 면타기 등의 시설도 여기에 포함된다. 대표적인 것으로 벨트샌더, 드럼샌더, 와이드 벨트샌더 등이 있다. 벨트샌더는 윤상(輪狀)의 연마포지를 2~4개의 벨트차(車)에 부착시켜 목재의 표면을 연삭하는 기계를 말하며 횡형과 종형이 있고, 드럼샌더는 원통의 외주면(外周面)에 연삭지를 감고 이것을 고속회전시켜 가공재를 연삭시키는 시설을 말하며, 와이드 벨트샌더는 상하 2개의 드럼에 상하가 없는 연마포지를 감고 이것을 회전시켜 연삭하는 것을 말한다.

2. 제재(製材)시설

목재를 일정한 규격이나 형태로 절단하는 시설을 말한다. 톱날의 모양에 따라 세로톱, 가로톱, 양날톱 등 여러 종류가 있으며, 여기서는 톱을 장착(裝着)하여 목재를 자르는 동력 구동식(動力驅動式)을 말한다. 크게 나누어 띠톱, 둥근톱, 왕복톱 등이 있으며, 띠톱은 프레임에 부착된 상·하 또는 좌·우 2개의 톱니바퀴에 상·하가 없는 띠톱을 걸고 한쪽 톱니바퀴를 구동(驅動)시켜 주로 목재의 가로켜기, 세로켜기 등의 가공을 하는 시설이며, 둥근톱은 원형판에 톱날이 있어 여러 가지 공작물을 절삭(切削)하는 시설이며, 왕복톱은 왕복운동을 하는 곧은 날의 간톱으로 목재를 절삭하는 시설을 말한다.

3. 접착제 혼합(接着劑混合)시설

주로 합판 제조에 쓰이는 요소(要素)수지나 멜라민 등의 합성수지에 증량제(增量劑), 경화제(硬化劑)를 배합하는 시설을 말한다. 접착제의 배합 시에는 상부가 개방된 원통형의 시설에 합성된 수지를 넣고, 증량제로서 소맥분과 왕겨를 넣으며, 경화제로 소량의 염화암모늄을 첨가하는 것이 보통이다. 특히 합판(合板)의 접착제로 사용되는 수지의 합성에 포르말린이 많이 사용되는데 이러한 포르말린 제조시설이 사업장 내에 있는 경우에는 산업용 화학제품시설로 허가를 득하여야 한다. 포르말린의 제조는 보통 메탄올 과잉법, ICI법, 과잉공기법 등이 있으며, 국내 합판공장에서는 주로 메탄올 과잉법으로 생산하고 있다. 또 일부 공장에서는 접착제로 사용되는 요소수지나 멜라민수지, 페놀수지 등을 직접 제조하는 경우도 있는데 이러한 시설들도 화합물 및 화학제품 제조시설로 허가를 득하여야 한다.

4. 도포(塗布)시설

조제된 접착제를 재단된 합판이나 목재 등에 바르는 시설을 말한다. 크게 분류하여 도장시설에 포함되기도 하나, 여기서는 단순히 접착시키기 위해 접착제를 바르는 시설에 한정(限定)되며, 페인트, 니스 등 도료를 사용하여 물질을 공기, 물, 약품 등으로부터 보호하기 위하여 차단하거나 또는 전기절연, 장식 등을 위해 캘린더, 압출, 침지, 분무 등의 가공법을 이용하여 물체 표면을 피막으로 쌓는 시설은 도장시설로 분류한다.

5. 도장(塗裝)시설

금속제품 제조·가공 시설의 도장시설과 동일

6. 건조(乾燥)시설

금속제품 제조·가공 시설의 건조시설과 동일

7. 압착(壓着)시설

레버, 나사, 수압 등을 이용하여 금형(金型) 등에 재료를 강압(强壓)하여 일정한 형태나 모양으로 성형하는 기기를 총칭하여 말하나 여기서는 성형시설을 제외한 일반적인 압착시설, 즉 재료와 원료의 접착성(接着性)을 높이고 잘 굳게 하거나 재료입자간의 밀도(密度)를 높여 재료 속의 공극을 최대한 축소시키는 단순압착시설(Presser)을 말한다. 크게 수동식과 동력식으로 구분되며, 수동식은 핸드 프레스, 편심 프레스 등이 있고, 동력식에는 수압식, 유압식, 기계식 프레스 등이 있다. 여기서는 중간 제품인 가접착(假接着)된 합판을 열경화(熱硬化)시키는 시설로서 가온(加溫)된 상태에서 프레스로 압력을 가하여 합판을 접착시키는 시설을 포함하여 말한다. 이때 열판의 온도는 120℃ 정도이고, 1회 접착시간은 합판의 두께에 따라 다르나 두께 4mm 정도의 합판의 경우 약 2분 정도 소요된다.

8. 분쇄(粉碎)시설(습식을 제외한다)

원료인 고체를 쉽게 가공처리할 수 있게 하기 위하여 고체분자간의 결합력을 끊어주는 조작을 하는 시설을 말한다. 분쇄시설은 크게 분류하여 파쇄기(Crusher), 분말기(Grinder), 초미분말기(Ultrafinegrinder) 등으로 분류되며, 분쇄물의 입경(粒經)에 따라 파쇄기는 다시 조쇄기, 미쇄기로 구분되고, 분말기는 중간 분쇄기, 미분말기 등으로 분류된다. 또 분쇄는 분쇄물의 경도(經度)에 따라 고경도물 분쇄, 중간 경도물 분쇄, 연성 분쇄로 나누어질 수도 있다. 고경도물 분쇄는 시멘트 클링커, 화산암, 슬래그의 분쇄에 사용되며, 연성 분쇄는 갈탄, 암염, 곡물 등 미세한 분쇄에 사용된다. 분쇄물에 함유된 수분은 분쇄에 중요한 영향을 미치게 되는데, 특히 분쇄물의 압축강도에만 영향을 주는 것이 아니라 분쇄물의 점결성(粘結成)과 유동성(流動性)에도 영향을 주므로 수분 함량에 따라 습식 분쇄 또는 건식 분쇄 방법이 선택된다. 여기서 습식 분쇄시설이라 함은 분쇄물의 수분 함량이 15% 이상인 경우와 당해 작업을 수용액 중에서 행하는 경우의 시설을 포함하여 말한다. 여기서는 목재를 일정한 수평 원통형(水平圓筒形)의 구조물 속에 넣고 위에서 힘으로 눌러 카타비라 등을 이용하여 마쇄(磨碎)시키는 쇄목(碎木)시설도 포함된다.

제8절 펄프, 종이 및 종이제품 제조시설

1. 증해(蒸解)시설

어떤 용액 속의 내용물을 증기나 압력, 열 등을 이용하여 찌면서 소화(消化)시켜 요구하는 성질만을 뽑아내는 시설을 말한다. 여기서는 펄프 제조를 위해 목재칩(木材)과 톱밥을 가성소다와 아황산나트륨으로 이루어진 혼합액 속에 넣고 목재 속의 섬유질을 연결하고 있는 리그린을 분해(分解)시키는 시설을 말한다. 증해는 일반적으로 온도 177℃, 압력 7.5kg/cm²에서 이루어지며 공정에 따라 회분식(回分式)과 연속식(連續式)이 있다.

2. 분쇄(粉碎)시설(습식을 제외한다)

금속제품 제조·가공 시설의 분쇄시설과 동일

3. 표백(漂白)시설

어떤 물질 속에 포함된 유색물질(有色物質)을 화학적으로 제거하여 그 물체를 상하게 하지 않고 될 수 있는대로 순백(純白)으로 만드는 시설을 말한다. 산화반응과 환원반응이 이용되며, 산화반응에는 과산화수소, 표백분, 하이포아염소산나트륨, 아염소산나트륨 등이 쓰이고, 환원반응에는 아황산, 하이드로설파이드 등이 쓰인다. 여기서는 세척이 끝난 펄프를 염소 또는 과산화염소를 이용하여 표백하면서 펄프 속에 잔존(殘存)하는 리그닌을 추출하기 위한 시설을 말한다.

4. 석회로(石灰爐)시설

탈산칼슘을 소성(燒成)시켜 산화칼슘(석회)을 생산하는 시설을 말한다. 펄프 제조 시 사용된 백액(白液)은 목재 속의 리그닌 등 불순물(不純物)과 혼합된 폐흑액(廢黑液) 상태로 배출되고, 이 폐흑액은 다시 산화·증발 등의 과정을 거쳐 녹액(綠液)을 형성하게 된다. 이 녹액은 다시 가성조(苛性槽)로 운반되고 여기서 소석회로 처리과정에서 생성된 탄산칼슘은 진흙상태로 침전(沈澱)되며, 이것으로부터 석회를 만들기 위해 소성시키는 시설을 석회로시설이라 한다. 일반적으로 소성로(Kiln) 형태로 되어 있으며, 최근에는 입자(粒子)를 조절하기 위해 벤투리 세정기를 이용하는 새로운 유동층(流動層) 석회로가 계획되고 있기도 하다.

5. 회수(回收)시설(회수로(回收爐)를 포함한다)

액체상의 용질(溶質) 중에서 필요로 하는 물질을 다시 거두어 들이는 시설을 말하며, 사용된 촉매(觸媒)나 용매 중의 불순물을 제거하여 원래 상태로 재생(再生)시키는 시설도 포함된다. 여기서는 펄프 제조 시 사용되는 백액(白液)을 회수하기 위한 회수로를 말한다. 이것은 농축된 폐흑액(廢黑液)을 연소시켜 그 열을 공정에 이용함과 동시에 증해(蒸解)약품을 회수하고 황유기물(黃有機物)을 처리하는 역할을 하기도 한다. 연소 생성물은 수산화나트륨, 황화나트륨, 기타 무기 조성물(無機組成物)로 구성되며 노(爐)의 하부 환원영역에서의 용융상태 혹은 용련(溶練 : Smelt)상태로 배출된다. 이것들은 다시 백액 등의 원료로 사용된다.

6. 반응(反應)시설(분해(分解), 중합(重合), 축합(縮合), 산화(酸化), 환원(還元), 중화(中和), 합성(合成) 시설을 포함한다)

화합물 및 화학제품 제조시설의 반응시설과 동일

7. 농축(濃縮)시설

화합물 및 화학제품 제조시설의 농축시설과 동일

8. 건조(乾燥)시설
  금속제품 제조·가공 시설의 건조시설과 동일

제9절 담배제조시설

1. 습점(濕粘)시설〈대기환경보전법상 삭제 시설〉
  원료 및 제품(잎담배)에 적당한 온도, 습도를 유지하기 위하여 증기, 물 등을 뿌려 부드럽게
  해주는 시설을 말한다.
2. 건조(乾燥)시설
  금속제품 제조·가공 시설의 건조시설과 동일
3. 침향시설〈대기환경보전법상 삭제 시설〉
  잎담배의 맛을 보완하기 위해 향로탱크에 담구어 함수율을 높이는 시설을 말한다.
4. 순환식 조화시설
  잎담배의 습온 유지를 위해 증기와 물을 연속적으로 균일하게 뿌리면서 찌는 시설을 말한다.
5. 권취시설〈대기환경보전법상 삭제 시설〉
  권취시설이란 섬유제조시설의 방적(紡績)공정이나 방사(紡絲)공정에서 실을 제직(製織) 준비
  공정에 거는 최초의 기계로서 실을 적당한 모양으로 되감는 시설을 말하나, 여기서는 주로 담
  배제품 제조에 사용되는 시설에 한하여 적용한다.
6. 포장시설
  조립자(組立子) 상태 또는 분체(粉體), 분말(粉末)이나 액체 상태에 제품을 일정한 부피나 무
  게, 양(量)으로 계량(計量)한 후 병, 드럼, 통 등의 용기에 담거나 베, 종이, 비닐 등의 포대
  (包袋)에 투입하여 봉(封)하는 시설을 말한다. 단순히 겉표지를 싸거나 용기나 포대에 담겨져
  봉(封)한 후 운반용 Box 등을 이용하여 2차 포장하는 경우의 시설은 해당되지 아니한다. 대
  부분이 자동화설비로 이루어져 있으며, 일반적으로 재료 투입부와 계량부 그리고 토출부(吐
  出部)의 3단계로 이루어져 있다. 재료 투입은 스크루컨베어벨트나 공기이송장치 등에 의해
  이루어진다.
7. 권련시설〈대기환경보전법상 삭제 시설〉
  잎담배를 일정한 규모나 규격으로 잘라 담배 형태의 모양으로 마는 시설을 말한다.

제10절 음·식료품 제조시설, 단백질 및 배합사료 제조시설

1. 발효(醱酵)시설〈대기환경보전법상 삭제 시설〉
  미생물에 의한 당질(糖質)의 혐기적 분해(嫌氣的分解), 즉 분자(分子) 모양의 산소(酸素)의
  관여없이 분해가 이루어지도록 하는 시설을 말한다. 발효는 생산물(生産物)에 의해 알코올발
  효, 젖산발효, 낙산발효, 부탄올발효, 메탄발효 등으로 구분되며, 출발물(出發物)에 의한 펜
  토오스 발효 등도 있다. 한편, 분자상의 산소가 관여하는 유기물의 다른 산화과정을 호기적
  (好氣的) 발효라 부르는 일도 있으나, 이것은 유기물의 완전산화가 이루어지지 않을 뿐더러
  오히려 호흡의 불완전한 형식으로 간주되기도 한다. 당이나 에탄올에서 아세트산을 만드는 아
  세트산 발효, 쿠루코오스에서의 글루콘산 발효 등은 이에 속한다.

2. 증류(蒸溜)시설〈대기환경보전법상 삭제 시설〉

용액을 부분(部分) 증발시켜 증기를 회수해서 잔유액(殘溜液)과 나눔으로써 분리하는 것을 말한다. 휘발성의 성분은 용액보다 증기 중에서 증가하며, 비휘발성의 성분은 용액 중에서 증가한다. 증류는 조작압력에 따라 고압증류, 저압증류, 진공증류, 분자(分子)증류로 분류되며, 목적에 따라 단(單)증류, 평행증류, 수증기증류, 공비(共沸)증류, 추출증류로 분류되고, 조작방법에 따라서는 연속증류 또는 회분식 증류로 구분된다.

3. 분쇄(粉碎)시설(습식을 제외한다)

금속제품 제조·가공 시설의 분쇄시설과 동일

4. 도정(搗精)시설

현미(玄米)를 찧거나 쓿어서 등겨를 내여 희고 깨끗하게 만드는 시설을 말하나, 두 개의 롤러(Roller) 사이의 마찰에 의하여 곡물의 껍질을 벗겨내는 시설을 총칭하여 말한다. 보통 2개 이상의 시설이 연속되어 설치되고 하나의 전동기(電動機)에 의하여 개개의 시설을 벨트(Belt)로 연결 가동할 수 있으며, 개개의 시설마다 독립된 전동기를 설치하여 가동할 수 있다. 정맥기(精麥機), 정미기(精米機), 압맥기(壓麥機) 등도 여기에 포함된다.

5. 혼합(混合)시설

화합물 및 화학제품 제조시설의 혼합시설과 동일

6. 계량(計量)시설

제품을 구성하는 각종 원료 또는 부원료를 그 조성 비율(造成比率)에 따라 배합하기 전·후(前·後)에 평량기 등을 이용하여 그 무게를 다는 시설을 말한다. 계량방식에 따라 개별(個別)계량식, 누계(累計)계량식이 있다.

7. 산·알칼리 처리시설

화합물 및 화학제품 제조시설의 산·알칼리 처리시설과 동일

8. 제분(製粉)시설

곡물을 분쇄하여 가루로 만드는 시설을 말한다. 대부분 롤(Roll)이 부착(附着)되어 있으며, 롤은 금속, 고무, 비닐 등으로 되어 있다. 롤식(式) 이외에 충격식(衝擊式)이 있으나 비능률적이어서 최근에는 거의 사용하지 않고 있다. 종류로는 멧돌형, 원추철(圓錐鐵) 절구형, 롤형, 충격형(볼밀, 해머밀) 등이 있다.

9. 선별(選別)시설(습식을 제외한다)

금속제품 제조·가공 시설의 선별시설과 동일

10. 추출시설

용매추출이라고도 한다. 용매를 이용하여 고체 또는 액체시료 중에서 성분물질(때로는 2종 이상)을 용해시켜 분리하는 것을 말하며, 특정한 물질을 추출하기 위해 용매의 종류를 선택하고 시료가 액체인 경우에는 그 조성을 조절한다. 단순히 목적물질을 용해시켜 추출하는 방법 이외에 적당한 화학반응을 일으켜 추출하기 쉬운 물질로 바꾼 후 추출하는 경우도 있다. 사용하는 용매는 물, 알코올, 에테르, 석유에테르, 벤젠, 아세트에틸, 클로로포름 등으로서 비등점이 별로 높지 않은 것을 주로 한다.

11. 농축(濃縮)시설

화합물 및 화학제품 제조시설의 농축시설과 동일

12. 증자(蒸煮)시설(훈증(熏蒸)시설을 포함한다)〈대기환경보전법상 삭제 시설〉

    증자란 원료 및 제품을 증기로 찌는 시설을 말하며, 훈증은 고온(高溫)의 연기 등을 이용하여 제품을 그을리면서 찌는 시설을 말한다.

13. 자숙(煮熟)시설〈대기환경보전법상 삭제 시설〉

    원료 및 제품을 물 또는 기름에 담구어 삶거나 튀기는 시설을 말한다.

14. 포장(包裝)시설

    화합물 및 화학제품 제조시설의 포장시설과 동일

15. 저장시설(사일로에 한한다)

    원료 또는 제품을 분체(粉體)상태로 저장하기 위한 높은 직립원상(直立圓相) 또는 각통형(角筒形) 저장조로서 콘크리트제 또는 철판제가 있다. 레미콘 공장에서는 일반적으로 철판제 사일로가 많고, 대형 시멘트 사일로에는 콘크리트제 사일로가 있다. 탑정부(塔頂部)에서 저장품을 넣고 사일로 하부에서 빼내는 구조로 되어 있다.

16. 건조(乾燥)시설

    금속제품 제조·가공 시설의 건조시설과 동일

제11절 섬유제품 제조시설

1. 선별(選別)(혼타(混打))시설

   면 등의 천연섬유, 나일론 등의 합성섬유, 인조섬유 등을 원래의 상태에서 조면(繰綿)상태로 만들기 위해 부풀리거나 불순물을 없앤 후 실을 뺄 수 있게 만드는 시설을 말한다. 대표적인 것으로 개면기(開綿機), 타면기(打綿機), 소면기(搔綿機) 등이 있다. 개면기는 원면(原綿)의 덩어리를 급속 회전하고 있는 철제의 굵은 빔(Beam)에 장착(裝着)된 롤러 또는 피타를 때려서 서로 섞는 기계를 말한다. 타면기는 개면기에서 나온 면을 풀어헤쳐 작은 덩어리를 더 잘 풀리게 하거나 혼재하고 있는 협잡물(挾雜物), 단섬유(短纖維) 및 파편 등을 떨어뜨려 면을 청결하게 하는 기계이다. 타면기에서 처리된 면(綿)에는 또 다른 작은 면(綿) 덩어리나 얽힌 섬유 등이 남아있고, 또 개개의 섬유는 거의가 단섬유(短纖維) 형태로 되어 있다. 소면기는 이러한 것을 한층 더 풀어지게 함과 동시에 섬유를 길게 하는 한편 남아있는 비교적 짧은 섬유를 제거하고 개개의 섬유를 뿔뿔이 풀어 긴 상태로 만드는 기계이다.

2. 다림질(텐터)시설

   직조(織造)된 천에 종류별(種類別)로 유연제, 탈수제, 대전방지제(帶電防止劑) 등의 약품을 사용하여 가공한 후 원단의 천을 부드럽게 하거나 색상이나 광택을 내게 하고 원단의 규격을 고정(固定)시켜 반반하게 펴말리거나 다림질하는 시설을 말하며, 실리콘수지, 방수용 수지를 이용하는 시설은 배출시설에서 제외한다. LPG, 경유 등을 사용하여 직접 재양하는 시설이 대부분이나 보일러 등 열공급시설에서 생산된 증기를 이용하여 간접 재양하는 시설도 있다.

3. 모소시설(모직물에 한한다)

   소모 또는 털태우기 시설이라 하며, 실 또는 직물 표면의 잔털을 태워 직물의 표면을 평활하게 하고 조직을 선명하게 하기 위하여 행하는 공정을 말하며, 열판법, 가스법, 전열법 등이 이용된다. 열판을 이용하는 방법은 가스털 태우기에 비해 불편하고 요철이 큰 조직에는 부적당하며, 가스를 이용하는 방법은 잔털까지 태워 직물이 얇아지는 느낌을 주며, 전열법은 니크 롬선에 직물을 접촉시켜 잔털을 태우므로 비교적 편리하다.

4. 기모(식모)시설

직물 또는 평성물의 조직 표면으로부터 섬유를 긁어내어 표면에 잔털(Nap)을 내게 하는 기계 로서, 건조 기모와 습윤 기모가 있다. 습윤 기모는 건조 기모에 비하여 기모효과가 좋고 영구 적이며, 가공은 사 스테이플 파이퍼 중의 플래널류, 레이온 직물 중의 벨벳류, 방모직물 등에 행한다.

제12절 공통시설

1. 화력발전(火力發電)시설

석탄, 유류 등을 연소시켜 발생된 열(熱)로 물을 끓이고 이때 발생된 증기를 압축시켜 터빈을 돌려 전기를 생산하는 시설을 말한다. 터빈(Turbine)이라 함은 유체(流體)를 동익(動翼)에 부 딪치게 하여 그 운동에너지를 회전운동(回轉運動)으로 바꾸어 동력을 얻게 하는 회전식 원동 기를 말한다. 수력터빈, 증기터빈, 가스터빈 등이 있다. 여기서는 주로 증기터빈을 말한다.

2. 열병합발전(熱倂合發電)시설

압축증기터빈을 이용하는 화력발전소는 보통 연료의 에너지 함량의 35% 정도만 전력화(電力 化)되며, 나머지 65%는 냉각·낭비되는데 이러한 냉각·낭비되는 에너지를 모아 별도의 시 스템(System)을 통해 공정(工程)에 재이용하거나 발전소 인근 지역의 난방 등에 사용될 수 있는 시스템으로 설계된 발전소를 말한다.

3. 발전용 내연기관(發電用內燃機關)(도서(島嶼) 지방용, 비상용 및 수송용은 제외한다)

실린더 내에서 공기와 혼합된 연료를 폭발적으로 연소(燃燒)시켜 피스톤의 왕복운동(往復運 動)에 의해 전기(電氣)를 생산하는 시설을 말한다. 이때 실린더(Cylinder)라 함은 유체(流體) 를 밀폐한 원통형의 용기로서 피스톤링, 피스톤, 연접봉, 크랭크, 점화 플러그, 흡·배기밸브 등으로 구성되어 있으며, 이러한 실린더를 여러 개 함께 묶어 하나의 몸으로 만든 것을 실린 더 블록이라 한다.

- 도서 지방용 : 섬, 산간벽지 등 전기의 공급(供給)이 불가능한 지역에서 자체적으로 설치 되어 운영되는 내연용 발전시설을 말한다.
- 비상용 : 외부로부터 전기의 공급(供給)이 중단된 경우에 한하여 자체 사업용으로 가동하 는 발전시설을 말한다.
- 수송용 : 기차, 선박 등 수송차량 등에서 자체 소비를 목적으로 전기를 생산하거나 트레일 러 등에 발전시설이 설치되어 장소를 이동하면서 전기를 생산하는 시설을 말한다.

4. 일반(一般) 보일러(이동식 시설(등유·경유·휘발유·납사), 가스류만을 연료로 사용하는 시 설은 제외한다)

연료의 연소열을 물에 전달하여 증기(蒸氣)를 발생시키는 시설을 말한다. 크게 나누어 물 및 증기를 넣는 철제용기(보일러 본체)와 연료의 연소장치 및 연소실(화로)로 이루어져 있다. 보 일러는 본체(本體)의 구조형식에 따라 원통형(圓筒形) 보일러, 수관(水管) 보일러, 주철형(鑄 鐵形) 보일러로 나눌 수 있다.

- 원통형 보일러는 구멍이 큰 원통을 본체로 하여 그 내부에 노통(爐筒)화로, 연관(煙管) 등을 설치한 것으로 구조가 간단하고 일반적으로 널리 쓰이고 있으나, 고압용이나 대용량에는 적합하지 않다. 종류에는 입식(入式) 보일러, 노통 보일러, 연관(煙管) 보일러, 노통 연관 보일러 등이 있다.
- 수관식 보일러는 작은 직경의 드럼과 여러 개의 수관(水管)으로 나누어져 있으며, 수관 내에는 증발이 일어나도록 되어 있다. 고압, 대용량으로 적합하다. 종류에는 자연순환식(自然循環式), 강제순환식(强制循環式), 관류식(貫流式) 등이 있다.
- 주철형 보일러는 주물계의 섹션(Section)을 몇 개 전후로 짜맞춘 보일러로서 하부(下部)는 연소실, 상부(上部)는 굴뚝으로 되어 있다. 주로 난방용의 저압증기 발생용 또는 온수 보일러로 사용되고 있다.

5. 소각(燒却)보일러

폐기물(廢棄物) 등을 소각시켜 발생되는 열(熱)을 회수하여 보일러를 가동하고 이때 생산되는 증기나 열을 작업공정(作業工程)이나 난방 등에 재이용(再利用)할 목적으로 보일러 등 열회수(熱回收) 장치가 설치된 소각시설을 말한다.

6. 사업장 폐기물 소각시설

특별히 고안(考案)된 폐쇄구조에서 사업장 폐기물을 연소시켜 그 양을 감소하든지 재이용할 수 있게 하는 시설을 말한다. 소각시설 구조(構造)에 따라 크게 나누어 단실(單室)소각시설, 다실(多室)소각시설, 이동다실(移動多室)소각시설로 나누어진다. 단실소각시설은 점화(點火), 연소(燃燒), 연소 찌꺼기의 제거 등이 모두 동일(同一)한 방에서 이루어지는 것을 말한다. 다실소각시설은 2개 이상의 내화벽돌로 설치된 연소실이 병렬로 연결된 형태로서 각 실은 내화벽으로 구분되어 있으며, 연소가스의 통로(通路)는 서로 연결되어 있고, 폐기물의 연소효율(燃燒效率)을 최대로 하기 위한 모든 장치가 설치된 시설을 말한다. 이동다실소각시설은 연소실 내부의 화상을 가벼운 자재를 사용하고 바퀴가 있어 유동(流動)이 가능하게 만든 시설로서 유동층 소각시설이라고도 한다. 이외에도 소각물질을 직접 연소하지 아니하고 소각물질을 건류(乾溜)시키거나 소각물질에 포함된 유기화합물을 열분해시킴으로써 발생되는 가스를 소각시키는 건류 또는 열분해(熱分解) 소각시설이 있다.

7. 생활폐기물 소각시설

특별히 고안(考案)된 폐쇄구조에서 생활폐기물을 연소시켜 그 양을 감소하든지 재이용할 수 있게 하는 시설을 말한다. 소각시설 구조(構造)에 따라 크게 나누어 단실(單室)소각시설, 다실(多室)소각시설, 이동다실(移動多室)소각시설로 나누어진다. 단실소각시설은 점화(點火), 연소(燃燒), 연소 찌꺼기의 제거 등이 모두 동일(同一)한 방에서 이루어지는 것을 말한다. 다실소각시설은 2개 이상의 내화벽돌로 설치된 연소실이 병렬로 연결된 형태로서 각 실은 내화벽으로 구분되어 있으며, 연소가스의 통로(通路)는 서로 연결되어 있고, 폐기물의 연소효율(燃燒效率)을 최대로 하기 위한 모든 장치가 설치된 시설을 말한다. 이동다실소각시설은 연소실 내부의 화상을 가벼운 자재를 사용하고 바퀴가 있어 유동(流動)이 가능하게 만든 시설로서 유동층 소각시설이라고도 한다. 이외에도 소각물질을 직접 연소하지 아니하고 소각물질을 건류(乾溜)시키거나 소각물질에 포함된 유기화합물을 열분해시킴으로써 발생되는 가스를 소각시키는 건류 또는 열분해(熱分解) 소각시설이 있다.

8. 폐가스 소각시설

제조공정 중에 발생되는 각종 휘발성 유기물질이나 가연성 가스 또는 냄새가 심하게 나는 물질들을 모아 산화시키는 시설을 말한다. 크게 나누어 직접연소시설, 촉매산화시설 등이 있다. 직접연소시설은 내화물질로 구성된 연소시설과 한 개 내지 둘 이상의 연소장치, 온도조정장치, 안전장치 그리고 열교환기와 같은 열회수장치들로 구성되어 있다. 가스는 연소실 상부에서 화염과 혼합되어 연소실 내의 연도를 따라 밖으로 배출된다. 연소실의 형태는 보통 원형이나 각형으로 되어 있고, 내부는 내화물질로 되어 있으며 외부는 강철로 되어 있다. 촉매산화연소 시설은 주로 직접연소의 효율이 떨어지는 가스상 물질을 촉매층을 통과시켜 연소하기 쉬운 물질로 만든 후에 산화시키는 시설이다. 이것은 직접연소법에 비하여 비교적 내부온도가 낮은 상태에서도 산화가 잘 이루어질 수 있다. 예열연소장치와 촉매층이 부착된 연소실, 주연소 시설, 온도조정장치, 안전장치 그리고 열회수장치로 이루어져 있다. 예열연소장치는 가스가 촉매층을 통과시키기 전에 일정한 온도를 유지시켜 줌으로써 산화와 연소가 비교적 쉽게 일어나게 하기 위한 시설이다. 이외에 석유화학 계통에서 많이 설치되는 플레어 스택(Flare Stack) 등이 있다.

9. 감염성 폐기물 소각시설

의료법 규정에 의한 병원 적출물(피, 고름이 묻은 탈지면, 붕대, 일회용 주사기, 수액 세트 등)을 처리하기 위한 시설로서 다습성 적출물과 수지계 적출물로 구분한다. 다습성 적출물은 수분 함량이 높고 발열량이 낮아 자체의 열량으로 연소가 불가능하므로 보조열원(버너)을 사용하는 2단 연소 소각로가 적합하며, 적출물 중 일회용 주사기, 수액 세트 등의 수지계 적출물은 수분 함량이 낮고 고분자 화합물로서 다량의 대기오염물질이 배출될 가능성이 있으므로 건류식 또는 수랭식의 2단 연소로 소각로를 적용하는 것이 적합한 것으로 알려져 있다.

10. 폐수소각시설

폐수 중에 휘발성 물질이나 농도가 높은 폐수를 소각처리하기 위한 시설을 말한다.

11. 고형(固形) 연료제품(RPF, RDF) 전용시설

고형 연료제품이란 자원의 절약과 재활용 촉진에 관한 법률 시행규칙 별표 7에 의거 가연성 생활폐기물을 고형 연료제품의 품질·등급기준에 적합하게 제조한 생활폐기물 고형 연료제품[RDF(Refuse Derived Fuel)]과 폐플라스틱을 중량기준으로 60% 이상 사용하여 고형 연료제품의 품질·등급 기준에 적합하게 제조한 폐플라스틱 고형 연료제품[RPF(Refuse Plastic Fuel)]을 말하며, "생활폐기물 고형 연료제품(RDF) 또는 폐플라스틱 고형 연료제품(RPF) 전용시설"이라 함은 해당 시설의 연료 사용량 중 고형 연료제품 사용 비율이 30% 이상인 시설을 말한다.

참고문헌

1. 박성복외 1인, 최신대기제어공학, 성안당, 2003년 1월 초판

2. 환경부, 환경백서, 2010년~2016년

3. 에니텍 홈페이지(http://www.enitech.com), 2019년 2월(검색기준)

4. 박성복, 대기관리기술사, 한솔아카데미, 2011년 1월 초판, 2013년 1월 개정판

5. 구윤서, 한국형 대기확산 모델링 기술, 안양대학교, 2010년 3월

6. 한국환경기술단(KETEG), 환경에너지 설계 자료집, 2014~2017년

7. 환경부, 환경영향예측모델 사용안내서, 2009년 12월

8. 이종호외 20인, 환경영향평가, 동화기술, 2014년 3월

9. 환경영향평가법, 법제처, 법률 제13879호, 2016.1.27., 타법개정

10. 박성복, 최신 폐기물처리공학, 성안당, 2003년 8월 초판

11. 박성복, 코네틱 리포트(Konetic Report), 2014년 12월

12. 환경부, 환경정책기본법 시행령, 2019년 2월(검색기준)

13. 한국환경산업기술원, 새로운 패러다임 구현을 위한 산업공정별 녹색대기환경기술, 환경기술 기술동향보고서, 2011년 3월

14. 환경부 보도자료, 시멘트사업장 대기환경개선대책 마련, 2009년 10월

15. 월간환경기술, 미세입자 물질의 대기오염대책 특집기사 시리즈, 2010년 2월호 및 12월호, 2013년 5월호, 환경관리연구소

16. 박성복, 新대기오염처리기술, 사이버환경실무교육 자료집, 코네틱, 2014년 8월

17. 환경부, 악취방지법, 2019년 2월(검색기준)

18. 환경부, 건설폐기물의 재활용촉진에 관한 법률, 시행령, 시행규칙, 2019년 2월(검색기준)

19. 한국환경기술단(KETEG), 여과집진장치의 효율적 설계를 위한 절차 및 방법, 2010년 2월

20. 동양탄소, 활성탄 자료집, 2014년 10월

21. 삼성엔지니어링(주), ○○정수장 활성탄 재생설비 기본설계보고서, 1998년

22. 박성복, 대기오염방지시설의 효율적 관리 및 사고 대응사례, (사)한국환경기술인협회 세미나 발표 자료집, 2014년 10월

23. 한국환경기술단(KETEG), 주요 환경시설에서의 Risk Management, 2012년 8월

24. 국립환경인력개발원, 사이버 법정교육과정(폐기물처리시설기술관리인Ⅲ) 자료집, 2014년 3월

25. (사)한국대기환경학회, 국내적용 질소산화물 최적방지기술 적용사례 및 전망, 세미나 자료집, 2012년 3월

26. 한국환경기술단(KETEG), NOx 저감 입증기술 자료집, 2012년

27. SCR 기술자료, Basf, Germany

28. 환경부, 환경오염시설의 통합관리에 관한 법률(안) 개요, 환경오염시설 허가제도 선진화 T/F, 2014년 2월

29. 환경부 보도 설명자료, 환경오염시설 허가제도 선진화 추진단, 2014년 7월 9일

30. 한국환경기술단(KETEG), 선진 유연탄 화력발전소 시찰보고서, 2006년
31. 한국환경기술단(KETEG), 대기오염방지시설의 과학적 운영을 위한 중소기업형 O&M 절차기법 개발, 2004년 3월
32. 조영호, 콘크리트의 배합설계기준, (재)건설산업교육원, 2015년 7월
33. 이상민, 콘크리트구조물의 품질 및 안전관리 실무사례, (재)건설산업교육원, 2015년 7월
34. 한국환경기술단(KETEG), 대기오염방지시설 설계 자료집, 2010~2013년
35. 한국환경기술단(KETEG), 대기오염방지시설 기본설계 자료집, 2014년
36. 에어코리아(http://www.airkorea.or.kr) 홈페이지, 2019년 2월(검색기준)
37. 동종인, 미세먼지 어떻게 볼 것인가, 월간환경기술, 2017년 2월호
38. 정부 보도자료, 정부합동 미세먼지 관리 특별대책, 2016년 6월 3일
39. 박성복, 수원고등학교 환경특강 자료집(대기오염 바로알기), 2018년 3월
40. 박성복, 대기총량규제대비 NO_x특강 자료집, 수도권대기환경청, 2018년 9월
41. 박성복, 화성시 환경오염물질 배출사업장 환경관리교육 자료집, 2019년 2월
42. 박성복, 라온고등학교(평택), 환경특강 자료집(생활 속 환경이야기), 2019년 3월
43. 박성복, 비산먼지저감대책 교육 자료집, 인천광역시 서구청, 2019년 3월